Grundkurs Hochfrequenztechnik

Frieder Strauß

Grundkurs Hochfrequenztechnik

Eine Einführung

3., erweiterte Auflage

Prof. Dr.-Ing. Frieder Strauß
Technische Hochschule Bingen
Bingen am Rhein, Deutschland

ISBN 978-3-658-18162-8 ISBN 978-3-658-18163-5 (eBook)
https://doi.org/10.1007/978-3-658-18163-5

Die Deutsche Nationalbibliothek verzeichnet diese Publikation in der Deutschen Nationalbibliografie; detaillierte bibliografische Daten sind im Internet über http://dnb.d-nb.de abrufbar.

Springer Vieweg

Gedruckt auf säurefreiem und chlorfrei gebleichtem Papier

Springer Vieweg ist Teil von Springer Nature
Die eingetragene Gesellschaft ist Springer Fachmedien Wiesbaden GmbH
Die Anschrift der Gesellschaft ist: Abraham-Lincoln-Str. 46, 65189 Wiesbaden, Germany

Vorwort zur 3. Auflage

„Diese Vorlesung hat irgendwie etwas Mystisches“ meinte kürzlich einer meiner Studenten. Ich konnte den jungen Mann gut verstehen, denn ich erinnerte mich zurück an meine eigene Studienzeit und die ersten Berührungspunkte mit der Hochfrequenztechnik. Strom und Spannung waren auf einmal abgeschafft. Stattdessen gab es *Wellengrößen* mit der seltsamen Dimension Wurzel aus Watt, die wenig phantasievoll mit $\underline{a}$ und $\underline{b}$ bezeichnet wurden, und unter denen man sich nichts vorstellen konnte. Aus einem Leerlauf wurde ein Kurzschluss, nur weil ein Stückchen Leitung im Spiel war. Dann wurde unter dem Namen *Rechteck-Hohlleiter* ein neuer Leitungstyp vorgestellt, den man eher in der Materialsammlung eines Gas-Wasser-Installateurs als bei einem Elektriker gesucht hätte. Elektrische Signale würden durch dieses blanke Rohr ungehindert hindurchgehen, hieß es und noch dazu fast verlustlos. Vier Semester Grundstudium in Elektrotechnik erschienen glatt für die Katz‘. Später kam noch ein Diagramm mit eigentümlich ineinander greifenden Kreisen hinzu, mit dem man die tollsten Dinge berechnen konnte. Ein stets präsenter hoher Anteil an Feldtheorie machte die Mystik komplett.

Ziel des vorliegenden Buches ist es, behutsam an diese Besonderheiten heranzuführen, dabei den Blick auf die Ursprünge nicht zu verlieren und sich auf das Wesentliche zu beschränken. Ich werde immer wieder deutlich machen, dass Strom und Spannung als unverzichtbare physikalische Größen weiterhin existieren, zugleich aber durch Einführung der Wellengrößen dem Leser eine völlig neue Perspektive auf elektrische Schaltungen eröffnen.

Das Buch wendet sich an Studierende in Bachelor-Studiengängen der Elektrotechnik, Informationstechnik oder Mechatronik sowie an Autodidakten und Wiedereinsteiger. Dementsprechend wird der mathematische Anspruch vergleichsweise niedrig gehalten. Die Feldtheorie nimmt keinen allzu großen Raum ein, ganz ohne *MAXWELL* [1] geht es aber in der Hochfrequenztechnik nicht.

Auf Anregung des Lektorats wurde das Werk mit einem umfangreichen Grundlagenkapitel ausgestattet. Von der komplexen Wechselstromrechnung über die Dezibel-Maße bis zu Spezialbegriffen bei nichtlinearen Verzerrungen sind hier die Voraussetzungen für das Verständnis des eigentlichen Stoffs zusammengestellt. Dieses Kapitel ist auch zum Nachschlagen gedacht.

Dank gilt meinem Kollegen Prof. Dr.-Ing. Peter Leiß, der das Kapitel 2 einer kritischen Prüfung unterzogen hat, ferner meinem Kollegen Prof. Dr.-Ing. Falk Reisdorf, der mir ein perfekt ausgearbeitetes Skript seiner Vorlesung [7] zur Verfügung stellte. Ich danke meiner Frau (Dipl.-Ing. „Univ“ Jutta Strauß), die das komplette Manuskript akribisch nach Schreibfehlern durchforstet hat, sowie Herrn Dipl.-Ing. (FH) Jürgen Oldach, der es verstand, die babylonische Zeichensatzverwirrung aufzulösen.

Die 2. Auflage enthält eine Vielzahl an Verbesserungen und Korrekturen inhaltlicher wie kosmetischer Art sowie einige Erweiterungen.

---

1 Um 1860 stellte der britische Physiker JAMES CLERK MAXWELL ein kompliziertes System partieller Differentialgleichungen vor [6]. Sie bilden die Grundlage der Elektrodynamik, also der elektromagnetischen Feldtheorie.

Die 3. Auflage unterscheidet sich von den vorherigen im Wesentlichen in drei Punkten:

* Dem Leser wird sofort die nun eingeführte farbige Darstellung auffallen. Dadurch gewinnt nicht nur das Äußere an Freundlichkeit, auch das Verständnis wird entscheidend unterstützt.
* Das Kapitel „Hochfrequenzmesstechnik“ kam neu hinzu.
* Der komplette Inhalt wurde erweitert und korrigiert. An dieser Stelle danke ich all meinen aufmerksamen Hörern und Lesern, die durch unermüdliche Kritik und zahllose Verbesserungsvorschläge ein enormes Optimierungspotenzial geschaffen haben.

Bingen am Rhein im August 2017 Frieder Strauß

Inhalt

Vorwort zur 3. Auflage V
Inhalt VII
1 Einführung 1
1.1 Begriffsklärung 1
1.2 Historisches 4
1.3 Anwendungen 5
2 Handwerkszeug 7
2.1 Differentialgleichungen 7
2.1.1 Grundsätzliches 7
2.1.2 Lineare Differentialgleichungen mit konstanten Koeffizienten 8
2.1.3 Beispiele 11
2.2 Die komplexe Wechselstromrechnung 17
2.3 Logarithmische Übertragungs- und Pegelmaße 24
2.3.1 Das Übertragungsmaß dB 24
2.3.2 Dämpfungsmaße 27
2.3.3 Die wichtigsten Pegelmaße 31
2.3.4 Beispiele 33
2.4 Zweitortheorie 35
2.4.1 Einführung 35
2.4.2 Die Impedanzmatrix 35
2.4.3 Die Admittanzmatrix 38
2.4.4 Die Kettenmatrix 41
2.4.5 Weitere Darstellungen 43
2.4.6 Umrechnungsformeln 44
2.5 Unerwünschte Effekte der Kommunikationstechnik 45
2.5.1 Rauschen in elektronischen Schaltungen 45
2.5.2 Lineare Verzerrungen 51
2.5.3 Nichtlineare Verzerrungen 52
2.6 Frequenzgangdarstellung im BODE-Diagramm 56
2.6.1 Motivation 56
2.6.2 Konstruktion des Diagramms 57
2.6.3 Rekonstruktion der Übertragungsfunktion aus dem Diagramm 68

3 Leitungstheorie ... 71
3.1 Die homogene Doppelleitung ... 71
3.2 Berechnungen ... 72
3.2.1 Die Leitungsgleichungen ... 72
3.2.2 Stationäre Lösung ... 75
3.2.3 Die Wellenimpedanz ... 77
3.2.4 Übergang in den Zeitbereich ... 79
3.2.5 Die Wellenlänge ... 79
3.2.6 Die Ausbreitungsgeschwindigkeit ... 80
3.2.7 Der Verkürzungsfaktor ... 81
3.3 Die beschaltete Leitung ... 81
3.3.1 Der Reflexionsfaktor ... 81
3.3.2 Transformationseigenschaften ... 84
3.4 Die verlustlose Leitung ... 86
3.4.1 Definition und Konsequenzen ... 86
3.4.2 Transformationseigenschaften ... 87
3.4.3 Stehwellenverhältnis und Anpassfaktor ... 87
3.4.4 Spezialfall verlustlose $\lambda/4$-Leitung ... 89
3.5 Das SMITH-Diagramm ... 90
3.5.1 Einführung ... 90
3.5.2 Linien konstanten Realteils der Impedanz ... 91
3.5.3 Linien konstanten Imaginärteils der Impedanz ... 93
3.5.4 Herleitung durch konforme Abbildung ... 95
3.5.5 Das komplette Diagramm ... 96
3.5.6 Leitungstransformationen ... 100
3.5.7 Darstellung der Admittanz ... 103
3.5.8 Stehwellenverhältnis und Anpassfaktor ... 104
3.5.9 Kombinierte Transformations- und Netzwerkoperationen ... 106
3.5.10 Anpassung mit Hilfe des SMITH-Diagramms ... 109
3.5.11 Darstellung von Ortskurven ... 115
3.5.12 Zusammenfassung ... 115
3.6 Realisierungen ... 116
3.6.1 Die Koaxialleitung ... 116
3.6.2 Die symmetrische Leitung ... 127
3.6.3 Die Mikro-Streifenleitung ... 129
3.6.3 Der Rechteck-Hohlleiter ... 130

4 n-Tore ... 131
4.1 Einführung ... 131
4.1.1 Die Wellengrößen ... 131
4.1.2 Die reale Wellenquelle ... 133
4.1.3 Gegenüberstellung der realen Quellen ... 135
4.1.4 Die Impedanz in der Wellendarstellung ... 138
4.1.5 Das System Quelle-Leitung-Last ... 139
4.2 s-Parameter und Streumatrizen ... 140
4.2.1 Ausgangspunkt ... 140
4.2.2 Beispiele ... 142
4.2.3 Die Kettenschaltung ... 146
4.2.4 Zusammenhang zwischen Streumatrix und Kettenmatrix ... 147
4.2.5 Dreitore ... 150
4.2.6 Aktive, passive und verlustlose n-Tore ... 151
4.2.7 Beispiele ... 154
4.2.8 Symmetrieeigenschaften ... 155
4.3 Realisierungen ... 156
4.3.1 Passive Eintore ... 156
4.3.2 Aktive Eintore ... 156
4.3.3 Die Leitung ... 157
4.3.4 Der Phasenschieber ... 157
4.3.5 Das Dämpfungsglied ... 158
4.3.6 Das Anpassglied ... 160
4.3.7 Die Richtungsleitung ... 163
4.3.8 Der Zirkulator ... 164
4.3.9 Die Reflexionsfaktor-Messbrücke ... 166
4.3.10 Der Duplexer ... 171
4.3.10 Die Leitungsverzweigung ... 172
4.3.11 Der Power Splitter ... 174
4.3.12 Der Richtkoppler ... 176
4.3.13 Die Doppel-T-Verzweigung ... 179
5 Mikrowellennetze ... 181
5.1 Definition ... 181
5.2 Analyse durch lineare Gleichungssysteme ... 182
5.3 Graphentheoretische Methoden ... 183
5.3.1 Ausgangspunkt ... 183

5.3.2 Darstellung von Zweitor, Quelle und Last ... 184
5.3.3 Modifikationen von Signalflussgraphen ... 186
5.3.4 Graphentransmissionsfaktor und MASON-Regel ... 189
6 Signalausbreitung im freien Raum ... 195
6.1 Elektromagnetische Wellen ... 195
6.2 Antennen ... 198
7 Hochfrequenzmesstechnik ... 203
7.1 Das Power Meter ... 203
7.2 Der Spectrum Analyzer ... 204
7.2.1 Der Spektralbegriff ... 204
7.2.2 Das Super-heterodyn-Prinzip ... 212
7.2.3 Das komplette Blockschaltbild ... 215
7.2.4 Die Bedienung ... 216
7.2.5 Messung durch Diskrete FOURIER Transformation ... 220
7.3 Der Network Analyzer ... 221
7.3.1 Breitbandige Messung der Transmission ... 221
7.3.2 Selektive Messung der Transmission ... 223
7.3.3 Phase und Gruppenlaufzeit ... 224
7.3.4 Messung von Impedanz und Reflexionsfaktor ... 226
7.3.5 Der s-Parameter-Messplatz ... 229
7.4 EMV-Messtechnik ... 229
7.4.1 Feldsonden ... 229
7.4.2 EMV-Tests an Systemen, Geräten und Komponenten ... 233
7.4.3 Meszellen, -kammern und -hallen ... 234
7.4.4 Der Funkstör-Messempfänger ... 236
Symbole ... 237
Literaturverzeichnis ... 243
Stichwortverzeichnis ... 245

1 Einführung

1.1 Begriffsklärung

Was sind eigentlich hohe Frequenzen? Und was ist anders als bei niedrigen? Zur Beantwortung dieser kardinalen Frage betrachten wir das in Bild 1-1 dargestellte einfache elektrische Netzwerk aus einer Spannungsquelle und einem RC-Glied. Man kann zwei Strom-Spannungs-Beziehungen und eine Maschengleichung formulieren [2]

$$\begin{aligned} u_\mathrm{R} &= i \cdot R \\ i &= C \cdot \frac{\mathrm{d}u_\mathrm{C}}{\mathrm{d}t} \\ u &= u_\mathrm{R} + u_\mathrm{C} \end{aligned} \tag{1.1}$$

und diese durch Elimination von u_R und i zu einer Differentialgleichung für u_C zusammenfassen:

$$RC \cdot \frac{\mathrm{d}u_\mathrm{C}}{\mathrm{d}t} + u_\mathrm{C} = u \tag{1.2}$$

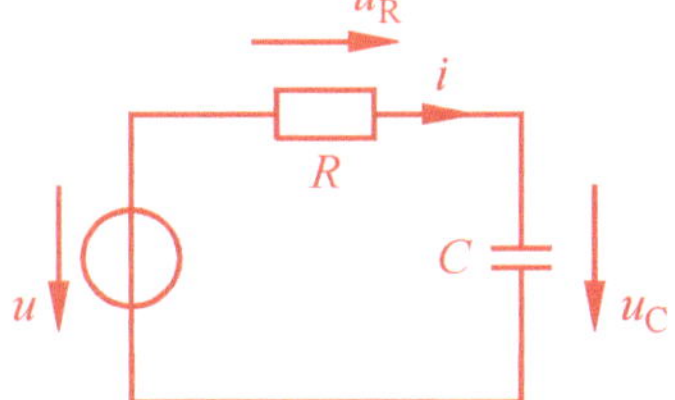

Bild 1-1 Einfaches elektrisches Netzwerk

Diese Darstellung bringt zum Ausdruck, dass eine Änderung von u augenblicklich - also ohne die geringste Verzögerung - eine Änderung von u_C zur Folge haben müsste. Das widerspricht dem Grundsatz, dass sich sowohl Energie als auch Information nicht beliebig schnell, sondern bestenfalls mit Lichtgeschwindigkeit c_0 ausbreiten können. (1.2) beschreibt demnach eine Näherung, die umso besser zutrifft, je kleiner die Abmessungen des Netzwerks sind. Dann spricht man von Netzwerken aus *konzentrierten Elementen* . Die gewöhnliche elektrische Schaltungslehre befasst sich mit solchen Systemen.

Tatsächlich besitzt die Ausbreitung elektrischer Signale Wellencharakter. Dies kann man rechnerisch zeigen, was in Kapitel 3 sehr ausführlich geschehen wird. Es lässt sich auch experimentell nachweisen, indem man auf typische Wellenphänomene wie Reflexion und Interferenz achtet. Auf Leitungen existiert eine Spannungs- und eine Stromwelle. Beide sind miteinander verknüpft und breiten sich gemeinsam aus, indem sie die transportierte Energie untereinander austauschen. Im freien Raum wird die Welle durch elektrische und magnetische Feldstärkevektoren gebildet. Da die Feldstärke nicht an Materie gebunden ist, sind elektromagnetische Wel-

---

[2] mit Kleinbuchstaben werden Zeitfunktionen bezeichnet

len im Gegensatz zu Schallwellen auch im leeren Raum ausbreitungsfähig. Der Wellencharakter hat eine Reihe von Konsequenzen:

(i) Dämpfung: Ein Signal wird bei seiner Ausbreitung geschwächt.

(ii) Verzögerung, Laufzeit: Da die Ausbreitung mit endlicher Geschwindigkeit erfolgt, erreicht ein Signal das Leitungsende oder sonst einen entfernten Ort verzögert.

(iii) Signalverformung: Die Signaldämpfung ist meist frequenzabhängig, eventuell auch die Ausbreitungsgeschwindigkeit. Deshalb lässt sich im Oszillogramm eine Verformung des Signals beobachten.

(iv) Reflexion: Ein auf das Leitungsende zulaufendes Signal wird dort in charakteristischer Weise reflektiert, was eine Welle in Gegenrichtung zur Folge hat. Die Art der Reflexion ist durch die am Leitungsende angebrachte Impedanz in Verbindung mit Eigenschaften der Leitung bestimmt. Unter speziellen Umständen erfolgt keine Reflexion.

(v) Interferenzen: Existieren in einem Ausbreitungsmedium mehrere Wellen, so tritt eine Überlagerung ein. Sie kann eine Signalerhöhung, aber auch eine Abschwächung bis hin zur totalen Auslöschung zur Folge haben.

Bild 1-2 zeigt ein gemessenes Oszillogramm. In der oberen Spur sieht man einen Rechteckimpuls, er wird am Anfang einer 180m langen Koaxialleitung eingespeist. In der unteren Spur ist das Signal am Leitungsende zu erkennen. Man sieht sehr schön wie der Impuls verzögert, geschwächt und verformt wurde.

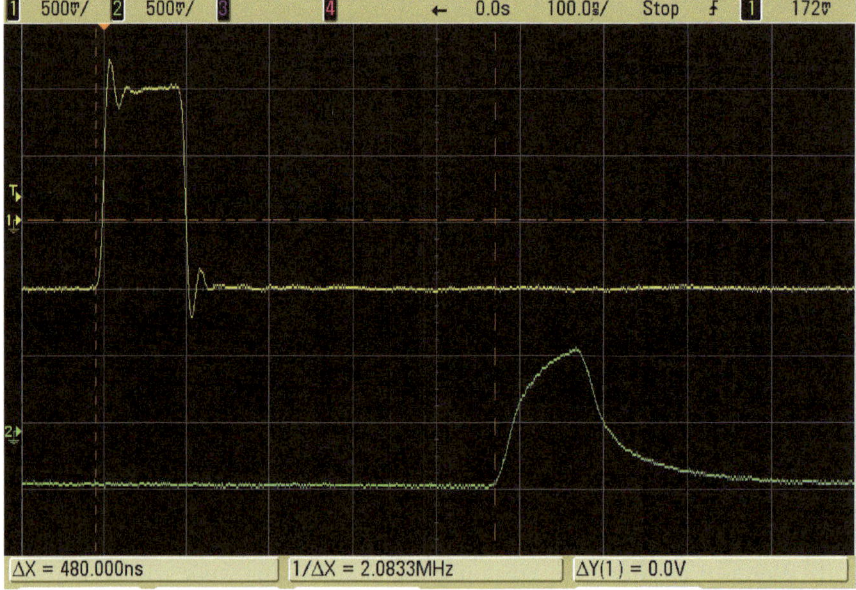

Bild 1-2 Gemessenes Oszillogramm

Wohl das wichtigste Charakteristikum einer Welle ist die *Wellenlänge* . Bei monofrequentem Signal ergibt sie sich gemäß

$$\lambda = \frac{c}{f} \tag{1.3}$$

aus Ausbreitungsgeschwindigkeit c und Signalfrequenz f. Im freien Raum breiten sich elektromagnetische Wellen mit Lichtgeschwindigkeit

$$c = \mathrm{c}_0 \approx 3 \cdot 10^8 \, \frac{\mathrm{m}}{\mathrm{s}} \tag{1.4}$$

aus. Auf Leitungen geht es etwas langsamer, was durch den sogenannten *Verkürzungsfaktor* VK zum Ausdruck kommt. Der Name rührt daher, dass die Wellenlänge auf Grund reduzierter Geschwindigkeit verkürzt erscheint.

$$c = VK \cdot \mathrm{c}_0 \qquad 0 < VK \leq 1 \tag{1.5}$$

Machen wir Beispiele:

(i) Klassischer UKW-Rundfunk: Die Frequenz liegt in der Gegend von $100\mathrm{MHz}$, die Ausbreitung durch die Luft erfolgt annähernd mit Lichtgeschwindigkeit. Daraus resultiert eine Wellenlänge

$$\lambda \approx 3\mathrm{m} \quad .$$

(ii) Energieversorgung über 380kV-Freileitung: Die Netzfrequenz beträgt $50\mathrm{Hz}$, wir wollen einen Verkürzungsfaktor von etwa $0{,}8$ annehmen, das führt auf eine Wellenlänge

$$\lambda \approx 4800\,\mathrm{km} \quad .$$

(iii) Radarsignal auf GaAs-Chip [3]: Bei einer Frequenz $10\mathrm{GHz}$ und einem Verkürzungsfaktor $0{,}3$ wäre

$$\lambda \approx 9\,\mathrm{mm} \quad .$$

An Hand der Wellenlänge lässt sich beurteilen, ob eine gegebene Anordnung als Netzwerk aus konzentrierten Elementen betrachtet werden darf, oder ob der Wellencharakter zu berücksichtigen ist. Man spricht dann von *verteilten Parametern*, da sowohl Abhängigkeiten von der Zeit als auch von den Raumkoordinaten ins Kalkül zu ziehen sind. Es empfiehlt sich die Grenze bei etwa 2% der Wellenlänge zu legen. Das heißt, Anordnungen mit Abmessungen

$$l > \frac{\lambda}{50} \tag{1.6}$$

sollten mit Methoden der *Hochfrequenztechnik* untersucht werden. Diese stellt Berechnungswege zur Verfügung, die es erlauben, Systeme unter Berücksichtigung der Wellenausbreitung exakt zu beschreiben, zu analysieren und zu entwerfen. Der Begriff *hochfrequent* rührt letztendlich daher, dass Gleichung (1.6) eher bei hohen Frequenzen erfüllt ist. Es darf aber nicht übersehen werden, dass diese Methoden auch dann erforderlich sind, wenn niedrigen Frequenzen entsprechend große Abmessungen gegenüberstehen.

Es gibt noch einen weiteren Aspekt: Hochfrequente Signale werden gerne zur Übermittlung von Information benutzt. Maßgeblich für den übertragbaren Informationsgehalt ist hierbei unter anderem die absolute Bandbreite - also der Frequenzumfang - . Es liegt auf der Hand, dass sich bei Verwendung hoher Frequenzen leicht große Bandbreiten realisieren lassen.

---

[3] Gallium-Arsenid, bei HF-Komponenten häufig verwendetes Halbleitermaterial

1.2 Historisches

Dieser Abschnitt gibt einen knappen Überblick über die Entwicklung der Hochfrequenztechnik an Hand einiger markanter Eckdaten [3]. Diese kann in weiten Bereichen als Entwicklung der Nachrichten- und Kommunikationstechnik verstanden werden. Es wird keinerlei Anspruch auf Vollständigkeit erhoben.

SAMUEL MORSE 1844: Erste Inbetriebnahme einer Telegrafenleitung. Von Washington nach Baltimore werden durch Rechteckimpulse verschlüsselte Morsezeichen übertragen. Das Experiment verläuft nur teilweise befriedigend, da Signalverformungen und Reflexionen unklarer Ursache zu beobachten sind.

ALEXANDER BELL 1876: Vorstellung des ersten alltagstauglichen Telefons. BELL war von Haus aus kein Ingenieur, sondern Physiologe. Er hatte die Idee, Gehörlosen zu helfen, indem ihnen Schall über elektrische Schwingungen zugeführt wurde. Damit war er seiner Zeit weit voraus und zugleich erfolglos; es war aber sein Einstieg in die Elektrotechnik. Seine wesentliche Erfindung bestand wahrscheinlich in der Anwendung einer symmetrischen Leitung. Damit bekam er die EMV-Probleme in Griff, an der seine Mitbewerber scheitern mussten. Er war Begründer des bis heute erfolgreichen Telefonunternehmens *Bell Laboratories USA* . Das *Dezibel* geht auf seinen Namen zurück.

HEINRICH HERTZ 1887: Erzeugung und Nachweis elektromagnetischer Funkwellen. Gezielt mit einem Hochspannungsgenerator herbeigeführte Funkenüberschläge konnten an einem entfernten Ort detektiert werden. Das deutsche Wort *Funk* (Rundfunk, Mobilfunk, Amateurfunk) hat darin seine Ursache.

GUGLIELMO MARCONI 1896: Erste drahtlose Nachrichtenübertragung. Über eine Entfernung von 3km werden Morsezeichen übertragen. MARCONI war ein begnadeter Naturwissenschaftler und Ingenieur, der es zugleich verstand, seine Entwicklungen sofort gewinnbringend zu vermarkten. Diese seltene Kombination verschaffte ihm Erfolg, Ansehen und Reichtum. Der Italiener war deshalb vorwiegend im damals wirtschaftlich blühenden England aktiv, wo er eine nach ihm benannte Firma betrieb.

GUGLIELMO MARCONI 1901: Erste Funkübertragung über den Atlantik. Dies ist wohl mehr als logistische Leistung gemessen an den Mitteln der damaligen Zeit zu verstehen. Eine Hilfsperson musste in wochenlanger Reise über das Meer geschickt werden, um sich zu einem vereinbarten Zeitpunkt auf die Lauer zu legen und ein Signal zu empfangen.

1923: Einführung des öffentlichen Rundfunks in Deutschland, zunächst beschränkt auf das Stadtgebiet von Berlin.

1992: Einführung des digitalen Mobilfunks nach GSM in Deutschland. Ein neues Zeitalter der elektronischen Kommunikation bricht an.

1.3 Anwendungen

Am Anfang der Auseinandersetzung mit einer komplizierten Materie sollte immer die Frage nach deren Zweck stehen. Ansonsten besteht die Gefahr nutzloser Schöngeisterei. Deshalb folgt ein Überblick über die wichtigsten Anwendungsgebiete hochfrequenter elektrischer Signale [3].

* *Übertragung von Information* : Dies ist ohne jeden Zweifel die wichtigste Anwendung schlechthin. Sprache, Musik, Bilder oder Daten können drahtlos oder an eine Leitung gebunden übermittelt werden. Die Übertragung kann analog oder digital erfolgen. Es gibt den Simplex-Betrieb, bei dem nur eine Richtung genutzt wird (gewöhnlicher Rundfunk), oder den Duplex-Betrieb mit gleichzeitigem Informationsfluss in beide Richtungen (Telefon). Es wird meist ein Modulationsverfahren genutzt, das sich auf eine Trägerfrequenz stützt, die deutlich höher liegt als die Frequenz der zu übertragenden Signale. Dadurch kommen zwangsläufig hohe Frequenzen ins Spiel.
* *Ortung* : Hier kommt die Radartechnik zum Einsatz. Es werden sehr kurze und energiereiche Schwingungszüge (sogenannte *bursts*) in bestimmte Raumrichtungen ausgesandt. Ein Echo wird als reflektierendes Objekt in der gewählten Richtung interpretiert, die Laufzeit lässt Schlüsse auf die Entfernung des Objekts zu. Viele derartige Informationen erlauben die Synthese eines kompletten Bilds.
* *Navigation* : Das Navigationssystem *GPS* [4] arbeitet mit einer Vielzahl von Satelliten, welche die Erde auf definierten, vergleichsweise erdnahen Bahnen umrunden. Jeder bewegt sich nach einem definierten Fahrplan und verfügt über eine hochpräzise Uhr. Er sendet ständig die aktuelle Uhrzeit und Informationen über seinen gegenwärtigen Standpunkt. Am Empfangsort kommt es beim Empfang mehrerer Satelliten scheinbar zu einem Widerspruch, indem auf Grund unterschiedlicher Laufzeiten differierende Zeiten empfangen werden. Der Empfänger erkennt damit einen Abstandsunterschied zu den übermittelten Fixpunkten und kann so auf seinen Standort schließen.
* *Werkstoffprüfung* : Hochfrequente Signale werden an feinen Rissen in leitfähigen Materialien reflektiert. So lassen sich äußerlich nicht sichtbare Materialschäden aufspüren. Der große Vorteil besteht darin, dass die Prüfung zerstörungsfrei verläuft, und dass sie in hohem Maß automatisiert werden kann.
* *Erwärmung* : Trifft eine hochfrequente elektromagnetische Welle auf Materie, so kann es zur Absorption der von der Welle transportierten Energie und somit zu Erwärmung kommen. Vorteilhaft ist hierbei, dass die Erwärmung berührungslos und gleichmäßig, sozusagen von innen heraus erfolgt. Wichtige Vertreter dieser Technik sind der in Haushalt und Gastronomie etablierte Mikrowellenherd, industriell genutzte Verfahren zum induktiven Löten, Härten oder Schmelzen sowie medizinische Therapien mit Mikrowellenbestrahlung. Starke Mikrowellenstrahlung wird auch zur Bekämpfung von Holzwurmbefall eingesetzt. Derzeit laufen Experimente in Zusammenhang mit der Entsorgung von Atomkraftwerken. Hierbei versucht man die Betonhülle im Inneren der Reaktorkuppel auf eine Tiefe von einigen Zentimetern durch Mikrowellenbestrahlung zu zermürben, um so das radioaktiv kontaminierte Material vom Rest zu trennen [11].

[4] Global Positioning System

* *Identifikation* : Solche unter dem Stichwort *RF-ID* bekannte Verfahren werden für Schließsysteme, zur Autorisierung und zunehmend auch zur Kennzeichnung von Waren verwendet. Hierbei wird ein zunächst passiver elektronischer Schaltkreis einem magnetischen Wechselfeld ausgesetzt, wodurch es zur Induktion einer Spannung kommt. Diese wird als Versorgungsspannung verwendet, sie ersetzt quasi eine Batterie. Fortan sendet der Schaltkreis einen digitalen Datenstrom aus, der das Identifikationsmuster beinhaltet. Schließsysteme nach diesem Muster bieten gegenüber herkömmlichen mechanischen entscheidende Vorteile. Eine Zugangsberechtigung kann vollkommen individuell gestaltet werden. So kann man beispielsweise einem Reinigungspersonal den Zugang nur für bestimmte Zeiten gestatten. Außerdem lassen sich die Schließvorgänge nachvollziehen, was für die Aufklärung von Straftaten von Vorteil ist. Der Verlust eines Schlüssels dieser Art schafft keine Probleme. Der betreffende Code wird aus der Liste der Zugangsberechtigten gestrichen, ein Austausch von Schlössern ist nicht erforderlich.

* *Diagnostik* : Das Verfahren der Kernspinresonanz wird zur Materialprüfung und für medizinische Diagnose eingesetzt. Das zu untersuchende Objekt wird einem starken statischen Magnetfeld ausgesetzt (Flussdichte in der Größenordnung von 1 Tesla), dann können mit Hilfe hochfrequenter Signale Schnittbilder gewonnen werden. Aus diesen lassen sich dreidimensionale Ansichten generieren. Im medizinischen Bereich gebraucht man derzeit vorwiegend den Begriff MRT (Magnet-Resonanz-Tomografie).

* *Ultraschall* : Dies stellt ein Grenzgebiet der Hochfrequenztechnik dar. Elektromagnetische Wellen werden in Wasser stark gedämpft, sodass eine Funkortung unter Wasser praktisch unmöglich ist. Schallwellen sind hingegen in Wasser gut ausbreitungsfähig. An die Stelle des Radars tritt hier das mit Ultraschall arbeitende *Sonar* oder das allseits bekannte Echolot. Wegen der vergleichsweise sehr niedrigen Ausbreitungsgeschwindigkeit von Schallwellen sind die Laufzeiten nicht zu kurz, was eine genaue Auswertung enorm erleichtert. Ultraschall wird sehr erfolgreich für Materialprüfungen und zur Diagnose in der Medizin eingesetzt, wobei in den letzten Jahren unglaubliche Fortschritte erzielt wurden. Es können praktisch lebensechte bewegte Bilder dargestellt werden. Ultraschall wird auch therapeutisch eingesetzt, beispielsweise zur Entfernung von Zahnstein, zur Zertrümmerung von Gallen- oder Blasensteinen sowie zum Ausfräsen der Augenlinse vor dem Einsatz einer künstlichen.

* *Politik* : Darunter ist die Sanierung maroder Staatskassen durch Verkauf von Mobilfunk-Lizenzen zu verstehen, wie das in jüngerer Vergangenheit wiederholt geschah. Diesen eher satirisch gemeinten Punkt konnte sich der Verfasser nicht verkneifen. Da hatten doch clevere Politiker tatsächlich den Einfall, buchstäblich die Luft über den Köpfen der Menschen zu verkaufen. Auf eine solche Idee muss man erst einmal kommen, Hut ab.

2 Handwerkszeug

Dieses Kapitel dient der Auffrischung von Grundlagenstoff, soweit er für das Verständnis der nachfolgenden Ausführungen benötigt wird. Auf Herleitungen und Beweise wird bewusst verzichtet. Der sattelfeste Leser kann die entsprechenden Abschnitte getrost überspringen.

2.1 Differentialgleichungen

2.1.1 Grundsätzliches

Physikalische Zusammenhänge werden häufig unter Verwendung von Differentialquotienten formuliert. Betrachtet man etwa das Gesetz der trägen Masse

$$\text{Kraft} = \text{Masse} \cdot \text{Beschleunigung} \quad ,$$

und fasst man die Beschleunigung als Ableitung der Geschwindigkeit nach der Zeit auf, so ergibt sich

$$F = m\frac{\mathrm{d}v}{\mathrm{d}t} \quad . \tag{2.1}$$

Da die Geschwindigkeit wiederum die Ableitung des Weges nach der Zeit ist, kann man auch

$$F = m\frac{\mathrm{d}^2 x}{\mathrm{d}t^2} \tag{2.2}$$

schreiben. Die Strom-Spannungs-Beziehungen an Kapazität und an Induktivität stellen Beispiele aus der Elektrotechnik dar. Sie lauten bekanntlich

$$\begin{aligned} i &= C\frac{\mathrm{d}u}{\mathrm{d}t} \\ u &= L\frac{\mathrm{d}i}{\mathrm{d}t} \end{aligned} \quad . \tag{2.3}$$

Bildet man auf solcher Basis Gleichungen zur Beschreibung irgendwelcher Systeme, so enthalten diese Ableitungen von Funktionen; man spricht dann von *Differentialgleichungen* . Eine Differentialgleichung ist also dadurch gekennzeichnet, dass sie mindestens eine Ableitung einer unbekannten Funktion enthält. In der Regel ist die Funktion selbst auch enthalten, das ist jedoch nicht zwingend. Der Verlauf der unbekannten Funktion ist die Lösung der Differentialgleichung. Wird nur nach einer einzigen Variablen abgeleitet - etwa nach der Zeit -, spricht man von einer *gewöhnlichen Differentialgleichung* . Kommen hingegen Ableitungen nach unterschiedlichen Variablen vor, liegt eine *partielle Differentialgleichung* vor. Ein gutes Beispiel hierfür sind die *MAXWELLschen Gleichungen* , die das elektromagnetische Feld vollständig beschreiben. Sie enthalten Ableitungen nach den drei Raumkoordinaten und nach der Zeit.

2.1.2 Lineare Differentialgleichungen mit konstanten Koeffizienten

Von besonderer Bedeutung sind *lineare Differentialgleichungen* , da deren Lösung vergleichsweise einfach ist. Hier sind unbekannte Funktion und Ableitungen nur linear enthalten, das bedeutet für die unbekannte Funktion und ihre Ableitungen:

* Sie kommen nur in der ersten Potenz vor.
* Es gibt weder Produkte noch Quotienten aus ihnen.
* Sie stehen nicht im Argument einer *transzendenten Funktion* .

Transzendent heißen alle Funktionen, die sich nicht als Polynom oder als gebrochen rationale Funktion [5] darstellen lassen. In Naturwissenschaft und Technik von Bedeutung sind hierbei

* die trigonometrischen Funktionen (sin, cos, tan ...) und ihre Umkehrungen,
* die hyperbolischen Funktionen (sinh, cosh ...) und ihre Umkehrungen,
* die Wurzelfunktion,
* e-Funktion und Logarithmus.

Werden darüber hinaus unbekannte Funktion und Ableitungen nur mit Konstanten bewertet, also nicht in irgendeiner Weise mit Variablen, handelt es sich um eine *lineare Differentialgleichung mit konstanten Koeffizienten* . Diese lässt sich stets auf die allgemeine Form

$$a_n \frac{d^n y}{dx^n} + a_{n-1} \frac{d^{n-1} y}{dx^{n-1}} + \quad \dots \quad + a_1 \frac{dy}{dx} + a_0 y \;=\; f(x) \quad . \tag{2.4}$$

bringen. Hierbei ist y die unbekannte Funktion und x die Variable, die konstanten Koeffizienten sind mit a_ν bezeichnet. Die höchste vorkommende Ableitung bestimmt die *Ordnung* der Differentialgleichung. Die unabhängige Funktion auf der rechten Gleichungsseite wird *Störfunktion* genannt. Wir wollen uns ab sofort auf diesen Typ von Differentialgleichungen beschränken. Die Lösung erfolgt hier auf einem systematischen Weg, der im Folgenden beschrieben wird.

(i) *Homogene Lösung* : Es wird die homogene Differentialgleichung gebildet, sie entsteht aus (2.4), indem man die Störfunktion zu Null setzt.

$$a_n \frac{d^n y}{dx^n} + a_{n-1} \frac{d^{n-1} y}{dx^{n-1}} + \quad \dots \quad + a_1 \frac{dy}{dx} + a_0 y \;=\; 0 \quad . \tag{2.5}$$

Nun verwendet man den Ansatz

$$y_h \;=\; k \cdot e^{\lambda x} \quad . \tag{2.6}$$

und setzt diesen in die homogene Differentialgleichung (2.5) ein.

$$a_n k \lambda^n \cdot e^{\lambda x} + a_{n-1} k \lambda^{n-1} \cdot e^{\lambda x} + \quad \dots \quad a_1 k \lambda \cdot e^{\lambda x} + a_0 k \cdot e^{\lambda x} \;=\; 0 \tag{2.7}$$

Diese Gleichung lässt sich durch die Konstante k und durch die Funktion $e^{\lambda x}$ kürzen, es bleibt

$$a_n \lambda^n + a_{n-1} \lambda^{n-1} + \quad \dots \quad a_1 \lambda + a_0 \;=\; 0 \quad . \tag{2.8}$$

---

5 Quotient von Polynomen

Wir haben damit die sogenannte *charakteristische Gleichung* gefunden; das Polynom auf der linken Gleichungsseite wird *charakteristisches Polynom* genannt. Wie man sieht, kann es der ursprünglichen Differentialgleichung (2.4) unmittelbar entnommen werden. Die Koeffizienten der Differentialgleichung sind zugleich die Koeffizienten des Polynoms, die Ordnung der jeweiligen Ableitung bestimmt die Potenz der Größe λ . Im nächsten Schritt werden die Nullstellen λ_{01} , λ_{02} ... λ_{0n} des charakteristischen Polynoms - die sogenannten *Eigenwerte* - bestimmt und in den Lösungsansatz (2.6) eingesetzt.

$$y_{\mathrm{h}} = k_1 \cdot \mathrm{e}^{\lambda_{01}x} + k_2 \cdot \mathrm{e}^{\lambda_{02}x} + \ \dots \ + k_n \cdot \mathrm{e}^{\lambda_{0n}x} \quad . \tag{2.9}$$

Formal ist die homogene Lösung somit gefunden. Die Bestimmung der noch unbekannten Konstanten k_v erfolgt an späterer Stelle. Bezüglich der Eigenwerte müssen noch Fallunterscheidungen gemacht werden.

* Die $\lambda_{0\mathrm{v}}$ sind reell und voneinander verschieden. In diesem einfachsten Fall ist keine weitere Modifikation der Lösung (2.9) erforderlich.
* Es kommen komplexe Eigenwerte vor. Da die Differentialgleichung (2.4) ein realistisches physikalisches System beschreiben soll, sind ihre Koeffizienten und somit auch die des charakteristischen Polynoms (2.8) reell. Komplexe Nullstellen können also nur paarweise konjugiert komplex auftreten. Es sollen die beiden ersten Eigenwerte ein solches Paar bilden.

$$\lambda_{02} = \lambda_{01}^{*} \tag{2.10}$$

Wir schreiben

$$\lambda_{01} = a + \mathrm{j}b \qquad \lambda_{02} = a - \mathrm{j}b \quad . \tag{2.11}$$

Da (2.9) eine reellwertige Funktion beschreibt, müssen auch die zugehörigen Konstanten k_1 und k_2 zueinander konjugiert komplex sein. Somit kann dieser Lösungsanteil folgendermaßen geschrieben werden:

$$\begin{aligned} y_{\mathrm{h12}} &= k_1 \cdot \mathrm{e}^{\lambda_{01}x} + k_2 \cdot \mathrm{e}^{\lambda_{02}x} \\ &= \left(k_{1\mathrm{R}} + \mathrm{j}k_{1\mathrm{I}}\right) \cdot \mathrm{e}^{(a+\mathrm{j}b)x} + \left(k_{1\mathrm{R}} - \mathrm{j}k_{1\mathrm{I}}\right) \cdot \mathrm{e}^{(a-\mathrm{j}b)x} \\ &= \mathrm{e}^{ax} \cdot \left[\left(k_{1\mathrm{R}} + \mathrm{j}k_{1\mathrm{I}}\right) \cdot \mathrm{e}^{\mathrm{j}bx} + \left(k_{1\mathrm{R}} - \mathrm{j}k_{1\mathrm{I}}\right) \cdot \mathrm{e}^{-\mathrm{j}bx}\right] \end{aligned} \quad . \tag{2.12}$$

Zur weiteren Bearbeitung wird die *EULERsche Formel* herangezogen, sie lautet allgemein

$$\boxed{\mathrm{e}^{\mathrm{j}x} = \cos x + \mathrm{j}\sin x} \tag{2.13}$$

und hat die Konsequenzen

$$\boxed{\begin{aligned} \cos x &= \frac{1}{2}\left(\mathrm{e}^{\mathrm{j}x} + \mathrm{e}^{-\mathrm{j}x}\right) \\ \sin x &= \frac{1}{\mathrm{j}2}\left(\mathrm{e}^{\mathrm{j}x} - \mathrm{e}^{-\mathrm{j}x}\right) \end{aligned}} \quad . \tag{2.14}$$

Setzt man diese in (2.12) ein, ergibt sich der anschauliche Ausdruck

$$y_{\mathrm{h12}} = 2\mathrm{e}^{ax}\left(k_{1\mathrm{R}} \cos bx - k_{1\mathrm{I}} \sin bx\right) \quad . \tag{2.15}$$

Falls die ursprüngliche Differentialgleichung (2.4) ein *stabiles System* beschreibt - und davon kann man bei sinnvollen technischen Realisierungen immer ausgehen - , sind die Realteile aller Eigenwerte negativ, demnach auch die Größe a in (2.15). Die homogene Lösung setzt sich somit aus abklingenden e-Funktionen und exponentiell gedämpften Schwingungen zusammen. Sie wird also mit zunehmendem Wert der Variablen x immer kleiner und ist für große Werte von x vernachlässigbar.

* Es treten mehrfache Eigenwerte auf, schreiben wir

$$\lambda_{02} = \lambda_{01} \quad . \tag{2.16}$$

In diesem Fall ist die Methode der *Variation der Konstanten* anzuwenden. Der Lösungsanteil lautet dann

$$y_{h12} = k_1 \, e^{\lambda_{01} x} + k_2 \, x \, e^{\lambda_{01} x} \quad . \tag{2.17}$$

(ii) *Partikuläre Lösung* : In diesem Schritt wird ein Lösungsanteil ermittelt, der dem Einfluss der Störfunktion gerecht wird. Er wird mit y_p bezeichnet. Dazu ist abermals ein Ansatz zu machen, jetzt eine Funktion vom Typ der Störfunktion. Das bedeutet im Einzelnen: Handelt es sich bei der Störfunktion um eine Konstante, so ist eine unbekannte Konstante anzusetzen. Ist die Störfunktion ein Polynom, muss ein (vollständiges!) Polynom von gleichem Grad mit offenen Koeffizienten angesetzt werden. Bei harmonischer Störfunktion kann man eine Schwingung gleicher Frequenz, aber noch unbestimmter Amplitude und Phase ansetzen. Bei exponentiellem Verlauf der Störfunktion verfährt man analog. Der Ansatz wird dann in die ursprüngliche Differentialgleichung (2.4) eingesetzt, wodurch es immer gelingt, die offenen Parameter zu bestimmen. Setzt sich die Störfunktion additiv aus Teilfunktionen zusammen, wird zu jeder separat eine partikuläre Lösung berechnet.

Ein harmonischer, d. h. sinusförmiger Verlauf der Störfunktion ist bei elektrotechnischen Anwendungen besonders häufig. In diesem Fall ist es zweckmäßig, die partikuläre Lösung nicht mit Hilfe des Ansatzes, sondern über die komplexe Wechselstromrechnung zu bestimmen. Diese wird in Abschnitt 2.2 behandelt.

(iii) *Allgemeine Lösung* : Dieser Schritt ist besonders einfach. Homogene und partikuläre Lösung bilden als Summe die allgemeine Lösung.

$$y_a = y_h + y_p \quad . \tag{2.18}$$

(iv) *Spezielle Lösung* : Die homogene Lösung (2.9) enthält noch unbekannte Konstanten. Ihre Anzahl entspricht der Ordnung der Differentialgleichung. Die Bestimmung erfolgt mit Hilfe von *Anfangsbedingungen* . Es müssen die Funktion und Ableitungen zum Wert der Variablen $x = 0$ bekannt sein. Sie werden in die allgemeine Lösung (2.18) eingesetzt und bilden somit ein lineares Gleichungssystem für die offenen Konstanten. Wie man ohne Weiteres erkennt, bestimmt auch hier die Ordnung der Differentialgleichung die Anzahl der erforderlichen Anfangsbedingungen.

2.1.3 Beispiele

(i) Gegeben sei die lineare Differentialgleichung dritter Ordnung

$$\frac{d^3 y}{dx^3}+8\frac{d^2 y}{dx^2}+19\frac{dy}{dx}+12y = 1-e^{-2x} \tag{2.19}$$

mit den drei Anfangsbedingungen

$$\begin{aligned} y(0) &= 0 \\ \left.\frac{dy}{dx}\right|_{x=0} &= 0 \\ \left.\frac{d^2 y}{dx^2}\right|_{x=0} &= 0 \end{aligned} \quad . \tag{2.20}$$

Die charakteristische Gleichung lautet

$$\lambda^3+8\lambda^2+19\lambda+12 = 0 \quad , \tag{2.21}$$

sie führt auf die Eigenwerte

$$\begin{aligned} \lambda_{01} &= -1 \\ \lambda_{02} &= -3 \\ \lambda_{03} &= -4 \end{aligned} \tag{2.22}$$

und damit auf die homogene Lösung

$$y_\mathrm{h} = k_1\cdot e^{-x}+k_2\cdot e^{-3x}+k_3\cdot e^{-4x} \quad . \tag{2.23}$$

Die Störfunktion setzt sich aus zwei Teilfunktionen zusammen, es müssen also zwei partikuläre Lösungen berechnet werden. Für den Funktionsanteil

$$f_1(x) = 1$$

ist eine Konstante

$$y_\mathrm{p1} = \mathrm{K}_1$$

anzusetzen. Alle Ableitungen dieses Ansatzes verschwinden, Einsetzen in (2.19) liefert

$$12\mathrm{K}_1 = 1 \qquad \Rightarrow \qquad y_\mathrm{p1} = \frac{1}{12} \quad . \tag{2.24}$$

Der zweite Funktionsanteil

$$f_2(x) = e^{-2x}$$

erfordert den Ansatz

$$y_\mathrm{p2} = \mathrm{K}_2\cdot e^{-2x} \quad .$$

Dieser wird in (2.19) eingesetzt, es folgt

$$-8\mathrm{K}_2\cdot e^{-2x}+32\mathrm{K}_2\cdot e^{-2x}-38\mathrm{K}_2\cdot e^{-2x}-12\mathrm{K}_2\cdot e^{-2x} = -e^{-2x} \quad .$$

Die letzte Gleichung wird durch e^{-2x} gekürzt, wir erhalten

$$K_2 = \frac{1}{2} \quad . \tag{2.25}$$

Hier ist eine Anmerkung zu machen: Wäre der exponentielle Anteil der Störfunktion schon in der homogenen Lösung enthalten gewesen, so hätte man auch hier die Methode der Variation der Konstanten anwenden müssen.

Nun kann die allgemeine Lösung angegeben werden:

$$y_a = k_1 \cdot e^{-x} + k_2 \cdot e^{-3x} + k_3 \cdot e^{-4x} + \frac{1}{12} + \frac{1}{2} \cdot e^{-2x} \tag{2.26}$$

Zur Ausnutzung der Anfangsbedingungen sind die erste und die zweite Ableitung zu berechnen.

$$\begin{aligned} \frac{d y_a}{d x} &= -k_1 e^{-x} - 3k_2 e^{-3x} - 4k_3 e^{-4x} - e^{-2x} \\ \frac{d^2 y_a}{d x^2} &= k_1 e^{-x} + 9k_2 e^{-3x} + 16 k_3 e^{-4x} + 2 e^{-2x} \end{aligned} \tag{2.27}$$

Die Anfangsbedingungen (2.20) führen nun auf

$$\begin{aligned} y(0) &= k_1 + k_2 + k_3 + \frac{1}{12} + \frac{1}{2} &= 0 \\ \left.\frac{d y_a}{d x}\right|_{x=0} &= -k_1 - 3k_2 - 4k_3 - 1 &= 0 \quad , \\ \left.\frac{d^2 y_a}{d x^2}\right|_{x=0} &= k_1 + 9k_2 + 16k_3 + 2 &= 0 \end{aligned} \tag{2.28}$$

womit ein lineares Gleichungssystem für die Konstanten gefunden ist. Es wird nach einem gängigen Verfahren, etwa dem GAUSSschen Algorithmus oder der CRAMERschen Regel gelöst. Für unser Beispiel folgt

$$\begin{aligned} k_1 &= -\frac{1}{3} \\ k_2 &= -\frac{1}{3} \quad , \\ k_3 &= \frac{1}{12} \end{aligned}$$

womit die spezielle Lösung

$$y(x) = -\frac{1}{3} \cdot e^{-x} - \frac{1}{3} \cdot e^{-3x} + \frac{1}{12} \cdot e^{-4x} + \frac{1}{12} + \frac{1}{2} \cdot e^{-2x} \tag{2.29}$$

gefunden ist. In Bild 2-1 ist der Funktionsverlauf grafisch dargestellt. Die Kurve beginnt bei dem Funktionswert $y = 0$ mit horizontaler Tangente. Daran sind die beiden ersten Anfangsbedingungen zu erkennen. Die dritte Anfangsbedingung kann man dem Bild nicht entnehmen.

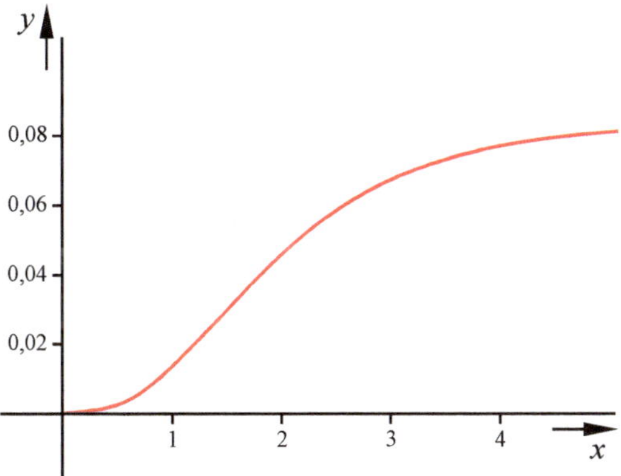

Bild 2-1 Funktionsverlauf

(ii) Im Netzwerk nach Bild 2-2 wird zum Zeitpunkt $t = 0$ der Schalter geöffnet, nachdem er zuvor lange Zeit geschlossen war. Der anschließende Verlauf der Kapazitätsspannung u_C soll für unterschiedliche Kombinationen von Bauteilewerten berechnet werden. Nach Öffnen des Schalters liegt ein sich selbst überlassener Reihenschwingkreis vor. Der Induktivitätsstrom i_L schließt sich über die beiden Widerstände und die Kapazität C. Somit gilt

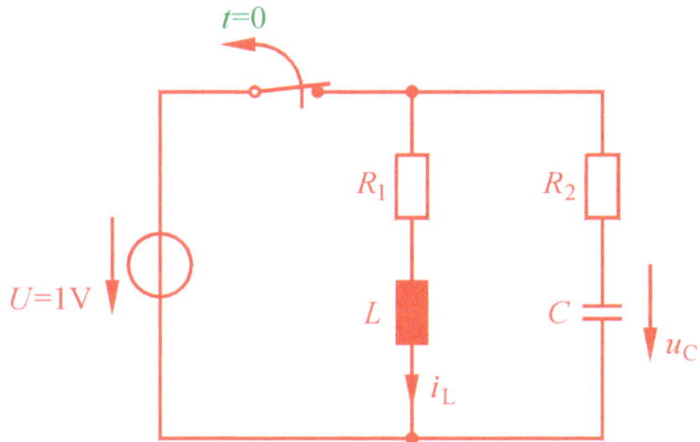

Bild 2-2 Elektrisches Netzwerk

$$i_L = -C\frac{du_C}{dt} \quad , \tag{2.30}$$

und die Maschengleichung

$$(R_1 + R_2)i_L + L\frac{di_L}{dt} - u_C = 0 \tag{2.31}$$

kann in der Form

$$LC\frac{d^2 u_C}{dt^2} + (R_1 + R_2)C\frac{du_C}{dt} + u_C = 0 \tag{2.32}$$

geschrieben werden. Dies ist eine homogene Differentialgleichung 2. Ordnung. Nun empfiehlt sich die Einführung der normierten Zeit τ und des sogenannten *Güteparameters* Q gemäß

$$\begin{aligned} \tau &:= \frac{t}{\sqrt{LC}} \\ Q &:= \frac{1}{R_1 + R_2}\sqrt{\frac{L}{C}} \end{aligned} \quad , \tag{2.33}$$

woraus sich die Konsequenzen

$$\begin{aligned} \frac{\mathrm{d}}{\mathrm{d}t} &= \frac{\mathrm{d}}{\mathrm{d}\tau}\cdot\frac{\mathrm{d}\tau}{\mathrm{d}t} = \frac{1}{\sqrt{LC}}\cdot\frac{\mathrm{d}}{\mathrm{d}\tau} \\ \frac{\mathrm{d}^2}{\mathrm{d}t^2} &= \frac{1}{LC}\cdot\frac{\mathrm{d}^2}{\mathrm{d}\tau^2} \end{aligned} \quad , \tag{2.34}$$

und die normierte Differentialgleichung

$$\frac{\mathrm{d}^2\tilde{u}_\mathrm{C}}{\mathrm{d}\tau^2} + \frac{1}{Q}\frac{\mathrm{d}\tilde{u}_\mathrm{C}}{\mathrm{d}\tau} + \tilde{u}_\mathrm{C} = 0 \tag{2.35}$$

ergeben. Hierbei ist $\tilde{u}_\mathrm{C}$ die gemäß

$$\tilde{u}_\mathrm{C}(\tau) = u_\mathrm{C}(t) \quad \text{für} \quad \tau = \frac{t}{\sqrt{LC}} \tag{2.36}$$

mit u_C korrespondierende Funktion in der normierten Zeit. Die charakteristische Gleichung lautet

$$\lambda^2 + \frac{1}{Q}\cdot\lambda + 1 = 0 \quad , \tag{2.37}$$

sie hat die Lösungen

$$\lambda_{01,2} = \frac{-1 \pm \sqrt{1-4Q^2}}{2Q} \quad . \tag{2.38}$$

Für den weiteren Lösungsweg wollen wir uns zunächst auf die Bauteilekombination

$$\begin{aligned} L &= 1\,\mu\mathrm{H} & C &= 1\,\mu\mathrm{F} \\ R_1 &= 0{,}4\,\Omega & R_2 &= 2{,}1\,\Omega \end{aligned} \tag{2.39}$$

festlegen. Für Güte und Eigenwerte ergeben sich

$$Q = 0{,}4 \qquad \lambda_{01} = -0{,}5 \qquad \lambda_{02} = -2 \quad , \tag{2.40}$$

die homogene Lösung lautet

$$\tilde{u}_\mathrm{C}(\tau) = k_1\cdot\mathrm{e}^{-0{,}5\tau} + k_2\cdot\mathrm{e}^{-2\tau} \quad , \tag{2.41}$$

sie setzt sich also nur aus abklingenden e-Funktionen zusammen. Man spricht von *starker Dämpfung* oder dem *aperiodischen Fall*. Er ist für den Fachmann daran erkennbar, dass die Güte kleiner als 0,5 ist. Zur Bestimmung der noch offenen Konstanten k_1 und

k_2 müssen Anfangsbedingungen gefunden werden. Dazu macht man sich den Umstand zu Nutze, dass Kapazitätsspannung u_C und Induktivitätsstrom i_L stetig verlaufen müssen, da sie die in dem jeweiligen reaktiven Element gespeicherte Energie beschreiben. Wie man dem Schaltbild 2-2 sofort ansieht, gilt unmittelbar vor Öffnen des Schalters

$$u_C(0) = U = 1\,\text{V} \qquad i_L(0) = \frac{U}{R_1} = 2{,}5\,\text{A} \quad . \tag{2.42}$$

Mit der Strom-Spannungs-Beziehung an der Kapazität (2.3) folgt daraus für die normierte Größe

$$\begin{aligned} \tilde{u}_C(0) &= 1\,\text{V} \\ \left.\frac{\mathrm{d}\tilde{u}_C}{\mathrm{d}\tau}\right|_{\tau=0} &= -2{,}5\,\text{V} \end{aligned} \quad . \tag{2.43}$$

Damit lässt sich die spezielle Lösung berechnen.

$$\tilde{u}_C(\tau) = -\frac{1}{3}\text{V}\cdot \mathrm{e}^{-0{,}5\tau} + \frac{4}{3}\text{V}\cdot \mathrm{e}^{-2\tau} \tag{2.44}$$

Der Verlauf nach Entnormierung ist in Bild 2-3 zu sehen (grüne Kurve). Wie man sieht, besitzt er einen Unterschwinger, was den kritischen Leser in Anbetracht des aperiodischen Falls ungläubig stimmen wird. Aperiodisch bedeutet nicht, dass es überhaupt keine Über- oder Unterschwinger gibt, sondern nur, dass deren Anzahl endlich ist. Im Fall des Systems 2. Ordnung kann es maximal einer sein. Ob er überhaupt vorhanden ist, hängt von der Konstellation der Anfangsbedingungen ab.

Nun soll das Einschwingverhalten für die Bauteilekombination

$$\begin{aligned} L &= 1\,\mu\text{H} & C &= 1\,\mu\text{F} \\ R_1 &= 0{,}4\,\Omega & R_2 &= 0{,}1\,\Omega \end{aligned} \tag{2.45}$$

untersucht werden. Für Güte und Eigenwerte erhalten wir hier

$$Q = 2 \qquad \lambda_{01} = -\frac{1}{4} + \mathrm{j}\frac{\sqrt{15}}{4} \qquad \lambda_{02} = -\frac{1}{4} - \mathrm{j}\frac{\sqrt{15}}{4} \quad , \tag{2.46}$$

die homogene Lösung lautet formal

$$\tilde{u}_C(\tau) = (k_R + \mathrm{j}k_I)\cdot \mathrm{e}^{\left(-\frac{1}{4}+\mathrm{j}\frac{\sqrt{15}}{4}\right)\tau} + (k_R - \mathrm{j}k_I)\cdot \mathrm{e}^{\left(-\frac{1}{4}-\mathrm{j}\frac{\sqrt{15}}{4}\right)\tau} \quad . \tag{2.47}$$

Auch hier gelten die Anfangsbedingungen (2.42). Etwas aufwändige Rechnung führt auf

$$k_R = 0{,}5\,\text{V} \qquad k_I = \frac{4{,}5\,\text{V}}{\sqrt{15}} \quad . \tag{2.48}$$

Durch Ausklammern des gemeinsamen Faktors $\mathrm{e}^{-\frac{\tau}{4}}$ und Anwendung der Konsequenzen aus der EULERschen Formel (2.14) erhalten wir schließlich

$$\tilde{u}_C(\tau) = \mathrm{e}^{-\frac{\tau}{4}}\cdot\left(1\,\text{V}\cdot\cos\frac{\sqrt{15}}{4}\tau - \frac{9\,\text{V}}{\sqrt{15}}\cdot\sin\frac{\sqrt{15}}{4}\tau\right) \quad . \tag{2.49}$$

Wir haben es nun mit einer gedämpften Schwingung zu tun, man spricht vom *periodischen Fall* , der an einer Güte Q größer 0,5 erkennbar ist. Der Verlauf ist in Bild 2-3 eingezeichnet (rote Kurve). Man wird sich wundern, dass zum Zeitpunkt $t \approx 1{,}8\mu s$ der Betrag der Kapazitätsspannung mit mehr als $1{,}5V$ größer ist als zu Beginn des Einschwingvorgangs und mag darin eine Verletzung der Energiebilanz vermuten. Dieses Phänomen lässt sich ganz leicht erklären: Anfangs ist sowohl in dem geladenen Kondensator als auch in der stromdurchflossenen Spule Energie gespeichert. Diese wird im Folgenden zwischen den Energieträgern ausgetauscht und nach und nach in den Widerständen verbraucht. Zum betrachteten Zeitpunkt ist die komplette verbliebene Energie im Kondensator gespeichert. An der horizontalen Tangente des Spannungsverlaufs ist zu erkennen, dass der Strom zu diesem Zeitpunkt verschwindet.

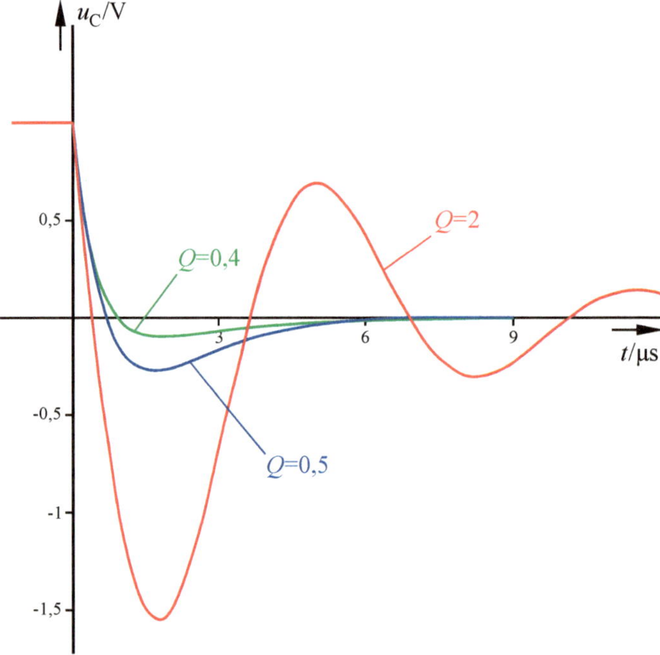

Bild 2-3 Spannungsverläufe

In einem letzten Experiment nehmen wir uns die Bauteilekombination

$$\begin{aligned} L &= 1\mu H \qquad & C &= 1\mu F \\ R_1 &= 0{,}4\Omega \qquad & R_2 &= 1{,}6\Omega \end{aligned} \tag{2.50}$$

vor. Für Güte und Eigenwerte ergibt sich

$$Q = 0{,}5 \qquad \lambda_{01} = \lambda_{02} = -1 \quad . \tag{2.51}$$

Die beiden Eigenwerte fallen zusammen, also ist die Methode der Variation der Konstanten anzuwenden, die homogene Lösung lautet allgemein

$$\tilde{u}_C(\tau) = k_1 \cdot e^{-\tau} + k_2 \tau \cdot e^{-\tau} \quad . \tag{2.52}$$

Es sind nochmals die Anfangsbedingungen (2.43) anzuwenden, und damit gelangt man zu

$$\tilde{u}_{\mathrm{C}}(\tau) = 1\mathrm{V}\cdot(1-1{,}5\tau)\cdot \mathrm{e}^{-\tau} \quad . \tag{2.53}$$

Auch dieser Verlauf ist in Bild 2-3 eingezeichnet (blaue Kurve); man erkennt wieder einen Unterschwinger, der sich durch die spezielle Konstellation der Anfangsbedingungen erklärt. Man spricht hier vom *aperiodischen Grenzfall* .

2.2 Die komplexe Wechselstromrechnung

Wir betrachten ein lineares elektrisches Netzwerk, welches von einer harmonischen Wechselspannungsquelle

$$u_{\mathrm{S}}(t) = \hat{u}_{\mathrm{S}}\cdot\cos(\omega t+\varphi) \quad . \tag{2.54}$$

gespeist wird. Hierbei bezeichnet $\hat{u}_{\mathrm{S}}$ die Amplitude der Spannung, ω die Kreisfrequenz der Schwingung ($\omega = 2\pi f$), und φ die Phasenlage in Bezug auf den Zeitnullpunkt. Der Index S steht für *source* . Linear bedeutet in diesem Zusammenhang, dass alle enthaltenen Bauteile durch lineare Strom-Spannungs-Beziehungen beschrieben werden. Für Widerstände, Kapazitäten, Induktivitäten und Übertrager trifft dies zu, ebenso für gesteuerte Quellen, die zur Modellierung von aktiven Schaltungsteilen herangezogen werden. Die Analyse - also die Berechnung irgendeines Strom- oder Spannungsverlaufs - könnte wie im vorigen Abschnitt beschrieben über Differentialgleichungen erfolgen. Das Ergebnis wäre die Summe aus der homogenen und der partikulären Lösung. Die homogene wäre exponentiell abklingend, also für größere Zeiten vernachlässigbar und wird deshalb auch *flüchtiger Anteil* genannt. Die partikuläre wäre eine Schwingung der Kreisfrequenz ω , gekennzeichnet durch Amplitude und Phase. Diese Schwingung hält so lange an, wie die Quelle arbeitet. Sie wird deshalb *stationärer Anteil* genannt. Man spricht vom *eingeschwungenen Zustand* , wenn nur dieser Lösungsanteil relevant ist. Die stationäre Lösung kann mit dem Werkzeug der komplexen Wechselstromrechnung äußerst elegant und einfach gewonnen werden. Die Methode wird im Folgenden beschrieben, auf eine Herleitung wird bewusst verzichtet.

(i) Jeder Zweigspannung und jedem Zweigstrom wird ein *komplexer Zeiger* zugeordnet, also eine komplexe Zahl, die durch ihren Betrag und ihr Argument gekennzeichnet ist. Hierbei verwendet man als Betrag den Effektivwert der Schwingung, als Argument die Phase.

$$\begin{aligned} u_{\nu}(t) &= \hat{u}_{\nu}\cdot\cos(\omega t+\varphi_{\nu}) && \Rightarrow && \underline{U}_{\nu} = U_{\nu}\cdot \mathrm{e}^{\mathrm{j}\varphi_{\nu}} \\ i_{\mu}(t) &= \hat{\imath}_{\mu}\cdot\cos(\omega t+\varphi_{\mu}) && \Rightarrow && \underline{I}_{\mu} = I_{\mu}\cdot \mathrm{e}^{\mathrm{j}\varphi_{\mu}} \\ U_{\nu} &= \frac{\hat{u}_{\nu}}{\sqrt{2}} && && I_{\mu} = \frac{\hat{\imath}_{\mu}}{\sqrt{2}} \end{aligned} \quad . \tag{2.55}$$

Die komplexen Zeiger werden durch unterstrichene Großbuchstaben symbolisiert, j ist die sogenannte *imaginäre Einheit* , die Lösung der quadratischen Gleichung

$$\mathrm{j}^2 = -1 \; .^6 \tag{2.56}$$

Die Zeiger beinhalten demnach Information über Effektivwert und Phasenlage der Schwingung, jedoch nicht über die Kreisfrequenz. Diese muss also separat abgespeichert werden. Damit ist ein eindeutiger Zusammenhang zwischen der Schwingung und ihrem komplexen Zeiger hergestellt.

(ii) Die *Knotenregel* (1. KIRCHHOFFsches Gesetz) gilt nicht nur für die Zeitfunktionen, sondern auch für die komplexen Zeiger. Somit liefert jeder Knoten des Netzwerks eine Gleichung der Form

$$\boxed{\sum_{\nu} \underline{I}_{\nu} = 0} \; , \tag{2.57}$$

wobei $\underline{I}_{\nu}$ die Zeiger zu allen Strömen $i_{\nu}(t)$, die den Knoten verlassen, sind.

(iii) Auch die *Maschenregel* (2. KIRCHHOFFsches Gesetz) gilt für die komplexen Zeiger. Jeder geschlossene Weg im Netzwerk (Masche) liefert eine Gleichung der Form

$$\boxed{\sum_{\mu} \underline{U}_{\mu} = 0} \; . \tag{2.58}$$

(iv) Die *Strom-Spannungs-Beziehungen* für alle gängigen Netzwerkelemente sind zusammen mit denen für den Zeitbereich in Tabelle 2.1 zusammengefasst.

Man sieht, dass die Multiplikation eines Zeigers mit $\mathrm{j}\omega$ der Differentiation der korrespondierenden Zeitfunktion äquivalent ist. Dieser Zusammenhang lässt sich ganz leicht verifizieren: Wir bilden

$$\frac{\mathrm{d}}{\mathrm{d}t}\sin(\omega t) = \omega \cdot \cos(\omega t) \; . \tag{2.59}$$

Die Differentiation einer Schwingung bewirkt also eine Multiplikation mit ω und eine Phasenverschiebung um $+90°$. Genau dies bringt die Multiplikation mit $\mathrm{j}\omega$ in der Zeigerwelt zum Ausdruck. Hierin liegt der große Vorteil der komplexen Wechselstromrechnung. Differentialgleichungen gehen in gewöhnliche algebraische Gleichungen über. Weiter erkennt man, dass jeder Zweipol durch das Verhältnis aus Spannungszeiger und Stromzeiger charakterisiert werden kann. Dieser dimensionsbehaftete komplexe Wert

$$\underline{Z} = \frac{\underline{U}}{\underline{I}} \tag{2.60}$$

wird *Impedanz* genannt, er hat die Dimension eines Widerstands. Sein Kehrwert

$$\underline{Y} = \frac{1}{\underline{Z}} = \frac{\underline{I}}{\underline{U}} \tag{2.61}$$

heißt *Admittanz* und hat die Dimension eines Leitwerts. Impedanz und Admittanz von Widerstand, Induktivität und Kapazität haben somit die Form

[6] Man schreibt auch $\mathrm{j} = \sqrt{-1}$.

Tabelle 2.1 Strom-Spannungs-Beziehungen

Element	Schaltsymbol	Zeitbereich	Zeigerbereich
Widerstand	$\underline{I}$, i, R, $\underline{U}$, u	$u = R \cdot i$	$\underline{U} = R \cdot \underline{I}$
Induktivität	$\underline{I}$, i, L, $\underline{U}$, u	$u = L \cdot \frac{\mathrm{d}i}{\mathrm{d}t}$	$\underline{U} = \mathrm{j}\omega L \cdot \underline{I}$
Kapazität	$\underline{I}$, i, C, $\underline{U}$, u	$i = C \cdot \frac{\mathrm{d}u}{\mathrm{d}t}$	$\underline{U} = \frac{\underline{I}}{\mathrm{j}\omega C}$
Übertrager, lose gekoppelt	M, $\underline{I}_1$, i_1, $\underline{I}_2$, i_2, L_1, L_2, $\underline{U}_1$, u_1, $\underline{U}_2$, u_2	$u_1 = L_1 \frac{\mathrm{d}i_1}{\mathrm{d}t} + M \frac{\mathrm{d}i_2}{\mathrm{d}t}$ $u_2 = M \frac{\mathrm{d}i_1}{\mathrm{d}t} + L_2 \frac{\mathrm{d}i_2}{\mathrm{d}t}$	$\underline{U}_1 = \mathrm{j}\omega L_1 \underline{I}_1 + \mathrm{j}\omega M \underline{I}_2$ $\underline{U}_2 = \mathrm{j}\omega M \underline{I}_1 + \mathrm{j}\omega L_2 \underline{I}_2$
Übertrager, fest gekoppelt	$\underline{I}_1$, $ü$, $\underline{I}_2$, i_1, i_2, L_1, L_2, $\underline{U}_1$, u_1, $\underline{U}_2$, u_2	$M = \sqrt{L_1 L_2}$ $\Rightarrow$ $\frac{u_1}{u_2} = ü$ [7]	$M = \sqrt{L_1 L_2}$ $\Rightarrow$ $\frac{\underline{U}_1}{\underline{U}_2} = ü$
Übertrager, ideal	$\underline{I}_1$, $ü$, $\underline{I}_2$, i_1, i_2, $\underline{U}_1$, u_1, $\underline{U}_2$, u_2	$\frac{u_1}{u_2} = ü$ $\frac{i_1}{i_2} = -\frac{1}{ü}$	$\frac{\underline{U}_1}{\underline{U}_2} = ü$ $\frac{\underline{I}_1}{\underline{I}_2} = -\frac{1}{ü}$

[7] Mit $ü$ ist das Windungszahlenverhältnis gemeint.

$$\begin{aligned} \underline{Z}_{\mathrm{R}} &= R & \underline{Y}_{\mathrm{R}} &= \frac{1}{R} \\ \underline{Z}_{\mathrm{L}} &= \mathrm{j}\omega L & \underline{Y}_{\mathrm{L}} &= \frac{1}{\mathrm{j}\omega L} \\ \underline{Z}_{\mathrm{C}} &= \frac{1}{\mathrm{j}\omega C} & \underline{Y}_{\mathrm{C}} &= \mathrm{j}\omega C \end{aligned} \quad . \tag{2.62}$$

Die Impedanz einer Reihenschaltung ergibt sich als Summe der Teilimpedanzen, die Admittanz einer Parallelschaltung als Summe der parallel geschalteten Admittanzen. Somit kann jedes elektrische Netzwerk genauso einfach wie im Gleichstromfall analysiert werden. An die Stelle von Gleichspannungen und Gleichströmen treten die komplexen Zeiger zu Wechselspannungen und Wechselströmen, an die Stelle von Widerständen und Leitwerten treten Impedanzen und Admittanzen. Real- und Imaginärteil von Impedanz und Admittanz haben spezielle Namen, die hier noch eingeführt werden. Sei

$$\underline{Z} = R + \mathrm{j}X \qquad \underline{Y} = G + \mathrm{j}B \quad , \tag{2.63}$$

dann heißen

* R die *Resistanz* ,
* X die *Reaktanz* ,
* G die *Konduktanz* ,
* B die *Suszeptanz* .

Als Beispiel wird nun das in Bild 2-4 gezeigte Netzwerk untersucht. Die Quellspannung sei gegeben

$$u_{\mathrm{S}}(t) = \sqrt{2}\,U_{\mathrm{S}} \cdot \cos\left(\omega t + \frac{\pi}{4}\right) \quad , \tag{2.64}$$

gesucht ist der Verlauf des Widerstandsstroms $i_{\mathrm{R}}(\mathrm{t})$ und zwar im eingeschwungenen Zustand. Wir bestimmen zunächst den mit u_{S} korrespondierenden komplexen Zeiger

$$\underline{U}_{\mathrm{S}} = U_{\mathrm{S}} \cdot \mathrm{e}^{\mathrm{j}\frac{\pi}{4}} \quad , \tag{2.65}$$

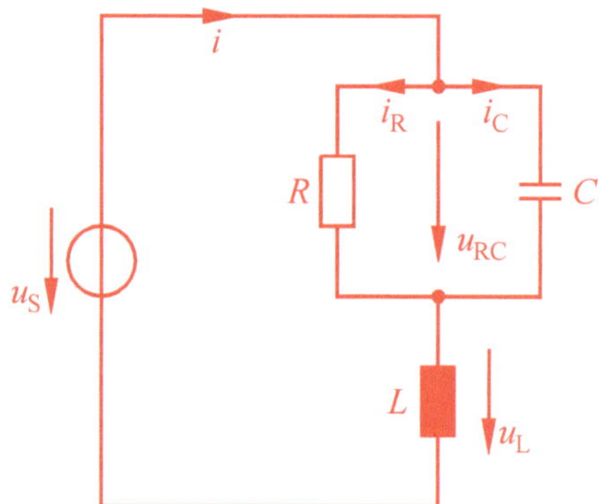

Bild 2-4 Elektrisches Netzwerk

dann die gesamte an die Quelle angeschlossene Impedanz

$$\underline{Z} = \frac{R \cdot \dfrac{1}{\mathrm{j}\omega C}}{R + \dfrac{1}{\mathrm{j}\omega C}} + \mathrm{j}\omega L = \frac{R - \omega^2 RLC + \mathrm{j}\omega L}{1 + \mathrm{j}\omega RC} \quad . \tag{2.66}$$

Der Zeiger des Gesamtstroms lautet somit

$$\underline{I} = \frac{\underline{U}}{\underline{Z}} = \underline{U} \cdot \frac{1 + \mathrm{j}\omega RC}{R - \omega^2 RLC + \mathrm{j}\omega L} \quad . \tag{2.67}$$

Die Stromteilungsgleichung führt auf

$$\underline{I}_{\mathrm{R}} = \underline{I} \frac{\dfrac{1}{\mathrm{j}\omega C}}{R + \dfrac{1}{\mathrm{j}\omega C}} = \frac{\underline{I}}{1 + \mathrm{j}\omega RC} = \frac{\underline{U}}{R - \omega^2 RLC + \mathrm{j}\omega L} \quad . \tag{2.68}$$

Nun müssen Betrag und Argument dieses komplexen Quotienten berechnet werden. Für den Betrag folgt ganz einfach

$$I_{\mathrm{R}} = \frac{U}{\sqrt{\left(R - \omega^2 RLC\right)^2 + (\omega L)^2}} \quad . \tag{2.69}$$

Bei der Bestimmung des Arguments ist zu beachten, dass der Realteil des Nenners in (2.68) positiv oder negativ sein kann, er könnte auch verschwinden. Folglich sind Fallunterscheidungen zu machen:

(i) $R - \omega^2 RLC > 0 \quad \Rightarrow$

$$\varphi_{\mathrm{R}} := \arg \underline{I}_{\mathrm{R}} = \arg \underline{U} - \arctan \frac{\omega L}{R - \omega^2 RLC} = \frac{\pi}{4} - \arctan \frac{\omega L}{R - \omega^2 RLC} \tag{2.70}$$

(ii) $R - \omega^2 RLC < 0 \quad \Rightarrow$

$$\varphi_{\mathrm{R}} = \arg \underline{U} - \arctan \frac{\omega L}{R - \omega^2 RLC} \pm \pi = \frac{3\pi}{4} - \arctan \frac{\omega L}{R - \omega^2 RLC} \tag{2.71}$$

(iii) $R - \omega^2 RLC = 0 \quad \Rightarrow$

$$\varphi_{\mathrm{R}} = \frac{\pi}{4} - \frac{\pi}{2} = -\frac{\pi}{4} \tag{2.72}$$

Damit sind alle Voraussetzungen für die Rückkehr in den Zeitbereich geschaffen, das Ergebnis lautet

$$i_{\mathrm{R}}(t) = \sqrt{2}\, I_{\mathrm{R}} \cdot \cos(\omega t + \varphi_{\mathrm{R}}) \quad . \tag{2.73}$$

Dieses Beispiel macht deutlich, dass der Rechenweg über die komplexe Wechselstromrechnung um Klassen einfacher ist als der über Differentialgleichungen.

Komplexe Zeiger können grafisch visualisiert werden, indem man sie in eine GAUSSsche Zahlenebene einträgt. Man spricht dann von einem *Zeigerdiagramm* . Hierzu müssen Maßstäbe für Spannungen und Ströme festgelegt werden; aus dem Zeigerdiagramm kann man dann sehr schön die Größenverhältnisse und die Phasenlagen der einzelnen Schwingungen ablesen. In adäquater Weise lassen sich Impedanzen und Admittanzen in Zeigerdiagrammen veranschaulichen. Bild 2-5 zeigt ein maßstäbliches Zeigerdiagramm für alle elektrischen Größen aus dem Netzwerk von Bild 2-4, wobei die Zahlenwerte

$$\begin{array}{lll} U = 3\,\mathrm{V} & R = 100\,\Omega & \omega = 2\pi\cdot 10\,\mathrm{kHz} \\ L = 796\,\mu\mathrm{H} & C = 79{,}6\,\mathrm{nF} & \end{array} \qquad (2.74)$$

unterstellt wurden. Damit ergibt sich in Verbindung mit dem gewählten Maßstab für $\underline{U}_{\mathrm{RC}}$ und für $\underline{I}_{\mathrm{R}}$ ein und derselbe Zeiger. Man kann dem Zeigerdiagramm beispielsweise entnehmen, dass die Spannung u_{L} einen Effektivwert von etwa $1{,}85\,\mathrm{V}$ hat und der Quellspannung um einen Winkel von ungefähr $83°$ vorauseilt. Ferner erkennt man, dass der Effektivwert von u_{RC} größer ist als der der Quellspannung. Dieses Phänomen nennt man *Resonanzüberhöhung* . Ferner kann man die Knotengleichung und die Maschengleichung

$$\begin{array}{lll} \underline{I} & = & \underline{I}_{\mathrm{R}} + \underline{I}_{\mathrm{C}} \\ \underline{U}_{\mathrm{S}} & = & \underline{U}_{\mathrm{RC}} + \underline{U}_{\mathrm{L}} \end{array} \qquad (2.75)$$

wunderschön in dem Diagramm grafisch verifizieren, indem man die Zeiger addiert, als seien es Vektoren. Es muss aber ausdrücklich darauf hingewiesen werden, dass komplexe Zeiger keine Vektoren sind; das erkennt man schon an den völlig unterschiedlichen Regeln für Multiplikation und Division. Wir müssen uns damit abfinden, dass sich in der Fachsprache leider der Begriff *vektorielle Darstellung* etabliert hat.

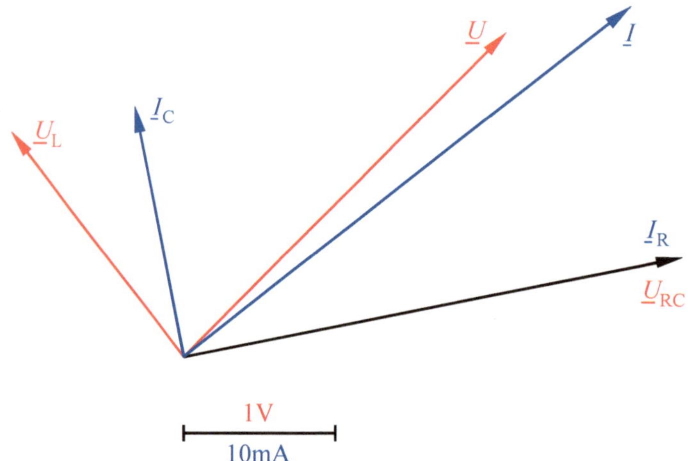

Bild 2-5 Maßstäbliches Zeigerdiagramm zum Netzwerk von Bild 2-4

Häufig hängen die komplexen Zeiger von einem freien Parameter ab - beispielsweise der Kreisfrequenz ω - und zwar sowohl im Betrag als auch in der Winkellage. Die Spitze des Zeigers beschreibt unter dem Einfluss des Parameters eine - gewöhnlich krummlinige - Bahn in der komplexen Ebene. Diese wird *Ortskurve* genannt. Messgeräte der Hochfrequenztechnik stellen Ergebnisse häufig in Form von Ortskurven dar, man vergleiche Bild 5-6. Man sieht dort in einem speziellen aus Kreisen aufgebauten Koordinatensystem eine sich mehrfach durchschlingende Ortskurve. Ortskurven dieser Gestalt sind in der Hochfrequenz-Messtechnik häufig. Bei der Darstellung von Zeigerdiagrammen und Ortskurven ist es eminent wichtig, dass für reelle und imaginäre Achse ein und derselbe Maßstab gewählt wird. Andernfalls stimmen die Winkel nicht. Unterschiedliche Maßstäbe wären vergleichbar einer Landkarte, bei der für die Nord-Süd-Richtung ein anderer Maßstab gewählt wurde als für die Ost-West-Richtung. Kein Mensch könnte sich nach einer solchen Landkarte orientieren. Bei der computergestützten Generierung des Diagramms können daraus Schwierigkeiten erwachsen, da die individuellen Abbildungseigenschaften der Ausgabeeinheit zu berücksichtigen sind.

Für die grafische Darstellung komplexwertiger Resultate - z. B. Frequenzgänge - gibt es verschiedene Möglichkeiten. Naheliegend wäre die Darstellung nach Real- und Imaginärteil in separaten Diagrammen. Diese Form wird in der Praxis ausgesprochen selten angewandt, da sie wenig Aussagekraft besitzt. Eine weitere Möglichkeit ist die Darstellung von Betrag und Argument in separaten Diagrammen. Teilt man hierbei die Frequenz- und die Betragsachse logarithmisch, entsteht das äußerst verbreitete *BODE-Diagramm* , welches in Abschnitt 2.6 ausführlich beschrieben wird. Die dritte Möglichkeit ist die soeben beschrieben Darstellung als Ortskurve. Sie hat den Vorteil, dass sowohl Real- und Imaginärteil als auch Betrag und Argument aus *einem* Diagramm entnommen werden können. Sie hat aber zugleich den Nachteil, dass die Kurve zusätzlich *parametrisiert* werden muss. Bestimmte Punkte der Ortskurve werden markiert und mit dem zugehörigen Wert des Parameters versehen. Zwischen diesen Marken ist zu interpolieren, was in aller Regel nur mit bescheidener Präzision gelingt. Bild 2-6 zeigt den gemessenen Frequenzgang der Impedanz eines Lautsprechers in Form einer parametrisierten Ortskurve. Es ist kaum möglich den Wert von $\underline{Z}$ zum Parameter $f = 2{,}5\text{kHz}$ genau abzulesen.

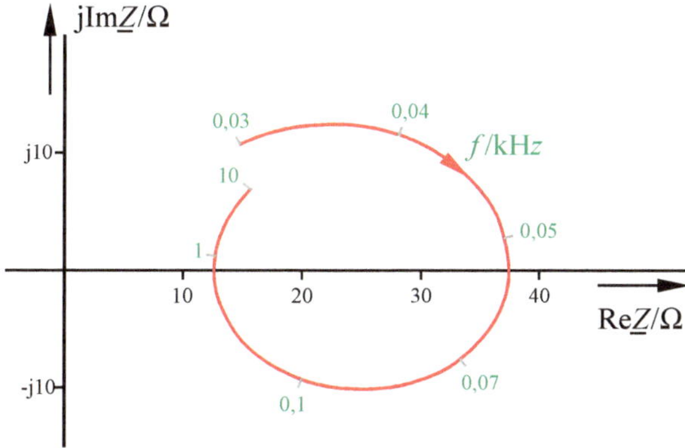

Bild 2-6 Impedanz eines Lautsprechers als parametrisierte Ortskurve

2.3 Logarithmische Übertragungs- und Pegelmaße

2.3.1 Das Übertragungsmaß dB

Wir betrachten zunächst das Verhältnis zweier Leistungen P und P_0 und bilden daraus formal die Größe

$$V_P = 10 \cdot \lg \frac{P}{P_0} \mathrm{dB} \quad , \tag{2.76}$$

wobei lg den dekadischen Logarithmus bezeichnet [8]. Hier könnte beispielsweise P_0 die einem Verstärker am Eingang zugeführte Leistung, P seine Ausgangsleistung sein. Dann ließe sich V_P als Leistungsverstärkung interpretieren. Das Kürzel dB wird *Dezibel* ausgesprochen. Die Betonung liegt auf der ersten und der letzten Silbe; wer das *i* betont, outet sich als blutiger Laie. Es handelt sich hierbei um eine sogenannte *dimensionslose Einheit* ; sie bringt die Rechenvorschrift zum Ausdruck, durch die der resultierende Zahlenwert zu Stande gekommen ist. Die Worthülse *bel* rührt daher, dass dieses Maß ursprünglich als Hausnorm bei der Telefonfirma Bell Laboratories, USA eingeführt wurde. *ALEXANDER BELL* war der Begründer dieses traditionsreichen Unternehmens, er gilt als Erfinder des ersten alltagstauglichen Telefons (siehe dazu auch 1.2 sowie 3.6.2). *Dezi* steht für ein Zehntel, deshalb muss der Logarithmus mit 10 multipliziert werden. So gesehen wäre ein Bel der reine Logarithmus des Leistungsverhältnisses. Diese Einheit ist aber nicht gebräuchlich. Man verwendet das Dezibel, weil sich damit bei elektrotechnischen Anwendungen in aller Regel Zahlenwerte in dem für Menschen bequemen Bereich zwischen 1 und 100 ergeben, eventuell zwischen 0,1 und 1000.

Für die Einführung des Dezibel sprach noch ein weiterer Grund [8]: Schon vorher war in Amerika ein eher willkürlich gewähltes Übertragungsmaß verbreitet, das *standard cable* . Es beschreibt die Dämpfung damals gebräuchlicher Doppelleitungen bei der in der Mitte des Sprachbandes liegenden Frequenz $f = 800\mathrm{Hz}$ über eine Länge von einer amerikanischen Meile und beträgt zufällig ziemlich genau 1dB. Somit mussten sich Ingenieure, die an dieses Maß gewöhnt waren, nicht neu orientieren.

In Europa wurde lange Zeit ein vergleichbares Übertragungsmaß verwendet, es hieß *Neper* , abgekürzt *Np* , und war folgendermaßen definiert:

$$V_P = \ln \frac{P}{P_0} \mathrm{Np} \tag{2.77}$$

Wegen der Verwendung des natürlichen Logarithmus‘ besitzt es gegenüber dem Dezibel gewisse Vorteile. Deshalb hat sich das Neper bei speziellen Entwurfsverfahren, wo eben diese Vorteile von Relevanz sind, gehalten, auch im amerikanischen Raum. Als Übertragungsmaß wurde es jedoch durch das Dezibel vollkommen verdrängt. Messgeräte, die in Neper anzeigen, sind nicht mehr erhältlich.

Um ein Gefühl für das neu eingeführte Maß zu bekommen, werden ein paar ausgewählte Zahlenwerte betrachtet. Sie sind in Tabelle 2.2 zusammengestellt. Man sieht:

* Das Leistungsverhältnis 1 entspricht 0dB.
* Ein positiver Wert von V_P beschreibt ein Leistungsverhältnis größer 1 (Verstärkung).
* Ein negativer Wert von V_P beschreibt ein Leistungsverhältnis kleiner 1 (Abschwächung, Dämpfung).

* Der Kehrwert des Leistungsverhältnisses geht mit dem inversen Wert von V_P einher.
* Der Faktor 2 für das Leistungsverhältnis entspricht in etwa, aber nicht ganz genau, 3dB .
* Jede Zehnerpotenz des Leistungsverhältnisses liefert 10dB .

Zur Ermittlung des Leistungsverhältnisses bei einem gegeben Wert V_P muss (2.5) nach P/P_0 aufgelöst werden. Man schreibt zunächst

$$\frac{V_P}{10\,\mathrm{dB}} = \lg\frac{P}{P_0} \quad .$$

Nun werden beide Gleichungsseiten zur Potenz zur Basis 10 erhoben.

$$10^{\frac{V_P}{10\,\mathrm{dB}}} = 10^{\lg\frac{P}{P_0}}$$

Beachtet man, dass Potenzfunktion 10^x und Logarithmusfunktion $\lg x$ Umkehrfunktionen sind, sich also gegenseitig aufheben, folgt schließlich

$$\boxed{\frac{P}{P_0} = 10^{V_P/10\,\mathrm{dB}}} \quad . \tag{2.78}$$

Tabelle 2.2 Korrespondenzen der Leistungsverstärkung

P/P_0	V_P	P/P_0	V_P
1	0dB	1	0dB
2	3, 0103dB ≈ 3dB	1/2	-3, 0103dB ≈ -3dB
10	10dB	1/10	-10dB
100	20dB	1/100	-20dB
1000	30dB	1/1000	-30dB

Auf dieser Basis ist es leicht möglich, korrespondierende Zahlenwerte abzuschätzen. Sucht man das Leistungsverhältnis zu einen gegebenen Dezibelwert, so zerlegt man diesen in eine Summe aus Vielfachen von ±10dB und ±3dB . Jeder Summand ±10dB liefert einen Faktor 10 bzw. 1/10 , jeder Summand ±3dB trägt mit dem Faktor 2 bzw. 1/2 bei. Machen wir ein Beispiel: Es sei eine Leistungsverstärkung $V_P = 34\mathrm{dB}$ gegeben; sie wird folgendermaßen zerlegt:

$$34\,\mathrm{dB} = (10+10+10+10-3-3)\,\mathrm{dB} \tag{2.79}$$

Für das gesuchte Leistungsverhältnis ergibt sich somit

$$\frac{P}{P_0} = 10\cdot 10\cdot 10\cdot 10\cdot\frac{1}{2}\cdot\frac{1}{2} = 2500 \quad . \tag{2.80}$$

Der umgekehrte Weg verläuft ganz analog. Ein gegebenes Leistungsverhältnis wird in ein Produkt aus Faktoren 10 , 1/10 , 2 und 1/2 zerlegt. V_P ist schließlich die Summe aus den einzelnen vorzeichenrichtig gezählten Dezibelwerten. Sei

$$\frac{P}{P_0} = 800 = 2 \cdot 2 \cdot 2 \cdot 10 \cdot 10 \quad , \tag{2.81}$$

daraus folgt

$$V_\mathrm{P} = (3+3+3+10+10)\mathrm{dB} = 29\,\mathrm{dB} \quad . \tag{2.82}$$

Häufig ist die Ausgangsleistung eines Zweitors systematisch kleiner als die am Eingang. Dieser Leistungsverlust kann physikalisch bedingt sein, das ist beispielsweise bei Signalausbreitung über eine Leitung der Fall. Er kann auch gezielt herbeigeführt sein, etwa zur Unterdrückung unerwünschter Spektralanteile durch Sperrfilter oder bei Schirmungsmaßnahmen. In all diesen Fällen ergäbe sich ein negativer Wert für V_P. Dann ist es üblich, den Kehrwert des Leistungsverhältnisses zu logarithmieren, das Ergebnis heißt die *Dämpfung*.

$$a_\mathrm{P} = 10 \cdot \lg \frac{P_0}{P} \mathrm{dB} = -V_\mathrm{P} \tag{2.83}$$

Eine starke Signalunterdrückung wird somit durch einen hohen positiven Dämpfungswert charakterisiert.

Das Übertragungsmaß dB kann auch auf Spannungen angewandt werden. Betrachtet man zwei unterschiedliche Betriebsfälle bei ein und demselben Widerstand R, so ergibt sich

$$\frac{P}{P_0} = \frac{U^2 / R}{U_0^2 / R} = \left(\frac{U}{U_0}\right)^2 \quad . \tag{2.84}$$

Setzt man dieses unter Beachtung der Rechenregel

$$\log(x^n) = n \cdot \log x \quad . \tag{2.85}$$

in (2.76) ein, so folgt die Spannungsverstärkung

$$\boxed{V_\mathrm{U} = 20 \cdot \lg \frac{U}{U_0} \mathrm{dB}} \tag{2.86}$$

mit der Umkehrformel

$$\boxed{\frac{U}{U_0} = 10^{V_\mathrm{U} / 20\,\mathrm{dB}}} \tag{2.87}$$

Tabelle 2.3 Korrespondenzen der Spannungsverstärkung

U/U_0	V_U	U/U_0	V_U
1	0dB	1	0dB
$\sqrt{2}$	3, 0103dB ≈ 3dB	$1/\sqrt{2}$	-3, 0103dB ≈ -3dB
2	6,0206dB ≈ 6dB	1/2	-6,0206dB ≈ -6dB
10	20dB	1/10	-20dB
100	40dB	1/100	-40dB
1000	60dB	1/1000	-60dB

und einer absolut analogen Definition für die Spannungsdämpfung. In Tabelle 2.3 sind wieder einige charakteristische Werte aufgelistet. Man erkennt hier die Gesetzmäßigkeiten:

* Das Spannungsverhältnis 1 entspricht 0dB.
* Ein positiver Wert von V_U beschreibt ein Spannungsverhältnis größer 1 (Verstärkung).
* Ein negativer Wert von V_U beschreibt ein Spannungsverhältnis kleiner 1 (Abschwächung, Dämpfung).
* Der Kehrwert des Spannungsverhältnisses geht mit dem inversen Wert von V_U einher.
* Der Faktor $\sqrt{2}$ für das Spannungsverhältnis entspricht in etwa, aber nicht ganz genau, 3dB .
* Der Faktor 2 für das Spannungsverhältnis entspricht in etwa, aber nicht ganz genau, 6dB
* Jede Zehnerpotenz des Spannungsverhältnisses liefert 20dB .

Auch hier ist es leicht möglich, korrespondierende Zahlenwerte abzuschätzen. Sucht man das Spannungsverhältnis zu einem gegebenen Dezibelwert, so zerlegt man diesen in eine Summe aus Vielfachen von ±20dB und ±6dB . Jeder Summand ±20dB liefert dann einen Faktor 10 bzw. 1/10 , jeder Summand ±6dB trägt mit dem Faktor 2 bzw. 1/2 bei. Sei beispielsweise eine Spannungsverstärkung $V_U = 54\text{dB}$ gegeben; sie wird folgendermaßen zerlegt:

$$54\,\text{dB} = (20+20+20-6)\text{dB} \quad . \tag{2.88}$$

Für das gesuchte Spannungsverhältnis ergibt sich somit

$$\frac{U}{U_0} = 10 \cdot 10 \cdot 10 \cdot \frac{1}{2} = 500 \quad . \tag{2.89}$$

Der umgekehrte Weg verläuft wieder ganz analog. Ein gegebenes Spannungsverhältnis wird in ein Produkt aus Faktoren 10 , 1/10 , 2 und 1/2 zerlegt. V_U ist dann die Summe aus den einzelnen vorzeichenrichtig gezählten Dezibelwerten. Sei

$$\frac{U}{U_0} = 0{,}025 = \frac{1}{10} \cdot \frac{1}{2} \cdot \frac{1}{2} \quad , \tag{2.90}$$

dann folgt

$$V_U = (-20-6-6)\text{dB} = -32\,\text{dB} \quad . \tag{2.91}$$

In völlig analoger Weise können auch Verhältnisse von Strömen als Dezibel-Werte ausgedrückt werden.

2.3.2 Dämpfungsmaße

Häufig wird nach der Dämpfung eines Zweitors gefragt; sie ist Ziel einer Rechnung oder Messung [8]. Da die Verhältnisse von Leistungen bzw. Spannungen an Primär- und Sekundärseite gewöhnlich von der äußeren Beschaltung abhängen, ist der einem Zweitor zugeordnete Dämpfungswert nur bei gleichzeitiger Definition der Betriebsbedingungen eindeutig. In diesem Sinne sind unterschiedliche Dämpfungsarten definiert. Sie werden im Folgenden an Hand der in Bild 2-7 gezeigten Beschaltung eingeführt. Demnach wird das Zweitor an seiner Primärseite von einer realen Spannungsquelle mit der Leerlaufspannung $\underline{U}_S$ und dem Innenwiderstand R_S

gespeist, an die Sekundärseite ist ein Verbraucher $\underline{Z}_2$ angeschlossen. Von Interesse sind unter anderem die auf die Primärseite zugeführte Leistung P_1 sowie die an den Verbraucher abgegebene Leistung P_2, wobei es sich jeweils um die Scheinleistung handelt. $\underline{Z}_1$ ist die Impedanz, die an der Primärseite des Zweitors erscheint, wenn es wie gezeigt sekundär mit $\underline{Z}_2$ beschaltet ist. Viele Lehrbücher verwenden im Interesse möglichst hoher Allgemeinheit eine Quelle mit komplexer Innenimpedanz $\underline{Z}_S$. Dies führt bei der Einführung der Betriebsdämpfung zu Problemen, weshalb besagte Werke an dieser Stelle Fehler aufweisen. Bei der Behandlung der Betriebsdämpfung wird genauer darauf eingegangen. Für die Sekundärseite erkennt man sofort den im Folgenden häufig benötigten Zusammenhang

$$P_2 = \frac{U_2^2}{|\underline{Z}_2|} , \tag{2.92}$$

wobei mit U_2 der Effektivwert der Sekundärspannung, also der Betrag des Zeigers $\underline{U}_2$ gemeint ist.

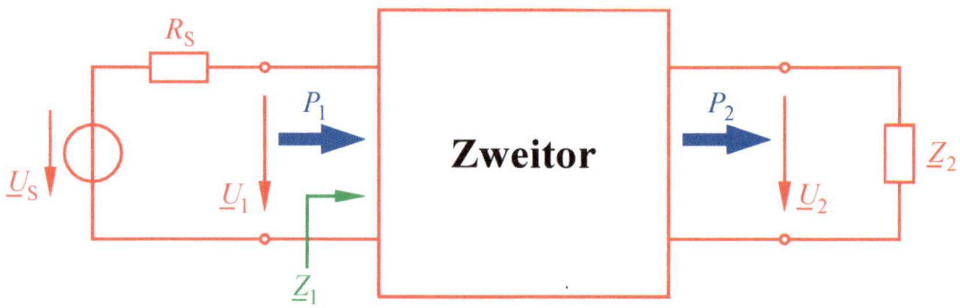

Bild 2-7 Zur Definition der unterschiedlichen Dämpfungsmaße

(i) Die *Einfügungsdämpfung*: Wir beziehen auf die Scheinleistung P_{20}, die der Verbraucher bei direktem Anschluss an die reale Quelle aufnehmen würde (Bild 2-8)

$$P_{20} = \frac{U_{20}^2}{|\underline{Z}_2|} = U_S^2 \frac{|\underline{Z}_2|}{|R_S + \underline{Z}_2|^2} . \tag{2.93}$$

und erhalten

$$\begin{aligned} a_E &= 10 \cdot \lg \frac{P_{20}}{P_2} \mathrm{dB} \\ &= 10 \cdot \lg \left[\left(\frac{U_S}{U_2} \right)^2 \cdot \frac{|\underline{Z}_2|^2}{|R_S + \underline{Z}_2|^2} \right] \mathrm{dB} \\ &= \left[20 \cdot \lg \frac{U_S}{U_2} + 20 \cdot \lg \frac{|\underline{Z}_2|}{|R_S + \underline{Z}_2|} \right] \mathrm{dB} \end{aligned} . \tag{2.94}$$

Wie man sieht, unterscheiden sich die beiden Schaltungen darin, dass in Bild 2-7 das Zweitor *eingefügt* wurde, daher der Name. Für die messtechnische Ermittlung der Dämpfung ist diese Definition ungünstig, da zwei Messungen erforderlich sind, und die Schaltung dazwischen umgebaut werden muss. Von besonderer praktischer Bedeutung ist der Fall, dass Verbraucher und Innenwiderstand den gleichen Wert haben, und dieser reell ist. Man spricht dann von der *Systemimpedanz*

$$R_0 \;:=\; R_S \;=\; \underline{Z}_2 \quad . \tag{2.95}$$

Dann folgt

$$a_E \;=\; 20 \cdot \lg \frac{U_S}{2U_2} \mathrm{dB} \quad . \tag{2.96}$$

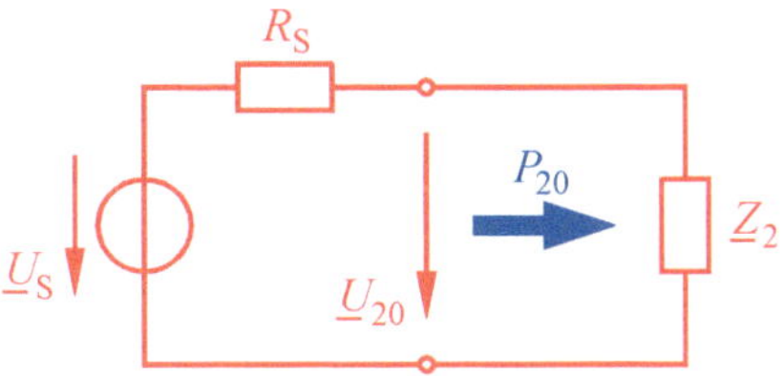

Bild 2-8 Zur Definition der Einfügungsdämpfung

(ii) Die *Betriebsdämpfung* : Hier bildet die maximal verfügbare Leistung der Quelle den Bezugswert. Diese wird bekanntlich im *Anpassungsfall* abgegeben, also dann, wenn die reale Quelle mit ihrem Innenwiderstand belastet ist. Hierzu wäre in Bild 2-8 $\underline{Z}_2$ durch R_S zu ersetzen. Bei komplexer Innenimpedanz $\underline{Z}_S$ ist Anpassung dadurch gekennzeichnet, dass die Quelle mit dem konjugiert komplexen Wert $\underline{Z}_S^*$ beschaltet wird. Hierbei ergibt sich die maximal verfügbare Wirkleistung der Quelle. Da im vorliegenden Fall aber mit Scheinleistungen zu arbeiten ist, wäre es falsch, diesen Wert anzusetzen. Deshalb ist es zweckmäßig, sich auf reelle Quellimpedanzen zu beschränken. Für uns folgt

$$P_0 \;:=\; P_{max} \;=\; \frac{U_S^2}{4R_S} \tag{2.97}$$

und

$$\begin{aligned} a_B &= 10 \cdot \lg \frac{P_0}{P_2} \mathrm{dB} \\ &= 10 \cdot \lg \left[\frac{U_S^2}{4R_S} \cdot \frac{|\underline{Z}_2|}{U_2^2} \right] \mathrm{dB} \\ &= \left[20 \cdot \lg \frac{U_S}{2U_2} + 10 \cdot \lg \frac{|\underline{Z}_2|}{R_S} \right] \mathrm{dB} \end{aligned} \quad . \tag{2.98}$$

Bei Kenntnis der Quelle kann a_B demnach allein durch Messung von P_2 bestimmt werden, es ist also nur eine Messung erforderlich. Der Sonderfall $\underline{Z}_2 = R_S$ liefert hier das gleiche Ergebnis wie für die Einfügungsdämpfung.

$$a_B \;=\; 20 \cdot \lg \frac{U_S}{2U_2} \mathrm{dB} \quad . \tag{2.99}$$

Ein gängiges Messgerät des Hochfrequenztechnikers ist der *Network Analyzer* ; er stellt das Übertragungsverhalten eines Zweitors als Frequenzgang dar und ermittelt konstruktionsbedingt die Betriebsdämpfung. Eine genaue Beschreibung erfolgt in Kapitel 7.

(iii) Die *Wellendämpfung* : Sie ergibt sich ganz einfach dadurch, dass man die Scheinleistungen an Primär- und Sekundärseite des Zweitors ins Verhältnis setzt.

$$a_W = 10 \cdot \lg \frac{P_1}{P_2} \mathrm{dB} \qquad (2.100)$$

Diese Definition ist durch ein spezielles Bauteil der Hochfrequenztechnik motiviert, den sogenannten *Richtkoppler* . Seine Wirkungsweise besteht darin, einen kleinen, aber definierten Teil eines Leistungsflusses zu einem dritten Tor hin auszukoppeln. Versieht man Primär- und Sekundärseite des Zweitors mit identischen Richtkopplern und führt man die ausgekoppelten Signale geeigneten Messgeräten zu, so kann man aus deren Anzeigen auf das interessierende Leistungsverhältnis schließen. Die Messanordnung ist schematisch in Bild 2-9 dargestellt. Das Verfahren wird in Abschnitt 4.3.12 genau beschrieben.

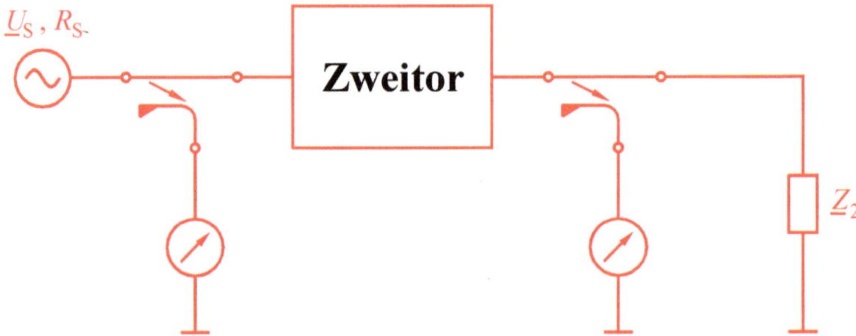

Bild 2-9 Anordnung zur Messung der Wellendämpfung mit Richtkopplern

Gleichung (2.100) lässt sich folgendermaßen umformen:

$$\begin{aligned} a_W &= 10 \cdot \lg \left[\frac{U_1^2}{|\underline{Z}_1|} \cdot \frac{|\underline{Z}_2|}{U_2^2} \right] \mathrm{dB} \\ &= \left[20 \cdot \lg \frac{U_1}{U_2} + 10 \cdot \lg \frac{|\underline{Z}_2|}{|\underline{Z}_1|} \right] \mathrm{dB} \end{aligned} \quad . \qquad (2.101)$$

Im Spezialfall $\underline{Z}_1 = \underline{Z}_2 = R_S$ wird

$$\underline{U}_1 = \frac{\underline{U}_S}{2} \qquad (2.102)$$

und somit

$$\boxed{a_W = 20 \cdot \lg \frac{U_S}{2U_2} \mathrm{dB} = a_E = a_B \quad \Leftarrow \quad \underline{Z}_1 = \underline{Z}_2 = R_S} \quad . \qquad (2.103)$$

In diesem für die praktische Anwendung äußerst wichtigen Fall ist also keine Unterscheidung zwischen Einfügungsdämpfung, Betriebsdämpfung und Wellendämpfung erforderlich.

2.3.3 Die wichtigsten Pegelmaße

Häufig besteht der Wunsch, nicht nur Verhältnisse, sondern die physikalischen Größen Leistung und Spannung selbst im logarithmischen Maß darzustellen [8]. Dazu wird die jeweilige Größe durch einen Bezugswert dividiert, man sagt normiert. Die resultierende Zahl wird logarithmiert und mit 10 oder 20 multipliziert, je nachdem, ob es sich um eine Leistung oder um eine Spannung handelt. Dahinter schreibt man dB und den Bezugswert, womit die Entstehung wieder eindeutig dokumentiert ist. Der so entstandene Ausdruck heißt *Leistungspegel* bzw. *Spannungspegel* oder nur kurz *Pegel* . Auf diese Weise kann auch ein Strompegel eingeführt werden. Pegel werden im Folgenden mit p symbolisiert, ein Index sorgt für genauere Identifikation. Als Bezugswert könnte generell die Grundeinheit herangezogen werden, das ist aber nicht immer sinnvoll. Vielmehr ist es vorteilhaft, den Bezug der jeweiligen Applikation anzupassen, also in der Größenordnung der zu erwartenden Werte zu wählen. Machen wir Beispiele:

(i) Der Leistung

$$P = 0{,}4\,\mathrm{W} \tag{2.104}$$

kann ein Leistungspegel

$$p_\mathrm{P} = 10 \cdot \lg \frac{0{,}4\,\mathrm{W}}{1\,\mathrm{W}}\,\mathrm{dBW} = -3{,}98\,\mathrm{dBW} \tag{2.105}$$

zugeordnet werden (dBW ist „de-Be-Watt“ auszusprechen). Der Index P bringt zum Ausdruck, dass es sich um einen Leistungspegel handelt, aus diesem Grund musste der Logarithmus mit 10 multipliziert werden. Hinter das dB-Symbol wird W geschrieben, da auf 1W normiert wurde.

(ii) Der Effektivwert der Spannung an einer Empfangsantenne beträgt

$$U = 23\,\mu\mathrm{V} \quad . \tag{2.106}$$

Bei diesem sehr kleinen Wert ist es nicht zweckmäßig, auf die Grundeinheit 1V zu beziehen, man schreibt besser

$$p_\mathrm{U} = 20 \cdot \lg \frac{23\,\mu\mathrm{V}}{1\,\mu\mathrm{V}}\,\mathrm{dB\mu V} = 27{,}2\,\mathrm{dB\mu V} \quad . \tag{2.107}$$

Hier wurde mit 20 multipliziert, da es sich um einen Spannungspegel handelt.

Die Pegelmaße sind aus der Praxis entstanden, deshalb wird gelegentlich gegen die soeben beschriebenen Regeln verstoßen. Unglücklicherweise geschah das gerade bei *den* Pegeln, die am häufigsten verwendet werden. Diese Ausnahmen werden im Folgenden behandelt.

(i) Der Leistungspegel dBm : In der Nachrichten- und Kommunikationstechnik wird gewöhnlich mit recht kleinen Leistungen hantiert, weshalb es zweckmäßig ist, auf 1mW zu beziehen. Der Pegel müsste dann mit dBmW bezeichnet werden. Es hat sich aber eingebürgert, das W zu unterschlagen und kurz dBm zu schreiben. Die Definition lautet also

$$\boxed{p_\mathrm{P} = 10 \cdot \lg \frac{P}{\mathrm{mW}}\,\mathrm{dBm}} \quad . \tag{2.108}$$

dBm ist das am häufigsten verwendete Pegelmaß überhaupt.

(ii) Der Spannungspegel dB : Das Kürzel dB wurde zunächst für ein Übertragungsmaß eingeführt, es wird aber auch ohne weiteren Zusatz zur Kennzeichnung eines bestimmten Spannungspegels verwendet. Was im Einzelfall gemeint ist, muss man dem Zusammenhang entnehmen. Die Definition lautet

$$p_{\mathrm{U}} = 20 \cdot \lg \frac{U}{775\,\mathrm{mV}} \mathrm{dB} \quad . \tag{2.109}$$

775mV ist *die* Spannung, die an einem Widerstand von 600Ω eine Leistung von 1mW hervorruft. 600Ω ist der Wellenwiderstand der klassischen Telefon-Freileitung (über Holzpfosten gespannte Drähte mit Porzellan-Isolatoren) und war damit früher die Systemimpedanz des Telefonnetzes. Wie man sich denken kann, sind bei Verwendung des dB als Spannungspegel Verwirrungen und Missverständnisse jeglicher Art vorprogrammiert. Im Gegenzug wird heute manchmal dB775mV oder dB0,775V geschrieben, was zwar umständlich, aber im Sinne der anfangs eingeführten Regeln korrekt und somit unmissverständlich ist. Die Veranstaltungstechniker schreiben hier dBU statt dB .

(iii) Der *Geräuschpegel* dB(A) : Er dient zur Beschreibung von Lautstärke und eignet sich somit zur quantitativen Charakterisierung von Lärm. Die Verwendung eines logarithmischen Maßes hierfür bietet sich an, da der Mensch logarithmisch empfindet. Als Bezugsgröße wird die Hörschwelle verwendet. Der in Klammern gesetzte Buchstabe A bringt zum Ausdruck, dass das aus dem Schall gebildete elektrische Signal vor der Messung seines Effektivwerts ein sogenanntes *A-Bewertungsfilter* durchläuft. Dieses bildet die menschliche Hörkurve nach, also den Frequenzgang unseres Gehörs. Erst nach dieser Filterung ist der gewonnene Messwert aussagekräftig im Sinne einer empfundenen Lautstärke. A muss in Klammern gesetzt werden, weil es nicht der Bezugswert ist, man würde sonst an einen Strompegel dB-Ampere denken.

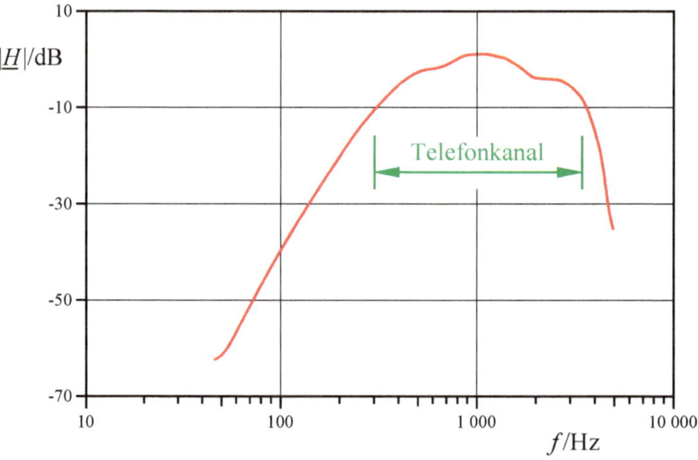

Bild 2-10 Betragsfrequenzgang des A-Bewertungsfilters

Bild 2-10 zeigt den Betragsfrequenzgang des A-Bewertungsfilters, der zugleich als Hörkurve interpretiert werden darf. Der Telefonkanal (300Hz ... 3,4kHz) ist markiert. Dies ist genau der zum Erkennen menschlicher Sprache relevante Spektralbereich. Wie man sieht, liegt hier zugleich die größte Empfindlichkeit des Gehörs. Sprach- und Hörorgan haben sich evolutionär einander angepasst, weil die Kommunikation zu allen Zeiten ein äußerst wichtiges Hilfsmittel des Menschen war.

Die mit einem gegebenen Pegel korrespondierende physikalisch Größe berechnet man wie gehabt durch Umkehrung der Bestimmungsgleichung. So ergibt sich etwa die durch einen Leistungspegel in dBm beschriebene Leistung oder die durch einen Spannungspegel in dB beschriebene Spannung gemäß

$$\begin{aligned} P &= 1\,\mathrm{mW} \cdot 10^{p_\mathrm{P}/10\,\mathrm{dBm}} \\ U &= 775\,\mathrm{mV} \cdot 10^{p_\mathrm{U}/20\,\mathrm{dB}} \end{aligned} \quad . \tag{2.110}$$

Pegelunterschiede werden in dB angegeben, nicht als Differenz der Pegel in ihren Einheiten. Somit ist eine saubere Formulierung im Sinne physikalischer Größengleichungen nicht möglich. Dies wird an Beispielen erläutert.

(i) Der Leistungspegel am Eingang eines Verstärkers betrage -12dBm , der am Ausgang +17dBm . Korrekt könnte man schreiben

$$\Delta p_\mathrm{P} = 17\,\mathrm{dBm} - (-12\,\mathrm{dBm}) = 29\,\mathrm{dBm} \quad . \tag{2.111}$$

Dies ist aber nicht üblich, man sagt hingegen „die Verstärkung beträgt 29dB“. Diese Gepflogenheit ist insofern sinnvoll, als sich die gleiche Verstärkung bei Angabe des Pegels in einem anderen Maß ergeben würde, z. B. in dBW .

(ii) Durch Einbau der *Flüsterbremse* könnte der Bahnlärm im Mittelrheintal um 12dB vermindert werden. Gemeint ist, dass der durch Güterzüge verursachte Lärm von 80dB(A) auf 68dB(A) herabgesetzt würde.

Der Nutzen der Pegelmaße besteht darin, dass sie leicht mit Übertragungsmaßen kombiniert werden können. Dies wurde mit den beiden letzten Beispielen verdeutlicht.

2.3.4 Beispiele

(i) Der Eingangswiderstand eines Verstärkers beträgt 13kΩ . Am Ausgang speist er eine Last von 70Ω . Der Pegel am Eingang wird mit -12dBm angegeben, am Ausgang wurde eine Spannung von 18V gemessen (Effektivwert). Gesucht sind Spannungs- und Leistungsverstärkung in dB .

Aus dem gegebenen Eingangspegel lässt sich leicht die Eingangsleistung ermitteln.

$$P_\mathrm{E} = 1\,\mathrm{mW} \cdot 10^{-12\,\mathrm{dBm}/10\,\mathrm{dBm}} = 63{,}1\,\mu\mathrm{W}$$

In Verbindung mit dem gegebenen Eingangswiderstand folgt daraus

$$U_\mathrm{E} = \sqrt{P_\mathrm{E} \cdot R_\mathrm{E}} = 0{,}906\,\mathrm{V}$$

Die Ausgangsleistung berechnet sich zu

$$P_\mathrm{A} = \frac{U_\mathrm{A}^2}{R_\mathrm{A}} = 4{,}63\,\mathrm{W} \quad .$$

Damit können die gesuchten Verstärkungen angegeben werden:

$$V_U = 20 \cdot \lg \frac{U_A}{U_E} \mathrm{dB} = 26{,}0\,\mathrm{dB}$$

$$V_P = 10 \cdot \lg \frac{P_A}{P_E} \mathrm{dB} = 48{,}7\,\mathrm{dB}$$

Bildet man formal das logarithmierte Widerstandsverhältnis, so ergibt sich

$$V_R = 10 \cdot \lg \frac{R_E}{R_A} \mathrm{dB} = 22{,}7\,\mathrm{dB} \quad ,$$

und das ist nicht per Zufall die Differenz aus Leistungs- und Spannungsverstärkung. Wenn der Verstärker zwischen identischen Widerständen betrieben wird, unterscheiden sich Spannungs- und Leistungsverstärkung nicht.

(ii) Die Frontplatte eines *Power Meters* trägt neben der Eingangsbuchse die Aufschrift **50Ω**. Dies bedeutet, dass das Gerät einen Eingangswiderstand von 50Ω besitzt und somit in einem 50Ω-System einen Abschluss bildet. Die Anzeige ist umschaltbar; der Messwert kann in dBm, dB, dBV, dBμV oder in V angezeigt werden. Gesucht sind die Anzeigen in den unterschiedlichen Pegelmaßen, die sich bei Anlegen einer Spannung von 5,8V (effektiv) einstellen würden.

Die Angabe des Eingangswiderstands führt sofort auf die dem Gerät zugeführte Leistung:

$$P = \frac{(5{,}8\,\mathrm{V})^2}{50\Omega} = 673\,\mathrm{mW}$$

Nun ist die Angabe der verschiedenen Pegel kein Problem mehr.

$$\begin{aligned}
p_P &= 10 \cdot \lg \frac{673\,\mathrm{mW}}{1\,\mathrm{mW}} \mathrm{dBm} &&= 28{,}3\,\mathrm{dBm} \\
p_U &= 20 \cdot \lg \frac{5{,}8\,\mathrm{V}}{775\,\mathrm{mV}} \mathrm{dB} &&= 17{,}5\,\mathrm{dB} \\
&= 20 \cdot \lg \frac{5{,}8\,\mathrm{V}}{1\,\mathrm{V}} \mathrm{dBV} &&= 15{,}3\,\mathrm{dBV} \\
&= 20 \cdot \lg \frac{5{,}8\,\mathrm{V}}{1\,\mu\mathrm{V}} \mathrm{dB}\mu\mathrm{V} &&= 135{,}3\,\mathrm{dB}\mu\mathrm{V}
\end{aligned}$$

Erwartungsgemäß unterscheidet sich der Wert in dBμV von dem in dBV um genau 120dB (6 Zehnerpotenzen der Spannung).

2.4 Zweitortheorie

2.4.1 Einführung

Systeme der Elektrotechnik lassen sich oft in separat zu beschreibende Schaltungsgruppen zerlegen. Besonders häufig bietet sich die Aufteilung in Vierpole an, also Netzwerke, die über genau vier Kontaktstellen mit ihrer Umgebung in Verbindung treten. Fasst man zusätzlich je zwei Pole zu einem Tor zusammen, entsteht ein Zweitor. Für jedes Tor wird eine Spannung definiert sowie ein Strom, der über einen Pol in das Zweitor fließt und es über den anderen wieder verlässt. Die zuletzt genannte Bedingung hat zur Folge, dass Zweitore nicht in beliebiger Weise miteinander verschaltet werden dürfen. Die Tore werden *Primär-* und *Sekundärseite* oder *Eingang* und *Ausgang* genannt. Beispiele für elektrische Zweitore sind

* Leitungen unterschiedlichster Art,
* Filter und Entzerrer,
* Verstärker,
* Übertrager und Transformatoren.

Bild 2-11 zeigt schematisch ein Zweitor mit äußeren elektrischen Größen, die durch komplexe Zeiger beschrieben sind. Es ist in irgendeiner Weise aus passiven und aktiven Elementen aufgebaut. Ziel der folgenden Überlegungen ist eine möglichst kompakte Beschreibung des äußeren Verhaltens solcher Zweitore.

Bild 2-11 Elektrisches Zweitor

2.4.2 Die Impedanzmatrix

Betrachtet man die Ströme als Ursachen und die Spannungen als Wirkungen darauf, ergibt sich folgende Darstellung [9]:

$$\begin{aligned} \underline{U}_1 &= \underline{z}_{11}\underline{I}_1 + \underline{z}_{12}\underline{I}_2 \\ \underline{U}_2 &= \underline{z}_{21}\underline{I}_1 + \underline{z}_{22}\underline{I}_2 \end{aligned} \quad . \tag{2.112}$$

Dieses Gleichungspaar lässt sich in Matrizenschreibweise darstellen, indem man Spannungen und Ströme zu je einem Vektor und die Koeffizienten $\underline{z}_{\mu\nu}$ - die *z-Parameter* - zu einer Matrix zusammenfasst. Damit folgt

$$\begin{pmatrix} \underline{U}_1 \\ \underline{U}_2 \end{pmatrix} = \begin{pmatrix} \underline{z}_{11} & \underline{z}_{12} \\ \underline{z}_{21} & \underline{z}_{22} \end{pmatrix} \cdot \begin{pmatrix} \underline{I}_1 \\ \underline{I}_2 \end{pmatrix} \tag{2.113}$$

oder kompakt

$$\boxed{\underline{\boldsymbol{U}} = \underline{\boldsymbol{Z}} \cdot \underline{\boldsymbol{I}}} \quad . \tag{2.114}$$

Diese Gleichung kann als Erweiterung des OHMschen Gesetzes interpretiert werden. Die Betrachtung der Spannungen als Wirkungen auf die Ströme ist nicht immer korrekt. Bei einem idealen Übertrager gibt es beispielsweise keinen Zusammenhang zwischen Strömen und Spannungen (vgl. Tabelle 2.1). Zu derartigen Zweitoren kann keine Impedanzmatrix angegeben werden. Diese Eigenschaft äußert sich bei der Analyse darin, dass an irgendeiner Stelle durch Null dividiert wird.

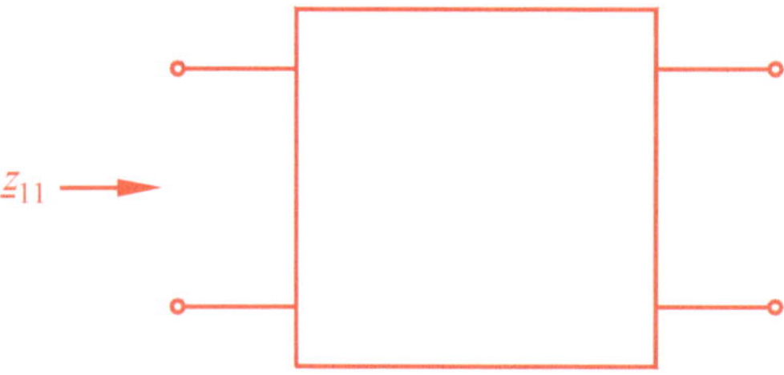

Bild 2-12 Zur Bestimmung von $\underline{z}_{11}$

Das Gleichungspaar (2.112) liefert Regeln zur Berechnung der $\underline{z}_{\mu\nu}$. So ergibt sich $\underline{z}_{11}$ als Quotient aus $\underline{U}_1$ und $\underline{I}_1$ unter der Bedingung, dass $\underline{I}_2$ verschwindet, was durch Betrieb der Sekundärseite im Leerlauf erzwungen werden kann. $\underline{z}_{11}$ ist demnach die Primärimpedanz bei sekundärem Leerlauf, siehe Bild 2-12. Auf diese Weise lassen sich Bestimmungsgleichungen für alle z-Parameter angeben:

$$\begin{aligned} \underline{z}_{11} &= \left.\frac{\underline{U}_1}{\underline{I}_1}\right|_{\underline{I}_2=0} & \underline{z}_{12} &= \left.\frac{\underline{U}_1}{\underline{I}_2}\right|_{\underline{I}_1=0} \\ \underline{z}_{21} &= \left.\frac{\underline{U}_2}{\underline{I}_1}\right|_{\underline{I}_2=0} & \underline{z}_{22} &= \left.\frac{\underline{U}_2}{\underline{I}_2}\right|_{\underline{I}_1=0} \end{aligned} \tag{2.115}$$

Die Gleichungen für die Außerdiagonalelemente $\underline{z}_{12}$ und $\underline{z}_{21}$ bedürfen noch einer Erläuterung. $\underline{z}_{12}$ ergibt sich demnach aus *der* Spannung, die sich an der leerlaufenden Primärseite einstellt, wenn sekundär ein Strom in das Zweitor eingespeist wird. Bild 2-13 veranschaulicht diesen Zusammenhang. $\underline{z}_{21}$ berechnet sich analog. Der Gleichungssatz (2.115) eignet sich nicht nur zur Berechnung der z-Parameter, sondern er liefert auch Vorschriften zu ihrer Messung.

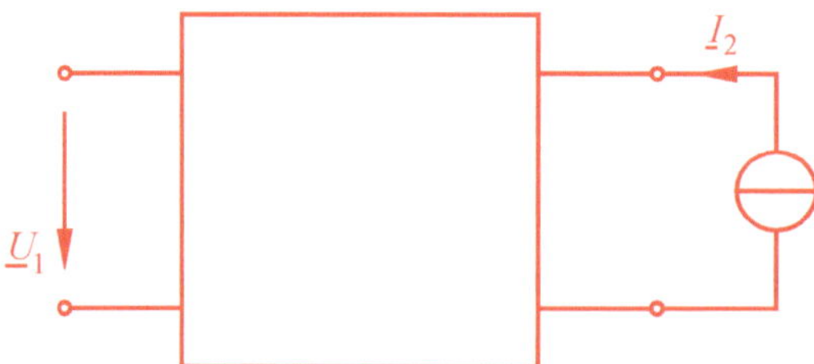

Bild 2-13 Zur Bestimmung von $\underline{z}_{12}$

Es folgt ein Beispiel: Wir betrachten das einfache passive Zweitor nach Bild 2-14. Primärimpedanz bei sekundärem Leerlauf sowie Sekundärimpedanz bei primärem Leerlauf sind, wie man sofort sieht

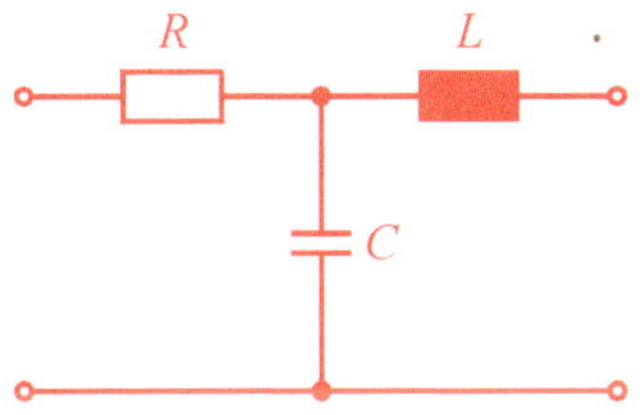

Bild 2-14 Passives Zweitor

$$\underline{z}_{11} = R + \frac{1}{\mathrm{j}\omega C} \qquad \underline{z}_{22} = \mathrm{j}\omega L + \frac{1}{\mathrm{j}\omega C} \quad .$$

Zur Bestimmung von $\underline{z}_{12}$ muss das Zweitor gemäß Bild 2-15 betrieben werden. Der primäre Leerlauf hat zur Folge:

* Der Strom $\underline{I}_2$ schließt sich über L und C .
* Am Widerstand R fällt keine Spannung ab.
* Die Primärspannung $\underline{U}_1$ ist der Spannung an der Kapazität C gleich.

Also folgt

$$\underline{z}_{12} = \frac{\underline{U}_1}{\underline{I}_2} = \frac{\underline{I}_2 \cdot \frac{1}{\mathrm{j}\omega C}}{\underline{I}_2} = \frac{1}{\mathrm{j}\omega C} \quad .$$

Völlig analog erhält man

$$\underline{z}_{21} = \frac{1}{\mathrm{j}\omega C} \quad .$$

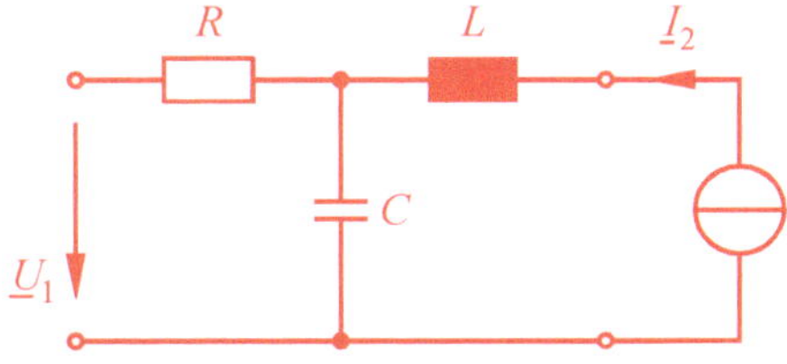

Bild 2-15 Zur Bestimmung von $\underline{z}_{12}$

Die Ergebnisse werden zusammengefasst:

$$\underline{\boldsymbol{Z}} = \begin{pmatrix} R + \frac{1}{\mathrm{j}\omega C} & \frac{1}{\mathrm{j}\omega C} \\ \frac{1}{\mathrm{j}\omega C} & \mathrm{j}\omega L + \frac{1}{\mathrm{j}\omega C} \end{pmatrix} \tag{2.116}$$

Wie man sieht, ist die Impedanzmatrix symmetrisch. Dies ist kein Zufall, sondern Folge eines Lehrsatzes, der hier ohne Beweis angegeben wird:

> Die Impedanzmatrix eines reziproken Zweitors ist symmetrisch.
> Passive Zweitore sind reziprok.

Bild 2-16 zeigt eine Zusammenschaltung von Zweitoren. Sowohl Primär- als auch Sekundärseite haben einen gemeinsamen Strom. Es handelt sich also um eine *Reihenschaltung* . Wir interessieren uns für die Impedanzmatrix $\underline{\boldsymbol{Z}}$ des resultierenden Zweitors. Aus

$$\begin{pmatrix} \underline{U}_1^{(1)} \\ \underline{U}_2^{(1)} \end{pmatrix} = \underline{\boldsymbol{Z}}^{(1)} \cdot \begin{pmatrix} \underline{I}_1 \\ \underline{I}_2 \end{pmatrix} \quad , \quad \begin{pmatrix} \underline{U}_1^{(2)} \\ \underline{U}_2^{(2)} \end{pmatrix} = \underline{\boldsymbol{Z}}^{(2)} \cdot \begin{pmatrix} \underline{I}_1 \\ \underline{I}_2 \end{pmatrix} \tag{2.117}$$

folgt mit

$$\underline{U}_1 = \underline{U}_1^{(1)} + \underline{U}_1^{(2)} \quad , \quad \underline{U}_2 = \underline{U}_2^{(1)} + \underline{U}_2^{(2)} \tag{2.118}$$

für die Zusammenschaltung

$$\boxed{\underline{\boldsymbol{Z}} = \underline{\boldsymbol{Z}}^{(1)} + \underline{\boldsymbol{Z}}^{(2)}} \quad . \tag{2.119}$$

Demnach addieren sich die Impedanzmatrizen in Reihe geschalteter Zweitore. Man kann formal genauso vorgehen wie bei der Reihenschaltung von Widerständen.

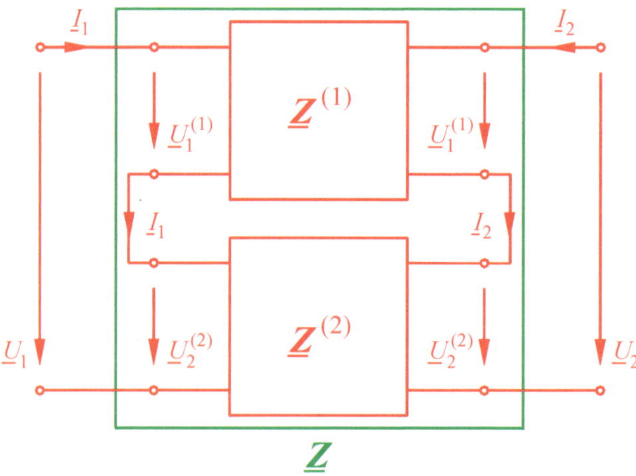

Bild 2-16 Reihenschaltung von Zweitoren

2.4.3 Die Admittanzmatrix

Wir betrachten nun die Spannungen als Ursachen und die Ströme als Wirkungen darauf und erhalten [9]

$$\begin{aligned} \underline{I}_1 &= \underline{y}_{11}\underline{U}_1 + \underline{y}_{12}\underline{U}_2 \\ \underline{I}_2 &= \underline{y}_{21}\underline{U}_1 + \underline{y}_{22}\underline{U}_2 \\ \begin{pmatrix} \underline{I}_1 \\ \underline{I}_2 \end{pmatrix} &= \begin{pmatrix} \underline{y}_{11} & \underline{y}_{12} \\ \underline{y}_{21} & \underline{y}_{22} \end{pmatrix} \cdot \begin{pmatrix} \underline{U}_1 \\ \underline{U}_2 \end{pmatrix} \\ \underline{\boldsymbol{I}} &= \underline{\boldsymbol{Y}} \cdot \underline{\boldsymbol{U}} \end{aligned} \quad . \tag{2.120}$$

Hier kann man wieder Bestimmungsgleichungen für die y-Parameter und Vorschriften für ihre Messung entnehmen:

$$\underline{y}_{11} = \left.\frac{\underline{I}_1}{\underline{U}_1}\right|_{\underline{U}_2=0} \qquad \underline{y}_{12} = \left.\frac{\underline{I}_1}{\underline{U}_2}\right|_{\underline{U}_1=0}$$
$$\underline{y}_{21} = \left.\frac{\underline{I}_2}{\underline{U}_1}\right|_{\underline{U}_2=0} \qquad \underline{y}_{22} = \left.\frac{\underline{I}_2}{\underline{U}_2}\right|_{\underline{U}_1=0} \tag{2.121}$$

Der Forderung $\underline{U}_\nu = 0$ trägt man durch einen Kurzschluss am betreffenden Tor Rechnung. Demnach ist $\underline{y}_{11}$ die Primäradmittanz bei sekundärem Kurzschluss, siehe Bild 2-17.

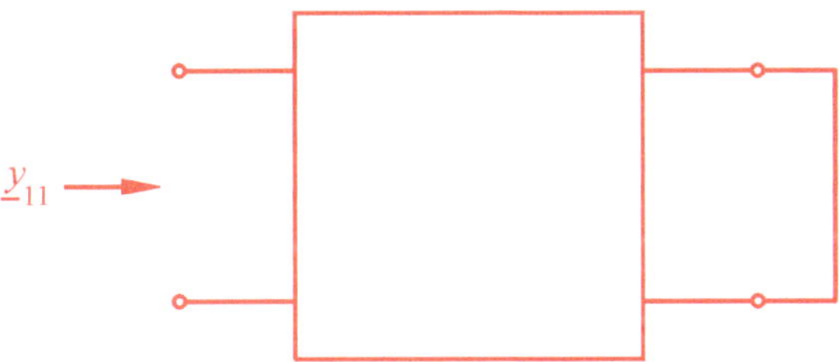

Bild 2-17 Zur Bestimmung von $\underline{y}_{11}$

$\underline{y}_{12}$ berechnet sich aus dem Strom durch einen an der Primärseite angebrachten Kurzschluss, wenn zugleich an die Sekundärseite eine Spannung angelegt wird; analoges gilt für $\underline{y}_{21}$, man vergleiche Bild 2-18. Nach diesen Vorschriften ergibt sich die Admittanzmatrix des Zweitors von Bild 2-14 zu

Bild 2-18 Zur Bestimmung von $\underline{y}_{12}$

$$\underline{\boldsymbol{Y}} = \frac{1}{R(1-\omega^2 LC)+\mathrm{j}\omega L}\begin{pmatrix} 1-\omega^2 LC & -1 \\ -1 & 1+\mathrm{j}\omega RC \end{pmatrix} \tag{2.122}$$

Diese Admittanzmatrix ist symmetrisch. Das ist wieder kein Zufall sondern auch hier gilt allgemein:

> Die Admittanzmatrix eines reziproken Zweitors ist symmetrisch.
> Passive Zweitore sind reziprok.

Bild 2-19 zeigt eine Parallelschaltung von Zweitoren. Wegen

$$\underline{I}_1 = \underline{I}_1^{(1)} + \underline{I}_1^{(2)} \quad , \quad \underline{I}_2 = \underline{I}_2^{(1)} + \underline{I}_2^{(2)} \tag{2.123}$$

folgt für die Admittanzmatrix der Zusammenschaltung

$$\underline{\boldsymbol{Y}} = \underline{\boldsymbol{Y}}^{(1)} + \underline{\boldsymbol{Y}}^{(2)} \quad . \tag{2.124}$$

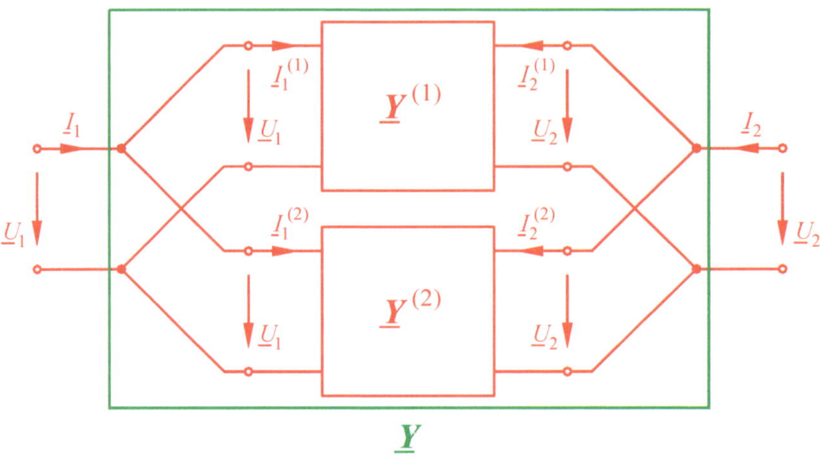

Bild 2-19 Parallelschaltung von Zweitoren

Um einen Zusammenhang zwischen Impedanz- und Admittanzmatrix herzustellen, multiplizieren wir beide Seiten von (2.114) von links mit $\underline{\boldsymbol{Y}}$.

$$\underline{\boldsymbol{Y}} \cdot \underline{\boldsymbol{U}} = \underline{\boldsymbol{Y}} \cdot \underline{\boldsymbol{Z}} \cdot \underline{\boldsymbol{I}} \quad . \tag{2.125}$$

Ein Vergleich mit (2.120) führt auf

$$\underline{\boldsymbol{Y}} \cdot \underline{\boldsymbol{Z}} = \mathbf{E} \quad , \tag{2.126}$$

wobei mit $\mathbf{E}$ die Einheitsmatrix gemeint ist. Impedanz- und Admittanzmatrix sind also zueinander invers.

$$\underline{\boldsymbol{Y}} = \underline{\boldsymbol{Z}}^{-1} \qquad \underline{\boldsymbol{Z}} = \underline{\boldsymbol{Y}}^{-1} \tag{2.127}$$

Es ist wieder einmal eine Verwandtschaft zur herkömmlichen Schaltungslehre erkennbar. Im Detail bedeutet das

$$\underline{\boldsymbol{Y}} = \frac{1}{\det \underline{\boldsymbol{Z}}} \begin{pmatrix} \underline{z}_{22} & -\underline{z}_{12} \\ -\underline{z}_{21} & \underline{z}_{11} \end{pmatrix} \quad , \quad \underline{\boldsymbol{Z}} = \frac{1}{\det \underline{\boldsymbol{Y}}} \begin{pmatrix} \underline{y}_{22} & -\underline{y}_{12} \\ -\underline{y}_{21} & \underline{y}_{11} \end{pmatrix} \quad . \tag{2.128}$$

Daran erkennt man, dass die Admittanzmatrix nur dann existiert, wenn die Impedanzmatrix invertierbar ist, d.h. wenn ihre Determinante von Null verschieden ist, und umgekehrt. Es wird dem Leser empfohlen, das Resultat (2.126) an Hand des einfachen Beispiels von Bild 2-14 mit den Ergebnissen (2.116) und (2.122) zu verifizieren.

2.4.4 Die Kettenmatrix

Wir verwenden nun eine Beschreibung, bei der die elektrischen Größen in neuer Weise gepaart sind, und zwar fassen wir Strom und Spannung an je einem Tor zu einem Vektor zusammen [9]. Wegen einer speziellen Eigenschaft der Kettenmatrix empfiehlt es sich hier, den Sekundärstrom entgegengesetzt zu orientieren und mit dem Strom

$$\underline{I}_2' = -\underline{I}_2 \tag{2.129}$$

zu arbeiten (siehe Bild 2-20). Die Darstellung lautet dann

Bild 2-20 Elektrische Größen zur Definition der Kettenmatrix

$$\begin{pmatrix} \underline{U}_1 \\ \underline{I}_1 \end{pmatrix} = \begin{pmatrix} \underline{a}_{11} & \underline{a}_{12} \\ \underline{a}_{21} & \underline{a}_{22} \end{pmatrix} \cdot \begin{pmatrix} \underline{U}_2 \\ \underline{I}_2' \end{pmatrix}$$
$$\begin{pmatrix} \underline{U}_1 \\ \underline{I}_1 \end{pmatrix} = \underline{\boldsymbol{A}} \cdot \begin{pmatrix} \underline{U}_2 \\ \underline{I}_2' \end{pmatrix} \quad . \tag{2.130}$$

Für die a-Parameter ergeben sich die Bestimmungsgleichungen

$$\underline{a}_{11} = \left.\frac{\underline{U}_1}{\underline{U}_2}\right|_{\underline{I}_2'=0} \qquad \underline{a}_{12} = \left.\frac{\underline{U}_1}{\underline{I}_2'}\right|_{\underline{U}_2=0}$$
$$\underline{a}_{21} = \left.\frac{\underline{I}_1}{\underline{U}_2}\right|_{\underline{I}_2'=0} \qquad \underline{a}_{22} = \left.\frac{\underline{I}_1}{\underline{I}_2'}\right|_{\underline{U}_2=0} \quad . \tag{2.131}$$

Sie können wie in den vorangegangenen Abschnitten interpretiert werden. $\underline{a}_{11}$ ist das Spannungsverhältnis bei sekundärem Leerlauf, $\underline{a}_{12}$ erhält man aus dem sekundären Kurzschlussstrom, wenn primär eine Spannung angelegt wird usw. Weiter ist zu erkennen, dass die a-Parameter unterschiedliche Dimensionen haben. $\underline{a}_{11}$ und $\underline{a}_{22}$ sind dimensionslos, $\underline{a}_{12}$ hat die Dimension einer Impedanz, $\underline{a}_{21}$ die einer Admittanz. Der Name Kettenmatrix rührt von einer besonderen Eigenschaft in Verbindung mit Kettenschaltungen von Zweitoren, siehe Bild 2-21.

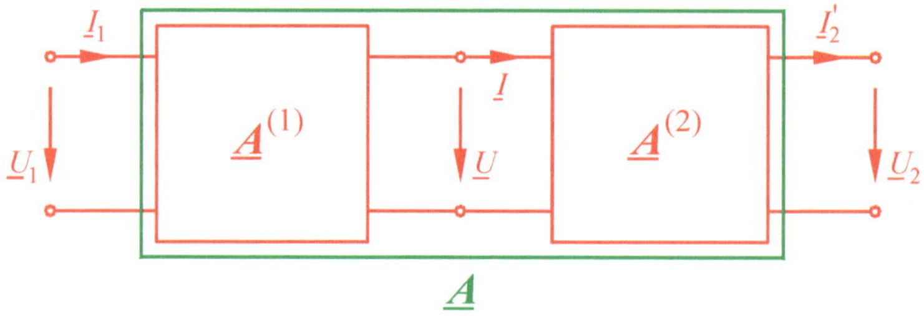

Bild 2-21 In Kette geschaltete Zweitore

Wegen

$$\begin{pmatrix}\underline{U}\\ \underline{I}\end{pmatrix} = \underline{A}^{(2)}\cdot\begin{pmatrix}\underline{U}_2\\ \underline{I}_2\end{pmatrix} \quad , \quad \begin{pmatrix}\underline{U}_1\\ \underline{I}_1\end{pmatrix} = \underline{A}^{(1)}\cdot\begin{pmatrix}\underline{U}\\ \underline{I}\end{pmatrix} \tag{2.132}$$

wird

$$\begin{pmatrix}\underline{U}_1\\ \underline{I}_1\end{pmatrix} = \underline{A}^{(1)}\cdot\underline{A}^{(2)}\cdot\begin{pmatrix}\underline{U}_2\\ \underline{I}_2\end{pmatrix} \tag{2.133}$$

also

$$\boxed{\underline{A} = \underline{A}^{(1)}\cdot\underline{A}^{(2)}} \quad . \tag{2.134}$$

Die Kettenmatrix einer Kettenschaltung ist das Produkt der einzelnen Kettenmatrizen. Die Matrizenmultiplikation ist bekanntlich nicht kommutativ. Die Reihenfolge der Matrizen $\underline{A}^{(1)}$ und $\underline{A}^{(2)}$ in (2.134) darf also nicht vertauscht werden. Dies trägt dem Umstand Rechnung, dass eine Vertauschung der Teilzweitore in Bild 2-21 gewöhnlich mit einem veränderten Verhalten der Zusammenschaltung einhergeht.

Ein Vergleich der Bestimmungsgleichungen für die a-Parameter (2.131) mit denen für die y- und die z-Parameter (2.121), (2.115) führt zunächst auf

$$\begin{aligned} \underline{a}_{11} &= \frac{\underline{z}_{11}}{\underline{z}_{21}} & \underline{a}_{12} &= -\frac{1}{\underline{y}_{21}} \\ \underline{a}_{21} &= \frac{1}{\underline{z}_{21}} & \underline{a}_{22} &= \frac{\underline{y}_{11}}{\underline{y}_{21}} \end{aligned} \quad . \tag{2.135}$$

Drückt man die hier enthaltenen y-Parameter noch vermittels (2.128) durch z-Parameter aus, folgt

$$\underline{a}_{12} = \frac{\det\underline{\boldsymbol{Z}}}{\underline{z}_{21}} \qquad \underline{a}_{22} = \frac{\underline{z}_{22}}{\underline{z}_{21}}$$

zusammengefasst

$$\underline{A} = \frac{1}{\underline{z}_{21}}\begin{pmatrix}\underline{z}_{11} & \det\underline{\boldsymbol{Z}}\\ 1 & \underline{z}_{22}\end{pmatrix} \quad . \tag{2.136}$$

Somit ist eine Formel zur Umrechnung der Impedanzmatrix in die Kettenmatrix gefunden. Bedingung für die Existenz von $\underline{\boldsymbol{A}}$ ist demnach, dass der Parameter $\underline{z}_{21}$ nicht verschwindet. Wir berechnen noch

$$\det \underline{\boldsymbol{A}} = \frac{\underline{z}_{11}\underline{z}_{22} - (\underline{z}_{11}\underline{z}_{22} - \underline{z}_{12}\underline{z}_{21})}{\underline{z}_{21}^2} = \frac{\underline{z}_{12}}{\underline{z}_{21}} \quad . \tag{2.137}$$

Reziproke Zweitore hatten eine symmetrische Impedanzmatrix, für diese folgt also

$$\det \underline{\boldsymbol{A}} = 1 \quad . \tag{2.138}$$

Daraus wird ein für die praktische Anwendung wichtiger Lehrsatz formuliert:

Die Determinante der Kettenmatrix eines reziproken Zweitors hat den Wert 1.
Passive Zweitore sind reziprok.

Unter Ausnutzung dieser Eigenschaft ist es möglich, die Kettenmatrix eines reziproken Zweitors auf der Basis von nur drei Messungen vollständig zu bestimmen. Dies wird bei der Messung von Impedanzen und Reflexionsfaktoren ausgenutzt. Das Verfahren wird in Kapitel 7 genau erläutert.

2.4.5 Weitere Darstellungen

In Verbindung mit Transistorschaltungen wird gerne die sogenannte *Hybridmatrix* verwendet [9]. Hybrid bedeutet in diesem Zusammenhang *von zweierlei Herkunft* . Es wird je eine Spannung mit je einem Strom und je eine Primärgröße mit je einer der Sekundärgröße zu einem Vektor zusammengefasst. Die Darstellung bekommt damit die Form

$$\begin{pmatrix} \underline{U}_1 \\ \underline{I}_2 \end{pmatrix} = \begin{pmatrix} \underline{h}_{11} & \underline{h}_{12} \\ \underline{h}_{21} & \underline{h}_{22} \end{pmatrix} \cdot \begin{pmatrix} \underline{I}_1 \\ \underline{U}_2 \end{pmatrix}$$
$$\begin{pmatrix} \underline{U}_1 \\ \underline{I}_2 \end{pmatrix} = \underline{\boldsymbol{H}} \cdot \begin{pmatrix} \underline{I}_1 \\ \underline{U}_2 \end{pmatrix} \quad . \tag{2.139}$$

Bild 2-22 zeigt einen Transistor in Emitterschaltung, der dadurch zum Zweitor wird. Dessen Hybridmatrix liefert die *h-Parameter* des Transistors. $\underline{h}_{21}$ bezeichnet beispielsweise die Stromverstärkung.

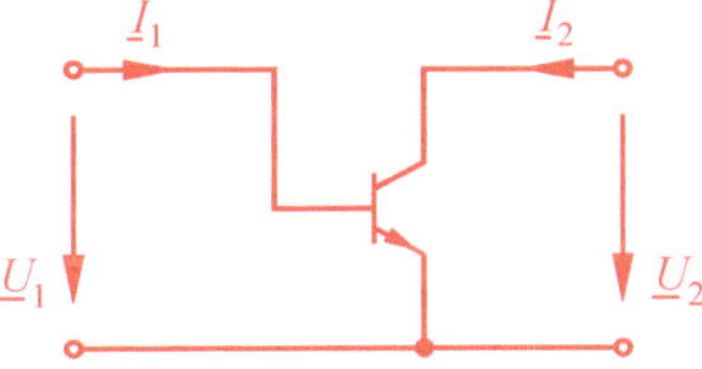

Bild 2-22 Transistor in Emitterschaltung

Mit der inversen Kettenmatrix $\underline{\boldsymbol{B}}$, und der Parallelreihenmatrix $\underline{\boldsymbol{G}}$, die zur Hybridmatrix invers ist, ergeben sich zwei weitere Darstellungsmöglichkeiten. Diese werden aber eher selten verwendet.

$$\begin{aligned} \begin{pmatrix} \underline{U}_2 \\ \underline{I}_2 \end{pmatrix} &= \underline{\boldsymbol{B}} \cdot \begin{pmatrix} \underline{U}_1 \\ \underline{I}_1 \end{pmatrix} \\ \begin{pmatrix} \underline{I}_1 \\ \underline{U}_2 \end{pmatrix} &= \underline{\boldsymbol{G}} \cdot \begin{pmatrix} \underline{U}_1 \\ \underline{I}_2 \end{pmatrix} \end{aligned} \tag{2.140}$$

Damit gibt es insgesamt sechs Varianten zur Beschreibung eines Zweitors. Mindestens eine davon existiert für jedes denkbare elektrische Zweitor.

2.4.6 Umrechnungsformeln

In den Tabellen 2.4 und 2.5 sind alle Umrechnungsformeln der Zweitordarstellungen zusammengefasst [9].

Tabelle 2.4 Umrechnungsformeln für die Zweitordarstellungen, Teil 1

	$\underline{\boldsymbol{Z}}$	$\underline{\boldsymbol{Y}}$	$\underline{\boldsymbol{A}}$
$\underline{\boldsymbol{Z}}$	$\begin{pmatrix} \underline{z}_{11} & \underline{z}_{12} \\ \underline{z}_{21} & \underline{z}_{22} \end{pmatrix}$	$\frac{1}{\det \underline{\boldsymbol{Y}}} \begin{pmatrix} \underline{y}_{22} & -\underline{y}_{12} \\ -\underline{y}_{21} & \underline{y}_{11} \end{pmatrix}$	$\frac{1}{\underline{a}_{21}} \begin{pmatrix} \underline{a}_{11} & \det \underline{\boldsymbol{A}} \\ 1 & \underline{a}_{22} \end{pmatrix}$
$\underline{\boldsymbol{Y}}$	$\frac{1}{\det \underline{\boldsymbol{Z}}} \begin{pmatrix} \underline{z}_{22} & -\underline{z}_{12} \\ -\underline{z}_{21} & \underline{z}_{11} \end{pmatrix}$	$\begin{pmatrix} \underline{y}_{11} & \underline{y}_{12} \\ \underline{y}_{21} & \underline{y}_{22} \end{pmatrix}$	$\frac{1}{\underline{a}_{12}} \begin{pmatrix} \underline{a}_{22} & -\det \underline{\boldsymbol{A}} \\ -1 & \underline{a}_{11} \end{pmatrix}$
$\underline{\boldsymbol{A}}$	$\frac{1}{\underline{z}_{21}} \begin{pmatrix} \underline{z}_{11} & \det \underline{\boldsymbol{Z}} \\ 1 & \underline{z}_{22} \end{pmatrix}$	$\frac{1}{\underline{y}_{21}} \begin{pmatrix} -\underline{y}_{22} & -1 \\ -\det \underline{\boldsymbol{Y}} & -\underline{y}_{11} \end{pmatrix}$	$\begin{pmatrix} \underline{a}_{11} & \underline{a}_{12} \\ \underline{a}_{21} & \underline{a}_{22} \end{pmatrix}$
$\underline{\boldsymbol{H}}$	$\frac{1}{\underline{z}_{22}} \begin{pmatrix} \det \underline{\boldsymbol{Z}} & \underline{z}_{12} \\ -\underline{z}_{21} & 1 \end{pmatrix}$	$\frac{1}{\underline{y}_{11}} \begin{pmatrix} 1 & -\underline{y}_{12} \\ \underline{y}_{21} & \Delta \underline{\boldsymbol{Y}} \end{pmatrix}$	$\frac{1}{\underline{a}_{22}} \begin{pmatrix} \underline{a}_{12} & \det \underline{\boldsymbol{A}} \\ -1 & \underline{a}_{21} \end{pmatrix}$
$\underline{\boldsymbol{B}}$	$\frac{1}{\underline{z}_{12}} \begin{pmatrix} \underline{z}_{22} & -\det \underline{\boldsymbol{Z}} \\ -1 & \underline{z}_{11} \end{pmatrix}$	$\frac{1}{\underline{y}_{12}} \begin{pmatrix} -\underline{y}_{11} & 1 \\ \det \underline{\boldsymbol{Y}} & -\underline{y}_{22} \end{pmatrix}$	$\frac{1}{\det \underline{\boldsymbol{A}}} \begin{pmatrix} \underline{a}_{22} & -\underline{a}_{12} \\ -\underline{a}_{21} & \underline{a}_{11} \end{pmatrix}$
$\underline{\boldsymbol{G}}$	$\frac{1}{\underline{z}_{11}} \begin{pmatrix} 1 & -\underline{z}_{12} \\ \underline{z}_{21} & \det \underline{\boldsymbol{Z}} \end{pmatrix}$	$\frac{1}{\underline{y}_{22}} \begin{pmatrix} \det \underline{\boldsymbol{Y}} & \underline{y}_{12} \\ -\underline{y}_{21} & 1 \end{pmatrix}$	$\frac{1}{\underline{a}_{11}} \begin{pmatrix} \underline{a}_{21} & -\det \underline{\boldsymbol{A}} \\ 1 & \underline{a}_{12} \end{pmatrix}$

Tabelle 2.5 Umrechnungsformeln für die Zweitordarstellungen, Teil 2

	$\underline{\boldsymbol{H}}$	$\underline{\boldsymbol{B}}$	$\underline{\boldsymbol{G}}$
$\underline{\boldsymbol{Z}}$	$\frac{1}{\underline{h}_{22}}\begin{pmatrix}\det\underline{\boldsymbol{H}} & \underline{h}_{12}\\ -\underline{h}_{21} & 1\end{pmatrix}$	$\frac{1}{\underline{b}_{21}}\begin{pmatrix}-\underline{b}_{22} & -1\\ -\det\underline{\boldsymbol{B}} & -\underline{b}_{11}\end{pmatrix}$	$\frac{1}{\underline{g}_{11}}\begin{pmatrix}1 & -\underline{g}_{12}\\ \underline{g}_{21} & \det\underline{\boldsymbol{G}}\end{pmatrix}$
$\underline{\boldsymbol{Y}}$	$\frac{1}{\underline{h}_{11}}\begin{pmatrix}1 & -\underline{h}_{12}\\ \underline{h}_{21} & \det\underline{\boldsymbol{H}}\end{pmatrix}$	$\frac{1}{\underline{b}_{12}}\begin{pmatrix}-\underline{b}_{11} & 1\\ \det\underline{\boldsymbol{B}} & -\underline{b}_{22}\end{pmatrix}$	$\frac{1}{\underline{g}_{22}}\begin{pmatrix}\det\underline{\boldsymbol{G}} & \underline{g}_{12}\\ -\underline{g}_{21} & 1\end{pmatrix}$
$\underline{\boldsymbol{A}}$	$\frac{1}{\underline{h}_{21}}\begin{pmatrix}-\det\underline{\boldsymbol{H}} & -\underline{h}_{11}\\ -\underline{h}_{22} & -1\end{pmatrix}$	$\frac{1}{\det\underline{\boldsymbol{B}}}\begin{pmatrix}\underline{b}_{22} & -\underline{b}_{12}\\ -\underline{b}_{21} & \underline{b}_{11}\end{pmatrix}$	$\frac{1}{\underline{g}_{21}}\begin{pmatrix}1 & \underline{g}_{22}\\ \underline{g}_{11} & \det\underline{\boldsymbol{G}}\end{pmatrix}$
$\underline{\boldsymbol{H}}$	$\begin{pmatrix}\underline{h}_{11} & \underline{h}_{12}\\ \underline{h}_{21} & \underline{h}_{22}\end{pmatrix}$	$\frac{1}{\underline{b}_{11}}\begin{pmatrix}-\underline{b}_{12} & 1\\ -\det\underline{\boldsymbol{B}} & -\underline{b}_{21}\end{pmatrix}$	$\frac{1}{\det\underline{\boldsymbol{G}}}\begin{pmatrix}\underline{g}_{22} & -\underline{g}_{12}\\ -\underline{g}_{21} & \underline{g}_{11}\end{pmatrix}$
$\underline{\boldsymbol{B}}$	$\frac{1}{\underline{h}_{12}}\begin{pmatrix}1 & -\underline{h}_{11}\\ -\underline{h}_{22} & \det\underline{\boldsymbol{H}}\end{pmatrix}$	$\begin{pmatrix}\underline{b}_{11} & \underline{b}_{12}\\ \underline{b}_{21} & \underline{b}_{22}\end{pmatrix}$	$\frac{1}{\underline{g}_{12}}\begin{pmatrix}-\det\underline{\boldsymbol{G}} & \underline{g}_{22}\\ \underline{g}_{11} & -1\end{pmatrix}$
$\underline{\boldsymbol{G}}$	$\frac{1}{\det\underline{\boldsymbol{H}}}\begin{pmatrix}\underline{h}_{22} & -\underline{h}_{12}\\ -\underline{h}_{21} & \underline{h}_{11}\end{pmatrix}$	$\frac{1}{\underline{b}_{22}}\begin{pmatrix}-\underline{b}_{21} & -1\\ \det\underline{\boldsymbol{B}} & -\underline{b}_{12}\end{pmatrix}$	$\begin{pmatrix}\underline{g}_{11} & \underline{g}_{12}\\ \underline{g}_{21} & \underline{g}_{22}\end{pmatrix}$

2.5 Unerwünschte Effekte der Kommunikationstechnik

2.5.1 Rauschen in elektronischen Schaltungen

Jeder elektrische Leiter rauscht, vorausgesetzt seine Temperatur liegt über dem absoluten Nullpunkt. Zwischen seinen Polen ist eine kleine Spannung mit regellosem Verlauf nachweisbar. Der Name rührt daher, dass sich derartige Signale akustisch wie Meeresrauschen anhören. Das Rauschsignal überlagert sich einem Nutzsignal und verdirbt dieses mehr oder weniger stark. Dieser Effekt ist bei schwachem Nutzsignal besonders störend - etwa dem Empfangssignal an einer Antenne. Das Rauschen hat verschiedene Ursachen, von besonderer Bedeutung und hier von alleinigem Interesse ist das *thermische Rauschen* . Die beweglichen Ladungen im Leiter - bei metallischen Leitern sind das die Valenzelektronen - führen auf Grund der thermischen Aktivität regellose Bewegungen aus. Damit kommt es in Summe zu einem mehr oder weniger großen Ladungsüberschuss auf der einen oder der anderen Seite des Leiters, welcher sich in Form einer elektrischen Spannung äußert. Ihr Verlauf ist wie die Bewegung der unzähligen Teilchen im Leiter regellos. Derartige Signale nennt man *stochastisch* oder *nicht deterministisch* , wodurch ausgedrückt wird, dass es sich um Zufallsprozesse handelt, die nicht detailliert berechnet werden können. In Bild 2-23 ist der typische Zeitverlauf eines Rauschsignals dargestellt. Es ist keinerlei Periodizität oder sonstige Gesetzmäßigkeit zu erkennen.

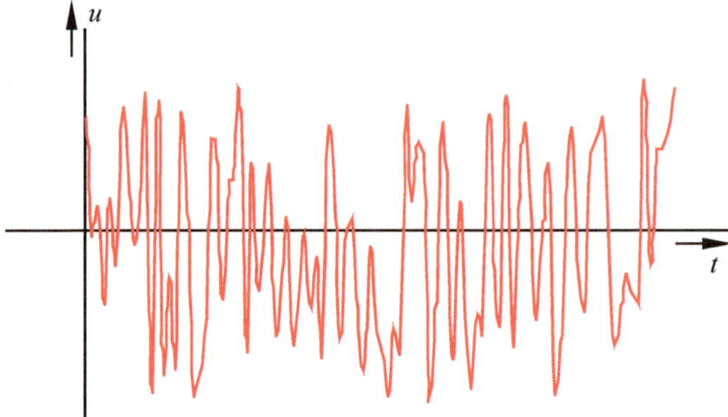

Bild 2-23 Typischer Verlauf eines Rauschsignals

Obwohl nicht deterministisch lässt sich das Rauschen wie alle Zufallsprozesse durch eine ganze Reihe von Kenngrößen charakterisieren. Der Effektivwert des thermischen Rauschens an einem Widerstand berechnet sich zu

$$U = 2 \cdot \sqrt{\mathrm{k} T R \cdot \Delta f} \quad . \tag{2.141}$$

Hierbei ist k die sogenannte *BOLTZMANN-Konstante*, eine Naturkonstante mit dem Wert

$$\mathrm{k} = 1{,}38 \cdot 10^{-23} \frac{\mathrm{Ws}}{\mathrm{K}} \quad , \tag{2.142}$$

T die absolute Temperatur, R der Widerstandswert und Δf die betrachtete Bandbreite des Signals. Hieran erkennt man, dass sich das Rauschen durch Bandpassfilterung reduzieren lässt.

Eine weitere wichtige Kenngröße ist der sogenannte *Crest-Faktor*, er bezeichnet das Verhältnis vom betragsmäßig größten vorkommenden Signalwert zum Effektivwert.

$$FC = \frac{|u|_{\max}}{U} \quad . \tag{2.143}$$

Damit kann beurteilt werden, ob ein Rauschsignal in der Lage ist, bestimmte Schaltschwellen zu überschreiten, was beispielsweise in der Digitaltechnik zu Bitfehlern führen kann.

Häufig ist eine Beschreibung der spektralen Eigenschaften von Rauschsignalen erwünscht, weil man damit abschätzen kann, in welchem Maß bestimmte Dienste gestört werden. Die Mathematik hält diverse Werkzeuge zur Ermittlung des Spektrums einer Zeitfunktion parat. Periodische Funktionen können in eine sogenannte *FOURIER-Reihe* entwickelt werden, eine Summe aus Teilschwingungen unterschiedlicher Frequenzen. Da das Rauschen nicht periodisch ist, kommt diese Methode nicht in Betracht. Weiter gibt es die gemäß

$$\underline{F}(\omega) = \int_{-\infty}^{+\infty} f(t) \cdot \mathrm{e}^{-\mathrm{j}\omega t} \, \mathrm{d}t \quad . \tag{2.144}$$

definierte *FOURIER-Transformation* . Das uneigentliche Integral [8] in (2.144) konvergiert unter der Voraussetzung, dass das Integral über den Betrag der Funktion selbst endlich ist.

$$\int_{-\infty}^{+\infty} |f(t)| \, \mathrm{d}t \ < \ \infty \tag{2.145}$$

Solche Funktionen nennt man *absolut integrierbar* . Die Bedingung (2.145) ist in jedem Fall für zeitlich begrenzte Signale erfüllt. Somit kann man beispielsweise einem einzelnen Rechteckimpuls eine spektrale Verteilung zuordnen, was eine völlig neue Perspektive auf das Zeitsignal eröffnet. Für Rauschsignale ist (2.145) nicht erfüllt, weshalb diese Methode wieder ausfällt. Es bleibt schließlich noch die sogenannte *spektrale Leistungsdichte* $S(f)$. Sie hat folgende Eigenschaften:

* $S(f)$ erlaubt die Berechnung einer Leistung.
* $S(f)$ ist ein Betrag und somit reell und nichtnegativ.
* Ein rechnerischer Rückschluss auf das zu Grunde liegende Zeitsignal ist nicht möglich.
* $S(f)$ kann mit dem *Spectrum Analyzer* gemessen werden, wobei dessen Anzeige mit dem eingestellten Messfilter zu bewerten ist. Manche behaupten, die spektrale Leistungsdichte sei das, was der Spectrum Analyzer misst. Diese Aussage ist mathematisch nicht ganz korrekt, aber auch nicht grundsätzlich verkehrt. Eine genauere Erklärung folgt in Abschnitt 7.2.1.
* $S(f)$ wird beim Durchlaufen eines Systems mit definiertem Frequenzgang - etwa einem Filter - gemäß dessen Betragsfrequenzgang bewertet.

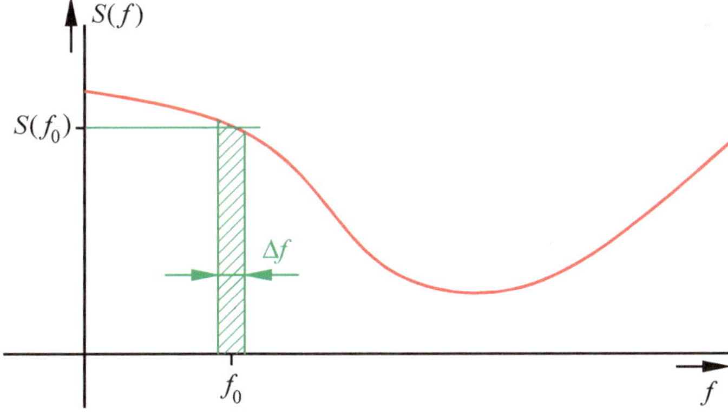

Bild 2-24 Zur Interpretation der spektralen Leistungsdichte $S(f)$

Die spektrale Leistungsdichte lässt sich mit Hilfe von Bild 2-24 interpretieren. Das Integral über ein Frequenzintervall Δf ergibt genau *die* Leistung, die ein idealer Bandpass dieser Breite durchlassen würde. Dieses ist durch die schraffierte Fläche markiert.

[8] Ein Integral heißt *uneigentlich* , wenn über eine Polstelle integriert wird, oder wenn mindestens eine Integrationsgrenze ins Unendliche reicht.

$$P_{\Delta f} = \int_{\Delta f} S(f)\,\mathrm{d}f \approx S(f_0)\cdot\Delta f \tag{2.146}$$

Hier erkennt man die Dimension der spektralen Leistungsdichte

$$[S(f)] = \frac{\mathrm{W}}{\mathrm{Hz}} \quad . \tag{2.147}$$

Multipliziert man $S(f)$ mit einem Bezugswiderstand R_0 , und zieht man aus dem Resultat die Wurzel, ergibt sich die *spektrale Spannungsdichte*

$$S_\mathrm{U}(f) = \sqrt{S(f)\cdot R_0} \tag{2.148}$$

mit der schwer zu interpretierenden Dimension

$$[S_\mathrm{U}(f)] = \frac{\mathrm{V}}{\sqrt{\mathrm{Hz}}} \quad . \tag{2.149}$$

Auf diese Weise wird das Rauschverhalten von Verstärkern häufig beschrieben. Der Effektivwert des Rauschens in einem gegebenen Frequenzintervall berechnet sich dann zu

$$U = S_\mathrm{U}\cdot\sqrt{\Delta f} \quad . \tag{2.150}$$

Ein Zusammenhang zwischen Spannung und Wurzel aus Bandbreite war schon in (2.141) erkennbar. Bei der äußerst anspruchsvollen streng mathematischen Definition der spektralen Leistungsdichte spielt die *Autokorrelationsfunktion* eine zentrale Rolle. Diese kann jeder Zeitfunktion $x(t)$ gemäß

$$r_\mathrm{xx}(\tau) = \lim_{T\to\infty}\frac{1}{2T}\int_{-T}^{T} x(t)\cdot x(t+\tau)\,\mathrm{d}t \quad . \tag{2.151}$$

zugeordnet werden. Sie beschreibt die statistische Verwandtschaft von Funktionswerten, die um das Intervall τ auseinander liegen. Die spektrale Leistungsdichte einer Zeitfunktion ist schließlich definiert als FOURIER-Transformierte ihrer Autokorrelationsfunktion gemäß (2.144), wobei der Zeitparameter t durch τ zu ersetzen ist [9]. Eine ausführliche Besprechung des Spektralbegriffs erfolgt in Kapitel 7, wo es um die Messung von Spektren geht.

Rauschsignale mit bestimmten Spektren haben eigene Namen. Bei konstanter spektraler Leistungsdichte in einem mehr oder weniger breiten Frequenzintervall spricht man von *weißem Rauschen* . Der Begriff rührt daher, dass die als weiß empfundene Farbe mit einem konstanten Spektrum des sichtbaren Lichts einhergeht. *Rosa Rauschen* - genannt auch *1/f-Rauschen* - ist dadurch gekennzeichnet, dass $S(f)$ der Frequenz umgekehrt proportional ist.

$$S(f) = \frac{\mathrm{k}}{f} \tag{2.152}$$

Die sogenannte *Verteilungsdichtefunktion* bietet eine weitere Möglichkeit zur Charakterisierung eines Rauschsignals. Sie wird mit $p_\mathrm{x}(x)$ bezeichnet, kann jeder Zeitfunktion $x(t)$ zugeordnet werden und liefert ein Maß für die Häufigkeit, mit der die einzelnen Funktionswerte auftreten. Der Index x gibt an, dass es sich um die Verteilung der Funktion $x(t)$ handelt, x in Klammern gibt zu erkennen, dass diese als Funktion des Parameters x angegeben wird. Es könnte auch ein anderer Parameter sein, dies ist hier jedoch nicht von Relevanz. Zur Erläuterung betrachten wir Bild 2-25, wo eine Zeitfunktion zusammen mit ihrer Verteilungsdichtefunktion skizziert ist. Das Diagramm für $p_x(x)$ wurde um 90° gedreht, was das Verständnis ganz erheblich erleichtert. Dadurch wird die in beiden Darstellungen enthaltene Variable x in ein und dieselbe Richtung aufgetragen, so dass man von einem Diagramm ins andere fluchten kann. Man erkennt im Zeitsignal, dass Funktionswerte um den mit x_0 bezeichneten Mittelwert besonders häufig auftreten, was sich in einem hohen Wert für $p_x(x_0)$ bemerkbar macht. Mit zunehmendem Abstand von x_0 werden die Signalwerte seltener, $p_x(x)$ nimmt ab, Werte oberhalb einer gewissen Schwelle treten überhaupt nicht auf, $p_x(x)$ verschwindet.

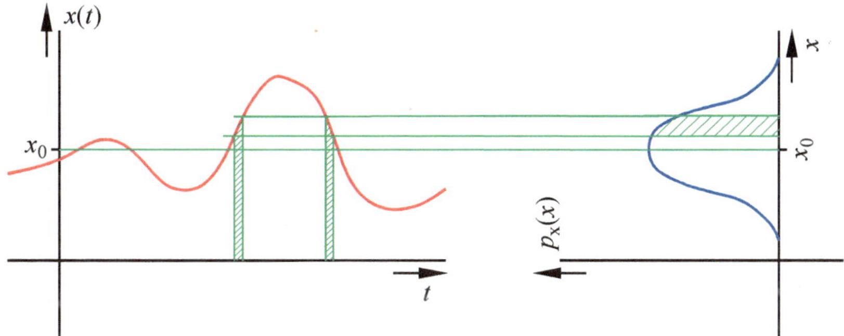

Bild 2-25 Zur Interpretation der Verteilungsdichtefunkion $p_x(x)$

Die Interpretation der Verteilungsdichte erfolgt ähnlich wie bei der spektralen Leistungsdichte. Das Integral über ein Intervall Δx gibt die Häufigkeit von Funktionswerten in diesem Bereich an. Hätte beispielsweise die schraffierte Fläche in Bild 2-25 den Wert 0,1 , würde das bedeuten, dass das Signal für 10% der Zeit in diesem Bereich liegt. Man erkennt, dass die Dimension der Verteilungsdichte der Kehrwert der Dimension von x ist.

$$[p_X(x)] = \frac{1}{[x]} \tag{2.153}$$

Die Verteilungsdichtefunktion muss so normiert werden, dass

$$\int_{-\infty}^{\infty} p_X(x)dx = 1 \tag{2.154}$$

gilt. Die Wahrscheinlichkeit für das Auftreten irgendeines beliebigen Funktionswerts beträgt 100%.

Von besonderer Bedeutung ist die in Bild 2-26 dargestellte *GAUSS-* oder *Normalverteilung* . Sie ist folgendermaßen definiert:

$$p_X(x) = \frac{1}{\sigma \cdot \sqrt{2\pi}} \cdot \exp\left[-\frac{(x-x_0)^2}{2\sigma^2}\right] \tag{2.155}$$

x_0 ist der Mittelwert der Funktion $x(t)$, er wird auch *Erwartungswert* genannt. σ heißt *Standardabweichung* , ihr Quadrat σ^2 *Varianz* . Diese Größen sind offenbar für die Breite bzw. Schlankheit der Glockenkurve verantwortlich sowie für ihre Höhe. Der Vorfaktor vor der e-Funktion wird wegen der Normierung gemäß (2.154) benötigt. Die GAUSS-Verteilung besitzt die folgenden vorteilhaften oder nachteiligen Eigenschaften:

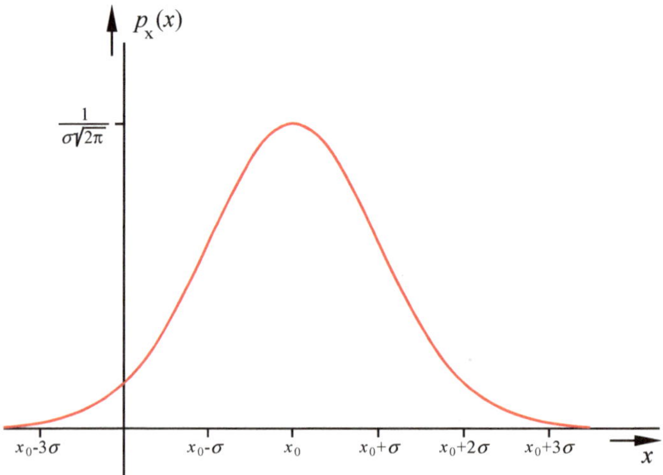

Bild 2-26 GAUSS- oder Normalverteilung

* Sie liefert eine saubere mathematische Beschreibung der Verteilung.
* In der Realität vorkommende Zufallsprozesse sind oft GAUSS-ähnlich.
* Sie eignet sich schlecht zur mathematischen Auswertung, da die Funktion e^{-x^2} nicht geschlossen integriert werden kann. Es muss ein numerisches Verfahren herangezogen werden.
* Eine exakte GAUSS-Verteilung existiert nirgendwo in der Realität. Das erkennt man schon daran, dass beliebig großen Signalwerten x eine zwar kleine, aber doch von Null verschiedene Wahrscheinlichkeit zugeordnet wird. Dies widerspricht der Erfahrung.
* Ein Zufallsprozess wird GAUSS-ähnlicher, wenn er ein lineares System durchläuft, beispielsweise ein Filter.
* Ein Zufallsprozess wird in der Regel GAUSS-fremder, wenn er ein nichtlineares System durchläuft, beispielsweise einen Gleichrichter.
* Ein Zufallsprozess wird GAUSS-ähnlicher, wenn er in irgendeiner Weise mit weiteren Zufallsprozessen kombiniert wird.

Das zuletzt genannte Merkmal ist für uns interessant. Ein Rauschsignal wird wie beschrieben durch das Zusammenwirken sehr vieler Ladungsträger verursacht, wobei die Bewegung jedes einzelnen einen Zufallsprozess für sich darstellt. Die Annahme einer angenäherten GAUSS-Verteilung um den Mittelwert $x_0 = 0$ ist also berechtigt. Das Rauschen wird dann durch Standardabweichung oder Varianz beschrieben, der Crest-Faktor gibt die Schwelle an, oberhalb der die GAUSS-Verteilung durch Null zu ersetzen ist.

Ein in der Praxis häufig verwendeter Begriff ist der *Rauschabstand*. Man versteht darunter das im Dezibel-Maß ausgedrückte Verhältnis von Nutzsignal zu Rauschsignal. Es wird auch *S/N-Verhältnis* genannt (Signal to Noise).

2.5.2 Lineare Verzerrungen

Wir betrachten ein Zweitor, wie es in Bild 2-27 in etwas abstrahierter Form als Blockdiagramm dargestellt ist. $x(t)$ sei das Eingangssignal, $y(t)$ das dadurch verursachte Ausgangssignal. Von Interesse ist der Fall, dass sich $x(t)$ als Summe aus endlich oder unendlich vielen Teilschwingungen darstellen lässt:

$$x(t) = \hat{x}_1 \cdot \cos(\omega_1 t + \varphi_1) + \hat{x}_2 \cdot \cos(\omega_2 t + \varphi_2) + \hat{x}_3 \cdot \cos(\omega_3 t + \varphi_3) + \ldots \qquad (2.156)$$

Wenn das Zweitor aus linearen Bauteilen aufgebaut ist, hat das Ausgangssignal die Form

$$y(t) = \hat{y}_1 \cdot \cos(\omega_1 t + \psi_1) + \hat{y}_2 \cdot \cos(\omega_2 t + \psi_2) + \hat{y}_3 \cdot \cos(\omega_3 t + \psi_3) + \ldots \quad . \qquad (2.157)$$

Im Ausgangssignal finden sich genau *die* Spektralanteile wieder, die im Eingangssignal enthalten waren. Dies ist ein charakteristisches Erkennungsmerkmal linearer Verzerrungen. Daraus bilden wir einen wichtigen Lehrsatz:

> Erkennungsmerkmal linearer Verzerrungen:
> Das Ausgangssignal enthält dieselben Spektralanteile wie das Eingangssignal.

Bei Speisung mit monofrequentem Eingangssignal

$$x(t) = \hat{x} \cdot \cos(\omega t + \varphi) \qquad (2.158)$$

erhält man ein ebenso monofrequentes Ausgangssignal

$$y(t) = \hat{y} \cdot \cos(\omega t + \psi) \quad . \qquad (2.159)$$

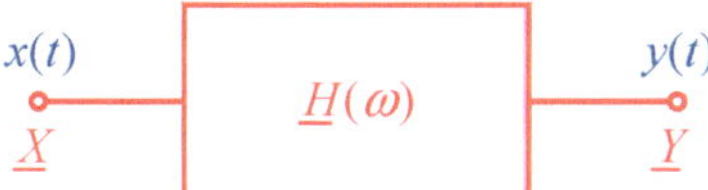

Bild 2-27 Zweitor in Blockdarstellung

Hierbei hängen das Verhältnis der Amplituden $\frac{\hat{y}}{\hat{x}}$ und die Phasenverschiebung $\psi - \varphi$ von der Frequenz ab. Sie werden durch den *Amplituden-* oder *Betragsfrequenzgang* und den *Phasenfrequenzgang* oder *Phasengang* des Zweitors beschrieben. Das Ausgangssignal $y(t)$ hat eine andere Form als das Eingangssignal $x(t)$, man sagt es ist *verzerrt*. Im vorliegenden Fall spricht man von linearer Verzerrung, da sie durch ein lineares System verursacht wurde. Das Verhalten des linearen Zweitors kann durch die komplexe Übertragungsfunktion

$$\underline{H}(\omega) = \frac{\underline{Y}(\omega)}{\underline{X}(\omega)} \qquad (2.160)$$

beschrieben werden, wobei $\underline{X}$ und $\underline{Y}$ die komplexen Zeiger zu den Schwingungen bedeuten. Der Betrag von $\underline{H}$ stellt den Betragsfrequenzgang dar, das Argument von $\underline{H}$ den Phasengang. Lineare Verzerrungen lassen sich leicht kompensieren, indem man ein Zweitor mit genau komplementärem Frequenzgang - den *Entzerrer* - nachschaltet, siehe Bild 2-28. Eine vollständige Entzerrung der Phase ist häufig nicht möglich, man begnügt sich mit einem verbleibenden linearen Phasengang, weil dieser keine Verformung des Signals, sondern lediglich eine Verzögerung bewirkt. Er ist dadurch gekennzeichnet, dass die Phasenverschiebung der Kreisfrequenz proportional ist. Dann gilt

$$\begin{aligned} \psi &= \varphi - k\omega \qquad \Rightarrow \\ \cos(\omega t + \psi) &= \cos(\omega t + \varphi - k\omega) = \cos[\omega(t-k) + \varphi] \end{aligned} \quad . \tag{2.161}$$

Bild 2-28 Lineares Zweitor und Entzerrer

Akustisch äußern sich lineare Verzerrungen so, dass die Wiedergabe dumpf oder schrill wirkt, aber nicht verzerrt im umgangssprachlichen Sinn.

2.5.3 Nichtlineare Verzerrungen

Wir betrachten ein Zweitor wie in Bild 2-27, dessen Übertragungsverhalten gemäß

$$y = ax - bx^3 \tag{2.162}$$

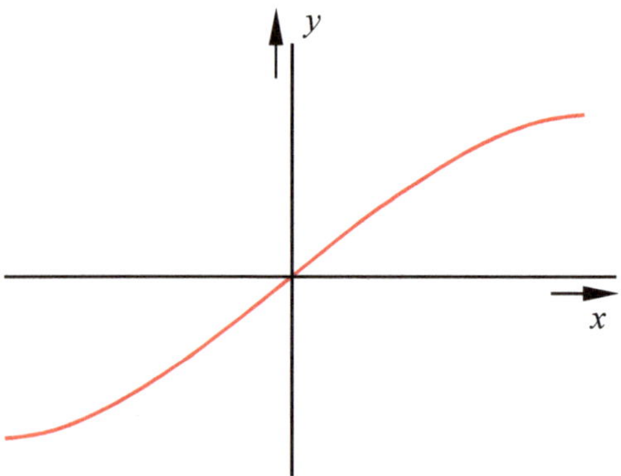

Bild 2-29 Statische nichtlineare Kennlinie

durch eine statische nichtlineare Kennlinie zu beschreiben sei. Hiermit wurde ein besonders einfaches Modell gewählt. Reale Systeme können häufig nicht durch statische Kennlinien beschrieben werden. An deren Stelle tritt dann eine nichtlineare Differentialgleichung. Die Berechnung wird um Kategorien schwieriger. (2.162) ist in Bild 2-29 skizziert. Ein solches Verhalten trifft näherungsweise für viele Verstärker zu. Bei größerer Aussteuerung verringert sich die Verstärkung, man sagt der Verstärker *geht in die Knie* . Bei Ansteuerung mit einer harmonischen Schwingung

$$x(t) = \hat{x} \cdot \cos \omega t \tag{2.163}$$

errechnet sich das Ausgangssignal zu

$$y(t) = a\hat{x} \cdot \cos \omega t - b\,\hat{x}^3 \cdot \cos^3 \omega t \quad . \tag{2.164}$$

Durch Anwendung eines Additionstheorems der Trigonometrie

$$\cos^3 x = \frac{1}{4} \cdot [3\cos x + \cos(3x)] \tag{2.165}$$

wird daraus

$$y(t) = \left(a\hat{x} - \frac{3}{4} b\hat{x}^3 \right) \cdot \cos \omega t - \frac{1}{4} b\hat{x}^3 \cdot \cos(3\omega t) \quad . \tag{2.166}$$

Es ist also eine neue Schwingung bei der Kreisfrequenz 3ω entstanden. Daraus bilden wir einen wichtigen Lehrsatz:

> Erkennungsmerkmal nichtlinearer Verzerrungen:
> Das Ausgangssignal enthält Spektralanteile, die es im Eingangssignal nicht gab.

Der Anteil bei der Kreisfrequenz ω wird *Grundschwingung* genannt, der bei 3ω *Oberschwingung* . Im vorliegenden Fall gibt es nur eine einzige Oberschwingung, weil mit (2.162) eine besonders einfache Kennlinie gewählt wurde. Im Allgemeinen existieren viele Oberschwingungen und zwar bei allen ganzzahligen Vielfachen der Grundschwingung. Das Ausgangssignal hat dann die Form

$$y(t) = \hat{y}_1 \cdot \cos(\omega t + \varphi_1) + \hat{y}_2 \cdot \cos(2\omega t + \varphi_2) + \hat{y}_3 \cdot \cos(3\omega t + \varphi_3) + \ldots \quad . \tag{2.167}$$

Eine erste Möglichkeit zur quantitativen Charakterisierung einer nichtlinearen Verzerrung bietet der sogenannte *Klirrfaktor* . Er ist folgendermaßen definiert:

$$k = \frac{\text{Effektivwert aller Oberschwingungen}}{\text{Effektivwert des Gesamtsignals}} \cdot 100\% \quad . \tag{2.168}$$

Der Effektivwert eines Signalgemischs berechnet sich als Wurzel aus der Summe der Quadrate der Effektivwerte der Teilschwingungen. (2.167) würde demnach auf den Klirrfaktor

$$k = \frac{\sqrt{Y_2^2 + Y_3^2 + Y_4^2 + \ldots}}{\sqrt{Y_1^2 + Y_2^2 + Y_3^2 + Y_4^2 + \ldots}} \cdot 100\% \quad . \tag{2.169}$$

mit

$$Y_\nu = \frac{\hat{y}_\nu}{\sqrt{2}} \quad . \tag{2.170}$$

führen. Wie man sieht, charakterisiert der Klirrfaktor kein System sondern ein Signal. Der Klirrfaktor nimmt fast immer mit der Aussteuerung zu. Möchte man Systemen zwecks Vergleichbarkeit einen Klirrfaktor zuordnen, muss zusätzlich der Betriebsfall definiert sein, z. B. in Form eines *Nennbetriebs* . Bei Produkten der Unterhaltungselektronik wird an dieser Stelle häufig gesündigt. Falls das Eingangssignal des nichtlinearen Zweitors ein Signalgemisch wie in (2.156) ist, treten im Ausgangssignal außer allen Vielfachen der Teilschwingungen auch alle denkbaren Kombinationen daraus auf. Man hat dann beispielsweise eine Schwingung bei der Kreisfrequenz $\omega = 4\omega_3\text{-}5\omega_2$ zu erwarten.

Zur quantitativen Beschreibung der Nichtlinearitäten eines Systems ist der sogenannte *IP3-Punkt* , der *Third Order Intercept Point* gut geeignet. Hierzu betrachtet man *nur* die Oberschwingung 3. Ordnung, also die bei 3ω. Das ist sinnvoll, denn diese bereitet in der Regel den größten Ärger. Die Oberschwingungen geradzahliger Ordnung sind gewöhnlich verschwindend klein, somit liegt die Oberschwingung 3. Ordnung der erwünschten Grundschwingung am nächsten; außerdem ist sie fast immer am stärksten vertreten. Aus dieser Kombination folgt, dass sie am schwierigsten durch ein Tiefpassfilter zu beseitigen ist. Wir betrachten nochmals die nichtlineare Kennlinie (2.162) und die resultierende Verzerrung (2.164). Unter der Voraussetzung kleiner Aussteuerung, die sich durch

$$a\hat{x} \gg \frac{1}{4} b\hat{x}^3 \tag{2.171}$$

beschreiben lässt, folgt die Näherung

$$y(t) \approx a\,\hat{x}\cdot\cos\omega t - \frac{1}{4} b\,\hat{x}^3\cdot\cos(3\omega t) =: \hat{y}_1\cdot\cos\omega t - \hat{y}_3\cdot\cos(3\omega t) \quad . \tag{2.172}$$

$\hat{y}_1$ und $\hat{y}_3$ sind somit näherungsweise die Amplituden von Grund- und Oberschwingung. $\hat{y}_1$ ist der Aussteuerung $\hat{x}$ proportional, $\hat{y}_3$ ihrer dritten Potenz. Wir suchen nun nach einer grafischen Darstellung von $\hat{y}_1$ und $\hat{y}_3$ über der Variablen $\hat{x}$ und zwar im doppelt logarithmischen Maßstab [9]. Es ist

$$\begin{aligned} \log\hat{y}_1 &= \log(a\,\hat{x}) &&= \log a + \log\hat{x} \\ \log\hat{y}_3 &= \log\left(\frac{b}{4}\hat{x}^3\right) &&= \log\frac{b}{4} + 3\cdot\log\hat{x} \end{aligned} \quad . \tag{2.173}$$

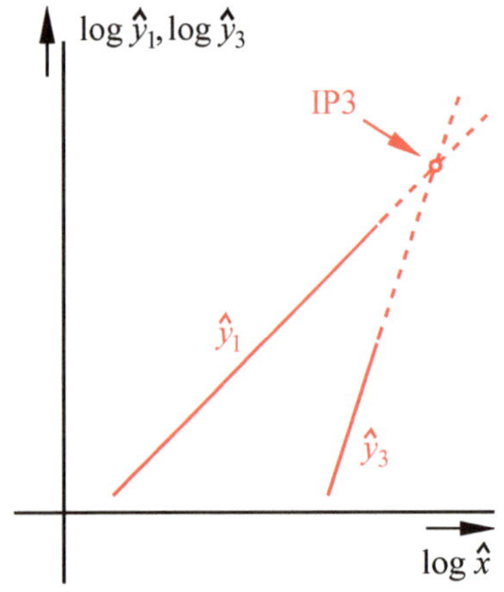

Bild 2-30 Zur Definition des IP3-Punkts

Somit ergeben sich Geraden, wobei die für $\hat{y}_1$ die Steigung 1, die für $\hat{y}_3$ die Steigung 3 hat, man vergleiche Bild 2-30. Wegen der Einschränkung (2.171) sind diese nur für kleine $\hat{x}$ gültig, das entspricht dem durchgezogenen Teil. Nun werden die Geraden verlängert, wodurch sich wegen deren unterschiedlicher Steigung zwangsläufig ein Schnittpunkt ergibt. Dies ist der IP3-Punkt. Verwendet man an Stelle der Amplituden irgendwelche Pegel von Eingangs- und Ausgangssignal, ist der logarithmische Maßstab automatisch verifiziert. Unter Verwendung von Pegelmessern oder vergleichbaren Messgeräten gestaltet sich die Messung somit kinderleicht und idiotensicher. Man geht folgendermaßen vor: Bei kleiner Aussteuerung werden

---

[9] Abszisse $\hat{x}$ **und** Ordinate $\hat{y}_{1,3}$ sind logarithmisch geteilt.

Eingangs- und Ausgangspegel gemessen. Der Messpunkt wird in das Diagramm Bild 2-30 eingetragen, die erste Gerade mit Steigung 1 ist fertig. Nun wird der Eingangspegel erhöht, bis die Oberschwingung 3. Ordnung eindeutig nachweisbar ist. Hierfür wird entsprechende selektive Messtechnik benötigt. Pegel von Eingangssignal und gemessener Oberschwingung liefern einen zweiten Punkt im Diagramm, durch den eine Gerade mit Steigung 3 gelegt wird. Der IP3-Punkt kann jetzt abgelesen werden. Selbstredend muss hierbei für Abszisse und Ordinate ein und derselbe Maßstab gewählt werden.

Es folgt ein Beispiel: An einem Verstärker ist bei Ansteuerung mit einem kleinen Leistungspegel von -10dBm ein Ausgangspegel von $+13\text{dBm}$ zu messen. Die Leistungsverstärkung beträgt demnach 23dB. Der Messpunkt wird in das Diagramm Bild 2-31 eingetragen und eine Gerade mit der Steigung 1 hindurchgelegt. Nun wird der Eingangspegel auf $+18{,}5\text{dBm}$ erhöht, mit einem auf die dreifache Frequenz abgestimmten Spectrum Analyzer misst man $+5\text{dBm}$. Durch diesen Punkt wird eine Gerade mit der Steigung 3 gelegt. Der IP3-Punkt ist somit bestimmt:

$$\begin{aligned} p_x\big|_{\text{IP3}} &= 37\,\text{dBm} \\ p_y\big|_{\text{IP3}} &= 60\,\text{dBm} \end{aligned} \quad . \tag{2.174}$$

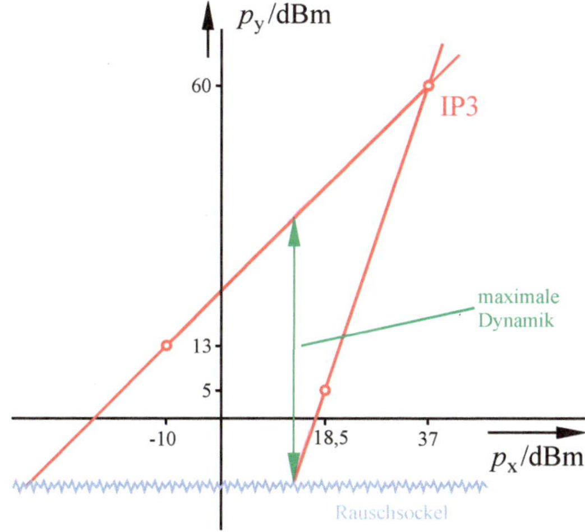

Bild 2-31 Konstruktion eines IP3-Punkts

Da sich die beiden Pegel in (2.174) genau um die Leistungsverstärkung unterscheiden, würde die Angabe eines einzigen Wertes zur Charakterisierung des IP3-Punkts genügen. Bild 2-31 zeigt zusätzlich den sogenannten *Rauschsockel*, das ist der Pegel des Rauschsignals, welches immer am Ausgang des Verstärkers zu messen ist. Damit kann nun auch der Eingangspegel größter Dynamik abgelesen werden. Bei diesem Betriebsfall ist der Abstand des Nutzsignals von irgendeinem Störsignal am größten. Bei kleineren Aussteuerungen ist der Rauschabstand geringer, bei größeren der Abstand zur 3. Oberschwingung.

Ein letztes Mittel zur Charakterisierung nichtlinearer Systeme bietet der sogenannte *1dB-Kompressionspunkt* (1dB-Compression-Point). Er bezeichnet *den* Eingangspegel, bei dem der Ausgangspegel um genau 1dB hinter dem linearisierten Verlauf zurückbleibt. Hierzu misst man zunächst die Verstärkung des Zweitors bei kleiner Aussteuerung (linearisierter Wert). Nun erhöht man die Aussteuerung und beobachtet die Veränderung der Verstärkung. Wenn sie sich um genau 1dB verringert hat, ist der 1dB-Kompressionspunkt erreicht. Der Sachverhalt wird in Bild 2-32 erläutert. Auch diese Messung wird durch moderne Messgeräte in hohem Maße unterstützt. Man vergleiche dazu Abschnitt 7.2.3.

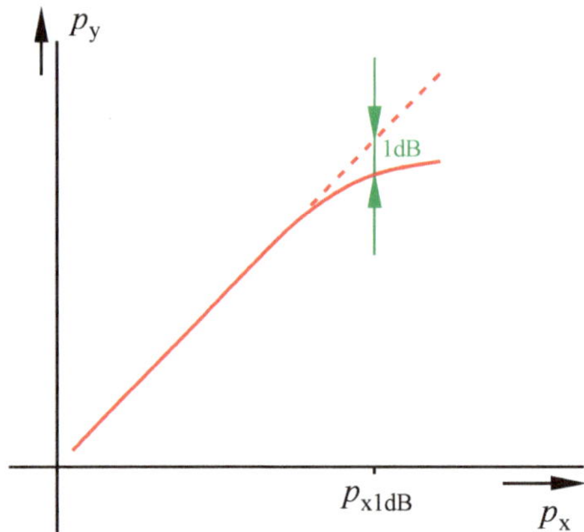

Bild 2-32 Zum 1dB-Kompressionspunkt

Akustisch werden nichtlineare Verzerrungen als Signalverzerrungen im umgangssprachlichen Sinn empfunden. Ein typisches Beispiel ist ein übersteuerter Verstärker.

2.6 Frequenzgangdarstellung im BODE-Diagramm

2.6.1 Motivation

Wir betrachten ein lineares elektrisches Zweitor gemäß Bild 2-33. Linear bedeutet in diesem Zusammenhang, dass es aus linearen Elementen aufgebaut ist. Das sind zunächst die in Tabelle 2.1 zusammengefassten; darüber hinaus können auch gesteuerte Quellen zur Modellierung von Verstärkern mit linearem Verhalten enthalten sein. Das Zweitor darf aber keine unabhängigen Quellen enthalten. Primär- und Sekundärspannung sind in Form ihrer komplexen Zeiger angegeben; deren Verhältnis bildet die Übertragungsfunktion

$$\underline{H}(\omega) = \frac{\underline{U}_2}{\underline{U}_1} \,. \tag{2.175}$$

Es besteht nun der Wunsch diese Funktion grafisch darzustellen. Naheliegend wäre ein Bild von Real- und Imaginärteil in separaten Diagrammen. Diese Methode wird ausgesprochen selten gewählt, da sie wenig Aussagekraft besitzt. Weiter wäre es möglich $\underline{H}(\omega)$ als Ortskurve in der komplexen $\underline{H}$-Ebene darzustellen. Dies bietet den Vorteil, dass $\underline{H}$ sowohl nach Real- und Imaginärteil als auch nach Betrag und Argument abgelesen werden kann, hat aber den Nachteil, dass die Kurve parametrisiert werden muss (vgl. 2.2). Eine dritte Variante ist die Darstellung nach Betrag und Argument in separaten Frequenzgangdiagrammen. Wählt man hierbei die Maßstäbe der Achsen nach bestimmten Regeln, entsteht das sehr verbreitete BODE-Diagramm. Dieses bietet folgende Vorteile:

* Bei gegebener Übertragungsfunktion kann das Diagramm näherungsweise recht leicht konstruiert werden. Die Frequenzgänge werden hierbei durch Geradenstücke approximiert.
* Bei gegebenem Diagramm - etwa als Ergebnis einer Messung - gelingt es dem geübten Anwender die Übertragungsfunktion abzulesen.

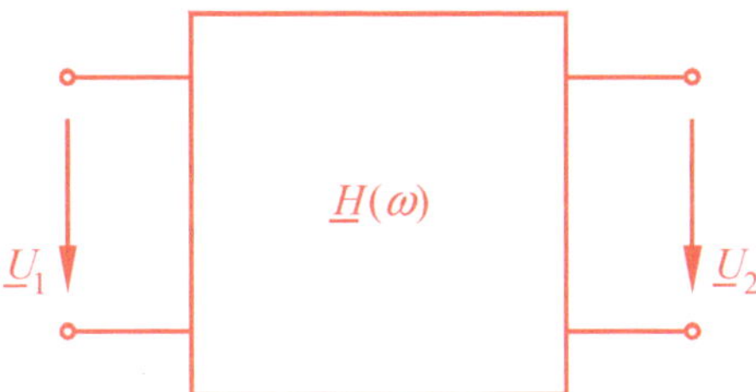

Bild 2-33 Elektrisches Zweitor

2.6.2 Konstruktion des Diagramms

Bei einem Zweitor wie beschrieben ist $\underline{H}(\omega)$ eine gebrochen rationale Funktion der Form

$$\underline{H}(\omega) = \frac{a_0(\mathrm{j}\omega)^n + a_1(\mathrm{j}\omega)^{n-1} + \ldots + a_{n-1}\mathrm{j}\omega + a_n}{b_0(\mathrm{j}\omega)^m + b_1(\mathrm{j}\omega)^{m-1} + \ldots + b_{m-1}\mathrm{j}\omega + b_m} \tag{2.175}$$

mit reellen Koeffizienten a_ν und b_μ. Sowohl das Zähler- als auch das Nennerpolynom lassen sich in Produkte aus Funktionen ersten Grades zerlegen. Im Hinblick auf die weiteren Auswertungen müssen diese so gestaltet werden, dass nur Faktoren der Form $(1+\mathrm{j}\omega\tau)$ oder $\mathrm{j}\omega\tau$ enthalten sind. Damit entsteht:

$$\underline{H}(\omega) = k \cdot \frac{(1+\mathrm{j}\omega\tau_1)\cdot(1+\mathrm{j}\omega\tau_2)\ \ldots\ (1+\mathrm{j}\omega\tau_n)}{(1+\mathrm{j}\omega\tau_{n+1})\cdot(1+\mathrm{j}\omega\tau_{n+2})\ \ldots\ (1+\mathrm{j}\omega\tau_{n+m})} . \tag{2.175}$$

Entweder im Zähler oder im Nenner können Faktoren auch die Form $\mathrm{j}\omega\tau_\nu$ haben. Die Konstante k ist reell positiv oder negativ. Es ist noch eine Einschränkung notwendig. Bei bestimmten Schaltungsvarianten - z. B. schwach gedämpften Schwingkreisen (vgl. Beispiele zu 2.1.2) - kann es sein, dass die Zerlegung auf ein Produkt von zueinander konjugiert komplexen Ausdrücken führt, also eine Zerlegung gemäß (2.175) nicht gelingt. Derartige Systeme sollen im Folgenden ausgeschlossen sein. Das bedeutet nicht, dass es dafür kein BODE-Diagramm gibt, aber es kann nicht mit der im Folgenden beschriebenen Näherung gewonnen werden. Das Diagramm muss dann Punkt für Punkt numerisch berechnet werden.

Es folgt ein Beispiel: Gegeben sei die Übertragungsfunktion

$$\underline{H}(\omega) = 10 \cdot \frac{-\omega^2\tau_1\tau_2 + \mathrm{j}\omega\tau_1}{1+\mathrm{j}\omega\tau_3} \tag{2.176}$$

Die τ_ν entstehen aus den Werten der Bauteile; beispielsweise

$$\begin{aligned} \tau_1 &= RC \\ \tau_1\tau_2 &= LC \quad \Rightarrow \quad \tau_2 = \frac{L}{R} \end{aligned} \tag{2.177}$$

Die Zerlegung führt schließlich auf

$$\underline{H}(\omega) = 10 \cdot \frac{\mathrm{j}\omega\tau_1 \cdot (1+\mathrm{j}\omega\tau_2)}{(1+\mathrm{j}\omega\tau_3)} \tag{2.178}$$

Man erkennt nun, dass es genau vier Typen von Funktionen in ω gibt:

* Zähler- und Nennerfunktionen,
* solche, die den Summenden 1 enthalten, solche, die ihn nicht enthalten.

Dies führt auf die Typen

$$\begin{aligned} \underline{H}_1(\omega) &= \mathrm{j}\omega\tau \\ \underline{H}_2(\omega) &= 1+\mathrm{j}\omega\tau \\ \underline{H}_3(\omega) &= \frac{1}{\mathrm{j}\omega\tau} \\ \underline{H}_4(\omega) &= \frac{1}{1+\mathrm{j}\omega\tau} \end{aligned} \quad . \tag{2.179}$$

Wichtig ist hierbei, dass der Summand bei $\underline{H}_2$ sowie bei $\underline{H}_4$ exakt $+1$ ist. Andernfalls muss ein entsprechender Faktor abgespalten und der Konstante k zugeschlagen werden. Beispiele:

$$\begin{aligned} 5+\mathrm{j}\omega\tau &= 5\cdot(1+\mathrm{j}\omega\frac{\tau}{5}) \\ -1-\mathrm{j}\omega\tau &= -1\cdot(1+\mathrm{j}\omega\tau) \end{aligned} \tag{2.180}$$

Nun kann das Frequenzgangdiagramm aufgebaut werden nach folgenden Regeln:

(i) Betragsfrequenzgang $|\underline{H}|$ und Phasengang $\varphi = \arg\underline{H}$ werden in zwei separaten Diagrammen aufgetragen. Es ist ein und derselbe Maßstab für ω zu verwenden, die Diagramme müssen strikt untereinander angeordnet werden. Es besteht auch die Möglichkeit beide Kurven in ein Diagramm zu zeichnen, wobei links eine Ordinate für $|\underline{H}|$, rechts eine für φ angegeben wird.

(ii) $|\underline{H}|$ wird im Dezibel-Maß angegeben gemäß

$$V_U = 20 \cdot \lg|\underline{H}|\,\mathrm{dB} \quad , \tag{2.181}$$

somit ist die Achse logarithmisch geteilt. Dies hat zur Folge, dass die Beträge der Teilfunktionen im Dezibel-Maß addiert werden dürfen; der Betragsfrequenzgang der kompletten Funktion kann somit durch einfache additive Überlagerung der Teilfunktionen konstruiert werden. Mathematisch heißt das

$$\begin{aligned} \underline{H} &= k\cdot\underline{H}_1\cdot\underline{H}_2\cdot\ \dots && \Rightarrow \\ |\underline{H}| &= |k|\cdot|\underline{H}_1|\cdot|\underline{H}_2|\cdot\ \dots && \Rightarrow \\ \log|\underline{H}| &= \log|k| + \log|\underline{H}_1| + \log|\underline{H}_2| + \ \dots \end{aligned} \quad . \tag{2.182}$$

Es hat sich eingebürgert, die Ordinate nicht mit V_U/dB - was formal korrekt wäre - zu bezeichnen, sondern mit $|\underline{H}|$/dB .

(iii) Im zweiten Diagramm wird φ linear aufgetragen, gewöhnlich im Bogenmaß. Auch hier kann der komplette Phasengang durch additive Überlagerung gewonnen werden.

$$\begin{aligned} \underline{H} &= k \cdot \underline{H}_1 \cdot \underline{H}_2 \cdot \ldots \quad \Rightarrow \\ \arg \underline{H} &= \arg k + \arg \underline{H}_1 + \arg \underline{H}_2 + \ldots \end{aligned} \tag{2.183}$$

arg k bringt das Vorzeichen von k zum Ausdruck. Somit gilt

$$\begin{aligned} \arg k &= 0 \quad \text{für } k > 0 \\ \arg k &= \pm\pi \quad \text{für } k < 0 \end{aligned} \quad . \tag{2.184}$$

(iv) Die Abszisse (ω-Achse) wird in beiden Diagrammen in gleicher Weise logarithmisch geteilt. Dies ist notwendig, damit sich *alle* Teilfunktionen durch Geradenstücke approximieren lassen und wird bei der Besprechung der Teilfunktionen genauer erläutert. Zusätzlich gewinnt man dadurch die Vorteile des logarithmischen Maßstabs. Allerdings sind die Nachteile des logarithmischen Maßstabs zu beachten; er eignet sich schlecht bei kleinem Zahlenumfang. Folglich sollte das BODE-Diagramm bei kleinem Frequenzumfang nicht verwendet werden.

Im Folgenden wird nun die Konstruktion der Teilfunktionen beschrieben.

(i) Wir beginnen mit dem einfachsten Fall, der Funktion vom Typ 1:

$$\underline{H}_1(\omega) = \mathrm{j}\omega\tau \tag{2.185}$$

Für den Betrag und seine logarithmische Darstellung, erhält man:

$$\begin{aligned} |\underline{H}_1| &= \omega\tau \\ V_U &= 20 \cdot \lg(\omega\tau)\, dB \end{aligned} \tag{2.186}$$

Es muss nun gezeigt werden, dass das Bild von V_U im logarithmischen ω-Maßstab eine Gerade ist. Dazu berechnet man zunächst den zu einem bestimmten Wert von ω gehörigen Achsenabschnitt, also den Abstand vom Anfang der Achse gemäß den Regeln für die Konstruktion eines logarithmischen Maßstabs.

$$l_\omega = l_D \cdot \lg \frac{\omega}{\omega_0} \tag{2.187}$$

Hierbei bedeutet l_D die Länge einer Dekade, ω_0 den Anfang der Achse. Die Umkehrung von (2.187) führt auf

$$\omega = \omega_0 \cdot 10^{l_\omega / l_D} \tag{2.188}$$

Einsetzen in (2.186) liefert

$$V_U = (20 \frac{l_\omega}{l_D} + 20 \lg \omega_0 \tau)\,\mathrm{dB} \quad , \tag{2.189}$$

und dies ist ein Ausdruck der Form

$$V_U = a \cdot l_\omega + b \quad , \tag{2.190}$$

also eine Geradengleichung. Für

$$\omega = \frac{1}{\tau} \tag{2.191}$$

wird

$$V_U = 0\,\text{dB}\ , \tag{2.192}$$

womit die Nullstelle der Gerade gefunden ist. Außerdem erkennt man:

$$V_U(10\omega\tau) = 20\lg(\omega\tau)\,\text{dB} + 20\text{dB} = V_U(\omega\tau) + 20\text{dB} \tag{2.193}$$

Die Gerade hat demnach eine Steigung von 20dB pro Dekade, was in etwa 6dB pro Oktave entspricht. $\underline{H}_1(\omega)$ ist für alle Werte von ω rein imaginär. Also folgt

$$\varphi = \arg \underline{H}_1(\omega) = \frac{\pi}{2} = \text{konst}\ . \tag{2.194}$$

Bild 2-34 zeigt das BODE-Diagramm der Typ-1-Funktion.

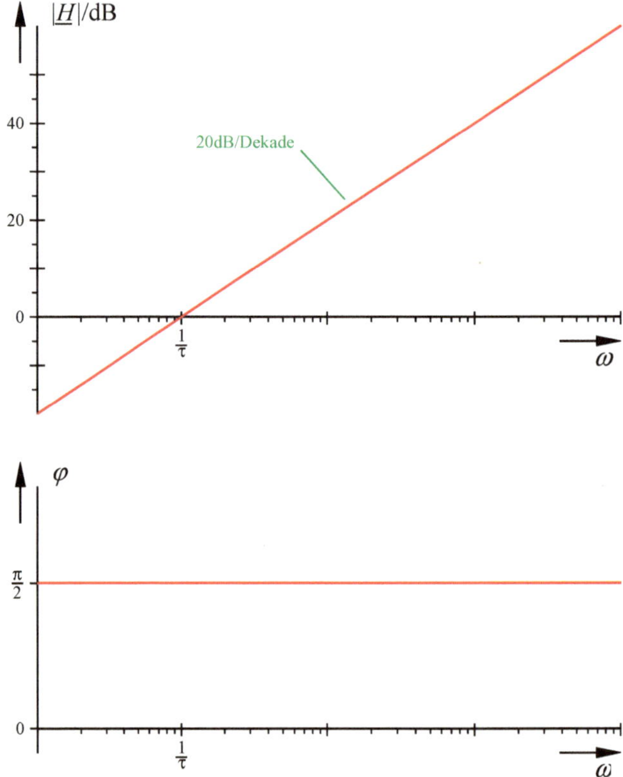

Bild 2-34 BODE-Diagramm der Typ-1-Funktion

(ii) Nun betrachten wir die Funktion vom Typ 2.

$$\underline{H}_2(\omega) = 1 + \mathrm{j}\omega\tau \tag{2.195}$$

Von Interesse ist zunächst das Verhalten für kleine und große Werte von ω.

$$\begin{aligned} \omega \to 0 \Rightarrow \quad & \underline{H}_2 \to 1 \\ & |\underline{H}_2| \to 1 \\ & V_\mathrm{U} \to 0\,\mathrm{dB} \\ & \varphi \to 0 \\ \\ \omega \to \infty \Rightarrow \quad & \underline{H}_2 \to \mathrm{j}\omega\tau \end{aligned} \tag{2.196}$$

Demnach beginnt die Betragskurve bei 0dB, die Phasenkurve bei 0. Für große Werte von ω verhält sich die Typ-2-Funktion wie die Typ-1-Funktion. Wir betrachten noch einen Zwischenwert:

$$\begin{aligned} \omega = \frac{1}{\tau} \Rightarrow \quad & \underline{H}_2 = 1 + \mathrm{j} \\ & |\underline{H}_2| = \sqrt{2} \\ & V_\mathrm{U} \approx 3\,\mathrm{dB} \\ & \varphi = \frac{\pi}{4} \end{aligned} \tag{2.197}$$

In Bild 2-35 ist das zugehörige BODE-Diagramm zu sehen. Demnach kann die Betragskurve wie grün dargestellt durch 2 Geraden approximiert werden. Diese schneiden sich bei $\omega_\mathrm{E} = 1/\tau$ und bilden dort eine Ecke; hier entspricht der Betrag etwa 3dB. Die zugehörige Frequenz

$$f_\mathrm{E} = \frac{1}{2\pi\tau} = f_\mathrm{c} \tag{2.198}$$

wird deshalb *Eckfrequenz* , *3dB-Eckfrequenz* oder *3dB-Ecke* genannt (englisch *Corner Frequency* f_c). Man sieht, dass die Näherung etwa eine halbe Dekade über bzw. unter der Eckfrequenz im Rahmen der Zeichengenauigkeit mit der wahren Kurve übereinstimmt. Der Phasengang wird ebenfalls durch Geradenstücke angenähert. Die Steigung der Rampe sollte $\pi/4$ pro 0,7 Dekadenlängen betragen. Dann haben die Näherung und die wahre Kurve bei der Eckfrequenz in etwa die gleiche Steigung. Wie man sieht, ist die Näherung für den Phasengang nicht besonders gut, es ist eher eine Stilisierung.

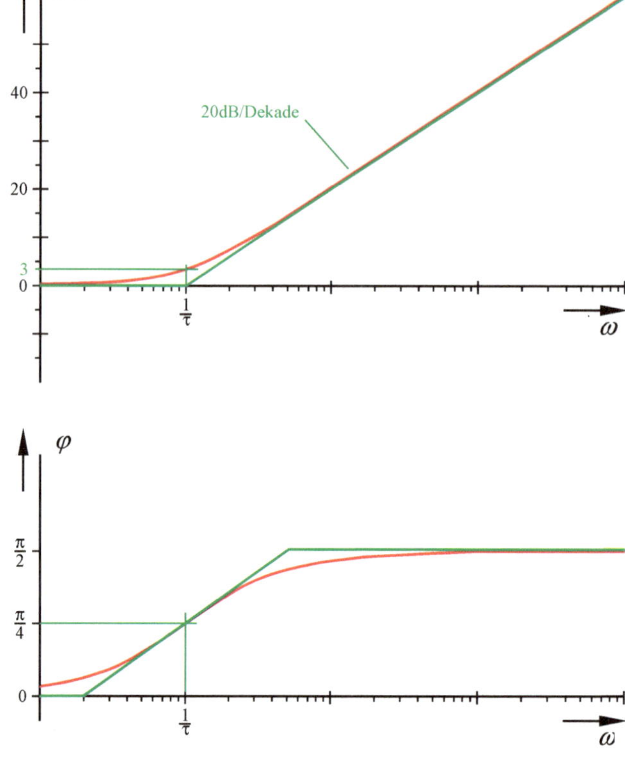

Bild 2-35 BODE-Diagramm der Typ-2-Funktion

(iii) Wir wenden uns nun der Funktion vom Typ 3 zu.

$$\underline{H}_3(\omega) = \frac{1}{\mathrm{j}\omega\tau} \tag{2.199}$$

Das Bild des Betrages wäre im linearen Maßstab eine Hyperbel und somit keine Gerade. Hier wird die Notwendigkeit des logarithmischen Maßstabs erstmals erkennbar. Wegen der einfachen Beziehungen

$$\begin{aligned} \log\frac{1}{x} &= -\log x \\ \arg\frac{1}{\underline{z}} &= -\arg\underline{z} \end{aligned} \tag{2.200}$$

verlaufen Betrags- und Phasenkurve genau spiegelbildlich zur Typ-1-Funktion. Bild 2-36 zeigt das BODE-Diagramm.

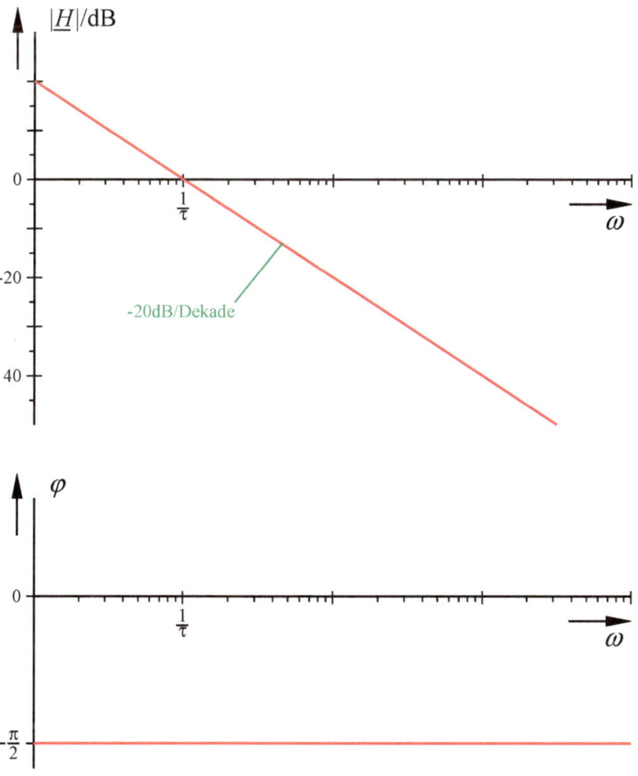

Bild 2-36 BODE-Diagramm der Typ-3-Funktion

(iv) Zum Abschluss muss noch die Funktion vom Typ 4 besprochen werden.

$$\underline{H}_4(\omega) = \frac{1}{1+\mathrm{j}\omega\tau} \tag{2.201}$$

Mit der gleichen Begründung wie unter (iii) verlaufen auch hier die Kurven spiegelbildlich zu Typ 2.

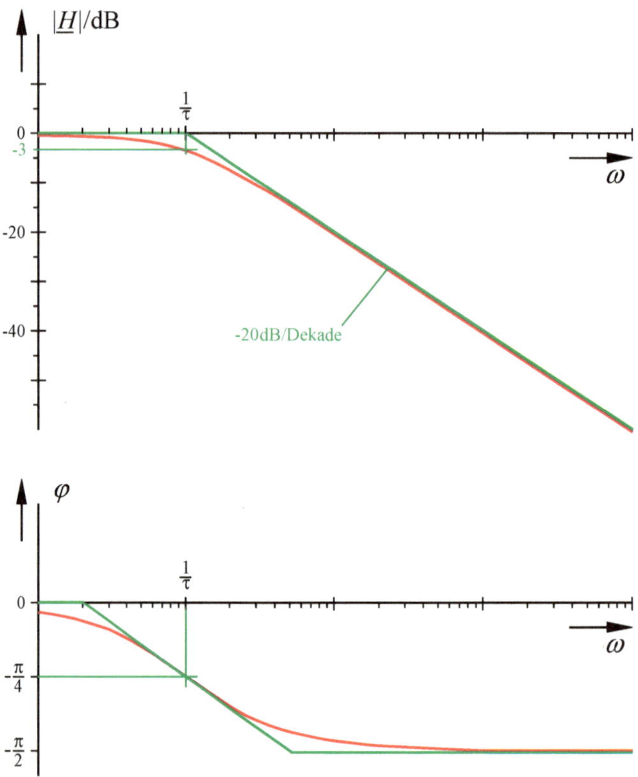

Bild 2-37 BODE-Diagramm der Typ-4-Funktion

Es folgen Beispiele. Sei zunächst gegeben die - bereits zerlegte - Übertragungsfunktion

$$\underline{H}(\omega) = -10 \cdot \frac{\mathrm{j}\omega\tau_1 \cdot (1+\mathrm{j}\omega\tau_2)}{(1+\mathrm{j}\omega\tau_3)} \tag{2.202}$$

mit den Zahlenwerten

$$\begin{aligned} \frac{1}{\tau_1} &= 10^3\mathrm{s}^{-1} \\ \frac{1}{\tau_2} &= 4\cdot 10^3\mathrm{s}^{-1} \quad . \\ \frac{1}{\tau_3} &= 5\cdot 10^4\mathrm{s}^{-1} \end{aligned} \tag{2.203}$$

Es ist also je eine Funktion von Typ 1, 2 und 4 enthalten; Lage von Nullstelle bzw. Eckfrequenz sind durch (2.203) gegeben. Das Minuszeichen bewirkt eine zusätzliche Phasenverschiebung um + oder - π , der Vorfaktor 10 eine Anhebung des Betragsfrequenzgangs um 20dB. Damit kann das BODE-Diagramm (rot) durch Überlagerung der Teilfunktionen (grün) konstruiert werden. Wegen der Überlagerung von Typ 1 und Typ 2 steigt die Betragskurve im Intervall $4\cdot 10^3 s^{-1}$ bis $5\cdot 10^4 s^{-1}$ um 40 dB pro Dekade. Ab $5\cdot 10^4 s^{-1}$ beträgt die Steigung wieder 20 dB pro Dekade, weil nun die Typ-4-Funktion mit -20dB pro Dekade entgegen wirkt.

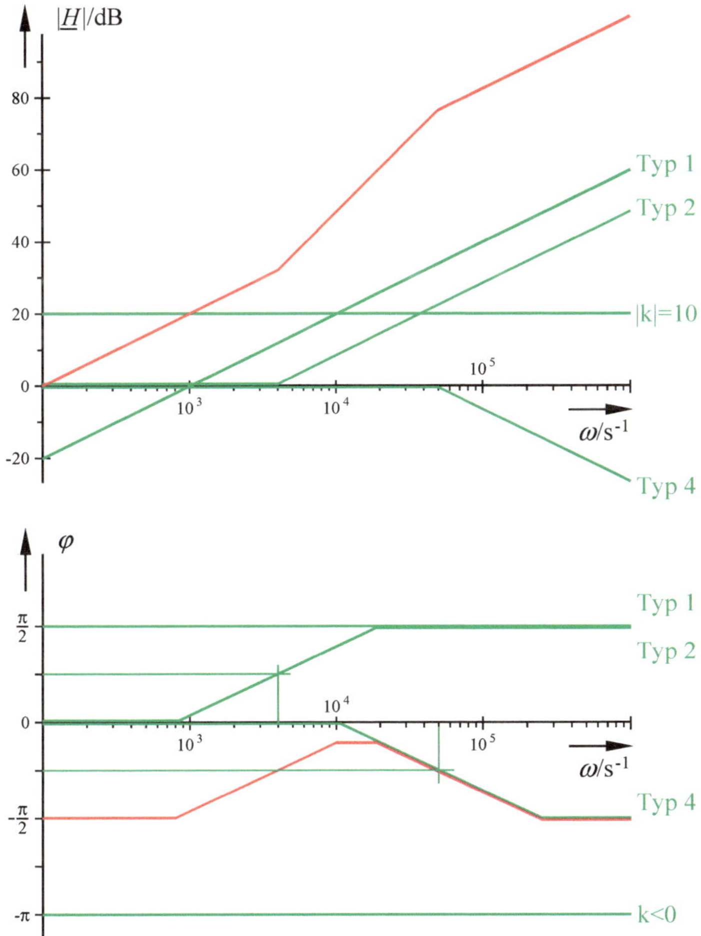

Bild 2-38 BODE-Diagramm zum Beispiel

Nun analysieren wir das passive Zweitor nach Bild 2-39. Hier ist der Eingang eines Oszilloskops mit vorgeschaltetem Tastkopf dargestellt. R_O und C_O sind Widerstand und Kapazität des Messgeräteeingangs, R_T und C_T die Elemente des passiven Tastkopfs. C_T ist variabel und wird vom Anwender vor der Messung so abgeglichen, dass ein eingespeistes Rechtecksignal genau als solches auf dem Bildschirm erscheint. Die erforderliche Abgleichbedingung lautet

$$R_O C_O = R_T C_T \quad . \tag{2.204}$$

Wenn sie nicht erfüllt ist, hat das Zweitor Hochpass- oder Tiefpasscharakter und das Signal erscheint verzerrt. Dies soll im BODE-Diagramm untersucht werden.

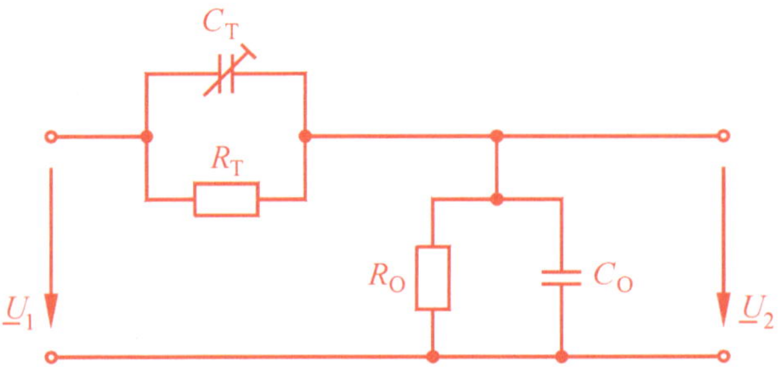

Bild 2-39 Passives Zweitor

Wie man sieht, ist das Zweitor ein Spannungsteiler bestehend aus zwei Parallelschaltungen. $\underline{U}_2$ ist die Teilspannung, $\underline{U}_1$ die Gesamtspannung. Die Übertragungsfunktion ergibt sich als Verhältnis aus Teilimpedanz zu Gesamtimpedanz.

$$\underline{H}(\omega) = \frac{\underline{U}_2}{\underline{U}_1} = \frac{\dfrac{R_O}{1+j\omega R_O C_O}}{\dfrac{R_T}{1+j\omega R_T C_T}+\dfrac{R_O}{1+j\omega R_O C_O}} \tag{2.205}$$

Durch Einführung der Abkürzungen

$$\begin{aligned} \tau_T &:= R_T C_T \\ \tau_O &:= R_O C_O \end{aligned} \tag{2.206}$$

und algebraische Vereinfachung wird daraus

$$\underline{H}(\omega) = \frac{R_O(1+j\omega\tau_T)}{R_T(1+j\omega\tau_O)+R_O(1+j\omega\tau_T)} \quad . \tag{2.207}$$

Diese Form ist für die Konstruktion des BODE-Diagramms noch nicht geeignet, denn Zähler und Nenner müssen als *Produkt* der besprochenen Teilfunktionen erscheinen. Es sind also weitere Umformungen erforderlich, sie führen auf

$$\underline{H}(\omega) = \frac{R_O}{R_T+R_O}\cdot\frac{1+j\omega\tau_T}{1+j\omega\dfrac{R_T\tau_O+R_O\tau_T}{R_T+R_O}} \quad . \tag{2.208}$$

Schreibt man noch

$$\begin{aligned} k &:= \frac{R_O}{R_T+R_O} \\ \tau &:= R_T R_O \frac{C_T+C_O}{R_T+R_O} \end{aligned} \quad , \tag{2.209}$$

so erhält man

$$\underline{H}(\omega) \;=\; k \cdot \frac{1 + \mathrm{j}\omega\tau_{\mathrm{T}}}{1 + \mathrm{j}\omega\tau} \;, \tag{2.210}$$

also eine Funktion vom Typ 2 und eine vom Typ 4. Das Auffinden und Umformen der Übertragungsfunktion stellt bei der Konstruktion des BODE-Diagramms nicht selten die Hauptschwierigkeit dar. In Bild 2-40 ist das BODE-Diagramm für $\tau_T > \tau$ schematisch dargestellt. Das Zweitor ist dann ein Hochpass, das Signal würde verzerrt. Der Leser überzeuge sich selbst davon, dass sich bei erfüllter Abgleichbedingung (2.204) in (2.210) Zähler gegen Nenner kürzt; dann ist die Übertragungsfunktion eine reine Konstante.

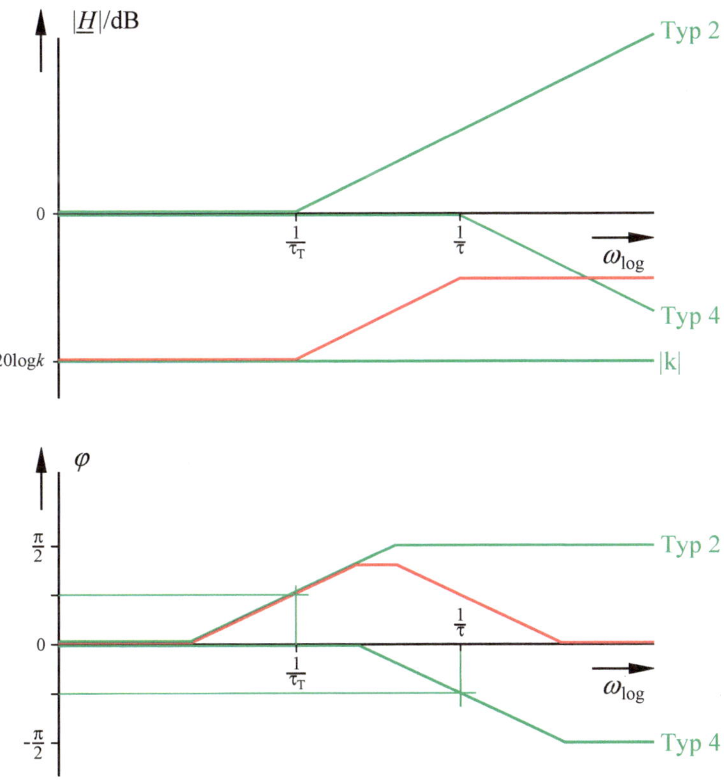

Bild 2-40 BODE-Diagramm zum Zweitor von Bild 2-39

2.6.3 Rekonstruktion der Übertragungsfunktion aus dem Diagramm

Mit den nun vorliegenden Erkenntnissen ist es möglich aus einem gegebenen Diagramm, welches beispielsweise Ergebnis einer Messung oder Simulation sein kann, auf die zu Grunde liegende Übertragungsfunktion zu schließen. Die Erklärung erfolgt an Hand eines Beispiels.

Gegeben sei das BODE-Diagramm nach Bild 2-41. Man erkennt zwei Eckfrequenzen

$$\begin{aligned} \omega_{E1} &= 10\,s^{-1} \\ \omega_{E2} &= 1000\,s^{-1} \end{aligned} ,$$

welche mit Zeitkonstanten

$$\begin{aligned} \tau_1 &= 0{,}1\,s \\ \tau_2 &= 0{,}001\,s \end{aligned}$$

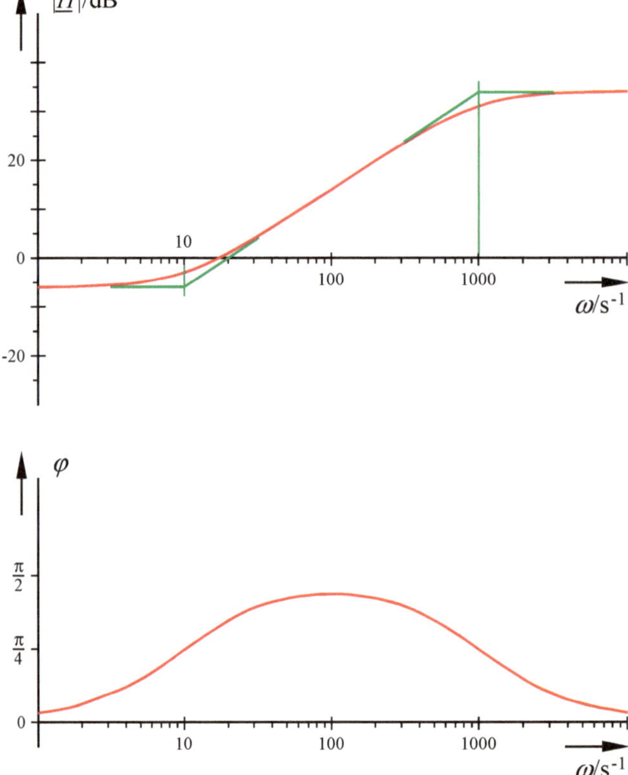

Bild 2-41 Gemessenes BODE-Diagramm

korrespondieren. Die Betragskurve zeigt einen Versatz von -6dB, was einen Vorfaktor ½ erkennen lässt. Die erste Ecke wird offenbar von einer Typ-2-Funktion hervorgerufen, die zweite von Typ 4. Der Phasengang startet mit kleinen positiven Winkeln, es liegt also keine Inversion vor. Somit lautet die gesuchte Übertragungsfunktion

$$\underline{H}(\omega) = \frac{1}{2} \cdot \frac{1 + j\omega \cdot 0{,}1\mathrm{s}}{1 + j\omega \cdot 0{,}001\mathrm{s}} \quad .$$

Die Methode liefert dem Entwicklungsingenieur einen raffinierten Trick: Sei z. B. der Typ-4-Anteil durch parasitäre Elemente verursacht und somit unerwünscht. Dann kann er durch gezielten Einbau einer Typ-2-Funktion mit eben dieser Eckfrequenz vollständig kompensiert werden. Durch Probieren würde man diese Lösung nicht finden.

3 Leitungstheorie

3.1 Die homogene Doppelleitung

Zur elektrischen Übertragung von Information oder Energie benötigt man einen Hin- und einen Rückleiter. Beide bilden dann zusammen mit Quelle und Verbraucher einen geschlossenen Stromkreis. Man verwendet also eine Zweidraht- oder *Doppelleitung*. Drei- oder Vierleitersysteme, wie sie bei der Energieversorgung durch Dreiphasen-Drehstrom zum Einsatz kommen, sollen hier nicht untersucht werden. Deren Analyse ist in völlig adäquater Weise möglich. In der Hochfrequenztechnik gibt es noch einen speziellen Leitungstyp, den sogenannten *Hohlleiter*. Er wird im Abschnitt 3.6.3 genauer beschrieben. Seine Ausbreitungseigenschaften ähneln denen der Doppelleitung sehr, sodass die im Folgenden gewonnenen Erkenntnisse und Zusammenhänge zum größten Teil übernommen werden können.

Sind Geometrie und Materialien in Ausbreitungsrichtung der Leitung einheitlich, spricht man von einer *homogenen* Leitung. Dies bedeutet einerseits, dass an jedem Ort der gleiche Querschnitt der Leiter selbst und ihrer Anordnung zueinander vorzufinden ist, und andererseits, dass für die Leiter und die umgebende Isolation einheitliches Material verwendet wird.

Einige Beispiele für homogene Doppelleitungen:

* Die symmetrische Leitung, genannt auch Telefonkabel oder twisted pair.
* Das Koaxialkabel.
* Die Freileitung.
* Die Mikro-Streifenleitung.

Mit Ausnahme der Freileitung werden alle in Abschnitt 3.6 näher beschrieben.

Bild 3-1 Transformation einer Abschlussimpedanz über eine Leitung

Weit verbreitet ist die Ansicht, ein am Leitungsanfang eingespeistes Signal - z. B. ein Rechteckimpuls - würde ohne irgendeine Veränderung am Leitungsende ankommen. Tatsächlich wird das Signal bei der Ausbreitung verzögert, gedämpft und verformt, man sagt *verzerrt*. Es gibt noch eine weitere Kuriosität: Eine am Leitungsende angeschlossene Impedanz $\underline{Z}_E$ ist gewöhnlich so am Leitungsanfang nicht zu sehen, sondern sie transformiert sich über die Leitung in einen neuen Wert $\underline{Z}_A$ (siehe Bild 3-1). Die Indizes E und A stehen hierbei für das **E**nde bzw. den **A**nfang der Leitung. Diese Transformation kann geradezu groteske Formen annehmen, indem sich beispielsweise unter bestimmten Umständen ein Leerlauf in einen Kurzschluss transformiert, wie in Bild 3-2 dargestellt. Die Ursachen hierfür liegen im Wellencharakter der Signalausbreitung, der Reflexion am Leitungsende und der Interferenz aus vorlaufender und rücklaufender Welle. Die in den folgenden Abschnitten hergeleiteten Zusammenhänge und Gesetzmäßigkeiten finden sich bei Wellenphänomenen anderer Art wieder, wie z. B. bei Schallwellen oder Wasserwellen.

Bild 3-2 Transformation eines Leerlaufs in einen Kurzschluss

3.2 Berechnungen

3.2.1 Die Leitungsgleichungen

Wir betrachten ein kurzes Leitungsstück, seine Länge soll Δz betragen [9]. Es kann näherungsweise durch das in Bild 3-3 gezeigte Ersatzschaltbild aus konzentrierten Elementen beschrieben werden.

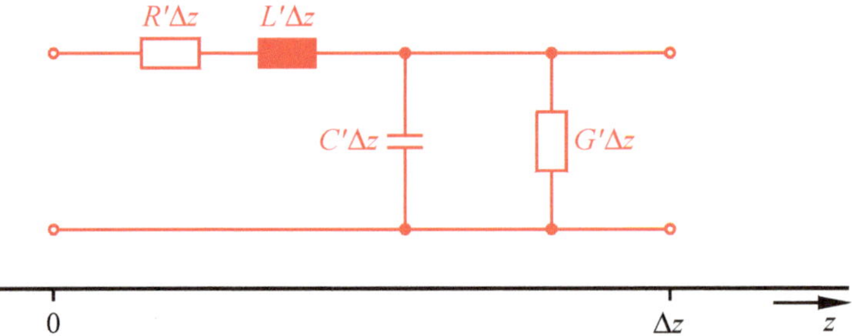

Bild 3-3 Ersatzschaltbild für ein Leitungsstück der Länge Δz

Die Näherung ist umso besser, je kürzer die Länge Δz ist. Da wir später den Grenzübergang $\Delta z \to 0$ machen werden, stimmt die Beschreibung exakt. Das Ersatzschaltbild beinhaltet alle realen Eigenschaften einer kurzen Leitung. Der Längswiderstand beschreibt den tatsächlichen Drahtwiderstand, wie er sich aus Leitfähigkeit, Querschnitt sowie Länge von Hin- und Rückleiter ergibt. Die Längsinduktivität trägt dem Umstand Rechnung, dass ein Strom im Leiter ein magnetisches Feld um denselben verursacht, welches aufgrund des Induktionsgesetzes einer Änderung des Stroms entgegenwirkt (LENTZsche Regel). Die Querkapazität ergibt sich daraus, dass zwei voneinander isolierte leitfähige Körper stets einen Kondensator bilden. Der Querleitwert ist durch die Unvollkommenheit der Isolation zwischen den Leitern gegeben.

Da alle Elemente des Ersatzschaltbilds der Länge Δz proportional sind, bezieht man sie auf die Länge und spricht von den *Leitungsbelägen*. Der Widerstandsbelag R' hat demzufolge die Dimension Ω/km. In Tabelle 3.1 sind die Leitungsbeläge eines handelsüblichen symmetrischen Kupferkabels bei niedrigen Frequenzen exemplarisch angegeben.

Tabelle 3.1 Leitungsbeläge, exemplarisch

Belag	Wert
R'	130 Ω/km
L'	700 μH/km
C'	31 nF/km
G'	1 μS/km

Die Leitungsbeläge sind - physikalisch bedingt - mehr oder weniger stark frequenzabhängig. Aus diesem Grund eignet sich das Ersatzschaltbild von Bild 3-3 nicht unmittelbar zur Realisierung einer Leitungsnachbildung aus konzentrierten Elementen. Die grundsätzliche Frequenzabhängigkeit ist in Tabelle 3.2 zusammengefasst.

Tabelle 3.2 Frequenzabhängigkeit der Leitungsbeläge

Belag	nimmt mit der Frequenz	Ursache
R'	stark zu	Skineffekt
L'	leicht ab	Skineffekt
C'	weder zu noch ab	------------
G'	stark zu	dielektrische Verluste

Unter dem *Skineffekt* versteht man folgendes Phänomen: Bei einem von Gleichstrom durchflossenen massiven Leiter ist der Strom gleichmäßig über den Leiterquerschnitt verteilt, die Stromdichte ist überall gleich und ergibt sich als Quotient aus Strom und Querschnittsfläche. Genauso verhält es sich bei Wechselstrom niedriger Frequenz. Mit zunehmender Frequenz wird der Strom jedoch mehr und mehr zum Rand des Leiters verdrängt, so dass im Extremfall nur noch eine dünne Haut unter der Oberfläche stromführend ist (*skin!*). Dieser Sachverhalt kann feldtheoretisch durch eine verringerte Eindringtiefe der mit der Wellenausbreitung verbundenen elektromagnetischen Felder erklärt werden. Somit steht dem Stromfluss ein verringerter effektiver Querschnitt zur Verfügung, was zwangsläufig zu einer Widerstandserhöhung führt. Das magnetische Feld außerhalb des Leiters wird durch den Skineffekt nicht beeinträchtigt, jedoch das Feld im Innern des Leiters, im Extremfall verschwindet es ganz. Damit wird der magnetische Fluss insgesamt kleiner und somit auch die Induktivität.

Der Ableitbelag G' nimmt wegen der dielektrischen Verluste im Isolationsmaterial zu. Dies darf man sich modellhaft so vorstellen, dass das Isolationsmaterial Teilchen mit Dipolcharakter enthält, die in Folge des elektrischen Wechselfeldes zwischen den Leitern eine Nick- oder Kippbewegung ausführen. Dies führt zu Reibung und Energieverlust, was sich elektrisch als Stromfluss äußert. Mit zunehmender Frequenz werden diese Bewegungen schneller, somit nehmen die Verluste zu. Aus diesem Grund bevorzugt man für die Übertragung großer HF-Leistungen, wie sie z. B. bei Rundfunksendern vorkommen, luftgefüllte Leitungen. Bild 3-4 veranschaulicht die Frequenzabhängigkeit der Leitungsbeläge.

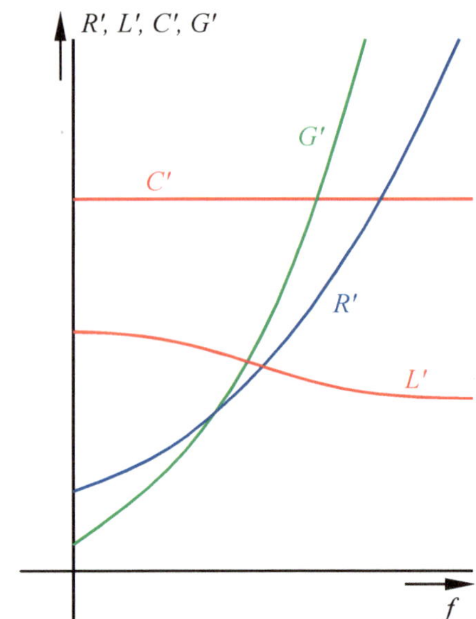

Bild 3-4 Frequenzabhängigkeit der Leitungsbeläge

Bild 3-3 soll nun einer Analyse unterzogen werden. Dazu werden Ströme und Spannungen gemäß Bild 3-5 eingeführt. Spannung und Strom am Leitungsanfang werden u und i genannt. Der Strom i bewirkt einen Spannungsabfall Δu über den Längselementen, die Spannung $u+\Delta u$ ruft einen Strom Δi durch die Querelemente hervor. Die etwas ungewohnte Orientierung von Δu und Δi wurde im Hinblick auf den weiteren Rechengang so gewählt. Man erkennt sofort, dass sich damit am Leitungsende eine Spannung $u+\Delta u$ sowie ein Strom $i+\Delta i$ einstellen. Hiermit gelangen wir zu der für die weiteren Berechnungen sehr wichtigen Erkenntnis, dass Spannung und Strom an verschiedenen Orten der Leitung unterschiedliche Werte annehmen.

Die Strom-Spannungs-Beziehungen an Kapazität und Induktivität lauten bekanntlich

$$\begin{aligned} i &= C \cdot \frac{\mathrm{d}u}{\mathrm{d}t} \\ u &= L \cdot \frac{\mathrm{d}i}{\mathrm{d}t} \end{aligned} \quad . \tag{3.1}$$

Somit ergibt sich

$$\begin{aligned} \Delta i &= -G'\Delta z \cdot (u+\Delta u) - C'\Delta z \cdot \frac{\mathrm{d}(u+\Delta u)}{\mathrm{d}t} \\ \Delta u &= -R'\Delta z \cdot i - L'\Delta z \cdot \frac{\mathrm{d}i}{\mathrm{d}t} \end{aligned} \quad . \tag{3.2}$$

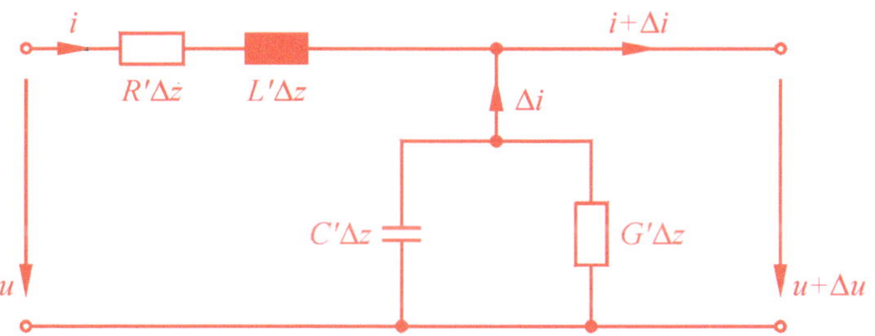

Bild 3-5 Ersatzschaltbild mit elektrischen Größen

Der Grenzübergang $\Delta z \to 0$ liefert schließlich die *Leitungsgleichungen*

$$\begin{aligned} \frac{\partial i}{\partial z} &= -G'u - C'\frac{\partial u}{\partial t} \\ \frac{\partial u}{\partial z} &= -R'u - L'\frac{\partial i}{\partial t} \end{aligned} \tag{3.3}$$

Damit ist ein System von zwei partiellen Differentialgleichungen für die elektrischen Größen u und i gefunden. Sie beschreiben eine Abhängigkeit von Zeit t und Raum z. Man spricht von *verteilten Parametern.*

3.2.2 Stationäre Lösung

Die allgemeine Lösung der Leitungsgleichungen ist mit den hier vorausgesetzten Kenntnissen in Mathematik nicht möglich. Jedoch gelingt die Lösung, wenn man spezielle Betriebsbedingungen unterstellt. Von besonderer Bedeutung ist hierbei der sogenannte stationäre Fall [9]. Dies bedeutet, dass die Leitung von einer Wechselspannungs- oder -stromquelle gespeist wird, und dass der eingeschwungene Zustand erreicht ist. Der Einschaltzeitpunkt liegt also lange zurück. Wie man aus der Theorie der Wechselströme weiß, haben dann alle Spannungen und Ströme im Netzwerk einen Verlauf

$$\begin{aligned} u_\text{v}(t) &= \hat{u}_\text{v} \cdot \cos(\omega t + \varphi_\text{v}) \\ i_\mu(t) &= \hat{i}_\mu \cdot \cos(\omega t + \varphi_\mu) \end{aligned} \quad . \tag{3.4}$$

Damit ist die Anwendung der komplexen Wechselstromrechnung möglich (vgl. 2.2). Alle Zeitverläufe u_v, i_μ werden durch ihre komplexen Zeiger $\underline{U}_\text{v}$, $\underline{I}_\mu$ ersetzt, an die Stelle des Differentialoperators $\mathrm{d}/\mathrm{d}t$ tritt der Faktor $\mathrm{j}\omega$. Hierbei ist der Betrag des Zeigers gleich dem Effektivwert der Kosinusschwingung, sein Argument gleich der Phasenlage.

$$\begin{aligned} u_\text{v}(t) &= \sqrt{2}U_\text{v} \cdot \cos(\omega t + \varphi_\text{v}) &\to\ \underline{U}_\text{v} &= U_\text{v} \cdot \mathrm{e}^{\mathrm{j}\varphi_\text{v}} \\ i_\mu(t) &= \sqrt{2}I_\mu \cdot \cos(\omega t + \varphi_\mu) &\to\ \underline{I}_\mu &= I_\mu \cdot \mathrm{e}^{\mathrm{j}\varphi_\mu} \\ \frac{\mathrm{d}}{\mathrm{d}t} & &\to\ & \mathrm{j}\omega \end{aligned} \tag{3.5}$$

Damit erhalten die Leitungsgleichungen eine neue Form:

$$\frac{\mathrm{d}\underline{I}}{\mathrm{d}z} = -(G' + \mathrm{j}\omega C')\,\underline{U} \tag{3.6}$$

$$\frac{\mathrm{d}\underline{U}}{\mathrm{d}z} = -(R' + \mathrm{j}\omega L')\,\underline{I} \tag{3.7}$$

Wir haben nun ein System von gewöhnlichen Differentialgleichungen gefunden, welches sich mit Methoden der Schulmathematik lösen lässt. Zunächst wird (3.7) nach z abgeleitet und umgeformt.

$$\frac{\mathrm{d}\underline{I}}{\mathrm{d}z} = -\frac{1}{R' + \mathrm{j}\omega L'}\frac{\mathrm{d}^2\underline{U}}{\mathrm{d}z^2} \tag{3.8}$$

Dieses Ergebnis wird in (3.6) eingesetzt.

$$\frac{\mathrm{d}^2\underline{U}}{\mathrm{d}z^2} - (R' + \mathrm{j}\omega L')(G' + \mathrm{j}\omega C')\underline{U} = 0 \tag{3.9}$$

Führt man noch die Abkürzung

$$\underline{\gamma}^2 := (R' + \mathrm{j}\omega L')(G' + \mathrm{j}\omega C') \tag{3.10}$$

ein, so erhält man

$$\frac{\mathrm{d}^2\underline{U}}{\mathrm{d}z^2} - \underline{\gamma}^2\underline{U} = 0\ . \tag{3.11}$$

Dies ist eine homogene Differentialgleichung 2. Ordnung für den Spannungszeiger $\underline{U}$ in der Variablen z. Es ist darüber hinaus eine lineare Differentialgleichung mit konstanten Koeffizienten (vgl. 2.1.2); die Lösung erfolgt mit elementaren Methoden. Man erkennt wieder, dass der Spannungszeiger $\underline{U}$ vom Ort z abhängt.

Der soeben eingeführten Größe $\underline{\gamma}$ kommt im Weiteren enorme Bedeutung zu. Sie verdient deshalb genauere Betrachtung. Es ist

$$\boxed{\underline{\gamma}^2 = (R'G' - \omega^2 L'C') + \mathrm{j}\omega(R'C' + L'G')}\ . \tag{3.12}$$

Der Realteil von $\underline{\gamma}^2$ ist demnach positiv oder negativ, unter Umständen verschwindet er. Der Imaginärteil ist in jedem Fall nichtnegativ. $\underline{\gamma}^2$ liegt somit in der oberen Halbebene, d.h. im ersten oder im zweiten Quadranten der komplexen Ebene. Somit liegt eine Wurzel $\underline{\gamma}_1$ im ersten Quadranten, die andere $\underline{\gamma}_2 = -\underline{\gamma}_1$ im dritten. Bild 3-6 veranschaulicht diesen Sachverhalt. Man kann also ohne Beschränkung der Allgemeinheit

$$\underline{\gamma} := \underline{\gamma}_1 = \alpha + \mathrm{j}\beta = -\underline{\gamma}_2 \tag{3.13}$$

mit

$$\alpha \geq 0 \qquad \beta > 0 \tag{3.14}$$

schreiben. Wir wenden uns nun der Lösung der Differentialgleichung (3.11) zu. Die charakteristische Gleichung lautet

$$\underline{p}^2 - \underline{\gamma}^2 = 0\ , \tag{3.15}$$

was auf die allgemeine Lösung

$$\underline{U}(z) = \underline{U}_{r0} \cdot e^{\underline{\gamma} z} + \underline{U}_{v0} \cdot e^{-\underline{\gamma} z} =: \underline{U}_r + \underline{U}_v \quad , \tag{3.16}$$

führt. $\underline{U}_{r0}$ und $\underline{U}_{v0}$ sind sogenannte Integrationskonstanten, die bei Angabe der speziellen Lösung durch Anfangsbedingungen zu bestimmen sind. Im vorliegenden Fall können das definierte Verhältnisse an Leitungsanfang und -ende sein. Wegen

$$\underline{U}_v = \underline{U}_{v0} \cdot e^{-\underline{\gamma} z} = \underline{U}_{v0} \cdot e^{-\alpha z} \cdot e^{-j\beta z} \tag{3.17}$$

ist dieser Teil der Lösung in positiver z-Richtung gedämpft und verzögert. Er stellt somit eine *vorlaufende Welle* dar. Analog erfährt der Lösungsanteil $\underline{U}_{r0}\ e^{+\gamma z}$ in negativer z-Richtung Dämpfung und Verzögerung, bildet also die *rücklaufende Welle*. Das Maß $\underline{\gamma}$, das beide Wellen formt, wird *Ausbreitungsmaß* genannt. Der Realteil α heißt *Dämpfungsmaß*, da er für die Schwächung des Betrags von $\underline{U}_v$ verantwortlich ist, analog wird der Imaginärteil β *Phasenmaß* genannt. Eine der beiden Integrationskonstanten kann verschwinden. Das lässt sich so interpretieren, dass dann nur eine Welle in einer Richtung existiert. In der Praxis wird dieser Fall häufig angestrebt. Wie man sofort sieht, haben Ausbreitungsmaß, Dämpfungsmaß und Phasenmaß die Dimension

$$[\underline{\gamma}] = [\alpha] = [\beta] = m^{-1} \quad . \tag{3.18}$$

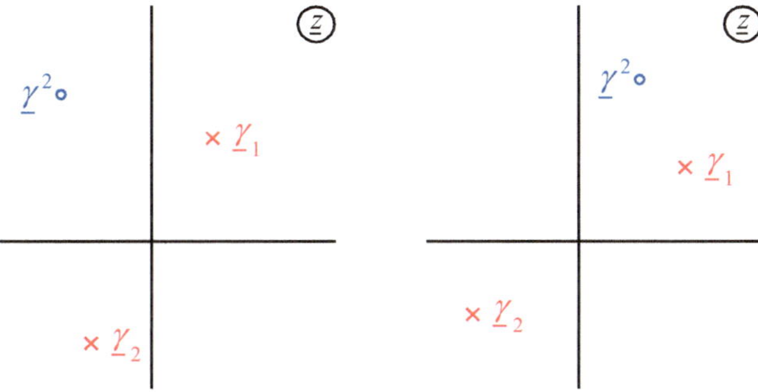

Bild 3-6 Mögliche Lagen der Größe $\underline{\gamma}^2$ und ihrer Wurzeln in der komplexen Ebene

3.2.3 Die Wellenimpedanz

Der Gleichung (3.7) entnehmen wir für den Strom

$$\underline{I} = -\frac{1}{R' + j\omega L'} \frac{d\underline{U}}{dz} \tag{3.19}$$

und daraus mit der Lösung (3.16)

$$\underline{I} = \frac{\underline{\gamma}}{R' + j\omega L'} \left[\underline{U}_{v0}\, e^{-\underline{\gamma} z} - \underline{U}_{r0}\, e^{+\underline{\gamma} z} \right] \quad . \tag{3.20}$$

Man schreibt

$$\underline{Z}_0 := \frac{R' + j\omega L'}{\underline{\gamma}} \quad , \tag{3.21}$$

woraus mit (3.12)

$$\underline{Z}_0 = \sqrt{\frac{R' + \mathrm{j}\omega L'}{G' + \mathrm{j}\omega C'}} \tag{3.22}$$

wird. (3.20) bekommt dann die Form

$$\underline{I} = \frac{1}{\underline{Z}_0}\left[\underline{U}_{\mathrm{v}0}\,\mathrm{e}^{-\underline{\gamma}z} - \underline{U}_{\mathrm{r}0}\,\mathrm{e}^{+\underline{\gamma}z}\right] \; . \tag{3.23}$$

Der Stromzeiger setzt sich also wie der Spannungszeiger aus einem vorlaufenden und einem rücklaufenden Anteil zusammen. Das Minuszeichen besagt hierbei, dass der Strom der rücklaufenden Welle entgegen der z-Richtung zu orientieren ist. Man kann auch schreiben

$$\underline{I} = \underline{I}_{\mathrm{v}0} \cdot e^{-\underline{\gamma}z} - \underline{I}_{\mathrm{r}0} \cdot e^{+\underline{\gamma}z} =: \underline{I}_{\mathrm{v}} - \underline{I}_{\mathrm{r}} \; . \tag{3.24}$$

Spannung und Strom zu jeder Welle stehen also im festen Verhältnis $\underline{Z}_0$ zueinander.

$$\frac{\underline{U}_{\mathrm{v}}}{\underline{I}_{\mathrm{v}}} = \frac{\underline{U}_{\mathrm{r}}}{\underline{I}_{\mathrm{r}}} = \underline{Z}_0 \; . \tag{3.25}$$

$\underline{Z}_0$ hat die Dimension einer Impedanz und wird deshalb *Wellenimpedanz* genannt. Aus der englischen Bezeichnung *characteristic impedance* leitet sich der eingedeutschte Begriff *charakteristische Impedanz* ab, den man immer häufiger liest. Man erkennt folgende Eigenschaften der Wellenimpedanz:

* $\underline{Z}_0$ ist eine Eigenschaft der Leitung.
* $\underline{Z}_0$ ist durch Geometrie und Material der Leitung bestimmt.
* $\underline{Z}_0$ ist im Allgemeinen komplex.
* $\underline{Z}_0$ ist im Allgemeinen frequenzabhängig.
* $\underline{Z}_0$ verknüpft Spannungs- und Stromwelle.
* $\underline{Z}_0$ ist nicht unmittelbar mit einer Impedanzmessbrücke messbar.

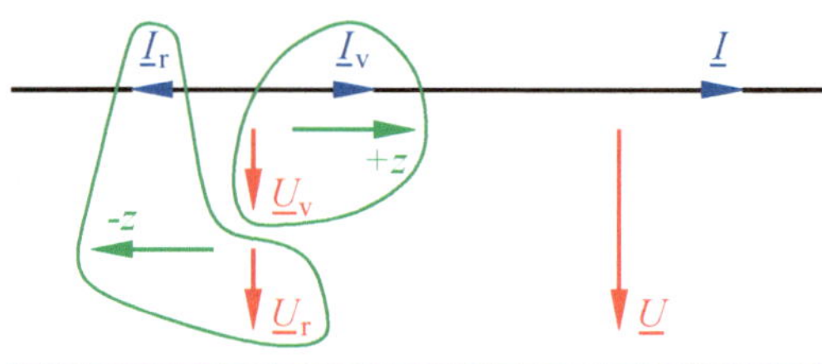

Bild 3-7 Vor- und rücklaufende Spannungs- und Stromwellen

Nun lassen sich Spannungs- und Stromverhältnisse an einem beliebigen Ort der Leitung wie in Bild 3-7 gezeigt verdeutlichen. Es existiert eine vorlaufende und eine rücklaufende Welle in Form je einer Spannungs- und einer Stromwelle, welche miteinander verknüpft sind. Die zwischen den Leitern messbare Spannung ergibt sich durch Überlagerung von vorlaufender und rücklaufender Spannungswelle. Genauso verhält es sich mit dem in einem Leiter messbaren Strom, wobei darauf zu achten ist, dass die Anteile vorzeichenrichtig gezählt werden.

$$\begin{aligned} \underline{U} &= \underline{U}_{\mathrm{v}} + \underline{U}_{\mathrm{r}} \\ \underline{I} &= \underline{I}_{\mathrm{v}} - \underline{I}_{\mathrm{r}} \end{aligned} \tag{3.26}$$

3.2.4 Übergang in den Zeitbereich

Nun sollen den berechneten Zeigergrößen die korrespondierenden Zeitfunktionen zugeordnet werden, wie man das von der komplexen Wechselstromrechnung kennt [9] (vgl. 2.2). Der Betrag des Zeigers liefert den Effektivwert, sein Argument die Phasenlage der Kosinusschwingung. Somit wird aus

$$\underline{U}_{\mathrm{v}}(z) = \underline{U}_{\mathrm{v0}} \cdot e^{-\underline{\gamma} z} = \underline{U}_{\mathrm{v0}} \cdot e^{-\alpha z} \cdot \mathrm{e}^{-\mathrm{j}\beta z} \quad , \tag{3.27}$$

mit

$$\underline{U}_{\mathrm{v0}} = U_{\mathrm{v0}} \cdot \mathrm{e}^{\mathrm{j}\varphi_{\mathrm{v}}} \quad , \tag{3.28}$$

die Zeitfunktion

$$u_{\mathrm{v}}(z,t) = \sqrt{2}\, U_{\mathrm{v0}} \cdot \mathrm{e}^{-\alpha z} \cdot \cos(\omega t + \varphi_{\mathrm{v}} - \beta z) \quad . \tag{3.29}$$

Ganz analog ergibt sich für die rücklaufende Spannungswelle:

$$u_{\mathrm{r}}(z,t) = \sqrt{2}\, U_{\mathrm{r0}} \cdot \mathrm{e}^{+\alpha z} \cdot \cos(\omega t + \varphi_{\mathrm{r}} + \beta z) \tag{3.30}$$

3.2.5 Die Wellenlänge

Es stellt sich nun die Frage nach einer räumlichen Periodizität. Nach welcher Länge $z = \lambda$ hat die Schwingung wieder die gleiche Phasenlage? Sie ist lediglich gedämpft. Dies lässt sich mathematisch ganz leicht formulieren:

$$u_{\mathrm{v}}(z+\lambda,t) = u_{\mathrm{v}}(z,t) \cdot \mathrm{e}^{-\alpha\lambda} \tag{3.31}$$

Wir setzen (3.29) ein und erhalten

$$\sqrt{2}\, U_{\mathrm{v0}} \cdot \mathrm{e}^{-\alpha(z+\lambda)} \cdot \cos[\omega t + \varphi_{\mathrm{v}} - \beta(z+\lambda)] = \sqrt{2}\, U_{\mathrm{v0}} \cdot \mathrm{e}^{-\alpha z} \cdot \cos[\omega t + \varphi_{\mathrm{v}} - \beta z] \cdot \mathrm{e}^{-\alpha\lambda} \; .$$

Hier kann man allerhand kürzen, und es folgt

$$\cos(\omega t + \varphi_{\mathrm{v}} - \beta z - \beta\lambda) = \cos(\omega t + \varphi_{\mathrm{v}} - \beta z) \quad .$$

Dies ist, wie man sofort sieht, für

$$\beta\lambda = 2\pi$$

erfüllt, was auf

$$\boxed{\lambda = \frac{2\pi}{\beta}} \tag{3.32}$$

für die Wellenlänge führt.

3.2.6 Die Ausbreitungsgeschwindigkeit

Man kann die Frage nach der Ausbreitungsgeschwindigkeit einer Welle so formulieren: Nach welcher Zeit $t = \Delta t$ findet man am Ort $z = \Delta z$ den Phasenzustand von $t = 0$, $z = 0$ wieder? Die Welle erfährt lediglich eine Dämpfung gemäß dem zurückgelegten Weg Δz .

$$u_{\mathrm{v}}(\Delta z, \Delta t) = u_{\mathrm{v}}(0,0) \cdot \mathrm{e}^{-\alpha \Delta z} \tag{3.33}$$

Durch Einsetzen von (3.29) wird daraus

$$\sqrt{2}\, U_{\mathrm{v}0} \cdot \mathrm{e}^{-\alpha \Delta z} \cdot \cos(\omega \Delta t + \varphi_{\mathrm{v}} - \beta \Delta z) = \sqrt{2}\, U_{\mathrm{v}0} \cdot \cos \varphi_{\mathrm{v}} \cdot \mathrm{e}^{-\alpha \Delta z} .$$

Wie man sieht, ist die letzte Gleichung für

$$\omega \Delta t - \beta \Delta z = 0$$

erfüllt, was auf die sogenannte *Phasengeschwindigkeit*

$$\boxed{v_{\mathrm{P}} = \frac{\Delta z}{\Delta t} = \frac{\omega}{\beta}} \tag{3.34}$$

führt. Hier muss auf eine wichtige Besonderheit hingewiesen werden. Energie und Information breiten sich **nicht** zwangsläufig mit v_{P} aus. Hierfür verantwortlich ist die sogenannte *Gruppengeschwindigkeit*

$$\boxed{v_{\mathrm{G}} = \frac{\mathrm{d}\omega}{\mathrm{d}\beta}} \tag{3.35}$$

Dies rührt daher, dass v_{P} aus dem eingeschwungenen Zustand ermittelt wurde. v_{P} kann unter Umständen sogar größer als die Freiraum-Lichtgeschwindigkeit c_0 werden. Es werden immer wieder spektakuläre Erfindungen vorgestellt, mit deren Hilfe es möglich sein soll, Information schneller als mit Lichtgeschwindigkeit zu übermitteln. Hier wird stereotyp der stets gleiche Fehler gemacht, die Phasengeschwindigkeit als tatsächliche Ausbreitungsgeschwindigkeit zu interpretieren. Wie man sieht, sind Phasengeschwindigkeit und Gruppengeschwindigkeit gleich, wenn β zu ω proportional ist.

3.2.7 Der Verkürzungsfaktor

Die Wellenlänge einer elektromagnetischen Welle im freien Raum ergibt sich bekanntlich aus Frequenz und Lichtgeschwindigkeit gemäß

$$\lambda_0 = \frac{c_0}{f} \quad . \tag{3.36}$$

Da die Ausbreitungsgeschwindigkeit auf der Leitung kleiner ist als die Lichtgeschwindigkeit im freien Raum, erscheint die Wellenlänge auf der Leitung verkürzt. Dies wird durch den sogenannten *Verkürzungsfaktor*

$$VK = \frac{\lambda}{\lambda_0} = \frac{v_P}{c_0} \tag{3.37}$$

zum Ausdruck gebracht, den die Kabelhersteller meist in den technischen Daten ihrer Produkte angeben. Damit errechnet sich die Wellenlänge auf der Leitung ganz einfach zu

$$\lambda = VK \cdot \frac{c_0}{f} \quad . \tag{3.38}$$

Bei handelsüblichen Leitungen liegt VK in der Größenordnung von $0{,}8$, kann also nicht ohne weiteres vernachlässigt werden. Bei Koaxialkabeln errechnet sich VK aus den Materialeigenschaften des Dielektrikums (ε_r, μ_r). Dies wird in Abschnitt 3.6.1 genauer beleuchtet.

3.3 Die beschaltete Leitung

3.3.1 Der Reflexionsfaktor

Wir betrachten das Ende einer Leitung, die wie in Bild 3-8 mit einer beliebigen Impedanz $\underline{Z}$ abgeschlossen ist. Der Abschluss erzwingt ein Verhältnis

$$\frac{\underline{U}}{\underline{I}} = \underline{Z} \quad , \tag{3.39}$$

was vordergründig in einem Widerspruch zu (3.25) steht. Die Aussage von (3.39) besteht hingegen darin, dass es außer der vorlaufenden auch eine rücklaufende Welle geben muss. Beide überlagern sich am Leitungsende so, dass (3.39) erfüllt ist. Der Abschluss verursacht also die rücklaufende Welle. Dies ist das Phänomen der *Reflexion.*

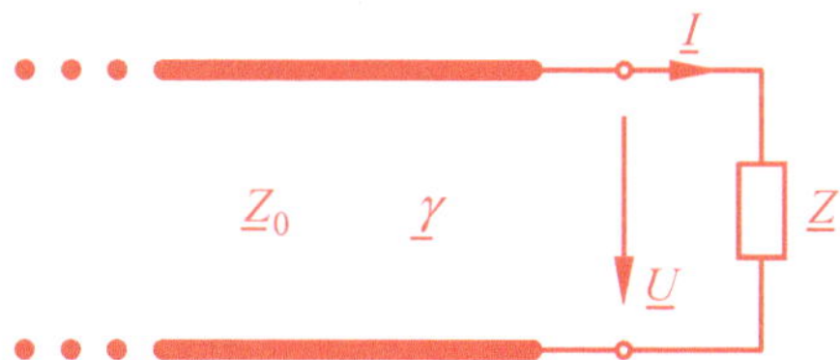

Bild 3-8 Mit Impedanz $\underline{Z}$ abgeschlossene Leitung

Wir wollen nun berechnen, in welchem Verhältnis die rücklaufende Welle zur vorlaufenden steht. (3.25) besagte

$$\frac{\underline{U}_\mathrm{v}}{\underline{I}_\mathrm{v}} = \frac{\underline{U}_\mathrm{r}}{\underline{I}_\mathrm{r}} = \underline{Z}_0 \ . \tag{3.40}$$

Wir erinnern uns an (3.26):

$$\begin{aligned} \underline{U} &= \underline{U}_\mathrm{v} + \underline{U}_\mathrm{r} \\ \underline{I} &= \underline{I}_\mathrm{v} - \underline{I}_\mathrm{r} \end{aligned}$$

Diese werden in (3.39) eingesetzt

$$\underline{U}_\mathrm{v} + \underline{U}_\mathrm{r} = \underline{Z} \cdot (\underline{I}_\mathrm{v} - \underline{I}_\mathrm{r}) \ , \tag{3.41}$$

was sich mit (3.40) zu

$$\underline{U}_\mathrm{v} + \underline{U}_\mathrm{r} = \underline{Z} \cdot \left(\frac{\underline{U}_\mathrm{v}}{\underline{Z}_0} - \frac{\underline{U}_\mathrm{r}}{\underline{Z}_0} \right) \tag{3.42}$$

umformen lässt. Löst man (3.42) nach $\underline{U}_\mathrm{r}$ auf, so erhält man

$$\underline{U}_\mathrm{r} = \underline{U}_\mathrm{v} \frac{\underline{Z} - \underline{Z}_0}{\underline{Z} + \underline{Z}_0} \ .$$

Dies führt zur Definition des dimensionslosen komplexen *Reflexionsfaktors*

$$\boxed{\underline{r} = \frac{\underline{U}_\mathrm{r}}{\underline{U}_\mathrm{v}} = \frac{\underline{Z} - \underline{Z}_0}{\underline{Z} + \underline{Z}_0}} \ . \tag{3.43}$$

Es gilt also

$$\underline{U}_\mathrm{r} = \underline{r} \cdot \underline{U}_\mathrm{v} \tag{3.44}$$

und wegen (3.40) auch

$$\underline{I}_\mathrm{r} = \underline{r} \cdot \underline{I}_\mathrm{v} \ . \tag{3.45}$$

Durch Auflösung von (3.43) nach $\underline{Z}$ ergibt sich die Umkehrformel

$$\boxed{\underline{Z} = \underline{Z}_0 \frac{1 + \underline{r}}{1 - \underline{r}}} \ . \tag{3.46}$$

In der Praxis ist es verbreitet, den Betrag des Reflexionsfaktors als Dämpfung im Dezibel-Maß darzustellen:

$$a_\mathrm{R} = -20 \cdot \lg |\underline{r}| \ \mathrm{dB} \tag{3.47}$$

a_R wird *Reflexionsdämpfung* genannt (engl. *Return Loss,* veraltet *Rückflussdämpfung*).

Es müssen nun ein paar Beispiele gemacht werden:

(i) Die Leitung ist mit ihrer Wellenimpedanz abgeschlossen.

$$\underline{Z} = \underline{Z}_0 \tag{3.48}$$

Dies führt sofort auf

$$\underline{r} = 0 \quad . \tag{3.49}$$

Es gibt keine Reflexion. Man spricht von *Anpassung* oder korrekt abgeschlossener Leitung. Die vorlaufende Welle liefert für sich ein Strom-Spannungs-Verhältnis, wie es der Abschluss wünscht. Dieser Fall wird in der Praxis gewöhnlich angestrebt.

(ii) Die Leitung ist mit einem Kurzschluss ($\underline{Z} = 0$) abgeschlossen. (3.43) liefert

$$\underline{r} = -1 \quad . \tag{3.50}$$

Hier spricht man von *Totalreflexion* (da $|\underline{r}| = 1$) mit Vorzeichenumkehr. Für die Spannung am Leitungsende erhält man erwartungsgemäß

$$\underline{U}_{\mathrm{E}} = \underline{U}_{\mathrm{Ev}} + \underline{U}_{\mathrm{Er}} = \underline{U}_{\mathrm{Ev}}(1+\underline{r}) = 0 \quad . \tag{3.51}$$

(iii) Die Leitung ist mit einem Leerlauf ($\underline{Z} \to \infty$) abgeschlossen. Wir erhalten

$$\underline{r} = +1 \quad . \tag{3.52}$$

Für die Spannung am Leitungsende errechnet sich nun

$$\underline{U}_{E} = \underline{U}_{\mathrm{Ev}}(1+\underline{r}) = 2 \cdot \underline{U}_{\mathrm{Ev}} \quad , \tag{3.53}$$

es tritt also eine Spannungsverdopplung ein. Dieser Fall hat praktische Bedeutung, weil er wegen der unerwartet erhöhten Spannung eine zunächst unerklärliche Bauteilbeschädigung zur Folge haben kann. Der Leerlauf könnte beispielweise durch den hochohmigen Eingang eines Messgeräts realisiert sein. Das Phänomen lässt sich an Hand einer Seilwelle sehr schön demonstrieren: Auf ein nicht zu kurzes, frei hängendes Seil wird knapp unterhalb der Aufhängung horizontal mit einem harten Gegenstand geschlagen. Es breitet sich dann eine Seilwelle in Form eines Buckels nach unten aus, die am Seilende reflektiert wird und wieder nach oben läuft. Bei genauer Betrachtung erkennt man, dass das Seilende um die doppelte Amplitude der Seilwelle ausschlägt.

(iv) Eine Leitung mit reeller Wellenimpedanz ist mit einem passiven Zweipol abgeschlossen.

$$\begin{aligned} \underline{Z}_0 &= R_0 \\ \underline{Z} &= R + \mathrm{j}X \\ R &\geq 0 \end{aligned} \tag{3.54}$$

Mit (3.43) berechnet sich der Betrag des Reflexionsfaktors zu

$$|\underline{r}| = \sqrt{\frac{(R-R_0)^2 + X^2}{(R+R_0)^2 + X^2}} \leq 1 \quad , \tag{3.55}$$

er ist also nicht größer als 1. Bei einem rein reaktiven Abschluss

$$\underline{Z} = \mathrm{j}X \tag{3.56}$$

wird, wie man sofort sieht,

$$|\underline{r}| = 1 \quad . \tag{3.57}$$

Es tritt also auch hier Totalreflexion ein, was man damit erklären kann, dass die Reaktanz keine Wirkleistung aufnimmt. Dieses Ergebnis legt den Umkehrschluss nahe, dass Kurzschluss und Leerlauf als reaktive Elemente aufzufassen sind. Hierauf wird später noch genauer eingegangen.

3.3.2 Transformationseigenschaften

Wir betrachten eine Leitung mit gegebenen Parametern ($\underline{Z}_0$, $\underline{\gamma}$, l) [9]. Diese soll an ihrem Ende mit einer Impedanz $\underline{Z}_E$ abgeschlossen sein, welche gemäß (3.43) eine Reflexion $\underline{r}_E$ hervorruft. Es stellt sich die Frage, welche Impedanz $\underline{Z}_A$ und welcher Reflexionsfaktor $\underline{r}_A$ am Leitungsanfang zu sehen sind. Die Spannung am Leitungsende setzt sich aus den Anteilen von vor- und rücklaufender Welle zusammen.

$$\underline{U}_E = \underline{U}_{Ev} + \underline{U}_{Er} \quad , \tag{3.58}$$

wobei gilt

$$\underline{U}_{Er} = \underline{r}_E \cdot \underline{U}_{Ev} \quad . \tag{3.59}$$

Analog gibt es am Leitungsanfang vorlaufende und rücklaufende Anteile.

$$\underline{U}_A = \underline{U}_{Av} + \underline{U}_{Ar} \tag{3.60}$$

Mit (3.17) für die Wellenausbreitung erhält man

$$\begin{aligned} \underline{U}_{Ev} &= \underline{U}_{Av} \cdot e^{-\underline{\gamma} l} \\ \underline{U}_{Ar} &= \underline{U}_{Er} \cdot e^{\underline{\gamma}(-l)} \end{aligned} \tag{3.61}$$

also

$$\underline{U}_{Ar} = \underline{U}_{Av} \cdot \underline{r}_E \cdot e^{-2\underline{\gamma} l} \quad . \tag{3.62}$$

Dies führt schließlich auf den Reflexionsfaktor am Leitungsanfang

$$\boxed{\underline{r}_A = \underline{r}_E \cdot e^{-2\underline{\gamma} l}} \tag{3.63}$$

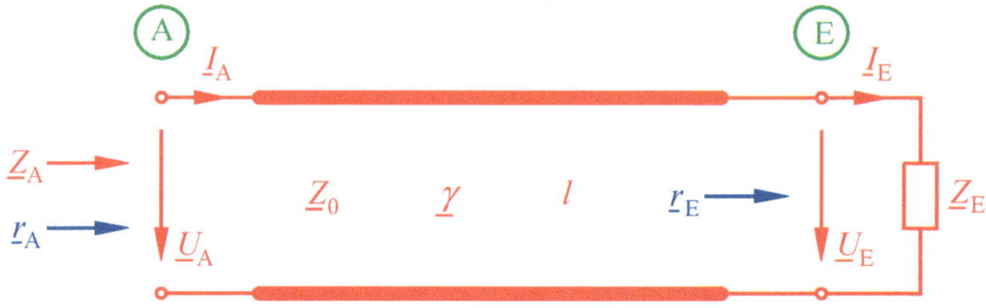

Bild 3-9 Leitungstransformation

Der Reflexionsfaktor transformiert sich also durch eine Multiplikation mit $e^{-2\underline{\gamma} l}$ über die Leitung. Dieses Ergebnis lässt sich sehr leicht veranschaulichen: Die vorlaufende Welle wird bei ihrer Reise vom Leitungsanfang zum Ende mit $e^{-\underline{\gamma} l}$ bewertet, genauso geht es der reflektierten Welle beim Rückweg. Die Leitung prägt der Welle also insgesamt einen Faktor $e^{-2\underline{\gamma} l}$ auf.

Nun soll die Transformation der Impedanz betrachtet werden. Mit (3.46) erhalten wir für die Impedanz am Leitungsanfang

$$\underline{Z}_A = \underline{Z}_0 \frac{1+\underline{r}_A}{1-\underline{r}_A} \quad . \tag{3.64}$$

Mit (3.63) wird daraus

$$\underline{Z}_\mathrm{A} = \underline{Z}_0 \frac{1+\underline{r}_\mathrm{E}\cdot \mathrm{e}^{-2\underline{\gamma} l}}{1-\underline{r}_\mathrm{E}\cdot \mathrm{e}^{-2\underline{\gamma} l}} \quad . \tag{3.65}$$

Drückt man noch $\underline{r}_\mathrm{E}$ gemäß (3.43) durch $\underline{Z}_\mathrm{E}$ aus, so ergibt sich

$$\underline{Z}_\mathrm{A} = \underline{Z}_0 \frac{1+\dfrac{\underline{Z}_\mathrm{E}-\underline{Z}_0}{\underline{Z}_\mathrm{E}+\underline{Z}_0}\cdot \mathrm{e}^{-2\underline{\gamma} l}}{1-\dfrac{\underline{Z}_\mathrm{E}-\underline{Z}_0}{\underline{Z}_\mathrm{E}+\underline{Z}_0}\cdot \mathrm{e}^{-2\underline{\gamma} l}} \quad , \tag{3.66}$$

was sich zu

$$\underline{Z}_\mathrm{A} = \underline{Z}_0 \frac{(\underline{Z}_\mathrm{E}+\underline{Z}_0)\cdot \mathrm{e}^{\underline{\gamma} l}+(\underline{Z}_\mathrm{E}-\underline{Z}_0)\cdot \mathrm{e}^{-\underline{\gamma} l}}{(\underline{Z}_\mathrm{E}+\underline{Z}_0)\cdot \mathrm{e}^{\underline{\gamma} l}-(\underline{Z}_\mathrm{E}-\underline{Z}_0)\cdot \mathrm{e}^{-\underline{\gamma} l}} \tag{3.67}$$

umformen lässt. Mit den bekannten Definitionen der hyperbolischen Winkelfunktionen

$$\begin{aligned} \cosh x &= \frac{1}{2}\left(\mathrm{e}^{x}+\mathrm{e}^{-x}\right) \\ \sinh x &= \frac{1}{2}\left(\mathrm{e}^{x}-\mathrm{e}^{-x}\right) \end{aligned} \tag{3.68}$$

wird daraus schließlich

$$\boxed{\underline{Z}_\mathrm{A} = \underline{Z}_0 \frac{\underline{Z}_0\cdot \sinh \underline{\gamma} l+\underline{Z}_\mathrm{E}\cdot \cosh \underline{\gamma} l}{\underline{Z}_0\cdot \cosh \underline{\gamma} l+\underline{Z}_\mathrm{E} \sinh \underline{\gamma} l}} \quad . \tag{3.69}$$

Man kann also konstatieren, dass sich die Impedanz gemäß einer recht komplizierten Formel über die Leitung transformiert.

Einige Beispiele:

(i) Die Leitung ist reflexionsfrei abgeschlossen ($\underline{Z}_\mathrm{E} = \underline{Z}_0$). Wie man sofort sieht, wird dann

$$\underline{Z}_\mathrm{A} = \underline{Z}_0 \quad , \quad \underline{r}_\mathrm{A} = 0 \quad . \tag{3.70}$$

Der korrekte Abschluss transformiert sich demnach in sich selbst.

(ii) Kurzschluss und Leerlauf transformieren sich über ein Leitungsstück der Länge l gemäß

$$\begin{aligned} \underline{Z}_\mathrm{E} &= 0 & \rightarrow \quad \underline{Z}_\mathrm{A} &= \underline{Z}_0 \frac{\sinh \underline{\gamma} l}{\cosh \underline{\gamma} l} &=: \underline{Z}_\mathrm{K} \\ \underline{Z}_\mathrm{E} &\rightarrow \infty & \rightarrow \quad \underline{Z}_\mathrm{A} &= \underline{Z}_0 \frac{\cosh \underline{\gamma} l}{\sinh \underline{\gamma} l} &=: \underline{Z}_\mathrm{L} \end{aligned} \quad . \tag{3.71}$$

Für das geometrische Mittel aus $\underline{Z}_\mathrm{K}$ und $\underline{Z}_\mathrm{L}$ erhält man

$$\sqrt{\underline{Z}_\mathrm{K}\cdot \underline{Z}_\mathrm{L}} = \underline{Z}_0 \quad . \tag{3.72}$$

Dieses interessante Ergebnis rechtfertigt das allgemein übliche Messverfahren für die Wellenimpedanz: Die Eingangsimpedanz einer am Ende kurzgeschlossenen bzw. leerlaufenden Leitung wird in zwei Experimenten mit der Impedanzmessbrücke (LCR-Meter) aufgenommen, beispielsweise als Frequenzgang. Aus beiden Ergebnissen wird rechnerisch das geometrische Mittel gebildet. Wenngleich die Länge des verwendeten Leitungsstücks dabei prinzipiell keine Rolle spielt, ist bei der praktischen Ausführung darauf zu achten, dass der Prüfling nicht zu kurz ist, damit das Kabel dem Abschluss „seinen Charakter aufprägen kann".

(iii) Am Anfang einer sehr langen, beliebig abgeschlossenen Leitung erscheint der Reflexionsfaktor

$$\underline{r}_\mathrm{A} = \lim_{l\to\infty} \underline{r}_\mathrm{E} \cdot \mathrm{e}^{-2\alpha l} \cdot \mathrm{e}^{-\mathrm{j}2\beta l} = 0 \quad . \tag{3.73}$$

Die Welle wird beim zweimaligen Durchlaufen der Leitung so stark gedämpft, dass kein Signal zurückkommt. Die zugehörige Impedanz am Leitungsanfang ist dann

$$\underline{Z}_\mathrm{A} = \underline{Z}_0 \quad . \tag{3.74}$$

Damit ergibt sich eine weitere Möglichkeit zur Messung von $\underline{Z}_0$, wenn eine sehr lange Leitung vorliegt, beispielsweise ein Kabel auf einer großen Trommel. Sie ist auch dann anwendbar, wenn das Leitungsende nicht zugänglich ist und bietet darüber hinaus den Vorteil, dass keine Rechnung mit komplexen Zahlen erforderlich ist.

3.4 Die verlustlose Leitung

3.4.1 Definition und Konsequenzen

Bei hochwertigem Leitermaterial und nicht zu großer Leitungslänge ist die idealisierende Annahme

$$R' = 0 \quad , \quad G' = 0 \tag{3.75}$$

häufig mit guter Näherung möglich. Das Ersatzschaltbild (Bild 3-3) enthält dann ausschließlich reaktive Elemente, die Leitung nimmt somit keine Wirkleistung auf. Man spricht auch von der *idealen Leitung*. Für Ausbreitungsmaß, Wellenimpedanz und Ausbreitungsgeschwindigkeit hat das die folgenden Konsequenzen, man vergleiche (3.12), (3.22) und (3.34):

$$\begin{aligned} \alpha &= 0 \\ \beta &= \omega\sqrt{L'C'} \\ \underline{Z}_0 &= \sqrt{\frac{L'}{C'}} =: R_0 \\ v_\mathrm{P} &= \frac{1}{\sqrt{L'C'}} \end{aligned} \tag{3.76}$$

Die verlustlose Leitung hat demnach eine reelle Wellenimpedanz, man spricht dann vom Wellenwiderstand. Der Umkehrschluss ist jedoch nicht zulässig, eine Leitung mit reeller Wellenimpedanz ist nicht zwangsläufig verlustlos.

3.4.2 Transformationseigenschaften

Die Transformation des Reflexionsfaktors ist durch (3.63) beschrieben. Daraus wird nun

$$\underline{r}_{\mathrm{A}} = \underline{r}_{\mathrm{E}} \cdot \mathrm{e}^{-\mathrm{j}2\beta l} \quad . \tag{3.77}$$

Es erfolgt also lediglich eine Phasendrehung. Was die Transformation der Impedanz anlangt, wird aus (3.67)

$$\underline{Z}_{\mathrm{A}} = R_0 \frac{\left(\underline{Z}_{\mathrm{E}} + R_0\right) \cdot \mathrm{e}^{\mathrm{j}\beta l} + \left(\underline{Z}_{\mathrm{E}} - R_0\right) \cdot \mathrm{e}^{-\mathrm{j}\beta l}}{\left(\underline{Z}_{\mathrm{E}} + R_0\right) \cdot \mathrm{e}^{\mathrm{j}\beta l} - \left(\underline{Z}_{\mathrm{E}} - R_0\right) \cdot \mathrm{e}^{-\mathrm{j}\beta l}} \quad . \tag{3.78}$$

Die EULERsche Formel

$$\mathrm{e}^{\mathrm{j}x} = \cos x + \mathrm{j} \sin x \tag{3.79}$$

hat die bekannten Konsequenzen

$$\begin{aligned} \mathrm{e}^{\mathrm{j}x} + \mathrm{e}^{-\mathrm{j}x} &= 2\cos x \\ \mathrm{e}^{\mathrm{j}x} - \mathrm{e}^{-\mathrm{j}x} &= \mathrm{j}2\sin x \end{aligned} \quad . \tag{3.80}$$

Damit lässt sich (3.78) folgendermaßen umformen:

$$\underline{Z}_{\mathrm{A}} = R_0 \frac{\underline{Z}_{\mathrm{E}} \cos \beta l + \mathrm{j} R_0 \sin \beta l}{R_0 \cos \beta l + \mathrm{j} \underline{Z}_{\mathrm{E}} \sin \beta l} \tag{3.81}$$

Division von Zähler und Nenner durch $\cos\beta l$ führt schließlich auf

$$\boxed{\underline{Z}_{\mathrm{A}} = R_0 \frac{\underline{Z}_{\mathrm{E}} + \mathrm{j} R_0 \tan \beta l}{R_0 + \mathrm{j} \underline{Z}_{\mathrm{E}} \tan \beta l}} \quad . \tag{3.82}$$

Die Transformationsformel für die Impedanz hat sich also durch Annahme idealer Verhältnisse deutlich vereinfacht.

3.4.3 Stehwellenverhältnis und Anpassfaktor

Aufgrund der Reflexion am Leitungsende kommt es auf der Leitung zu einer Überlagerung von vorlaufender und rücklaufender Welle. Je nach Phasenlage überlagern sich die Wellen gleichsinnig, es entsteht ein Maximum, oder gegensinnig, es entsteht ein Minimum. Auf der Leitung bildet sich ein Interferenzmuster, welches mit einer Messleitung relativ leicht ausgemessen werden kann. Da dieses Muster seine Ursache in der Reflexion am Leitungsende hat, liegt der Gedanke nahe, daraus auf eben diesen Reflexionsfaktor zu schließen. Sei

$$\underline{r}_{\mathrm{E}} = r_{\mathrm{E}} \cdot \mathrm{e}^{\mathrm{j}\varphi_{\mathrm{E}}} \quad . \tag{3.83}$$

$\underline{r}_{\mathrm{E}}$ transformiert sich gemäß

$$\underline{r} = \underline{r}_{\mathrm{E}} \cdot \mathrm{e}^{-\mathrm{j}2\beta l} \tag{3.84}$$

über die Leitung, wobei mit l der Abstand vom Leitungsende gemeint ist. Für den komplexen Zeiger der Spannung auf der Leitung gilt damit

$$\underline{U}(l) = \underline{U}_{\mathrm{v}}(l) + \underline{U}_{\mathrm{r}}(l) = \underline{U}_{\mathrm{v}} \cdot (1 + \underline{r}) \tag{3.85}$$

und für seinen Betrag

$$|\underline{U}(l)| = |\underline{U}_\mathrm{v}(l)| \cdot |1+\underline{r}| \quad . \tag{3.86}$$

Wegen der Verlustlosigkeit der Leitung ist der Betrag der vorlaufenden Spannungswelle überall gleich. Ein Maximum oder ein Minimum von $|\underline{U}|$ ergibt sich folglich beim Maximum bzw. Minimum von $|1+\underline{r}|$, weshalb dieser Term einer genaueren Betrachtung zu unterziehen ist.

$$1+\underline{r} = 1+r_\mathrm{E} \cdot \mathrm{e}^{\mathrm{j}\varphi_\mathrm{E}} \cdot \mathrm{e}^{-\mathrm{j}2\beta l} \tag{3.87}$$

Dieser Sachverhalt ist in Bild 3-10 veranschaulicht. Die Winkellage von $\underline{r}$ hängt von der Länge l ab. $|1+\underline{r}|$ wird offenbar maximal, wenn $\underline{r}$ reell und positiv ist, also für

$$\varphi_\mathrm{E} - 2\beta l = 0 \quad .$$

Somit findet man das erste Spannungsmaximum in einem Abstand

$$l_\mathrm{Umax} = \frac{\varphi_\mathrm{E}}{2\beta} \tag{3.88}$$

vom Leitungsende. Umgekehrt wird $|1+\underline{r}|$ minimal, wenn $\underline{r}$ reell und negativ ist, also für

$$\varphi_\mathrm{E} - 2\beta l = \pm\pi \quad . \tag{3.89}$$

Das erste Minimum liegt also bei

$$l_\mathrm{Umin} = \frac{\pi + \varphi_\mathrm{E}}{2\beta} \quad . \tag{3.90}$$

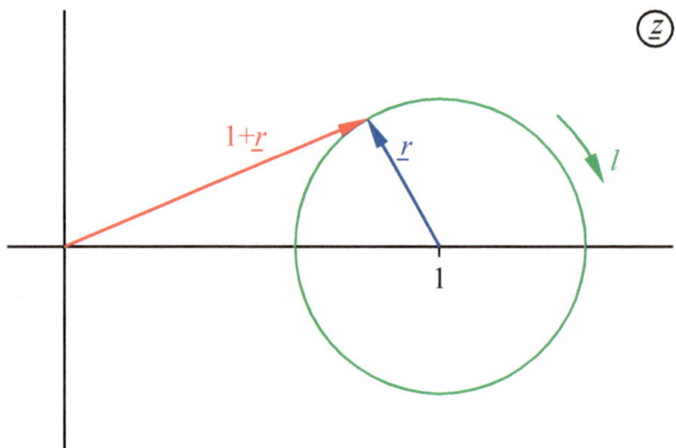

Bild 3-10 Veranschaulichung der Gleichung (3.87)

Das Plus-Zeichen auf der rechten Seite von (3.89) besitzt keine Relevanz, es würde formal auf einen negativen Abstand führen. Man entnimmt dem Bild 3-10 auch, dass im Fall der Totalreflexion ($|\underline{r}| = 1$) das Spannungsminimum Null wird. Es kommt also punktuell zu einer vollkommenen Signalauslöschung. Spannungsmaximum und -minimum liefern nun das sogenannte *Stehwellenverhältnis*

$$s := \frac{U_\mathrm{max}}{U_\mathrm{min}} = \frac{1+r_\mathrm{E}}{1-r_\mathrm{E}} \quad . \tag{3.91}$$

s wird VSWR genannt, was für *Voltage Standing Wave Ratio* steht. Wie erwähnt strebt s im Falle der Totalreflexion gegen unendlich, was in der Praxis Ärger bereiten kann. Gelegentlich wird deshalb der *Anpassfaktor*

$$m := \frac{1}{s} = \frac{1-r_{\mathrm{E}}}{1+r_{\mathrm{E}}} \tag{3.92}$$

bevorzugt. Nun kann der Reflexionsfaktor nach Betrag und Argument aus dem Stehwellenverhältnis und dem Abstand des ersten Spannungsmaximums vom Leitungsende errechnet werden.

$$\begin{aligned} r_{\mathrm{E}} &= \frac{s-1}{s+1} = \frac{1-m}{1+m} \\ \varphi_{\mathrm{E}} &= l_{\mathrm{Umax}} \cdot 2\beta \end{aligned} \tag{3.93}$$

3.4.4 Spezialfall verlustlose $\lambda/4$-Leitung

Wir betrachten nun eine Leitung, deren Länge gerade ein Viertel der Wellenlänge beträgt. Man kann schreiben

$$l = \frac{\lambda}{4} = \frac{2\pi}{\beta} \cdot \frac{1}{4} = \frac{\pi}{2\beta} \quad . \tag{3.94}$$

Für die Transformation des Reflexionsfaktors vom Leitungsende zum Anfang hat das folgende Konsequenz:

$$\underline{r}_{\mathrm{A}} = \underline{r}_{\mathrm{E}} \cdot \mathrm{e}^{-\mathrm{j}2\beta l} = \underline{r}_{\mathrm{E}} \cdot \mathrm{e}^{-\mathrm{j}\pi}$$

also

$$\underline{r}_{\mathrm{A}} = -\underline{r}_{\mathrm{E}} \quad . \tag{3.95}$$

Der Reflexionsfaktor wird demnach genau invertiert. In diesem Fall transformiert sich ein Leerlauf in einen Kurzschluss und umgekehrt. Betrachtet man eine $\lambda/4$ lange Leitung, die auf einer Seite kurzgeschlossen ist, auf der anderen leer läuft, so stellt man fest, dass sich eine Welle nach zweimaliger Reflexion gerade wieder mit sich selbst überlagert. Dieses Gebilde ist also in gewissem Sinn resonanzfähig, weshalb man auch vom *$\lambda/4$-Resonator* spricht. Bei der Realisierung von Antennen werden deshalb solche Abmessungen bevorzugt.

3.5 Das SMITH-Diagramm

3.5.1 Einführung

Im Jahr 1939 stellte der amerikanische Ingenieur P.H. SMITH ein *Leitungsdiagramm 2. Art* vor [6], das heute von der Fachwelt vorwiegend SMITH-Diagramm oder auch SMITH-Chart genannt wird. Es bot gegenüber einem bereits gebräuchlichen vergleichbaren Arbeitsmittel [10] entscheidende Vorteile und entwickelte sich rasch zu einem Standardwerkzeug des HF-Technikers. Das hierbei dargestellte krummlinige Koordinatensystem zeigt eine charakteristische Kombination ineinander greifender Kreise (siehe Bild 3-16) und wird deshalb im Bereich der Hochfrequenztechnik gerne als Logo verwendet.

Mit Hilfe dieses Diagramms kann man eine Reihe von Rechenoperationen, die in der Hochfrequenztechnik immer wieder vorkommen und auf sehr anspruchsvolle Rechenwege führen, recht einfach grafisch bewerkstelligen. Wegen der eingeschränkten Präzision grafischer Verfahren eignet es sich nicht zur exakten Schaltungsanalyse oder zur genauen Dimensionierung von Bauteilen. Der Nutzen für den Anwender liegt vielmehr darin, dass komplizierte Zusammenhänge übersichtlich und leicht nachvollziehbar dargestellt werden können. Außerdem ermöglicht es eine grobe Abschätzung von Bauteilen, die für bestimmte Zwecke benötigt werden, z. B. für Leistungsanpassung. Viele Messgeräte und Simulationsprogramme zeigen Ergebnisse in Form von Ortskurven im SMITH-Diagramm an; diese lassen sich nur dann vernünftig interpretieren, wenn das Diagramm als solches verstanden wurde. Eine fundierte Kenntnis dieses Werkzeugs ist deshalb auch in der heutigen Zeit für den Hochfrequenztechniker absolut unverzichtbar.

Von Abschnitt 3.3.1 ist bekannt, dass Impedanz und Reflexionsfaktor gemäß

$$\begin{aligned} \underline{r} &= \frac{\underline{Z}-\underline{Z}_0}{\underline{Z}+\underline{Z}_0} \\ \underline{Z} &= \underline{Z}_0\,\frac{1+\underline{r}}{1-\underline{r}} \end{aligned} \tag{3.96}$$

miteinander korrespondieren. $\underline{Z}_0$ ist dabei die Wellenimpedanz der Leitung. Für die effektive Arbeit mit dem SMITH-Diagramm ist es erforderlich sich auf ideale, d.h. verlustlose Leitungen zu beschränken, welche bekanntlich eine reelle Wellenimpedanz R_0 haben (vgl. 3.4.1). Durch Definition der *normierten Impedanz*

$$\begin{aligned} \underline{Z}_\mathrm{N} &:= \frac{\underline{Z}}{R_0} = R_\mathrm{N} + \mathrm{j}X_\mathrm{N} \\ R_\mathrm{N} &:= \frac{R}{R_0}\,, \quad X_\mathrm{N} := \frac{X}{R_0} \end{aligned} \tag{3.97}$$

wird aus (3.96)

[10] Dieses bekam zugleich den Namen Leitungsdiagramm 1. Art und geriet augenblicklich in Vergessenheit.

$$\underline{r} = \frac{\underline{Z}_N - 1}{\underline{Z}_N + 1} = \frac{R_N + jX_N - 1}{R_N + jX_N + 1}$$
$$\underline{Z}_N = \frac{1+\underline{r}}{1-\underline{r}} \tag{3.98}$$

Der Trick besteht nun darin, Reflexionsfaktor und normierte Impedanz in einem gemeinsamen Diagramm darzustellen. Für den Reflexionsfaktor wählt man dabei eine gewöhnliche GAUSSsche Zahlenebene, während die normierte Impedanz nach Real- und Imaginärteil in einem krummlinigen Koordinatensystem abzulesen ist. Man befasst sich gewöhnlich nur mit passiven Abschlüssen; das Diagramm ist also auf den Bereich $|\underline{r}| \leq 1$ beschränkt und gewinnt somit Kreisgestalt. Eine Erweiterung auf aktive Abschlüsse ist möglich, wird aber eher selten verwendet.

3.5.2 Linien konstanten Realteils der Impedanz

Wir betrachten eine normierte Impedanz

$$\underline{Z}_N = R_N + jX_N \quad , \tag{3.99}$$

deren Realteil einen festen nichtnegativen Wert R_N hat, während der Imaginärteil X_N variabel ist und beliebige positive oder negative Werte annehmen kann. Nun wird folgende Behauptung aufgestellt:

> Die zugehörigen Reflexionsfaktoren bilden in der komplexen $\underline{r}$-Ebene einen Kreis durch den Punkt $\underline{r} = 1$, dessen Mittelpunkt bei m zwischen 0 und 1 auf der reellen Achse liegt.

$$0 \leq m < 1 \quad , \quad m \text{ reell} \tag{3.100}$$

Der Kreis hat demnach den Radius $1\text{-}m$. Das ist in Bild 3-11 veranschaulicht.

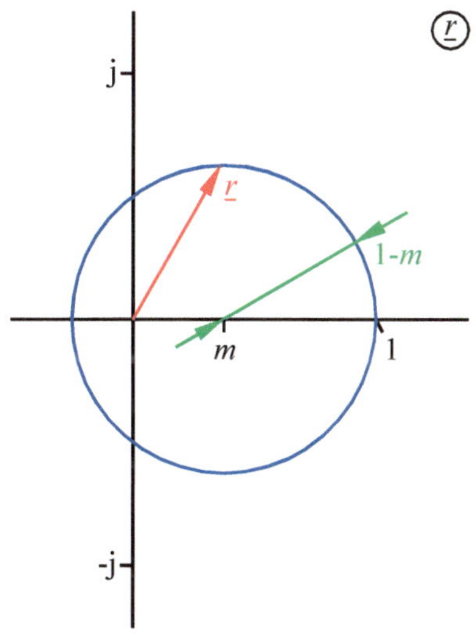

Bild 3-11 Linie konstanten Realteils von $\underline{Z}_N$

Die Kreisgleichung lässt sich folgendermaßen formulieren:

$$|\underline{r} - m| = 1 - m$$

Mit (3.98) für den Reflexionsfaktor wird daraus

$$\left| \frac{R_\mathrm{N} + \mathrm{j}X_\mathrm{N} - 1}{R_\mathrm{N} + \mathrm{j}X_\mathrm{N} + 1} - m \right| = 1 - m \quad .$$

Man bringt die linke Gleichungsseite auf einen Hauptnenner

$$\left| \frac{R_\mathrm{N}(1-m) - (1+m) + \mathrm{j}X_\mathrm{N}(1-m)}{R_\mathrm{N} + \mathrm{j}X_\mathrm{N} + 1} \right| = 1 - m$$

und multipliziert mit diesem durch.

$$|R_\mathrm{N}(1-m) - (1+m) + \mathrm{j}X_\mathrm{N}(1-m)| = (1-m)\,|R_\mathrm{N} + \mathrm{j}X_\mathrm{N} + 1|$$

Nun werden die Beträge der komplexen Zahlen gebildet und beide Gleichungsseiten quadriert

$$[R_\mathrm{N}(1-m) - (1+m)]^2 + X_\mathrm{N}^2(1-m)^2 = (1-m)^2\left[(R_\mathrm{N}+1)^2 + X_\mathrm{N}^2\right] \quad ,$$

was schließlich auf

$$[R_\mathrm{N}(1-m) - (1+m)]^2 = (1-m)^2(R_\mathrm{N}+1)^2 \tag{3.101}$$

führt. In dieser Gleichung ist der Imaginärteil X_N nicht mehr enthalten, sie gilt also für beliebige Werte von X_N, und damit ist die Behauptung bewiesen.

Im nächsten Schritt soll der Zusammenhang zwischen R_N und der Mittelpunktskoordinate m hergeleitet werden. Ausmultiplikation von (3.101) liefert

$$R_\mathrm{N}^2(1-m)^2 - 2R_\mathrm{N}\left(1-m^2\right) + (1+m)^2 = (1-m)^2\left(R_\mathrm{N}^2 + 2R_\mathrm{N} + 1\right) \quad . \tag{3.102}$$

Algebraische Vereinfachung führt auf

$$R_\mathrm{N}(4m-4) = -4m \quad , \tag{3.103}$$

woraus schließlich

$$R_\mathrm{N} = \frac{m}{1-m} \qquad m = \frac{R_\mathrm{N}}{1+R_\mathrm{N}} \tag{3.104}$$

wird. Man sieht, dass der Definitionsbereich $0 \le R_\mathrm{N} < \infty$ auf den Wertebereich $0 \le m < 1$ abgebildet wird. In Tabelle 3.3 sind einige Wertepaare zusammengestellt, Bild 3-12 zeigt die zugehörigen Kreise. Weiter erkennt man, dass eine Reaktanz ($R_\mathrm{N} = 0$) auf die Mittelpunktskoordinate $m = 0$ und damit auf den Kreis $|\underline{r}| = 1$ führt. Ein Leerlauf ($R_\mathrm{N} \to \infty$) hat $m = 1$, also den Punkt $\underline{r} = 1$ zur Folge.

Tabelle 3.3 Wertepaare

R_N	0	0,333	1	3	∞
m	0	0,25	0,5	0,75	1

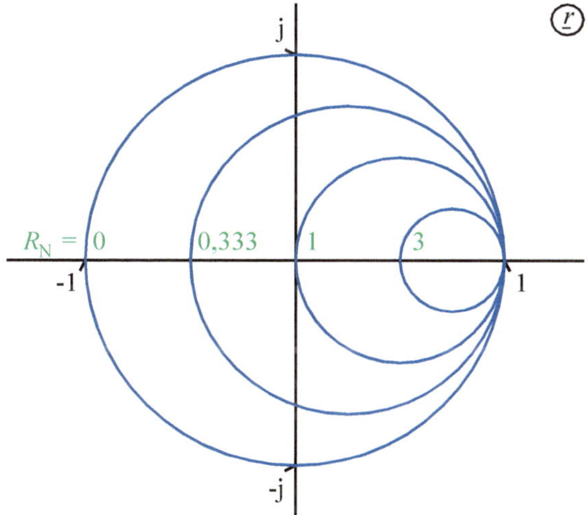

Bild 3-12 Kreise konstanter Realteile von $\underline{Z}_N$

3.5.3 Linien konstanten Imaginärteils der Impedanz

Jetzt wird eine normierte Impedanz

$$\underline{Z}_N \quad = \quad R_N + jX_N \tag{3.105}$$

betrachtet, deren Realteil R_N beliebige nichtnegative Werte annehmen kann, während der Imaginärteil X_N festgehalten wird. Die Behauptung lautet nun:

> Die zugehörigen Reflexionsfaktoren liegen in der komplexen $\underline{r}$-Ebene auf einem Kreis durch den Punkt $\underline{r} = 1$, um den Mittelpunkt $1+jm$, wobei m beliebige positive oder negative Werte annehmen kann.

Der Kreis hat also den Radius $|m|$. Bild 3-13 veranschaulicht diese Behauptung. Wir beschränken uns zunächst auf positive Werte von m . Dann lautet die Kreisgleichung

$$\left|\underline{r} - (1 + jm)\right| \quad = \quad m \quad . \tag{3.106}$$

Mit (3.98) für den Reflexionsfaktor wird daraus

$$\left|\frac{R_N + jX_N - 1}{R_N + jX_N + 1} - (1 + jm)\right| \quad = \quad m \quad .$$

Die linke Gleichungsseite wird auf einen Hauptnenner gebracht

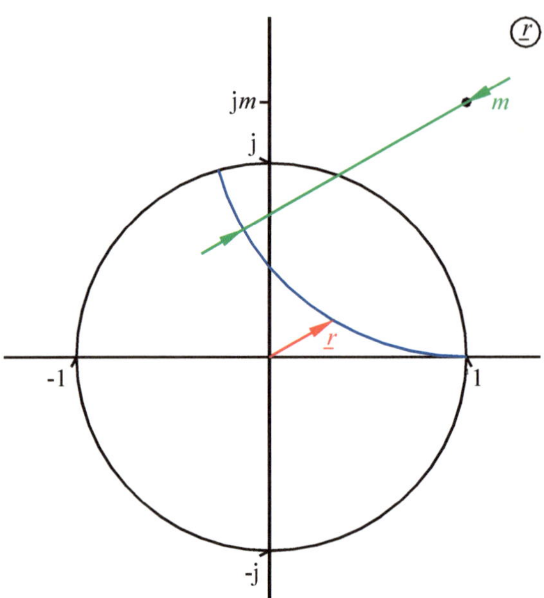

Bild 3-13 Linie konstanten Imaginärteils von $\underline{Z}_\mathrm{N}$

$$\left|\frac{R_\mathrm{N}(1-1-\mathrm{j}m)+(-1-1-\mathrm{j}m)+\mathrm{j}X_\mathrm{N}(1-1-\mathrm{j}m)}{R_\mathrm{N}+\mathrm{j}X_\mathrm{N}+1}\right| = m \quad ,$$

mit diesem wird durchmultipliziert.

$$\left|(-2+mX_\mathrm{N})+\mathrm{j}(-mR_\mathrm{N}-m)\right| = m\cdot\left|R_\mathrm{N}+1+\mathrm{j}X_\mathrm{N}\right|$$

Daraus erhält man für die Betragsquadrate

$$\begin{aligned}4-4mX_\mathrm{N}+m^2X_\mathrm{N}^2+m^2R_\mathrm{N}^2+2m^2R_\mathrm{N}+m^2 &= \\ m^2R_\mathrm{N}^2+2m^2R_\mathrm{N}+m^2+m^2X_\mathrm{N}^2 & \end{aligned} \quad ,$$

also

$$4-4m\,X_\mathrm{N} = 0 \quad . \tag{3.107}$$

In Gleichung (3.107) ist der Realteil R_N nicht mehr enthalten, sie gilt also für beliebige Werte von R_N, die Behauptung ist bewiesen. Für den Zusammenhang zwischen X_N und m gilt somit

$$X_\mathrm{N} = \frac{1}{m} \qquad m = \frac{1}{X_\mathrm{N}} \quad . \tag{3.108}$$

Die Ergebnisse gelten genauso für negative Werte von m. Der Nachweis wird dem interessierten Leser empfohlen. In Tabelle 3.4 sind einige Wertepaare zusammengestellt, Bild 3-14 zeigt Kreise konstanter Imaginärteile, wobei man sich auf das Gebiet $|\underline{r}| \leq 1$ beschränkt.

Tabelle 3.4 Wertepaare

X_N	0	±0,4	±1	±2,5	±∞
m	±∞	±2,5	±1	±0,4	0

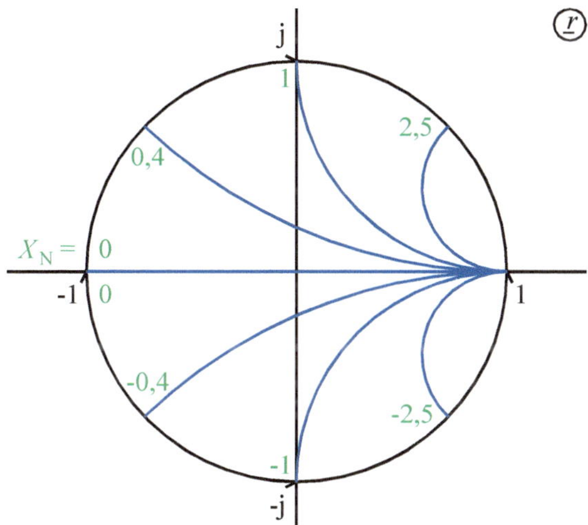

Bild 3-14 Kreise konstanter Imaginärteile von $\underline{Z}_N$

Man kann sich noch Gedanken zu den Winkeln machen, unter denen sich die Kreise schneiden. Alle Kreise berühren den Punkt $\underline{r} = 1$. Die Tangente an die Kreise konstanter Realteile ist dort vertikal, die an die Kreise konstanter Imaginärteile horizontal. Sie schneiden sich also unter einem rechten Winkel. Deshalb erfolgt auch der zweite Schnittpunkt unter einem rechten Winkel. Die Kreise schneiden sich grundsätzlich unter einem Winkel von 90°.

3.5.4 Herleitung durch konforme Abbildung

Das SMITH-Diagramm kann sehr elegant mit Methoden der Funktionentheorie konstruiert werden. Kenntnisse in diesen Bereichen der höheren Mathematik werden allerdings von der Zielgruppe, an die sich dieses Werk wendet, nicht erwartet. Deshalb wurde bewusst darauf verzichtet und ein zwar umständlicher, aber leicht nachvollziehbarer Weg vorgezogen. Für den interessierten Leser soll der funktionentheoretische Ansatz kurz skizziert werden.

Die gebrochen rationale Berechnungsvorschrift

$$\underline{r} = \frac{\underline{Z}_N - 1}{\underline{Z}_N + 1} \tag{3.109}$$

bedeutet eine Abbildung der komplexen $\underline{Z}_N$-Ebene auf die ebenfalls komplexe $\underline{r}$-Ebene. Die Funktion ist polfrei mit Ausnahme des Punktes $\underline{Z}_N = -1$, der hier mit der Beschränkung auf passive Abschlüsse ausgeschlossen wurde. Die Funktion (3.109) vermittelt deshalb eine konforme Abbildung, welche folgende Eigenschaften hat:

(i) Kreise werden in Kreise abgebildet, wobei eine Gerade als Kreis mit unendlichem Radius aufzufassen ist.

(ii) Die Abbildung ist winkeltreu. Zwei Linien schneiden sich in der $\underline{Z}_N$-Ebene unter dem gleichen Winkel wie ihre Bilder in der $\underline{r}$-Ebene.

Ein Netz von Geraden konstanter Real- bzw. Imaginärteile in der $\underline{Z}_N$-Ebene wird also in ein Netz von Kreisen in der $\underline{r}$-Ebene abgebildet. Die Geraden in der $\underline{Z}_N$-Ebene schneiden sich rechtwinklig, demzufolge auch die Kreise in der $\underline{r}$-Ebene.

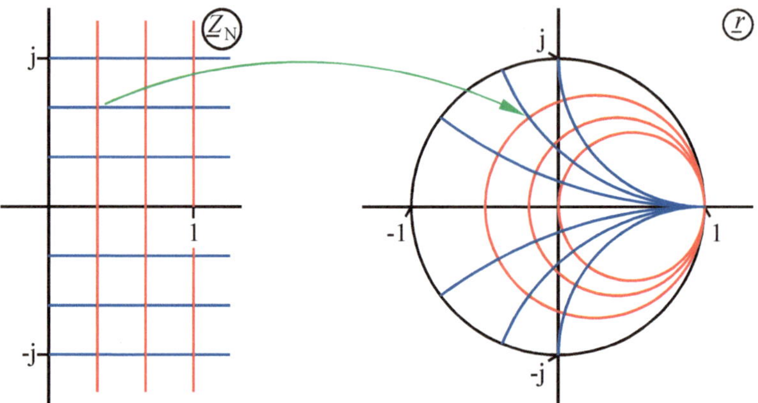

Bild 3-15 Konforme Abbildung der $\underline{Z}_N$-Ebene auf die $\underline{r}$-Ebene

Nun ist es leicht, durch Abbildung einzelner Punkte das komplette SMITH-Diagramm zu konstruieren. Der grüne Pfeil veranschaulicht die Abbildung des Punktes $\underline{Z}_N = 0{,}33 + j0{,}67$.

3.5.5 Das komplette Diagramm

Bild 3-16 zeigt ein SMITH-Diagramm, wie es in der Praxis verwendet wird. Die Kreise konstanter Real- sowie Imaginärteile sind wieder zu finden. Normierte Impedanz und Reflexionsfaktor können mit guter Genauigkeit in ihren Koordinaten abgelesen werden. Am Umfang sind zwei Skalen angebracht. Die innere ist eine gewöhnliche 360°-Winkelskala für das Argument des Reflexionsfaktors. Die äußere dient zur Durchführung von Leitungstransformationen; sie wird in Abschnitt 3.5.6 erklärt. Rechts unter dem Diagramm findet man vier zusammengehörige Maßstäbe. Hier können der Betrag des Reflexionsfaktors, die Reflexionsdämpfung, das Stehwellenverhältnis (VSWR) und der Anpassfaktor simultan abgelesen werden. Dazu misst man den Abstand des interessierenden Punktes vom Zentrum des Diagramms und überträgt diese Länge in den Maßstab, wobei von dessen linkem Rand zu messen ist. Diese Maßstäbe sollen dem Leser zugleich ein Gefühl für das Zusammenspiel der aus dem Reflexionsfaktor abgeleiteten Größen vermitteln. So kann man beispielsweise unter $|\underline{r}| = 0{,}5$ die zugehörige Reflexionsdämpfung $6\mathrm{dB}$, das Stehwellenverhältnis 3 und den Anpassfaktor 0,33 ablesen.

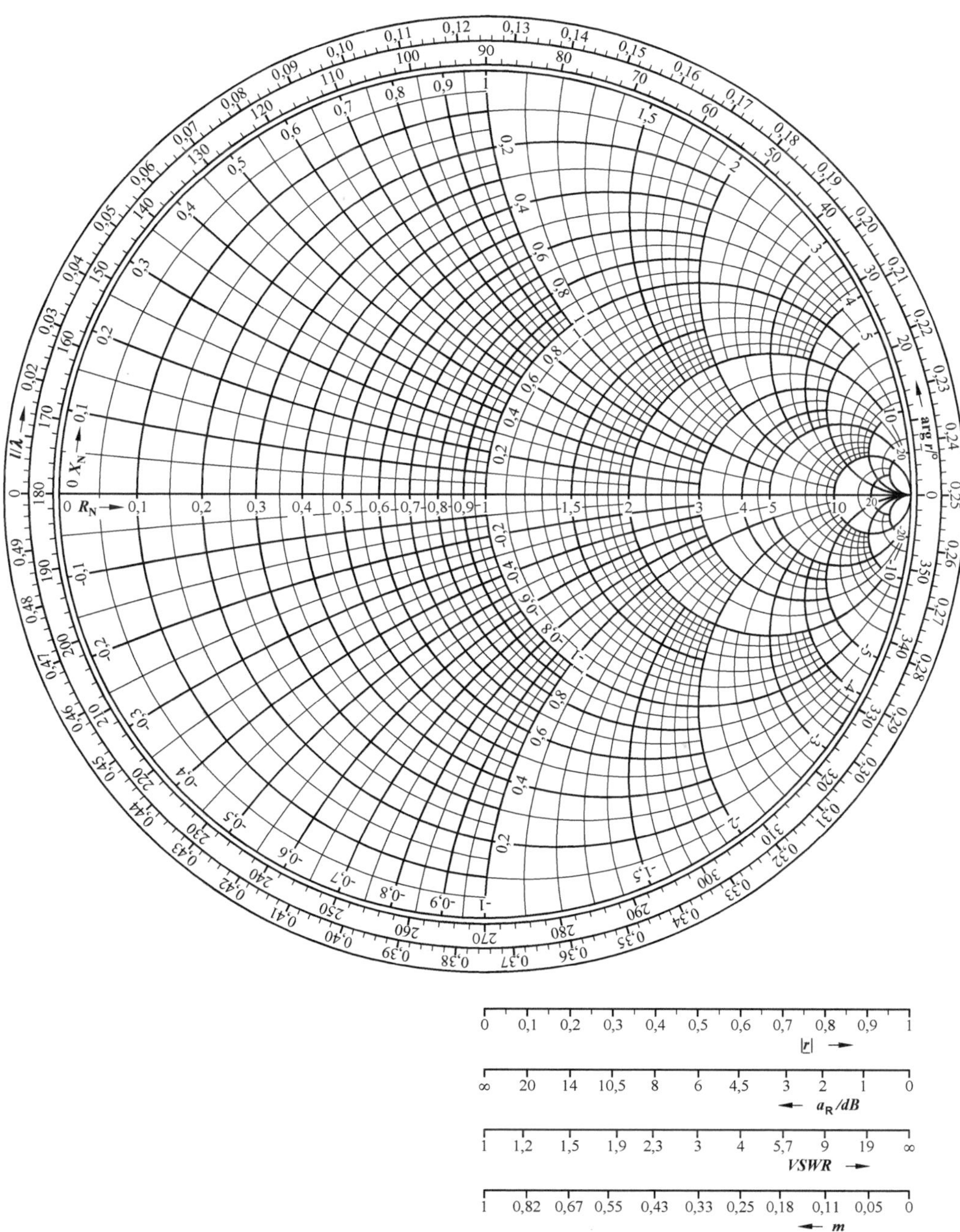

Bild 3-16 Das SMITH-Diagramm

Es folgen Beispiele.

(i) Gegeben ist ein Leitungsabschluss gemäß Bild 3-17. Gesucht ist der zugehörige Reflexionsfaktor $\underline{r}$. Die Frequenz ist $f = 3\text{MHz}$, die Leitung hat einen Wellenwiderstand von 50Ω . Die Impedanz am Leitungsende lautet in normierter Form

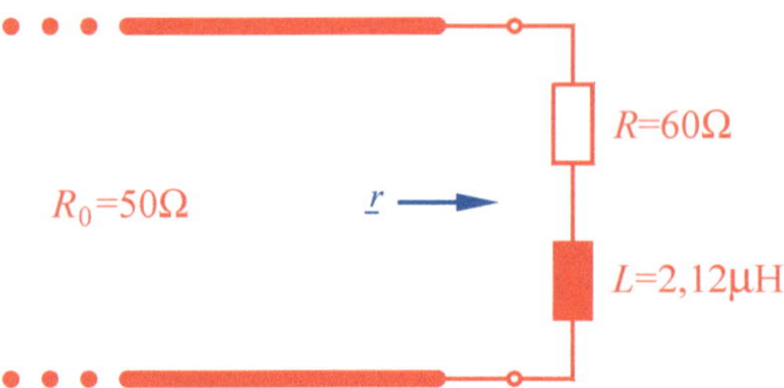

Bild 3-17 Leitungsabschluss

$$\underline{Z}_{\text{N}} = \frac{R + \text{j}\omega L}{R_0} = 1{,}2 + \text{j}0{,}8$$

Dieser Wert wird im SMITH-Diagramm markiert (blauer Zeiger in Bild 3-18). Die Länge des Pfeils wird in den Maßstab für $|\underline{r}|$ übertragen, man liest 0,35 ab (blaue Marke). Die Verlängerung des Zeigers trifft die Winkelskala bei 56° . Die Lösung lautet demnach

$$\underline{r} = 0{,}35\,\underline{/56^\circ} = 0{,}35 \cdot \text{e}^{\text{j}0{,}977} \quad .$$

(ii) Gegeben sei der Reflexionsfaktor

$$\underline{r} = 0{,}5\,\underline{/-120^\circ} \quad .$$

Er wird unter Verwendung des Maßstabs für $|\underline{r}|$ und der Winkelskala in das SMITH-Diagramm eingetragen (roter Zeiger in Bild 3-18; -120° entspricht +240°). Man liest die normierte Impedanz

$$\underline{Z}_{\text{N}} = 0{,}42 - \text{j}0{,}5$$

ab.

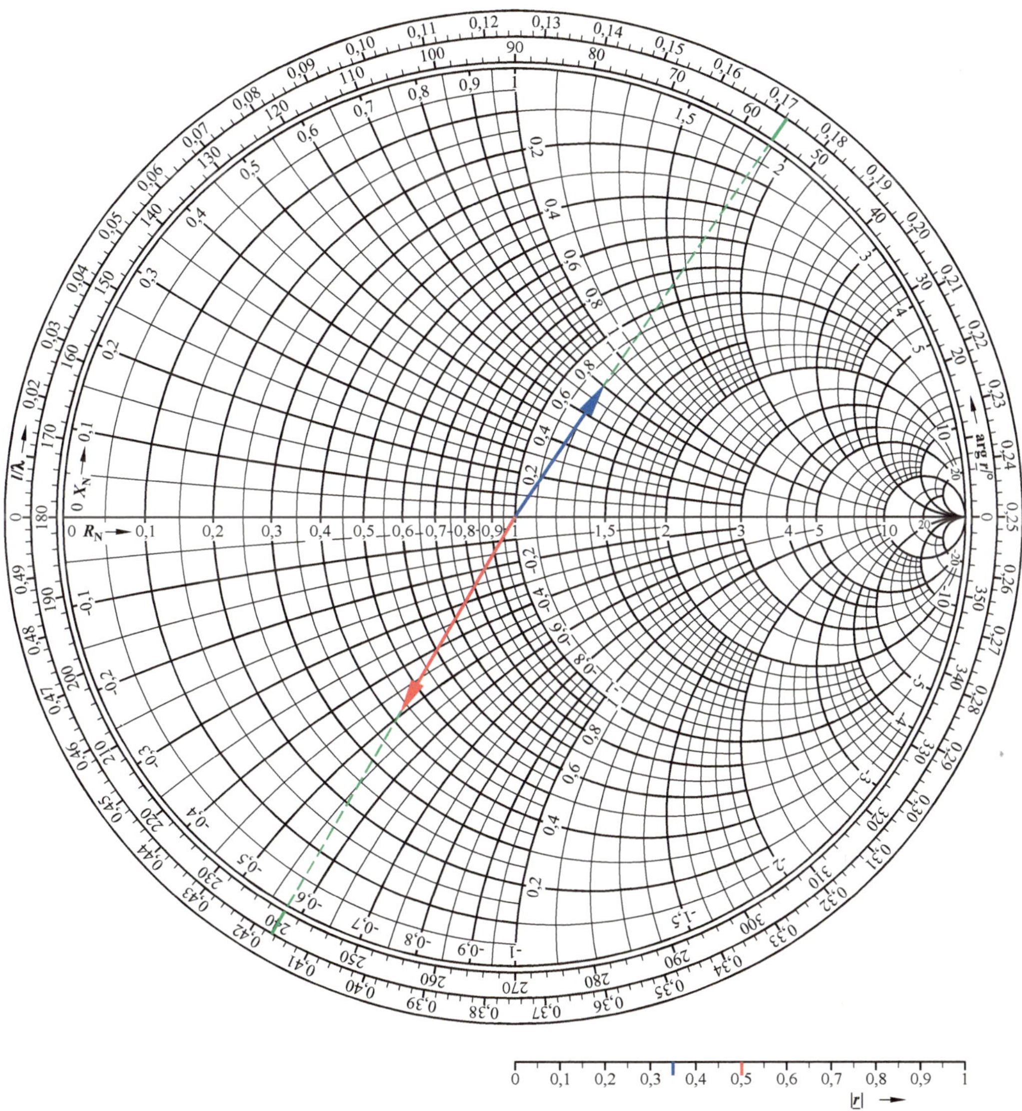

Bild 3-18 Reflexionsfaktoren und normierte Impedanzen im SMITH-Diagramm

3.5.6 Leitungstransformationen

Bild 3-19 zeigt eine beschaltete ideale Leitung.

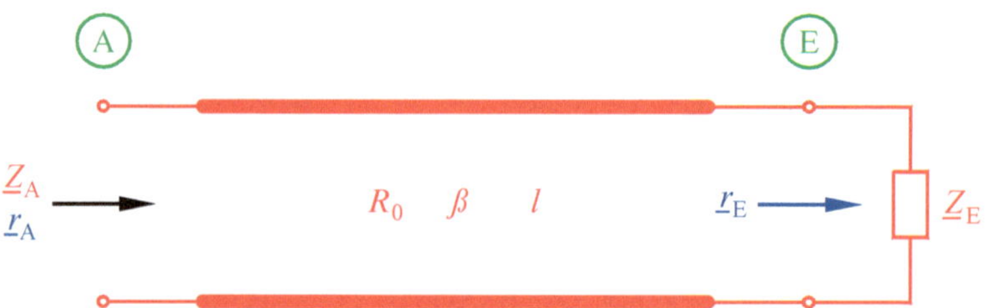

Bild 3-19 Beschaltete Leitung

Impedanz und Reflexionsfaktor transformieren sich über die Leitung in neue Werte. In Abschnitt 3.4.2 wurde für den Reflexionsfaktor am Leitungsanfang

$$\underline{r}_A = \underline{r}_E \cdot e^{-j2\beta l} \tag{3.110}$$

hergeleitet. Man findet $\underline{r}_A$ also durch Drehung des Zeigers $\underline{r}_E$ um den Winkel $2\beta l$ im Uhrzeigersinn. Die normierte Impedanz $\underline{Z}_{AN}$ kann dann sofort nach Real- und Imaginärteil abgelesen werden. Das SMITH-Diagramm erspart die Anwendung der ungemütlichen Formel (3.82). Mit dem aus (3.32) folgenden Zusammenhang

$$\beta = \frac{2\pi}{\lambda} \tag{3.111}$$

folgt für den Drehwinkel

$$\varphi = 4\pi \cdot \frac{l}{\lambda} \quad , \tag{3.112}$$

wobei φ im Bogenmaß gemeint ist. Für den Winkel im Gradmaß erhält man

$$\varphi = \frac{l}{\lambda} \cdot 720° \quad . \tag{3.113}$$

Der Winkel ist also der Leitungslänge proportional. Deshalb ist das SMITH-Diagramm am Umfang zusätzlich mit einer im Uhrzeigersinn zu zählenden l/λ-Skala versehen. Da eine Leitung der Länge $\lambda/2$ eine Drehung des Zeigers um $360°$ verursacht (ein Abschluss transformiert sich über diese Leitungslänge in sich selbst), reicht die Skala von 0 bis 0,5. Führt die Transformation auf ein Ergebnis

$$\frac{l}{\lambda} > 0{,}5 \quad , \tag{3.114}$$

so sind 0,5 oder Vielfache davon zu subtrahieren, bis sich ein Wert zwischen 0 und 0,5 ergibt.

Bei der praktischen Anwendung ist in aller Regel die Frequenz bekannt. Dann liegt es nahe, die Wellenlänge daraus zu berechnen. Dabei muss der Verkürzungsfaktor einkalkuliert werden (vgl. 3.2.7) und es folgt

$$\lambda = VK \cdot \frac{c_0}{f} \quad . \tag{3.115}$$

Beispiel (in Bild 3-20 blau dargestellt): Normierte Impedanz am Leitungsende und Leitungslänge seien durch

$$\underline{Z}_{EN} = 0{,}3 + j0{,}4$$
$$l = 0{,}298\,\lambda$$

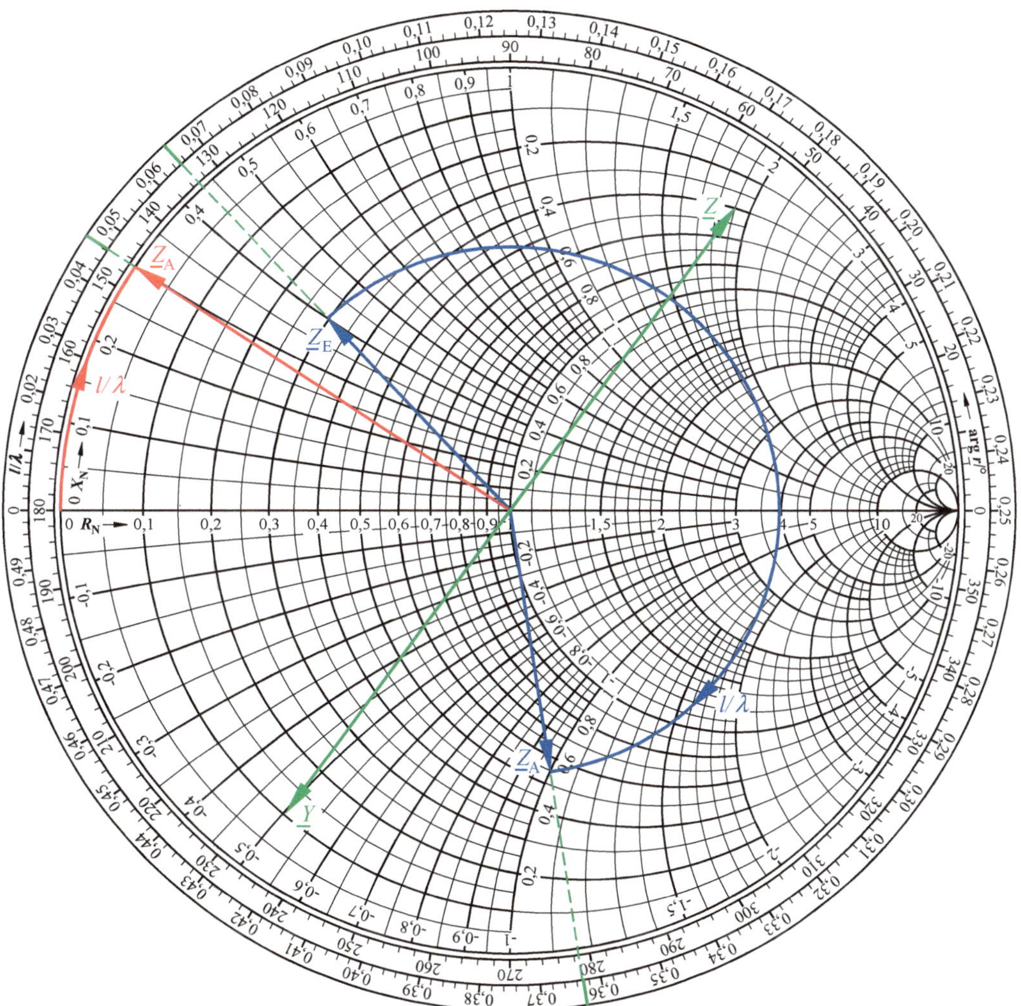

Bild 3-20 Operationen im SMITH-Diagramm

gegeben. Gesucht ist die Impedanz am Leitungsanfang. Wir tragen $\underline{Z}_{EN}$ in das SMITH-Diagramm ein. Verlängerung des Zeigers führt auf den Wert 0,065 in der l/λ-Skala. Nun muss der Zeiger gedreht werden - die Pfeilspitze wandert also auf einem Kreis um das Zentrum des Diagramms - , bis sie unter dem Wert

$$\frac{l}{\lambda} = 0{,}065 + 0{,}298 = 0{,}363$$

zu liegen kommt. Man liest in den $\underline{Z}_N$-Koordinaten

$$\underline{Z}_{AN} = 0{,}55 - j1{,}0$$

für die normierte Impedanz am Leitungsanfang ab.

Wir wollen uns noch speziell der Transformation von Kurzschluss und Leerlauf zuwenden. Diese verursachen bekanntlich die Reflexionsfaktoren

$$\underline{r}_K = -1 \tag{3.116}$$

bzw.

$$\underline{r}_L = +1 \quad . \tag{3.117}$$

Die Transformation erfolgt auf dem Kreis $|\underline{r}| = 1$. Dieser ist dem Kreis $R_N = 0$ identisch. Kurzschluss und Leerlauf transformieren sich demnach grundsätzlich in reaktive Elemente

$$\underline{Z}_A = 0 + jX_A \quad . \tag{3.118}$$

Diese Erkenntnis hat zwei Konsequenzen:

(i) Kurzschluss und Leerlauf dürfen als reaktive Elemente aufgefasst werden. Das ist auch insofern plausibel, als sie keine Wirkleistung aufnehmen.

(ii) Reaktive Elemente können durch kurzgeschlossene oder leerlaufende Leitungsstücke realisiert werden. Da die Wellenlänge von der Frequenz abhängt, ist diese Äquivalenz allerdings nur für eine bestimmte Frequenz gültig.

Hierfür gibt es ein schönes Beispiel aus der Musik, also der akustischen Wellenlehre. Blockflöten oder Klarinetten verfügen über quer zum Längsrohr angebrachte Bohrungen, welche der Spieler mit den Fingern oder über Klappenmechanismen schließen kann. Er erzeugt damit kurzgeschlossene oder leerlaufende Stichleitungen, die sich in unterschiedliche „Reaktanzen" in die Mitte des Instruments transformieren und so eine Kettenschaltung vergleichbar einem elektrischen LC-Filter bilden. Wer genau hinsieht, erkennt, dass die Durchmesser der Querbohrungen unterschiedlich sind. Damit werden unterschiedliche akustische Wellenwiderstände und somit unterschiedliche Transformationen realisiert.

Beispiel (in Bild 3-20 rot dargestellt): Eine am Ende kurzgeschlossene 50Ω-Leitung mit dem Verkürzungsfaktor $VK = 0{,}8$ soll bei der Frequenz $f = 1{,}2\text{GHz}$ an ihrem Anfang eine Induktivität von $1{,}99\text{nH}$ realisieren. Gesucht ist die erforderliche Leitungslänge. Bild 3-21 veranschaulicht die Problemstellung. Man berechnet zunächst die normierte Impedanz der Induktivität.

$$\underline{Z}_{AN} = \frac{j\omega L}{R_0} = j\frac{2\pi \cdot 1{,}2\,\text{GHz} \cdot 1{,}99\,\text{nH}}{50\,\Omega} = j0{,}3$$

Diese wird in das SMITH-Diagramm eingetragen. Der Kurzschluss liegt im SMITH-Diagramm ganz links ($\underline{Z}_{KN} = 0$, $\underline{r}_K = -1$). Er muss wie dargestellt transformiert werden, um auf den roten Zeiger zu treffen. In der l/λ-Skala kann man die hierfür erforderliche Leitungslänge

$$l \approx 0{,}046\lambda = 0{,}046 \cdot VK \cdot \frac{c_0}{f} = 0{,}046 \cdot 0{,}8 \cdot \frac{3 \cdot 10^8\,\text{m/s}}{1{,}2\,\text{GHz}} = 9{,}2\,\text{mm}$$

ablesen.

Bild 3-21 Transformation eines Kurzschlusses in eine Induktivität

3.5.7 Darstellung der Admittanz

Völlig analog zur normierten Impedanz kann durch

$$\underline{Y}_{\text{N}} := \underline{Y} \cdot R_0 = \frac{1}{\underline{Z}} \cdot R_0 = \frac{1}{\underline{Z}_{\text{N}}} \tag{3.119}$$

eine normierte Admittanz definiert werden. Wir ersetzen nun in der Gleichung (3.98)

$$\underline{r} = \frac{\underline{Z}_{\text{N}} - 1}{\underline{Z}_{\text{N}} + 1}$$

versuchsweise $\underline{Z}_{\text{N}}$ durch $\underline{Y}_{\text{N}}$ und erhalten formal

$$\underline{\tilde{r}} = \frac{\underline{Y}_{\text{N}} - 1}{\underline{Y}_{\text{N}} + 1} = \frac{1/\underline{Z}_{\text{N}} - 1}{1/\underline{Z}_{\text{N}} + 1} = \frac{1 - \underline{Z}_{\text{N}}}{1 + \underline{Z}_{\text{N}}} = -\underline{r} \quad . \tag{3.120}$$

$\underline{\tilde{r}}$ liegt also genau spiegelbildlich zu $\underline{r}$. Dies führt auf das interessante Ergebnis, dass $\underline{Y}_{\text{N}}$ gerade spiegelbildlich zu $\underline{Z}_{\text{N}}$ in den Koordinaten für $\underline{Z}_{\text{N}}$ abgelesen werden kann.

Beispiel (in Bild 3-20 grün dargestellt): Es sei die normierte Impedanz

$$\underline{Z}_{\text{N}} = 0{,}4 + \text{j}1{,}9$$

gegeben. Der Wert wird im SMITH-Diagramm markiert. Spiegelbildlich liest man

$$\underline{Y}_{\text{N}} \approx 0{,}1 - \text{j}0{,}5$$

ab. Es ist dem Leser anheimgestellt, die Korrespondenz

$$\underline{Y}_{\text{N}} = \frac{1}{\underline{Z}_{\text{N}}}$$

rechnerisch zu verifizieren.

3.5.8 Stehwellenverhältnis und Anpassfaktor

Diese Größen sind schon von Abschnitt 3.4.3 unter dem Akronym VSWR bekannt. Wir wollen nun versuchen, sie im SMITH-Diagramm wiederzufinden. Die Transformation einer Abschlussimpedanz über eine Leitung vollzieht sich auf einem Kreis um das Zentrum. Für eine willkürlich gewählte Abschlussimpedanz $\underline{Z}_E$, welche mit einem Reflexionsfaktor $\underline{r}_E$ korrespondiert, ist dies in Bild 3-22 veranschaulicht. Von besonderem Interesse sind nun die beiden Schnittpunkte des Transformationskreises mit der reellen Achse. Am Punkt (1) erreicht der Betrag der transformierten Impedanz offenbar ein Minimum, denn der Realteil ist minimal und der Imaginärteil verschwindet. Für Reflexionsfaktor und Impedanz ergibt sich

$$\begin{aligned} \underline{r}_1 &= -|\underline{r}_E| = -r_E \\ \underline{Z}_1 &= R_0 \cdot \frac{1-r_E}{1+r_E} =: R_1 \end{aligned} \quad . \tag{3.121}$$

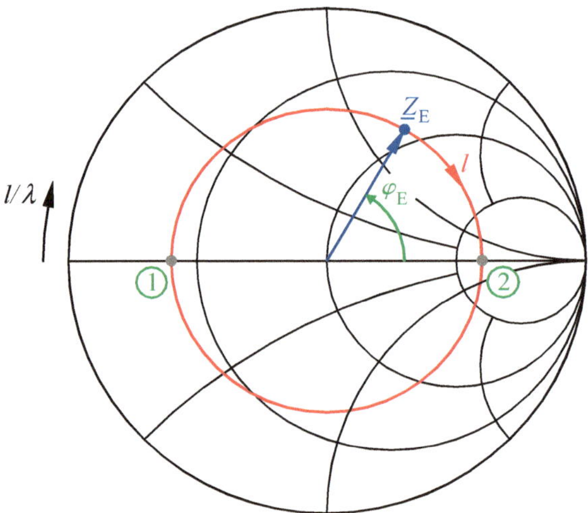

Bild 3-22 Leitungstransformation

Im Punkt (2) wird $|\underline{Z}|$ maximal. Die Begründung dafür ist nicht trivial, der Beweis ist aber unproblematisch. Man erhält hier

$$\begin{aligned} \underline{r}_2 &= |\underline{r}_E| = r_E \\ \underline{Z}_2 &= R_0 \cdot \frac{1+r_E}{1-r_E} =: R_2 \end{aligned} \quad . \tag{3.122}$$

Dem zuletzt formulierten Ausdruck sieht man sofort an, dass es sich um den größtmöglichen Wert von $|\underline{Z}|$ bei gegebenem $\underline{r}_E$ handelt. Wegen der generell vorausgesetzten Verlustlosigkeit der Leitung ist die im Spiel befindliche Blindleistung

$$P_B = \frac{U^2}{|\underline{Z}|} \tag{3.123}$$

überall gleich. Demzufolge nimmt die Spannung unterschiedliche Werte an, und wir erhalten

$$U_1 = \sqrt{P_B \cdot R_1} = U_{min}$$
$$U_2 = \sqrt{P_B \cdot R_2} = U_{max} \qquad (3.124)$$

für den Effektivwert der Spannung an den Punkten (1) bzw. (2). Das Verhältnis von maximaler zu minimaler Spannung auf der Leitung wurde als Stehwellenverhältnis definiert (VSWR), der Kehrwert als Anpassfaktor. Das Ergebnis lautet

$$s = \sqrt{\frac{R_2}{R_1}} = \frac{1}{m} \quad . \qquad (3.125)$$

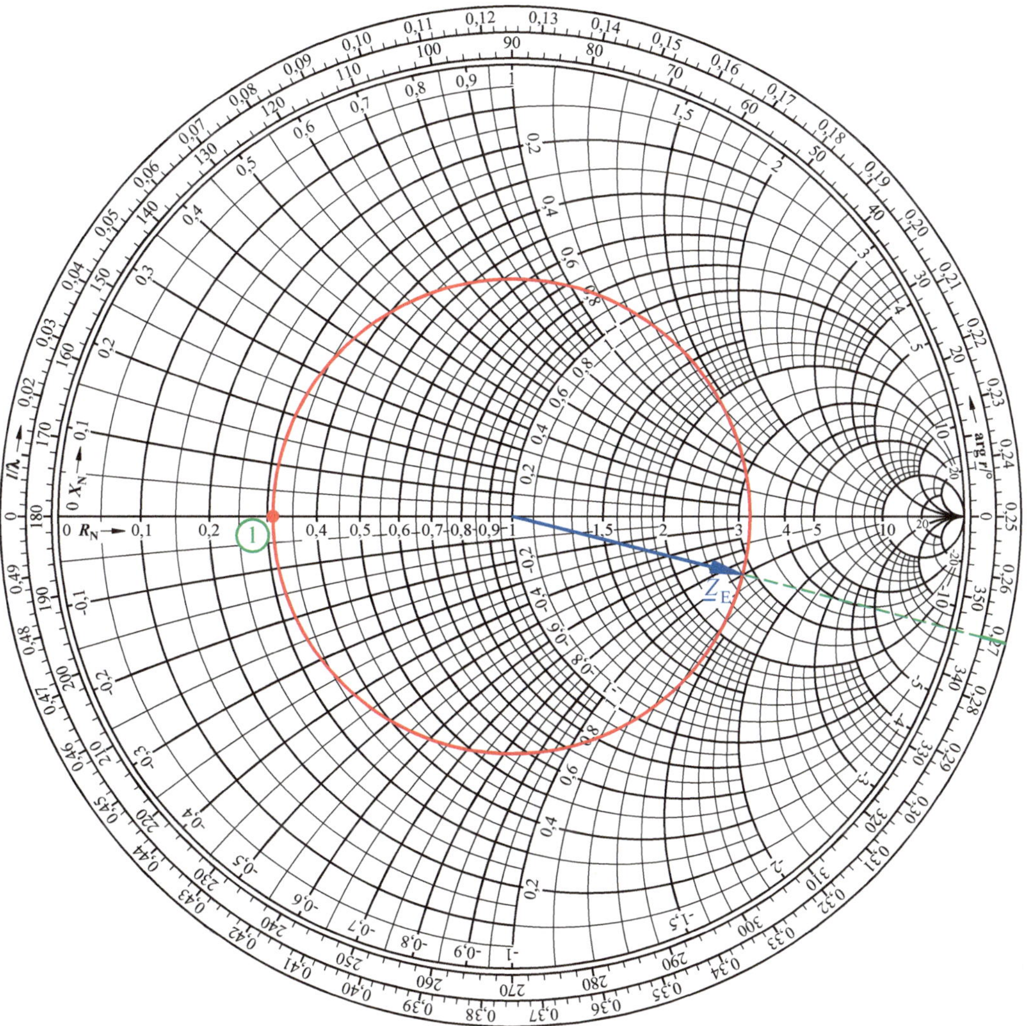

Bild 3-23 Auswertung der Messergebnisse

Somit kann man am Transformationskreis das Stehwellenverhältnis ablesen. Auf Grund der speziellen Struktur des SMITH-Diagramms ergibt sich noch eine nette Besonderheit: Der am Punkt (1) ablesbare Wert für R_N ist gleich dem Anpassfaktor m, am Punkt (2) kann man im Maßstab für R_N das Stehwellenverhältnis s ablesen. Der - unschwierige - Beweis dieses Sachverhalts wird dem Leser empfohlen.

Die Leitungslänge zur Transformation der Abschlussimpedanz $\underline{Z}_E$ zum Punkt (2) (Spannungsmaximum) soll l_2 heißen. Somit ergibt sich

$$2\beta l_2 = \varphi_E \quad . \tag{3.126}$$

Aus dem Abstand des ersten Spannungsmaximums vom Leitungsende kann also auf das Argument des Reflexionsfaktors geschlossen werden. Falls $\underline{Z}_E$ in der unteren Halbebene liegt, erfolgt die Auswertung ganz adäquat. Man findet dann ausgehend vom Leitungsende zunächst ein Minimum und kann aus dessen Lage φ_E bestimmen. Somit ist es möglich, einen unbekannten Reflexionsfaktor und die damit korrespondierende Impedanz allein vermittels einer Messleitung und eines Voltmeters messtechnisch zu ermitteln.

Beispiel: Auf einer verlustlosen Leitung wurde ein Stehwellenverhältnis $s = 3{,}2$ gemessen. Das erste Spannungsminimum liegt in einem Abstand $l = 0{,}23\lambda$ vom Leitungsende. Die Abschlussimpedanz soll mit Hilfe des SMITH-Diagramms gefunden werden. Man zeichnet zunächst einen Kreis um das Zentrum des Diagramms durch den Punkt $R_N = s = 3{,}2$; dies ist der Transformationskreis. Das Spannungsminimum liegt beim Punkt (1), von dort muss man in der l/λ-Skala um $0{,}23$ „zurück“ gehen. Mit $0{,}5\text{-}0{,}23 = 0{,}27$ erhält man den gesuchten Punkt für $\underline{Z}_{EN}$. Bild 3-23 zeigt die Operation.

3.5.9 Kombinierte Transformations- und Netzwerkoperationen

Wir können nun resümieren, welche Operationen im SMITH-Diagramm durchführbar sind.

* Reihenschaltung zweier Impedanzen $\underline{Z}_1$ und $\underline{Z}_2$. Real- und Imaginärteil der normierten Impedanzen werden rechnerisch addiert, die Summe im SMITH-Diagramm markiert.
* Parallelschaltung zweier Impedanzen $\underline{Z}_1$ und $\underline{Z}_2$. Die normierten Impedanzen werden zunächst am Zentrum des Diagramms gespiegelt, wodurch sich die normierten Admittanzen ergeben. Diese sind rechnerisch zu addieren, der Summenwert abermals zu spiegeln. Das Resultat ist die normierte Impedanz der Parallelschaltung.
* Transformation einer Abschlussimpedanz über eine Leitung. Der Zeiger der normierten Impedanz ist im Uhrzeigersinn zu drehen, seine Spitze wandert also auf einem Kreis um das Zentrum. Der erforderliche Winkel ergibt sich aus der l/λ-Skala.
* Wellenwiderstandssprung. Zwei Leitungen mit unterschiedlichen Wellenwiderständen sind gemäß Bild 3-24 in Kette geschaltet, die Anordnung ist mit einer Impedanz $\underline{Z}_E$ abgeschlossen. Gesucht ist die Impedanz $\underline{Z}_A$ am Anfang der Anordnung. Zunächst wird $\underline{Z}_E$ auf R_{02} normiert

$$\underline{Z}_{EN2} = \frac{\underline{Z}_E}{R_{02}} \tag{3.127}$$

und in bekannter Weise über l_2 transformiert. Man liest die auf R_{02} normierte Impedanz $\underline{Z}_{N2}$ an der Kontaktstelle ab. Diese wird entnormiert und sodann auf das neue Niveau R_{01} normiert.

$$\underline{Z}_{\text{N1}} = \underline{Z}_{\text{N2}} \frac{R_{02}}{R_{01}} \tag{3.128}$$

Diese Impedanz ist über die Länge l_1 in $\underline{Z}_{\text{AN1}}$ zu transformieren. Daraus ergibt sich schließlich

$$\underline{Z}_{\text{A}} = \underline{Z}_{\text{AN1}} \cdot R_{01} \quad . \tag{3.129}$$

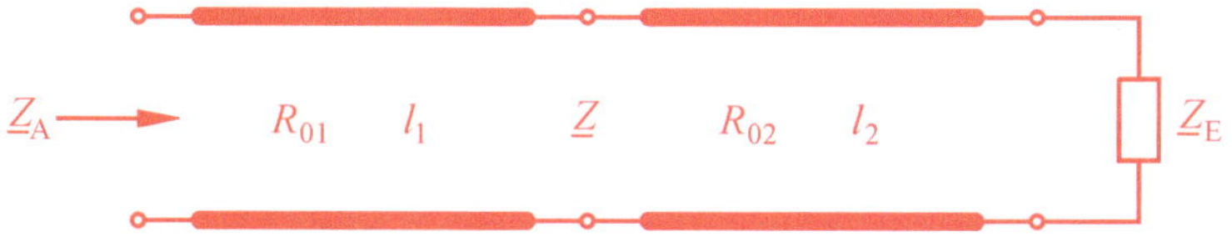

Bild 3-24 Wellenwiderstandssprung

Als Beispiel für kombinierte Operationen wird nun die in Bild 3-25 gezeigte Leitungsverzweigung mit Fehlabschlüssen untersucht.

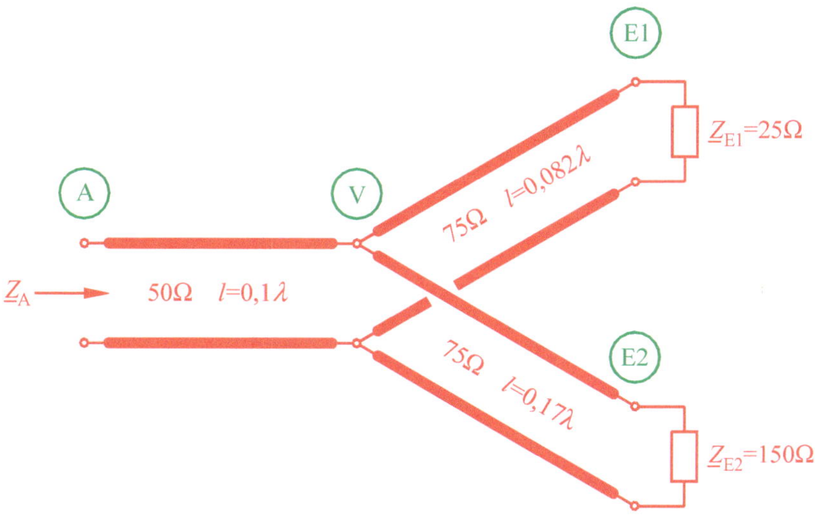

Bild 3-25 Leitungsverzweigung mit Fehlabschlüssen

Die Wellenwiderstände der einzelnen Leitungsstücke sind unterschiedlich. Die Abschlüsse sind zunächst auf 75Ω zu normieren

$$\begin{aligned} \underline{Z}_{\text{E1N75}} &= \frac{25\Omega}{75\Omega} = 0,333 \\ \underline{Z}_{\text{E2N75}} &= \frac{150\Omega}{75\Omega} = 2,00 \end{aligned} \quad .$$

Sie werden blau in das SMITH-Diagramm Bild 3-26 eingetragen und über die entsprechenden Leitungslängen in den Verzweigungspunkt transformiert. Durch Spiegelung am Zentrum werden diese in die zugehörigen normierten Admittanzen überführt; man liest

$$\underline{Y}_{\text{V1N75}} = 1{,}02 - \text{j}1{,}17$$
$$\underline{Y}_{\text{V2N75}} = 1{,}18 + \text{j}0{,}75$$

ab. Die normierte Admittanz der Parallelschaltung ist somit

$$\underline{Y}_{\text{VN75}} = \underline{Y}_{\text{V1N75}} + \underline{Y}_{\text{V2N75}} = 2{,}20 - \text{j}0{,}42 \quad ;$$

sie wird grün in das SMITH-Diagramm eingetragen und durch nochmalige Spiegelung auf die normierte Impedanz im Verzweigungspunkt

$$\underline{Z}_{\text{VN75}} = 0{,}44 + \text{j}0{,}08$$

überführt. Diese wird rechnerisch auf das neue Impedanzniveau 50Ω umnormiert

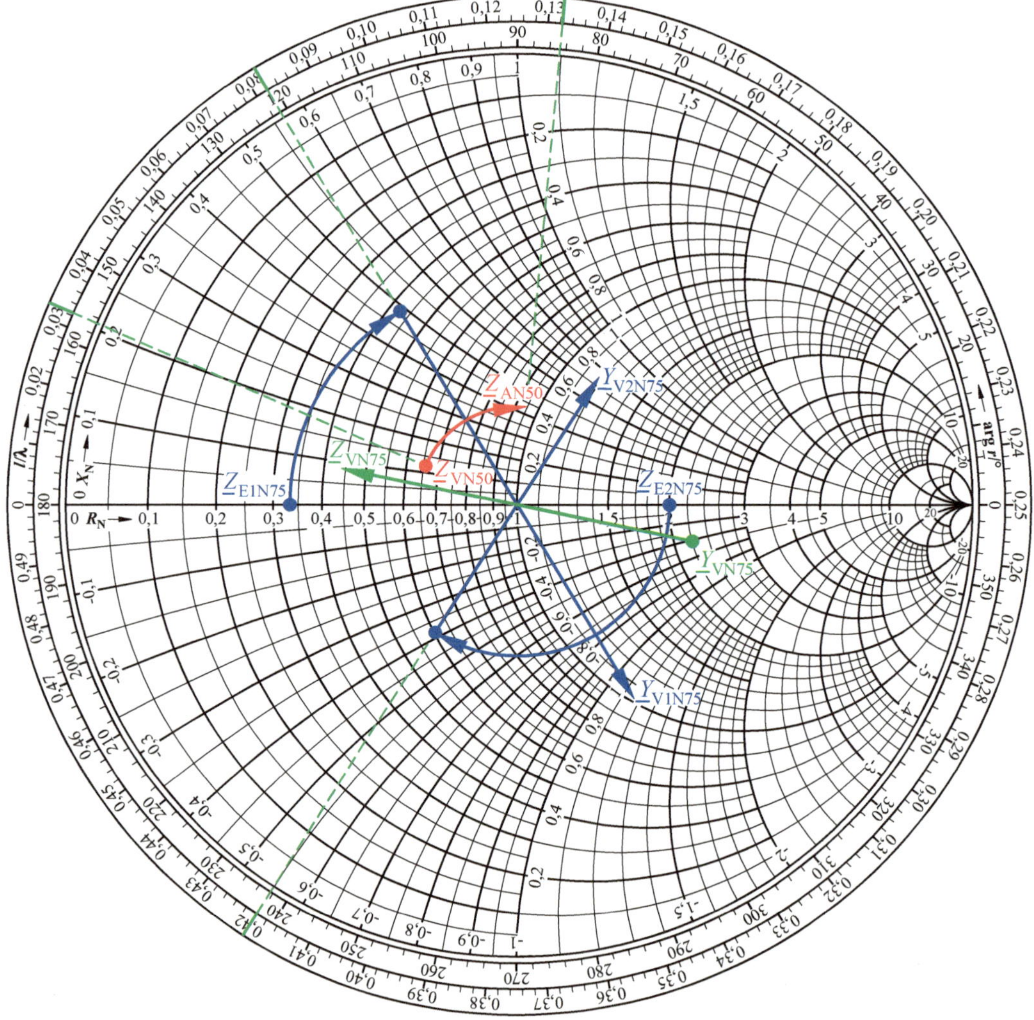

Bild 3-26 Analyse der fehlabgeschlossenen Leitungsverzweigung

$$\underline{Z}_{\mathrm{VN}50} = \underline{Z}_{\mathrm{VN}75} \cdot \frac{75\,\Omega}{50\,\Omega} = 0{,}66 + \mathrm{j}0{,}12\ ,$$

rot eingetragen und über $l/\lambda = 0{,}1$ zum Leitungsanfang transformiert. Nach Entnormierung lautet das Ergebnis

$$\underline{Z}_{\mathrm{A}} = (0{,}94 + \mathrm{j}0{,}43) \cdot 50\,\Omega = (47 + \mathrm{j}21{,}5)\,\Omega\ .$$

3.5.10 Anpassung mit Hilfe des SMITH-Diagramms

Nun verfolgen wir das Ziel, einen Fehlabschluss durch Zuschaltung von Bauelementen in die Systemimpedanz R_0 zu überführen [3]. Die Aufgabe stellt sich beispielsweise dann, wenn eine Antenne nicht die Systemimpedanz aufweist. Die Anpassung soll verlustfrei erfolgen, es kommen also nur Reaktanzen und verlustlose Leitungen in Frage. Da die Kombination der Elemente frei ist, gibt es eine ganze Menge an Spielformen, die allerdings teilweise Einschränkungen bezüglich des Fehlabschlusses unterliegen. Sie werden im Folgenden besprochen.

(i) Anpassung durch Längs- und Querreaktanz. Bild 3-27 zeigt die erste Schaltungsvariante, in Bild 3-28 sind die Transformationswege zu sehen.

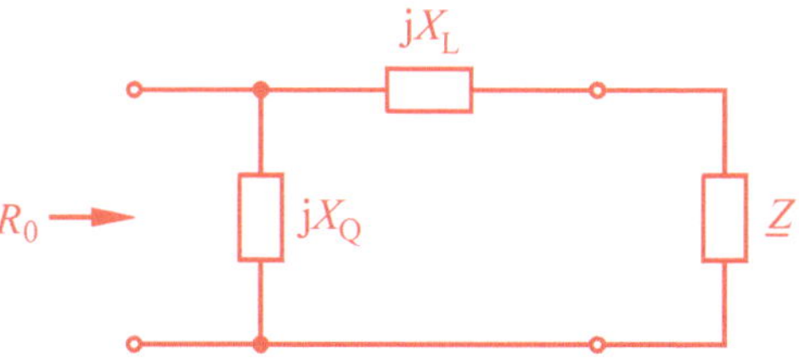

Bild 3-27 Anpassung durch Längs- und Querreaktanz

Die Reihenschaltung von $\mathrm{j}X_{\mathrm{L}}$ zum Fehlabschluss $\underline{Z}$ bedeutet im SMITH-Diagramm eine Bewegung auf einem Kreis konstanten Realteils. Für die nun folgende Parallelschaltung muss die Impedanz in ihre Admittanz überführt werden, was durch Spiegelung am Zentrum erfolgt. Die anschließende Addition von $1/\mathrm{j}X_{\mathrm{Q}}$ hat wieder eine Bewegung auf einem Kreis konstanten Realteils zur Folge. Da diese letzte Transformation in den Anpassungspunkt $\underline{Z}_{\mathrm{N}} = 1$ führen soll, muss die Spiegelung schon den Kreis $R_{\mathrm{N}} = 1$ getroffen haben. Dies ist bei der Wahl von X_{LN} zu beachten. Durch Probieren wäre die Aufgabe nicht ingenieurmäßig zu lösen, man bedient sich stattdessen eines einfachen Tricks, und zwar spiegelt man den Kreis $R_{\mathrm{N}} = 1$. Dies ergibt den in Bild 3-28 erkennbaren grünen Hilfskreis, der fortan der GRÜNE KREIS heißen soll. Man dimensioniert nun X_{LN} so, dass $\underline{Z}_{\mathrm{N}}+\mathrm{j}X_{\mathrm{LN}}$ auf diesem Kreis zu liegen kommt, dann führt der Übergang zur Admittanz automatisch auf den Kreis $R_{\mathrm{N}} = 1$ und die Vorschrift zur Dimensionierung von $\mathrm{j}X_{\mathrm{Q}}$ ist ablesbar. Man erkennt zweierlei:

1. Die Methode ist auf Fehlabschlüsse mit

$$\mathrm{Re}\,\underline{Z}_\mathrm{N} \;<\; 1 \;, \tag{3.130}$$

beschränkt.

2. Wenn $\underline{Z}_\mathrm{N}$ im Inneren des GRÜNEN KREISES liegt, kann das Ziel durch einen positiven oder einen negativen Wert von X_LN erreicht werden. Wenn $\underline{Z}_\mathrm{N}$ außerhalb des GRÜNEN KREISES liegt, gibt es zwei positive oder zwei negative Werte von X_LN für den Schnittpunkt, je nachdem, ob $\underline{Z}_\mathrm{N}$ unter oder über dem GRÜNEN KREIS liegt. Es existieren also in jedem Fall zwei verschiedene Lösungswege. In der Praxis wird man beide durchspielen und sich für die Variante mit den günstigeren Bauteilen entscheiden.

Zur genauen Erläuterung des Verfahrens folgt ein Beispiel. Die Impedanz

$$\underline{Z} \;=\; (61+\mathrm{j}13)\Omega \;,$$

soll bei der Frequenz $f = 300\mathrm{MHz}$ an ein 100Ω-System angepasst werden. Wir tragen

$$\underline{Z}_\mathrm{N} \;=\; 0{,}61+\mathrm{j}0{,}13 \;,$$

und den GRÜNEN KREIS in das SMITH-Diagramm Bild 3-28 ein. Durch Zuschalten der normierten Längsreaktanz

$$X_\mathrm{L1N} \;=\; +0{,}49-0{,}13 \;=\; 0{,}36$$

oder

$$X_\mathrm{L2N} \;=\; -0{,}49-0{,}13 \;=\; -0{,}62$$

wird der GRÜNE KREIS erreicht. Übergang zur Admittanz führt auf

$$\underline{Y}_\mathrm{N} \;=\; 1\mp \mathrm{j}0{,}8 \;,$$

man hat also schließlich für Anpassung die normierte Suszeptanz

$$B_\mathrm{QN} \;=\; \pm 0{,}8$$

zuzuschalten. Für den blau gezeichneten Pfad sollen die erforderlichen Bauteile explizit bestimmt werden.

$$\mathrm{j}X_\mathrm{L1N} \;=\; \frac{\mathrm{j}\omega L}{R_0} \quad\Rightarrow$$

$$L \;=\; \frac{X_\mathrm{L1N}R_0}{\omega} \;=\; \frac{0{,}36\cdot 100\Omega}{2\pi\cdot 300\,\mathrm{MHz}} \;=\; 19{,}1\mathrm{nH}$$

$$\mathrm{j}B_\mathrm{QN} = \mathrm{j}\omega C\cdot R_0 \quad\Rightarrow$$

$$C \;=\; \frac{B_\mathrm{QN}}{\omega\cdot R_0} \;=\; \frac{0{,}8}{2\pi\cdot 300\,\mathrm{MHz}\cdot 100\Omega} \;=\; 4{,}24\,\mathrm{pF}$$

In Bild 3-29 ist der Fehlabschluss mit der soeben dimensionierten Anpassungsschaltung dargestellt.

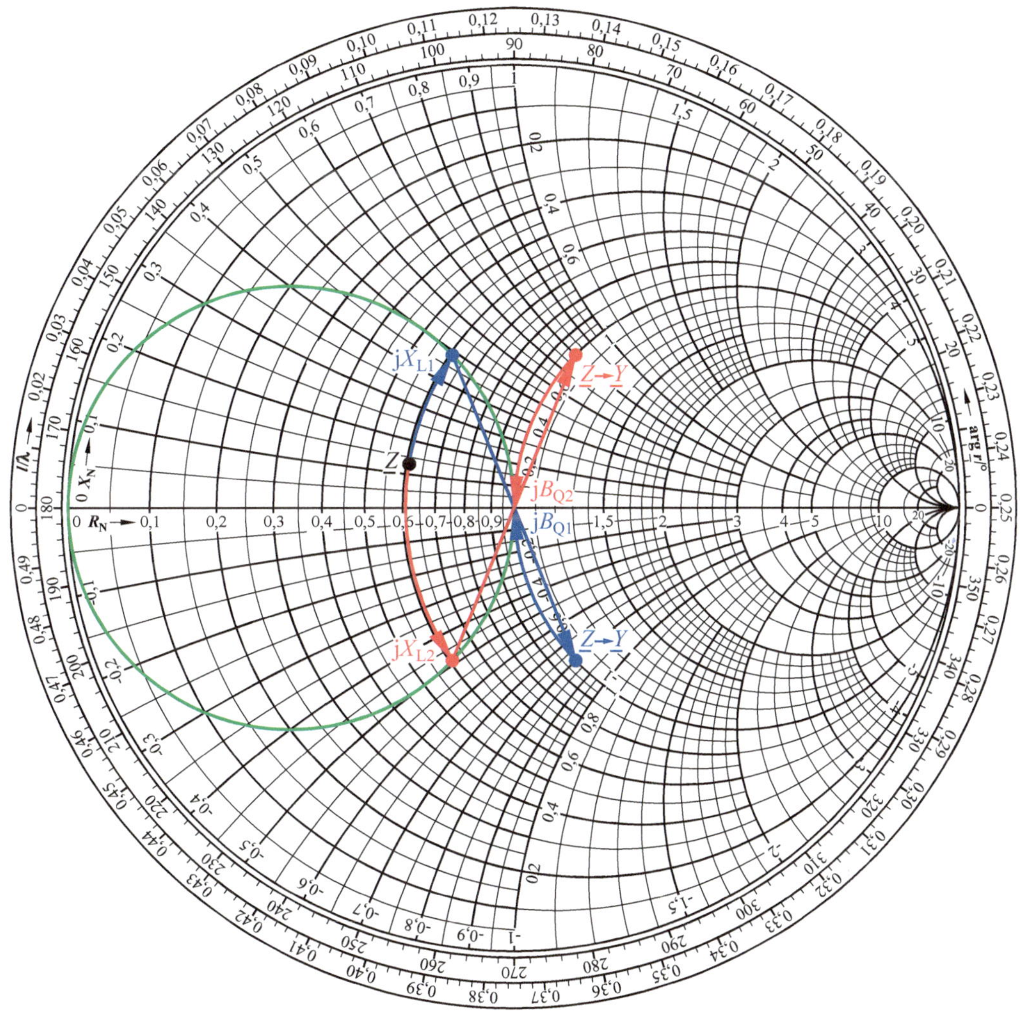

Bild 3-28 Anpassungswege

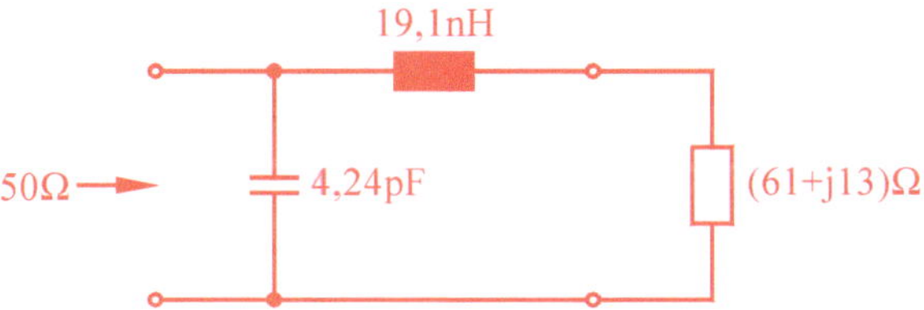

Bild 3-29 Fehlabschluss mit Anpassungsschaltung

(ii) Anpassung durch Quer- und Längsreaktanz. Vertauschung der Reaktanzen in Bild 3-27 führt auf das in Bild 3-30 gezeigte Anpassungsnetzwerk. Wegen der Parallelschaltung von $\mathrm{j}X_\mathrm{Q}$ zu $\underline{Z}$ muss zunächst zur normierten Admittanz $\underline{Y}_\mathrm{N}$ übergegangen werden, was durch Spiegelung von $\underline{Z}_\mathrm{N}$ am Zentrum erfolgt. Die anschließende Addition der rein imaginären Admittanz $1/\mathrm{j}X_\mathrm{Q} = \mathrm{j}B_\mathrm{Q}$ bedeutet wieder eine Bewegung auf einem Kreis konstanten Realteils. Wie vorher ist B_QN so zu bemessen, dass dabei der GRÜNE KREIS getroffen wird, es gibt wieder zwei Lösungen. Rückkehr in die Impedanzdarstellung durch abermalige Spiegelung führt zwangsläufig auf den Kreis $R_\mathrm{N} = 1$, die noch erforderliche Längsreaktanz X_L ist unmittelbar ablesbar. Für einen Fehlabschluss

$$\underline{Z}_\mathrm{N} = 1{,}95 - \mathrm{j}2{,}44$$

soll die Anpassung durchgespielt werden. Der Übergang zur normierten Admittanz erfolgt durch Spiegelung von $\underline{Z}_\mathrm{N}$ am Zentrum des Diagramms. Wir lesen

$$\underline{Y}_\mathrm{N} = 0{,}2 + \mathrm{j}0{,}25$$

ab. Nun muss durch Zuschalten einer Suszeptanz zum gespiegelten Kreis transformiert werden. Wir entscheiden uns für den negativen Wert und bewegen uns auf dem Kreis $R_\mathrm{N} = 0{,}2$ nach unten bis zum Punkt 0,2-j04 . Hierfür ist die Admittanz

$$\underline{Y}_\mathrm{QN} = 0 - \mathrm{j}0{,}65$$

erforderlich. Abermalige Spiegelung am Zentrum bewirkt die Rückkehr zur Impedanzdarstellung, wir landen bei

$$\underline{Z}_\mathrm{N} = 1 + \mathrm{j}2 \quad .$$

Endgültige Anpassung erfolgt durch Zuschaltung von

$$\underline{Z}_\mathrm{LN} = 0 - \mathrm{j}2 \quad ,$$

was einer Bewegung auf dem Kreis $R_\mathrm{N} = 1$ bis ins Zentrum des Diagramms entspricht. Wie man sofort sieht, ist diese Methode nur bei Fehlabschlüssen, die außerhalb des GRÜNEN KREISes liegen, anwendbar; sie komplettiert also die unter (i) beschriebene.

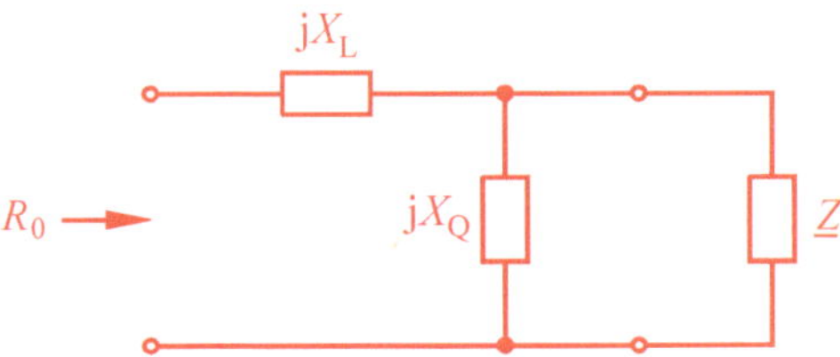

Bild 3-30 Anpassung durch Quer- und Längsreaktanz

(iii) Anpassung durch Leitungsstück und Längsreaktanz. Die Anpassungsschaltung ist in Bild 3-31 dargestellt.

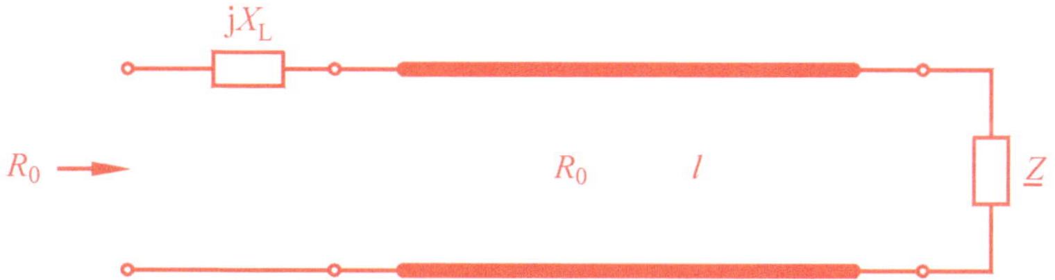

Bild 3-31 Anpassung durch Leitungsstück und Längsreaktanz

Der Hintergedanke ist hierbei, den Fehlabschluss über ein Leitungsstück definierter Länge auf eine Impedanz mit der Eigenschaft $\mathrm{Re}\underline{Z}_N = R_N = 1$ zu transformieren. Die endgültige Transformation zum Zentrum geschieht durch Zuschaltung einer geeignet gewählten Reaktanz. Da der Transformationskreis der Leitung zwei Schnittpunkte mit dem Kreis $R_N = 1$ hat, existieren wieder zwei Lösungsvarianten, und zwar eine mit negativer, eine mit positiver Längsreaktanz. In der Praxis wird man sich in aller Regel für Erstere entscheiden, da sie kapazitiv realisiert werden kann. Bezüglich des Fehlabschlusses $\underline{Z}$ gibt es bei dieser Methode keine Einschränkungen. In Bild 3-32 sind die Transformationswege farbig skizziert.

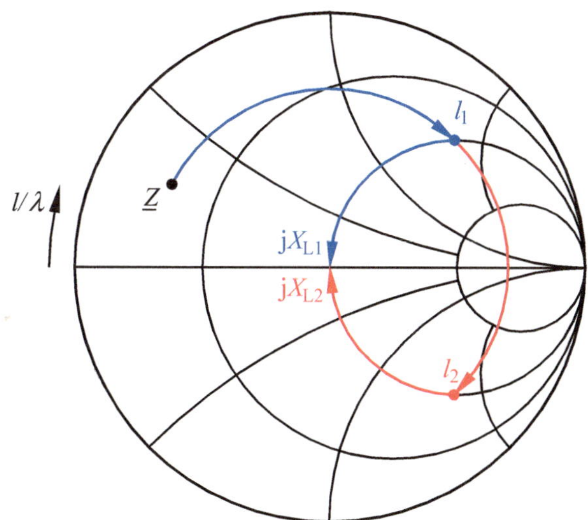

Bild 3-32 Transformationswege

(iv) Anpassung durch Leitungsstück und Querreaktanz. Bild 3-33 zeigt diese Variante. Hier empfiehlt es sich die Anpassung komplett in der Admittanzebene durchzuführen. Der normierte Fehlabschluss $\underline{Z}_N$ wird gespiegelt, über die Leitung zum Kreis $\mathrm{Re}\underline{Y}_N = 1$ und anschließend auf diesem zum Zentrum transformiert. Es gibt wieder zwei Möglichkeiten.

Bild 3-33 Anpassung durch Leitungsstück und Querreaktanz

(v) Anpassung eines reellen Fehlabschlusses durch $\lambda/4$-Transformator. Wie in Bild 3-34 zu sehen, wird ein $\lambda/4$ langes Leitungsstück mit einem noch zu bestimmenden Wellenwiderstand R_0‘ zwischengeschaltet. Der Fehlabschluss R bewirkt im R_0‘-System einen Reflexionsfaktor

$$\underline{r}' = \frac{R - R_0'}{R + R_0'} \quad . \tag{3.131}$$

Dieser wird über das $\lambda/4$ lange Leitungsstück gerade invertiert

$$\underline{r}_A' = -\underline{r}' = \frac{R_0' - R}{R_0' + R} \tag{3.132}$$

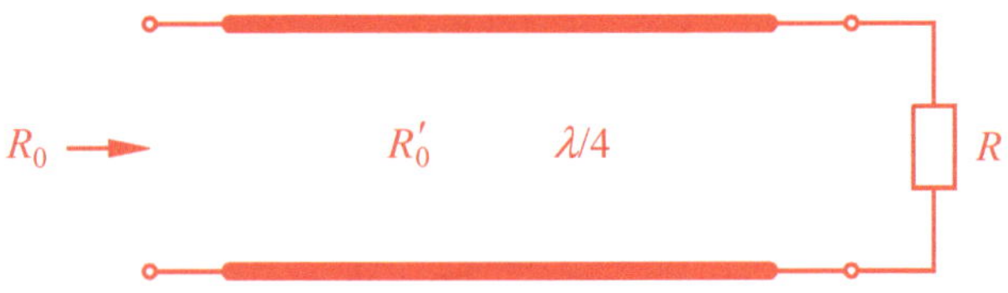

Bild 3-34 Anpassung durch $\lambda/4$-Transformator

und somit in einen neuen Widerstand

$$R_A = R_0' \cdot \frac{1 + \underline{r}_A'}{1 - \underline{r}_A'} = R_0' \cdot \frac{1 + \dfrac{R_0' - R}{R_0' + R}}{1 - \dfrac{R_0' - R}{R_0' + R}} = \frac{R_0'^2}{R} \quad . \tag{3.133}$$

transformiert. Anpassung ist erreicht, wenn $R_A = R_0$ gilt, und so kommt man zur Bestimmungsgleichung für R_0‘ :

$$R_0' = \sqrt{R \cdot R_0} \tag{3.134}$$

Es gibt hierfür ein schönes Beispiel aus der Optik. Vergütete oder entspiegelte Gläser sind mit einer $\lambda/4$ dicken Schicht versehen, um die Ausbreitungsmedien Luft und Glas aneinander anzupassen. Bei mehrfach vergüteten Gläsern verwendet man mehrere Schichten, um eine breitbandige Wirkung zu erzielen.

Alle in diesem Abschnitt beschriebenen Anpassungsschaltungen sind streng genommen nur für eine einzige Frequenz gültig, näherungsweise für ein schmales Frequenzband. Breitbandige Anpassung erreicht man durch Widerstandsnetzwerke (vgl. 4.3.6) oder durch aufwändig zu entwickelnde Filterschaltungen.

3.5.11 Darstellung von Ortskurven

Bisher wurden Reflexionsfaktoren und Impedanzen durch Zeiger im SMITH-Diagramm markiert. Dies entspricht der Darstellung bei einer bestimmten Frequenz. In der Regel ist das Ergebnis für ein mehr oder weniger breites Frequenzintervall von Interesse. Die Spitze des Zeigers wandert dann auf einer Kurve - der so genannten Ortskurve -; nur diese wird dargestellt. Bild 3-35 zeigt eine solche Ortskurve als Ergebnis einer Messung. Die eigentümliche, sich kringelnde Form ist charakteristisch. Im Laborjargon werden solche Messergebnisse gern „Sauschwänzchen" genannt.

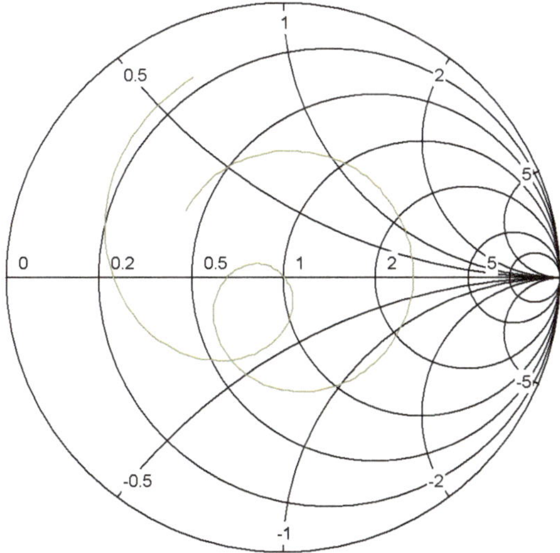

Bild 3-35 Gemessene Ortskurve im SMITH-Diagramm

3.5.12 Zusammenfassung

Im SMITH-Diagramm sind dargestellt:

* Der Reflexionsfaktor $\underline{r}$ in einer GAUSSschen Zahlenebene, ablesbar nach Betrag und Argument, eventuell auch nach Real- und Imaginärteil,
* die auf die Systemimpedanz R_0 normierte Impedanz $\underline{Z}_N$, ablesbar nach Real- und Imaginärteil in krummlinigen Koordinaten.

Folgende Größen können mit Hilfe des SMITH-Diagramms bestimmt werden:

* Mit einer gegebenen Impedanz korrespondierender Reflexionsfaktor,
* mit einem gegebenen Reflexionsfaktor korrespondierende Impedanz,
* zu einer gegebenen Impedanz gehörige Admittanz und umgekehrt,

* Impedanz und Reflexionsfaktor am Anfang einer beliebig abgeschlossenen Leitung gegebener Länge,
* Stehwellenverhältnis (VSWR) und Anpassfaktor,
* das Interferenzmuster einer definiert abgeschlossenen Leitung in Form der Lage der Spannungsmaxima und -minima,
* Impedanz einer Reihenschaltung,
* Admittanz einer Parallelschaltung,
* Transformation von Reflexionsfaktor und Impedanz über einen Wellenwiderstandssprung,
* Elemente von Schaltungen zur Anpassung beliebiger Fehlabschlüsse.

Es sind Einschränkungen zu beachten:

* Die Leitungen müssen verlustlos sein,
* die Abschlüsse müssen passiv sein. [11]

3.6 Realisierungen

3.6.1 Die Koaxialleitung

Bei diesem Leitungstyp liegt ein als runder Draht ausgeführter *Innenleiter* im Zentrum eines rohrförmigen *Außenleiters*. Beide sind durch ein nichtleitendes Dielekrikum voneinander isoliert, bilden also zusammen einen Zylinderkondensator. Beim Einsatz als Doppelleitung dient der Innenleiter als Hinleiter, der Außenleiter als Rückleiter; sie führen also gerade entgegengesetzten Strom und zwischen ihnen besteht eine elektrische Spannung. Als Folge findet man im Dielektrikum elektrische und magnetische Felder, die sich aufgrund der einfachen Geometrie vergleichsweise leicht berechnen lassen. Bild 3-36 zeigt einen Querschnitt durch eine Koaxialleitung. Die relevanten Abmessungen - Durchmesser des Innenleiters d und Innendurchmesser des Außenleiters D - sind angegeben; elektrisches Feld $\boldsymbol{E}$ und Magnetfeld $\boldsymbol{H}$ sind durch Feldlinien visualisiert. Die Eigenschaften des Dielektrikums werden durch die Dielektrizitätskonstante ε und die magnetische Permeabilität μ gemäß

$$\begin{aligned} \varepsilon &= \varepsilon_r \cdot \varepsilon_0 \\ \mu &= \mu_r \cdot \mu_0 \end{aligned} \quad , \tag{3.135}$$

beschrieben. Hierbei sind Dielektrizitätskonstante und Permeabilität des Vakuums Naturkonstanten [12]

$$\begin{aligned} \varepsilon_0 &= 8{,}854 \cdot 10^{-12} \, \frac{\text{As}}{\text{Vm}} \\ \mu_0 &= 4\pi \cdot 10^{-7} \, \frac{\text{Vs}}{\text{Am}} \end{aligned} \quad , \tag{3.136}$$

---

[11] Beim SMITH-Diagramm in der hier vorgestellten Form. Eine Erweiterung auf aktive Abschlüsse ist möglich.

[12] Diese werden auch elektrische und magnetische Feldkonstante genannt.

während es sich bei der relativen Dielektrizitätszahl ε_r und der relativen Permeabilität μ_r um dimensionslose Materialkonstanten handelt.

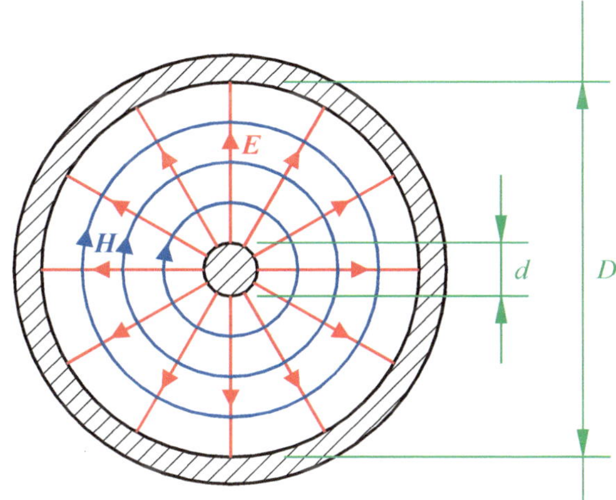

Bild 3-36 Querschnitt durch eine Koaxialleitung

Im Folgenden soll ein Leitungsstück der Länge Δl einer Feldberechnung unterzogen werden. Diese hat zugleich den Zweck einen kleinen Einblick in Feldtheorie und ihre Anwendungen zu vermitteln. Wir beschränken uns dabei auf eine Leitung mit idealen Eigenschaften, d. h. das Leitermaterial wird als widerstandslos angesehen, die Isolation zwischen den Leitern als beliebig hoch. Zur Feldberechnung wendet man die sogenannten MAXWELLschen Gleichungen an. Diese bilden ein System von vier komplizierten partiellen Differentialgleichungen und beschreiben das elektromagnetische Feld vollständig. Sie beinhalten Ableitungen nach der Zeit und nach den Raumkoordinaten. Wir werden eine quasi-statische Feldbetrachtung durchführen, d. h. uns auf langsame Änderungen beschränken. Dies erscheint auf den ersten Blick absurd, da Hochfrequenztechnik alles andere als langsam oder statisch ist. Man kann aber durch tiefer gehende Berechnungen zeigen, dass die so für die Koaxialleitung gewonnenen Ergebnisse auch in einem weiten Bereich hoher Frequenzen gültig sind. Die MAXWELLschen Gleichungen können anstatt in differentieller auch in integraler Form angegeben werden. Diese Integralgleichungen sind etwas weniger elegant, erleichtern aber das Verständnis der recht komplizierten Zusammenhänge.

Im ersten Schritt geht es um die Berechnung des elektrischen Feldes; hierfür wird die 1. MAXWELLsche Gleichung herangezogen. Diese lautet in integraler Form

$$\oiint_A \boldsymbol{E} \cdot \mathrm{d}\boldsymbol{A} = \frac{Q}{\varepsilon} \quad . \tag{3.137}$$

Hierbei ist A eine geschlossene Hüllfläche - man denke an eine Blase -, Q die gesamte darin eingeschlossene elektrische Ladung. Die linke Gleichungsseite lässt sich folgendermaßen interpretieren: Es ist ein Flächenintegral zu bilden über die gesamte Oberfläche A. Da eine Fläche ein zweidimensionales Gebilde darstellt, muss in zwei Richtungen integriert werden, deshalb ein zweifaches Integral. Der Ring um die Integralzeichen bringt zum Ausdruck, dass es sich um eine geschlossene Hüllfläche handelt. $\mathrm{d}\boldsymbol{A}$ ist das sogenannte *vektorielle Flächen-*

element. Zur Integration muss A in infinitesimale Flächenstücke $\mathrm{d}A$ zerlegt werden, z. B. in Quadrate. Der Vektor $\mathrm{d}\boldsymbol{A}$ hat den Betrag der Fläche $\mathrm{d}A$, steht senkrecht auf dem Flächenstück und weist nach außen. Dadurch erhält das Flächenelement Vektorcharakter. Das innere Produkt im Integranden kann in der Form

$$\boldsymbol{E}\cdot\mathrm{d}\boldsymbol{A} = E\cdot\mathrm{d}A\cdot\cos\varphi \quad , \tag{3.138}$$

geschrieben werden, wobei φ den von den Vektoren $\boldsymbol{E}$ und $\mathrm{d}\boldsymbol{A}$ eingeschlossenen Winkel bezeichnet. Zerlegt man $\boldsymbol{E}$ in eine Tangential- und eine Normalkomponente zur Fläche A, so erkennt man, dass $E\cdot\cos\varphi$ gerade die Normalkomponente bezeichnet (man betrachte Bild 3-37). Damit kann man die 1. MAXWELLschen Gleichung verbal so formulieren:

Die über eine komplette Hüllfläche aufsummierte Normalkomponente der elektrischen Feldstärke ist der gesamten eingeschlossenen Ladung proportional.

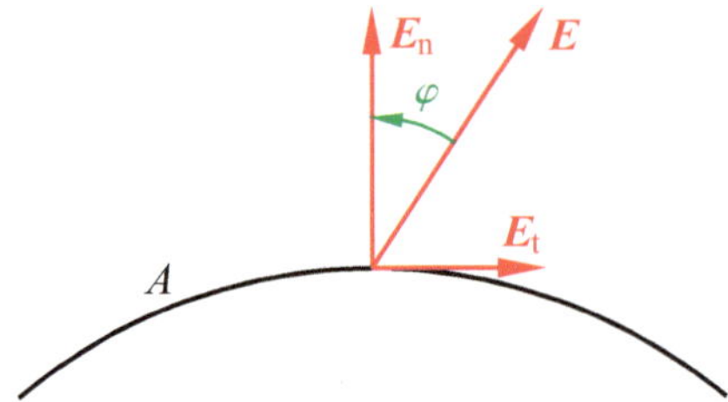

Bild 3-37 Zerlegung des Feldstärkevektors in Tangential- und Normalkomponente

Man erkennt, dass sich die 1. MAXWELLschen Gleichung zur expliziten Berechnung der Feldstärke nicht eignet, sie liefert lediglich Pauschalaussagen. Man nutzt deshalb zusätzlich weitere Charakteristika der Anordnung aus, z. B. Symmetrieeigenschaften.

Wir wenden uns wieder der in Bild 3-36 gezeigten Koaxialleitung zu. Die hier erkennbare sternförmige zylindersymmetrische Struktur des E-Feldes, die sich formal durch

$$\boldsymbol{E} = E(r)\cdot\mathbf{e}_r \quad . \tag{3.139}$$

beschreiben lässt, wird zunächst unbewiesen unterstellt. Eine saubere Begründung dafür erfolgt im Anschluss. $\mathbf{e}_r$ bezeichnet den *radialen Einheitsvektor*; das ist ein Vektor mit dem Betrag 1, der in der gegebenen koaxialen Anordnung nach außen weist. $\boldsymbol{E}$ ist demnach radial nach außen gerichtet, die Radialkomponente hängt unter anderem vom Abstand zum Zentrum der Anordnung ab. Zur detaillierten vektoranalytischen Berechnung sind weitere Größen notwendig, welche Bild 3-38 zeigt. A ist eine gedachte geschlossene Hüllfläche, im vorliegenden Fall ein zur Anordnung koaxialer Zylinder mit Radius r und Länge Δl; er ist im Schnitt zu sehen. Das zur Integration erforderliche *vektorielle Flächenelement* $\mathrm{d}\boldsymbol{A}$ ist angedeutet. Die betrachtete Zylinderfläche A besitzt zwei Stirnflächen, welche senkrecht zur Leitung liegen. Dort steht der Feldstärkevektor senkrecht zum vektoriellen Flächenelement, also wird hier

$$\boldsymbol{E}\cdot\mathrm{d}\boldsymbol{A} = 0 \quad . \tag{3.140}$$

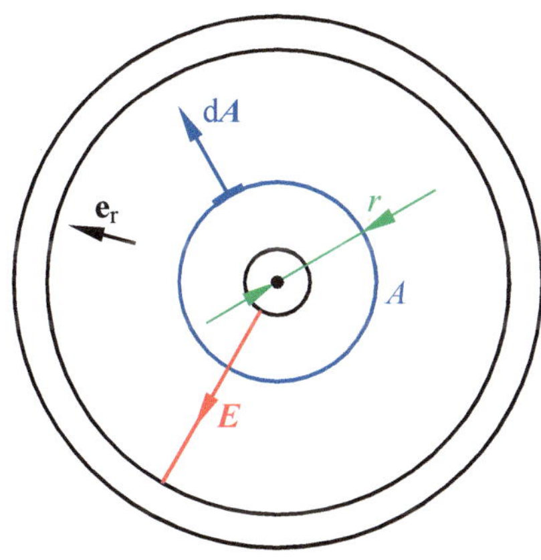

Bild 3-38 Zur Berechnung des E-Feldes

Die Stirnflächen tragen demnach nicht zum Integral bei; es genügt deshalb, dieses über den Zylindermantel A_M zu erstrecken.

$$\iint_{A_M} E(r)\mathbf{e}_r \cdot \mathrm{d}A\,\mathbf{e}_r = \frac{Q}{\varepsilon_0\,\varepsilon_r} \tag{3.141}$$

Das Skalarprodukt des Einheitsvektors mit sich selbst ergibt 1. Die Radialkomponente $E(r)$ ist überall auf der Mantelfläche gleich, kann also vor das Integral gezogen werden.

$$E(r)\iint_{A_M} \mathrm{d}A = \frac{Q}{\varepsilon_0\,\varepsilon_r}$$

Das Flächenintegral hat sich deutlich vereinfacht, es sind genau die infinitesimalen Flächenelemente aufzusummieren, Ergebnis ist gerade die komplette Mantelfläche $2\pi r \cdot \Delta l$. Somit folgt für die Radialkomponente des Feldstärkevektors

$$E(r) = \frac{Q}{2\pi r\,\Delta l\,\varepsilon_0 \varepsilon_r} \quad . \tag{3.142}$$

Die Spannung vom Innen- zum Außenleiter kann in bekannter Weise als Linienintegral über die elektrische Feldstärke ausgedrückt werden. Als Integrationsweg bietet sich im vorliegenden Fall ein radialer Weg, also eine Feldlinie an.

$$u = \int_{d/2}^{D/2} \boldsymbol{E} \cdot \mathrm{d}\boldsymbol{r} \tag{3.143}$$

$\mathrm{d}\boldsymbol{r}$ ist hierbei das vektorielle Wegelement. Es hat den Betrag eines infinitesimalen Längenstücks $\mathrm{d}r$ und die Richtung von $\mathbf{e}_r$. Damit wird

$$u = \int_{d/2}^{D/2} E(r)\mathbf{e}_r \cdot \mathrm{d}r\,\mathbf{e}_r = \frac{Q}{2\pi\,\Delta l\,\varepsilon_0\,\varepsilon_r}\int_{d/2}^{D/2} \frac{\mathrm{d}r}{r} = \frac{Q}{2\pi\,\Delta l\,\varepsilon_0\,\varepsilon_r} \cdot \ln r\Big|_{d/2}^{D/2}$$
$$u = \frac{Q}{2\pi\,\Delta l\,\varepsilon_0\,\varepsilon_r} \cdot \ln\frac{D}{d} \quad . \tag{3.144}$$

Somit wurde ein Zusammenhang zwischen Spannung und Ladung hergestellt; es wird also eine Kapazität beschrieben. Sie ist dem Längenstück Δl proportional. Dividiert man durch dieses, erhält man den Kapazitätsbelag der Koaxialleitung:

$$C' = \frac{2\pi\,\varepsilon_0\varepsilon_r}{\ln\dfrac{D}{d}} \tag{3.145}$$

Es fehlt noch der Beweis der sternförmigen Struktur des E-Feldes. Da wir eine zylindersymmetrische Anordnung vor uns haben, müssen auch die damit verbundenen Felder Zylindersymmetrie aufweisen. Somit kommt nur das sternförmige Feldlinienbild oder ein System konzentrischer Kreise, wie es in Bild 3-36 für das H-Feld gezeigt ist, in Frage. Wenn es uns gelingt, letzteres auszuschließen, ist die sternförmige Struktur bewiesen. Die 2. MAXWELLsche Gleichung (das Induktionsgesetz) beschreibt einen Zusammenhang zwischen der *magnetischen Flussdichte* (B-Feld) und dem E-Feld. Sie lautet

$$\oint_C \boldsymbol{E}\cdot \mathrm{d}\boldsymbol{s} = -\iint_A \frac{\mathrm{d}\boldsymbol{B}}{\mathrm{d}t}\cdot \mathrm{d}\boldsymbol{A} \quad . \tag{3.146}$$

Der Ring um das Integralzeichen bringt hier zum Ausdruck, dass es sich bei C um eine in sich geschlossene Kurve handelt. A ist eine beliebige von C berandete Fläche, die gemäß der RECHTEN-HAND-REGEL zu orientieren ist. Diese wird weiter unten erläutert. Das Flächenintegral auf der rechten Gleichungsseite wird auch *magnetischer Fluss* genannt. Das B-Feld wird durch das H-Feld und durch eine eventuelle Magnetisierung des Materials hervorgerufen. Das H-Feld wiederum ist eine unmittelbare Folge elektrischer Ströme. In nicht ferromagnetischen Materialien ist das B-Feld dem H-Feld proportional, und es gilt

$$\boldsymbol{B} = \mu_0\,\mu_r\cdot\boldsymbol{H} \quad . \tag{3.147}$$

Im quasi-statischen Fall sind die Änderungen des B-Feldes zu vernachlässigen, aus (3.147) wird

$$\oint_C \boldsymbol{E}\cdot \mathrm{d}\boldsymbol{s} = 0 \quad . \tag{3.148}$$

Diese Zusammenhänge sind folgendermaßen zu deuten:

Das Integral über den elektrischen Feldstärkevektor längs einer geschlossenen Raumkurve C ist der Änderung des magnetischenFlusses durch C proportional, im statischen Fall verschwindet es.

Deshalb können die elektrischen Feldlinien im statischen Fall nicht ringförmig geschlossen sein, das E-Feld hat demnach sternförmige Struktur; die Behauptung ist bewiesen, (3.139) gilt.

Im nächsten Schritt wenden wir uns dem magnetischen Feld zu. Die 3. MAXWELLsche Gleichung lautet

$$\oiint_A \boldsymbol{B}\cdot d\boldsymbol{A} = 0 \quad \Rightarrow \text{(hier)} \quad \oiint_A \boldsymbol{H}\cdot d\boldsymbol{A} = 0 \quad , \tag{3.149}$$

man sagt, das magnetische Feld ist *quellfrei* . Daraus folgt, dass die magnetischen Feldlinien stets ringförmig geschlossen sind. Zusammen mit den schon vorher angestellten Symmetrieüberlegungen führt dies zu dem Schluss, dass das H-Feld nur die in Bild 3-36 gezeigte Struktur kreisförmiger Feldlinien haben kann. Somit gilt

$$\boldsymbol{H} \;=\; H_t(r)\cdot \mathbf{e}_t \quad . \tag{3.150}$$

$\mathbf{e}_t$ ist der tangentiale Einheitsvektor. Er hat den Betrag 1, seine Richtung ist tangential in Bezug auf das Zentrum der zylindrischen Anordnung. H_t ist die Komponente von $\boldsymbol{H}$ in Richtung $\mathbf{e}_t$. Nun kommt die 4. MAXWELLsche Gleichung

$$\oint_C \boldsymbol{H}\cdot \mathrm{d}\boldsymbol{s} \;=\; \Theta + \iint_A \frac{\mathrm{d}\boldsymbol{E}}{\mathrm{d}t}\cdot \mathrm{d}\boldsymbol{A} \tag{3.151}$$

zur Anwendung. Sie wird auch das *Durchflutungsgesetz* genannt. Auf der linken Seite steht ein *Linienintegral*. Integrationsweg ist eine beliebige geschlossene, orientierte Raumkurve C, im allgemeinen Fall keine Feldlinie. Integrationsvariable ist das *vektorielle Wegelement* $\mathrm{d}\boldsymbol{s}$. Es hat den Betrag einer infinitesimalen Länge $\mathrm{d}s$ und ist tangential zur Kurve C gerichtet, gemäß ihrer Orientierung. Durch das Skalarprodukt wird hier die Tangentialkomponente des H-Feldes ausgeblendet. Θ ist der gesamte von C umfasste Strom. Zwecks Vorzeichenrichtigkeit muss er gemäß der RECHTEN-HAND-REGEL gezählt werden. Diese ist in Bild 3-39 veranschaulicht. Der Zeigefinger hat die Orientierung von C, der Strom ist in Richtung des Daumens zu zählen. Der Integralausdruck auf der rechten Gleichungsseite beschreibt den sogenannten *MAXWELLschen Verschiebungsstrom*. Da quasi-statische Verhältnisse unterstellt wurden, ist die zeitliche Ableitung des E-Feldes und somit der gesamte Ausdruck vernachlässigbar. Damit lässt sich das Durchflutungsgesetz für quasi-statische Verhältnisse folgendermaßen verbal formulieren:

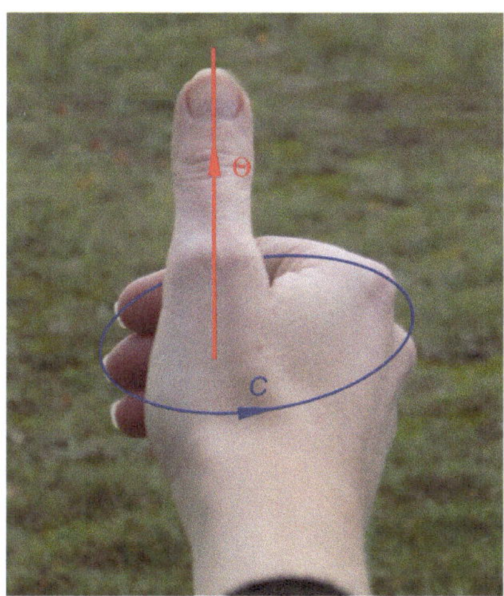

Bild 3-39 Die RECHTE-HAND-REGEL

Das Integral über die Tangentialkomponente des magnetischen Feldes längs einer geschlossenen Raumkurve ist gleich dem gesamten von der Kurve rechtshändig umfassten Strom.

Zur Anwendung auf die Koaxialleitung werden nun Größen gemäß Bild 3-40 eingeführt. Man sieht den Strom i im Innenleiter, den tangentialen Einheitsvektor $\mathbf{e}_t$ und eine Feldlinie mit

Radius r, die zugleich als orientierte Raumkurve C bezeichnet wird. Darauf wenden wir das Durchflutungsgesetz (3.151) an.

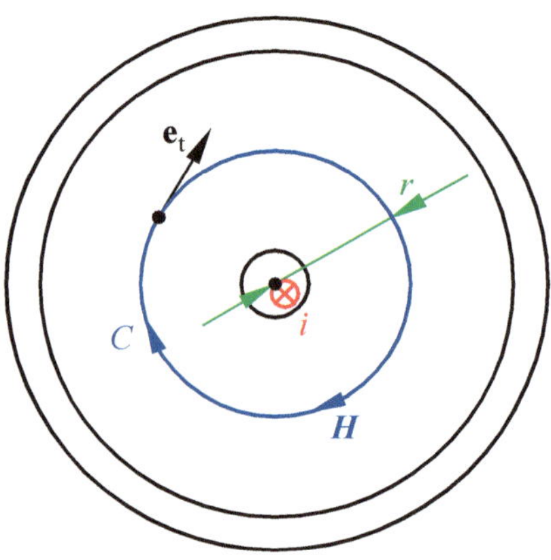

Bild 3-40 Zur Berechnung des H-Feldes im Dielektrikum

$$\oint_C \boldsymbol{H} \cdot \mathrm{d}\boldsymbol{s} = \oint_C H_t(r)\mathbf{e}_t \cdot \mathrm{d}s\,\mathbf{e}_t = i \tag{3.152}$$

Das Skalarprodukt des Einheitsvektors mit sich selbst ergibt wieder 1, H_t ist auf C konstant und kann vor das Integral gezogen werden.

$$H_t(r) \cdot \oint_C \mathrm{d}s = i$$

Das Linienintegral konnte wieder auf ein Minimum reduziert werden, es beschreibt genau den Umfang des Kreises $2\pi r$. Damit folgt

$$\boldsymbol{H} = \frac{i}{2\pi r}\mathbf{e}_t \quad . \tag{3.153}$$

Dies ist gerade das H-Feld eines unendlich langen geraden Stroms. Das Ergebnis verwundert nicht, denn der Strom im Außenleiter tauchte bei der Berechnung nie auf; es war nur der von C umfasste Strom relevant. Anders sieht es aus, wenn man das Feld außerhalb der Koaxialleitung betrachtet (Bild 3-41). Für die Auswertung des Durchflutungsgesetzes ist der Strom i nun einmal positiv, einmal negativ zu zählen, es wird also der Gesamtstrom $\Theta = 0$ umfasst. Dies führt zu dem wichtigen und interessanten Ergebnis, dass die Koaxialleitung im Äußeren feldfrei ist.

Ziel des weiteren Vorgehens ist es, die magnetische Flussdichte $\boldsymbol{B}$ zu bestimmen und auszuwerten. Da man grundsätzlich von nicht ferromagnetischem Isolationsmaterial ausgehen kann, gilt (3.147) ($\boldsymbol{B} = \mu\boldsymbol{H}$). Bild 3-42 zeigt ein kurzes Leitungsstück im Längsschnitt. Man sieht den Innenleiter mit Radius $d/2$ und im Abstand $D/2$ von dessen Mitte den Außenleiter. Mit z und r sind Raumkoordinaten bezeichnet. Das B-Feld im Zwischenraum ist angedeutet. Aus der Gesamtheit der dargestellten Flussdichte berechnet sich der magnetische Fluss in der dargestellten Hälfte der Leitung zu

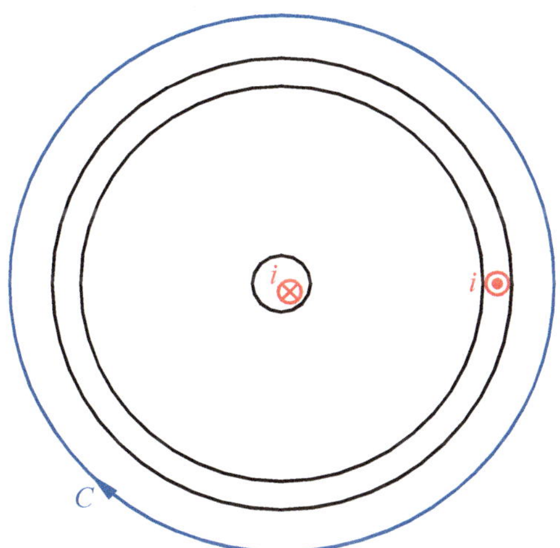

Bild 3-41 Zur Berechnung des H-Felds außerhalb der Leitung

$$\Phi = \int_0^{\Delta l} \int_{d/2}^{D/2} B \, \mathrm{d}r \, \mathrm{d}z \quad . \tag{3.154}$$

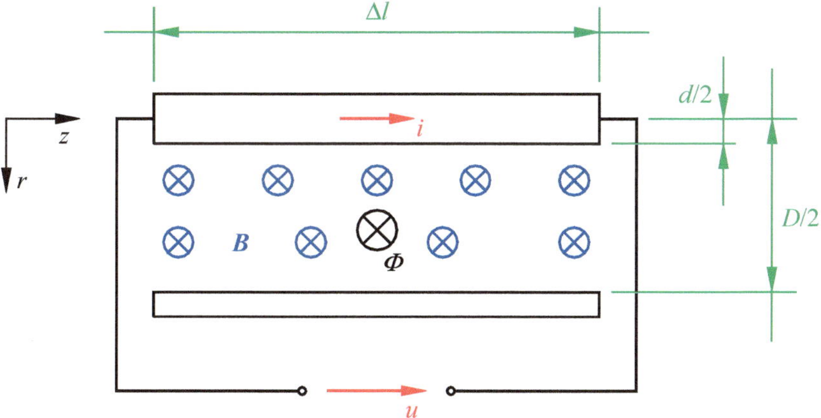

Bild 3-42 Längsschnitt durch eine Koaxialleitung (es ist nur eine Hälfte dargestellt)

Mit (3.138) und (3.153) wird daraus

$$\Phi = \int_0^{\Delta l} \int_{d/2}^{D/2} \frac{\mu_0 \mu_r i}{2 \pi r} \mathrm{d}r \, \mathrm{d}z \quad .$$

Nur die Variable r im Nenner ist bei den Integrationen zu berücksichtigen, alle anderen Größen können als Konstanten angesehen werden, man erhält

$$\Phi = \Delta l \frac{\mu_0 \mu_r i}{2\pi} \int_{d/2}^{D/2} \frac{\mathrm{d}r}{r} = \Delta l \frac{\mu_0 \mu_r i}{2\pi} \ln\frac{D}{d} \quad . \tag{3.155}$$

Nun kann das aus der 2. MAXWELLschen Gleichung (3.146) abgeleitete *Induktionsgesetz* ausgenutzt werden. Es besagt, dass an einer offenen Leiterschleife, die einen magnetischen Fluss Φ umfasst, eine elektrische Spannung

$$u = \frac{\mathrm{d}\Phi}{\mathrm{d}t} \tag{3.156}$$

zu beobachten ist. In unserem Fall bedeutet das

$$u = \Delta l \frac{\mu_0 \mu_r}{2\pi} \ln\frac{D}{d} \frac{\mathrm{d}i}{\mathrm{d}t} \quad . \tag{3.157}$$

Diese Gleichung beschreibt einen proportionalen Zusammenhang zwischen Spannung und zeitlicher Ableitung des Stroms. Die Proportionalitätskonstante ist demnach eine Induktivität. Bezieht man diese noch auf den Längenparameter Δl folgt schließlich für den Induktivitätsbelag der Koaxialleitung

$$L' = \frac{\mu_0 \mu_r}{2\pi} \ln\frac{D}{d} \tag{3.158}$$

Der kritische Leser mag nun bemängeln, dass trotz Unterstellung quasi-statischer Verhältnisse eine Ableitung nach der Zeit ausgewertet wurde. Dies lässt sich leicht erklären. In (3.151) konnte das Integral über die zeitliche Ableitung des E-Feldes gegenüber dem Gesamtstrom Θ vernachlässigt werden; in (3.156) existiert eine solche Vergleichsgröße nicht. Von Abschnitt 3.4.1 sind uns Zusammenhänge zwischen den Leitungsbelägen einer idealen Leitung und ihrem Wellenwiderstand, der Ausbreitungsgeschwindigkeit sowie dem daraus resultierenden Verkürzungsfaktor bekannt. Beachtet man noch, dass das Isolationsmaterial in aller Regel magnetisch neutral ist ($\mu_r = 1$), folgt schließlich für die Parameter der Koaxialleitung

$$\begin{aligned} R_0 &= \frac{1}{2\pi}\sqrt{\frac{\mu_0}{\varepsilon_0 \varepsilon_r}} \ln\frac{D}{d} = \frac{60\,\Omega}{\sqrt{\varepsilon_r}} \ln\frac{D}{d} \\ v_P &= \frac{1}{\sqrt{\mu_0 \varepsilon_0 \varepsilon_r}} = \frac{c_0}{\sqrt{\varepsilon_r}} \\ VK &= \frac{1}{\sqrt{\varepsilon_r}} \end{aligned} \quad .$$

Man sieht, dass sowohl der Wellenwiderstand, als auch die Ausbreitungsgeschwindigkeit frequenzunabhängig sind. Diese spezielle Eigenschaft der Koaxialleitung zeichnet sie gegenüber anderen Leitungstypen aus. Eine Frequenzabhängigkeit der Ausbreitungsgeschwindigkeit wird in der HF-Technik *Dispersion* genannt. Man sagt deshalb auch, die Koaxialleitung ist *nicht dispersiv*. Die Gleichungen (3.159) versetzen uns in die Lage, ein Koaxialkabel gemäß bestimmten Vorgaben - insbesondere dem Wellenwiderstand - zu dimensionieren. Dies macht beispielsweise die Konstruktion eines Steckverbinders (*Konnektor*) zum Kinderspiel. Er ist luftgefüllt und sein Außenleiter hat aus Gründen der Handhabbarkeit einen bestimmten Innendurchmesser. Bei gegebenem Wellenwiderstand erhält man unmittelbar den erforderlichen Durchmesser des Innenleiters.

Wir betrachten nochmals Bild 3-36 und erkennen, dass sowohl der elektrische als auch der magnetische Feldstärkevektor senkrecht zur Ausbreitungsrichtung stehen. Auch dies ist keine selbstverständliche Eigenschaft einer Leitung. Man spricht in einem solchen Fall von einer *TEM-Welle*, was für *transversal elektro-magnetisch* steht.

Die Berechnungen wurden für quasi-statische Bedingungen durchgeführt. Man kann durch aufwändige Feldberechnungen zeigen, dass diese Lösung auch für schnelle Änderungen gilt, sie stellt den sogenannten *Grundmode* der Wellenausbreitung in einem Koaxialkabel dar. Bei sehr schnellen Änderungen (sehr hohen Frequenzen) breiten sich zusätzlich höhere Moden mit folgenden Eigenschaften aus:

* Die Feldverteilung ist verändert; elektrisches und magnetisches Feld enthalten auch Komponenten in Ausbreitungsrichtung.
* Der Wellenwiderstand ist verändert.
* Die Ausbreitungsgeschwindigkeit und der Verkürzungsfaktor sind verändert.

Existieren höhere Moden, so entwickelt sich auf der Leitung ein praktisch nicht zu überblickender Wellensalat. Dieser Betriebsfall ist unbedingt zu vermeiden. Die Kabelhersteller geben deshalb eine obere Grenzfrequenz für jeden Kabeltyp an.

Betrachten wir als Beispiel ein handelsübliches Koaxialkabel und zwar das halbstarre Kabel vom Typ RG 401/U [3]. Als Isolationsmaterial dient Polytetrafluoräthylen mit $\varepsilon_r = 2{,}08$. Die Durchmesser betragen

$$\begin{aligned} d &= 1{,}64\,\text{mm} \\ D &= 5{,}46\,\text{mm} \end{aligned} \; .$$

Somit berechnen sich Wellenwiderstand und Verkürzungsfaktor zu

$$\begin{aligned} R_0 &= 50\,\Omega \\ VK &= 0{,}69 \end{aligned} \; .$$

Höhere Moden können sich bei Frequenzen über 20GHz ausbilden. Der Hersteller empfiehlt deshalb das Kabel nicht über 18GHz einzusetzen.

Nun soll ein Koaxialkabel im Einfluss eines äußeren B-Feldes untersucht werden. Das Ergebnis ist vorwiegend für EMV-Anwendungen [13] bedeutsam. Bild 3-43 zeigt einen Längsschnitt durch das mit Quelle und Verbraucher beschaltete Kabel mit umgebendem und durchdringendem B-Feld. Man kann meist mit guter Näherung unterstellen, dass das B-Feld im Bereich eines kurzen Kabelstücks homogen ist. Die Gesamtheit des B-Feldes in der oberen Leitungshälfte wird zu einem Fluss Φ_o zusammengefasst, analog ergibt sich für die untere Leitungshälfte ein Fluss Φ_u , und es gilt

$$\Phi_o \approx \Phi_u \tag{3.160}$$

Nun wird das Induktionsgesetz auf beide Flüsse angewandt und wir erhalten induzierte Spannungen

[13] EMV = Elektromagnetische Verträglichkeit, die Lehre vom unerwünschten Wechselspiel der elektrischen Komponenten.

$$u_o = \frac{d\Phi_o}{dt} \approx u_u = \frac{d\Phi_u}{dt} \tag{3.161}$$

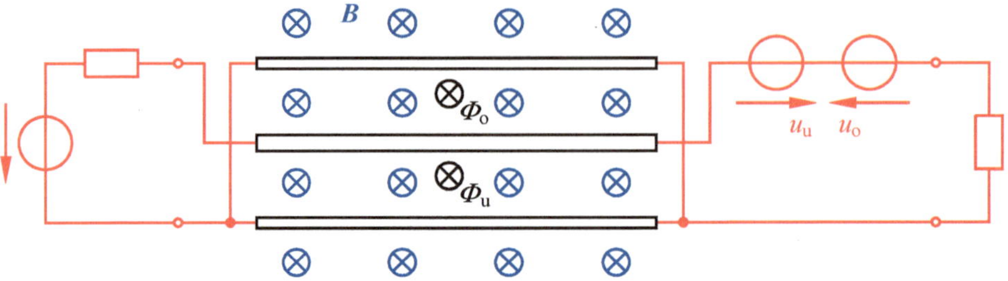

Bild 3-43 Beschaltete Koaxialleitung unter dem Einfluss eines äußeren B-Feldes

Diese Spannungen werden in der aus Quelle, Leitung und Abschluss gebildeten Schleife induziert; sie sind gemäß der RECHTEN-HAND-REGEL zu orientieren. Man wendet zunächst die RECHTE-HAND-REGEL auf den Fluss Φ_u an. Der Daumen weist in die Zeichenebene, demnach weist der Zeigefinger im Innenleiter von links nach rechts, was einer Quellspannung u_u wie dargestellt entspricht. Bei Auswertung von Φ_o ist es gerade umgekehrt. Die beiden in Reihe geschalteten Quellspannungen sind entgegengesetzt orientiert, sie heben sich also gegenseitig auf. Somit ist gezeigt, dass beim Koaxialkabel die Induktion einer Fremdspannung konstruktionsbedingt verhindert ist. Die Immunität des Koaxialkabels gegen Fremdfelder wird in aller Regel mit der Schirmung begründet. Diese Erklärung ist so einfach wie unsinnig. Man erkennt weiter, dass die beschriebene Wirkung eine absolute Symmetrie des Kabels voraussetzt. Ansonsten wären die Flüsse Φ_o und Φ_u ungleich, und es käme doch zu einer Induktionserscheinung. Deshalb ist bei der Installation peinlichst darauf zu achten, dass das Kabel nicht deformiert wird; es darf nicht gequetscht oder geknickt sein.

Zum Abschluss sollen die Vorteile des Koaxialkabels gegenüber anderen Leitungstypen zusammengefasst werden:

* Die Wellenimpedanz ist reell.
* Die Wellenimpedanz ist frequenzunabhängig.
* Die Ausbreitungsgeschwindigkeit ist frequenzunabhängig.
* Das Kabel erzeugt keine äußeren Felder.
* Das Kabel ist immun gegen äußere Fremdfelder.
* Die Dimensionierungsvorschriften zur Realisierung eines gewünschten Wellenwiderstands sind ausgesprochen einfach.

Diese Vorteile erklären den hohen Verbreitungsgrad des Koaxialkabels, obwohl es vergleichsweise teuer ist. Bei sehr großen Leitungslängen, wie sie z. B. bei kompletten Gebäudeverkabelungen oder Telekommunikationsnetzen vorkommen, bevorzugt man aus Kostengründen symmetrische Leitungen.

3.6.2 Die symmetrische Leitung

Der Aufbau dieses Leitungstyps ist denkbar einfach. Es handelt sich schlicht um zwei gleiche, voneinander isolierte runde Drähte in einem Kabel. Von einem Installationskabel für Energieversorgung unterscheidet es sich darin, dass die Leiter in definierter Weise miteinander verdrillt sind. Daher rührt auch der verbreitete Name *Twisted Pair*. Die Kabelhersteller sprechen hierbei vom *Schlag* des Kabels. Die Länge, nach welcher das Adernpaar eine Drehung um 360° erfährt, wird *Schlaglänge* genannt. Diese soll möglichst einheitlich sein, oder anders ausgedrückt, die Toleranz der Schlaglänge ist ein Qualitätsmerkmal. Das Verdrillen ist aus Gründen der EMV notwendig und wird später erläutert.

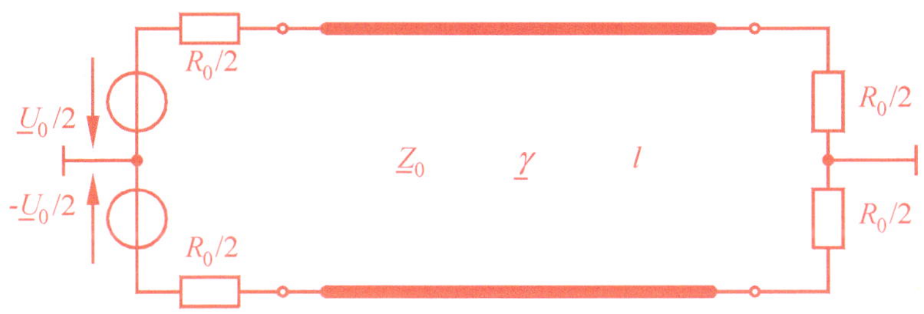

Bild 3-44 Aufbau einer symmetrischen Übertragungsstrecke

Handelsübliche Kabel enthalten gewöhnlich mehrere einzeln verdrillte Adernpaare, die untereinander und insgesamt geschirmt sein können, vergleichbar einer Koaxialleitung. So kann man mit einem 8-adrigen Kabel beispielsweise zwei Dienste - z. B. Telefon und Computernetz - in beide Richtungen übertragen. Solche Kabel sind derzeit bei LAN-Netzen [14] in Gebäuden üblich. Die Leitungen werden als starre Kabel für feste Installation oder als flexible für Verbindung von einem Wandanschluss zu einem Endgerät angeboten. Für diese hat sich in der Telekommunikationsbranche der Begriff *Schnur* etabliert. Der Name symmetrische Leitung rührt daher, dass sie aus elektrischer Sicht symmetrisch zu betreiben ist. Die beiden Leiter werden mit genau entgegengesetztem Potenzial gegenüber Erde ausgesteuert. Zur Erläuterung ist der typische Aufbau einer symmetrischen Übertragungsstrecke in Bild 3-44 dargestellt. Man erkennt die symmetrische Quelle, die Leitung und den symmetrischen Verbraucher.

Bild 3-45 zeigt einen typischen Frequenzgang der Wellenimpedanz. Es handelt sich hier um den in der Elektrotechnik äußerst seltenen Fall, dass eine komplexe Größe in einer Grafik nach Real- und Imaginärteil dargestellt wird. Darstellungen nach Betrag und Phase (BODE-Diagramm) oder in einer komplexen Ebene (Ortskurven) sind viel mehr verbreitet. Wie man sieht, ist $\underline{Z}_0$ bei niedrigen Frequenzen komplex und stark frequenzabhängig. Bei einer Grenzfrequenz, die gewöhnlich zwischen 500kHz und 1MHz liegt, münden die Kurven in einen konstanten, reellen Verlauf. Dies ist der Nominalwert des Wellenwiderstands, also der Wert, den der Hersteller in den technischen Daten angibt.

Das Ansehen der symmetrischen Technik geriet vor wenigen Jahrzehnten sehr stark in Verfall. Sie galt als ungeeignet für hochfrequente Signale, die man zur Übertragung großer Datenmengen braucht. Die symmetrische Technik hat sich davon gut erholt und ist heute in vielen Bereichen der Datenübertragung auch bei sehr hohen Frequenzen bestens etabliert. So handelt es

---

[14] LAN = Local Area Network

sich beispielsweise bei dem derzeit in Kraftfahrzeugen eingesetzten CAN-Bus um ein symmetrisches System. Wichtigste Anwendungsgebiete sind aber ohne jeden Zweifel die Gebäudeverkabelung für Computer- und Telefonnetze. Hierbei sprechen der günstige Preis und die ausreichende Störfestigkeit für diese Technik.

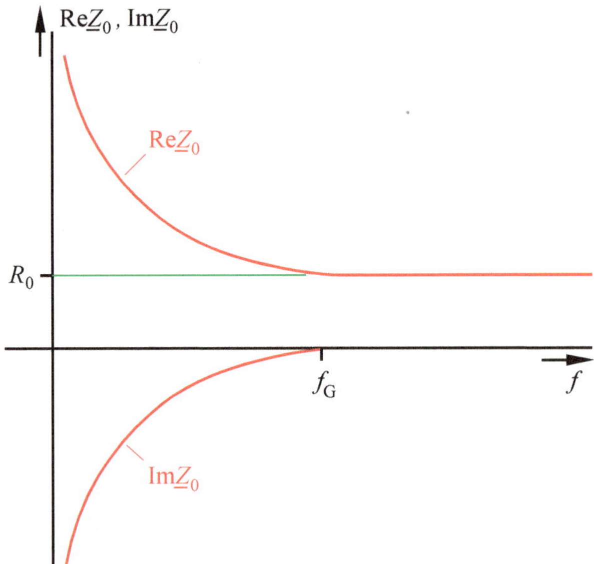

Bild 3-45 Typischer Frequenzgang der Wellenimpedanz einer symmetrischen Leitung

Die bereits angesprochenen EMV-Aspekte sollen noch etwas näher beleuchtet werden. Denkbar ist die Induktion einer Störspannung in die aus Quelle, Leitung und Abschluss gebildete Leiterschleife aufgrund eines äußeren magnetischen Wechselfeldes. Maßgeblich für eine Induktionserscheinung ist der magnetische Fluss Φ durch die Leiterschleife. Um diesen abzuschätzen, benötigt man eine von der Leiterschleife berandete Fläche, welche gemäß der RECHTEN-HAND-REGEL zum Umlaufsinn der Schleife zu orientieren ist. Entsprechend dieser Orientierung sind die einzelnen Anteile des B-Feldes zum Fluss zu zählen. Durch den Kabelschlag kehrt sich die Orientierung dieser Fläche mit jeder halben Schlaglänge um, die Flussanteile heben sich also gegenseitig auf. Bild 3-46 verdeutlicht diesen Sachverhalt. Damit wird klar, dass variierende Schlaglänge den Effekt verdirbt. Aus dem gleichen Grund ist es auch notwendig, den Schlag ganz bis an die Kabelenden zu führen. Dies ist ein Punkt, an dem Installateure gerne sündigen, da ihnen das Verständnis für die Zusammenhänge fehlt.

Es gibt noch weitere Leiterschleifen, in die Störspannungen induziert werden könnten, nämlich die aus je einem Leiter und dem Erdpotential gebildeten. Verursacher ist hier ein B-Feld, welches den Raum zwischen Leitung und Erde durchsetzt. Die induzierte Störspannung treibt Ströme durch beide Leiter und diese haben Spannungsabfälle an den Teilabschlüssen zur Folge. Im Falle totaler Symmetrie sind die Spannungsabfälle gleich und heben sich aus Sicht des symmetrischen Systems gerade gegenseitig auf.

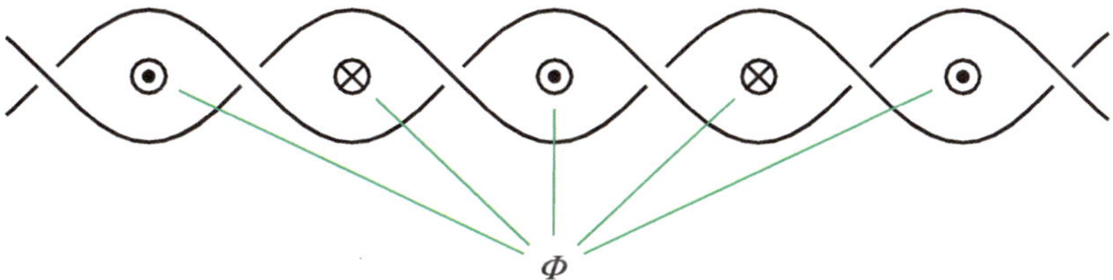

Bild 3-46 Magnetische Flussanteile bei verdrillten Leitern

ALEXANDER BELL wird allgemein als der Erfinder des ersten alltagstauglichen Telefons gefeiert (vgl. 1.2). Vermutlich hat er die symmetrische Leitung erfunden und damit die EMV-Probleme in Griff bekommen, an denen seine Vorgänger scheitern mussten.

3.6.3 Die Mikro-Streifenleitung

Hier wurde der englische Begriff *Micro Strip Line* eingedeutscht. Es handelt sich dabei um nichts anderes als um eine Leiterbahn auf einer isolierenden Platine, der auf der anderen Seite eine durchgehende Masseebene gegenübersteht. Geometrie, Materialparameter und die Frequenz bestimmen die Leitungseigenschaften. Bild 3-47 zeigt eine Realisierung, alle relevanten Größen sind eingetragen. Die feldtheoretische Analyse ist nicht trivial, schon deshalb, weil unterschiedliche Materialien im Spiel sind. Es bildet sich keine TEM-Welle aus. Die Mikro-Streifenleitung eignet sich hervorragend zum Aufbau von elektronischen Schaltungen der HF-Technik, z. B. von HF-Verstärkern. Darüber hinaus können HF-Komponenten wie Richtkoppler oder Zirkulatoren gut und raumsparend in dieser Leitungstechnik realisiert werden.

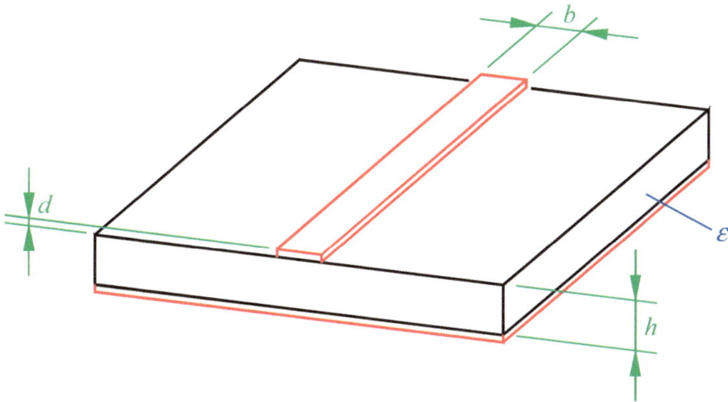

Bild 3-47 Aufbau einer Mikro-Streifenleitung

3.6.3 Der Rechteck-Hohlleiter

Die Erklärung dieses Leitungstyps verursacht bei Lernenden in der Regel ungläubiges Kopfschütteln. Wir haben hier einfach ein Metallrohr von rechteckigem Querschnitt vor uns, nach einem zweiten Leiter sucht man vergebens. Der rechteckige Querschnitt ist nicht zwingend, es wurden auch runde, ovale und quadratische Hohlleiter vorgestellt; er ist aber am weitesten verbreitet. Oberhalb einer durch die Abmessungen bestimmten unteren Grenzfrequenz kann sich im Inneren ein E-H-Feldmuster ausbreiten. Mit diesem Feldmuster gehen Wirbelströme in den Metallwänden einher, alle Größen zusammen sind feldtheoretisch in sich schlüssig. Verluste sind nur durch die Wirbelströme verursacht, weshalb man auf gute Leitfähigkeit der Wände achtet und diese eventuell versilbert. Dann hat die Leitung eine ausgesprochen geringe Dämpfung und eignet sich somit gut zur Übertragung großer Leistungen. Alle in diesem Kapitel eingeführten Leitungsparameter und -eigenschaften wie Wellenimpedanz, Ausbreitungsmaß, Reflexion und Interferenz lassen sich auf diesen Leitungstyp übertragen.

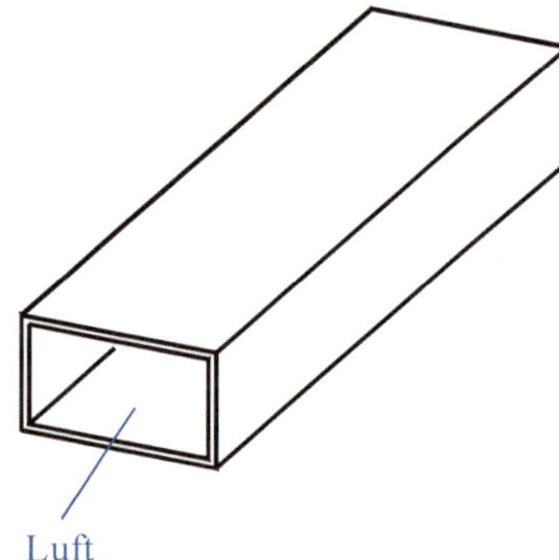

Bild 3-48 Rechteck-Hohlleiter

Der Umgang mit Hohlleitern ist umständlich. Leitungsstücke, Bögen, Abzweige, Komponenten etc. haben Flansche und werden miteinander verschraubt. Die Zusammenstellung einer Hohlleiterschaltung erinnert deshalb unweigerlich an den Aufbau einer Modelleisenbahn. Hohlleiter werden in der Radartechnik und für Satellitenfunk eingesetzt. Besonders verbreitet sind Hohlleiter für das sogenannte X-Band, das Frequenzgebiet von 8 bis 12GHz. Der Querschnitt beträgt dabei etwa 23 mal 10mm. Der Hohlleiter ist ein ausgesprochen schmalbandiger Leitungstyp. Das erklärt sich dadurch, dass schon beim Zweifachen der unteren Grenzfrequenz höhere Moden mit veränderten Eigenschaften ausbreitungsfähig sind. Der nutzbare Frequenzbereich für den Grundmode beträgt also noch nicht einmal eine Oktave. Gewisse HF-Komponenten lassen sich in Hohlleitertechnik verblüffend einfach realisieren, z. B. Richtkoppler oder das magische T (siehe Abschnitte 4.3.12 und 4.3.13). Gelegentlich macht man aus der Not eine Tugend und nutzt die Eigenschaft des Hohlleiters, niederfrequente Signale zu unterdrücken, gezielt aus. Bei geschirmten Zellen werden Lüftungsöffnungen und Durchführungen für Glasfasern oder Koaxialleitungen als Hohlleiterstücke entsprechend hoch gewählter Grenzfrequenz ausgeführt (vgl. 7.4.3). Unter dem Strich ist der Hohlleiter eher ein Exot.

4 n-Tore

4.1 Einführung

4.1.1 Die Wellengrößen

In Kapitel 3 wurde der Wellencharakter elektrischer Signalausbreitung ausführlich hergeleitet und beschrieben. Demnach existieren an jedem Ort einer Leitung eine vorlaufende und eine rücklaufende Welle, die sich aus Spannungs- und Stromwelle zusammensetzen, welche ihrerseits im festen Verhältnis der Wellenimpedanz zueinander stehen [7].

$$\frac{\underline{U}_\mathrm{v}}{\underline{I}_\mathrm{v}} = \frac{\underline{U}_\mathrm{r}}{\underline{I}_\mathrm{r}} = \underline{Z}_0 \tag{4.1}$$

Die zwischen den Leitern messbare Spannung und der in den Leitern messbare Strom ergeben sich durch Überlagerung von vorlaufender und rücklaufender Größe.

$$\begin{aligned} \underline{U} &= \underline{U}_\mathrm{v} + \underline{U}_\mathrm{r} \\ \underline{I} &= \underline{I}_\mathrm{v} - \underline{I}_\mathrm{r} \end{aligned} \tag{4.2}$$

In Bild 4-1 sind diese Erkenntnisse nochmals dargestellt.

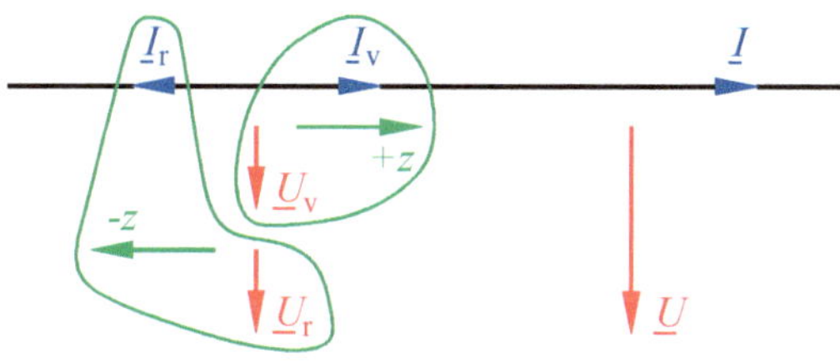

Bild 4-1 Vorlaufende und rücklaufende Spannungs- und Stromwellen

Wegen des einfachen Zusammenhangs (4.1) liegt es nahe, jede Welle für sich durch eine einzige Größe zu beschreiben. Man definiert deshalb die *Wellengröße* der vorlaufenden und der rücklaufenden Welle gemäß

$$\begin{aligned} \underline{b} &:= \frac{\underline{U}_\mathrm{v}}{\sqrt{\underline{Z}_0}} = \underline{I}_\mathrm{v} \cdot \sqrt{\underline{Z}_0} \\ \underline{a} &:= \frac{\underline{U}_\mathrm{r}}{\sqrt{\underline{Z}_0}} = \underline{I}_\mathrm{r} \cdot \sqrt{\underline{Z}_0} \end{aligned} .$$

Die Wurzel aus einer komplexen Impedanz $\underline{Z}_0$ ist nicht eindeutig; wir beschränken uns deshalb ab sofort auf reelle Werte R_0 und erhalten

$$\begin{aligned} \underline{b} &:= \frac{\underline{U}_\mathrm{v}}{\sqrt{R_0}} = \underline{I}_\mathrm{v} \cdot \sqrt{R_0} \\ \underline{a} &:= \frac{\underline{U}_\mathrm{r}}{\sqrt{R_0}} = \underline{I}_\mathrm{r} \cdot \sqrt{R_0} \end{aligned} \quad . \tag{4.3}$$

Wie man sofort sieht, ergibt sich für die Dimension der Wellengrößen

$$[\underline{b}] = [\underline{a}] = \sqrt{\mathrm{W}} \quad . \tag{4.4}$$

Man erhält

$$U_\mathrm{v} \cdot I_\mathrm{v} = b^2 = P_\mathrm{v} \quad , \tag{4.5}$$

was als vorwärts transportierte Leistung interpretiert werden darf. Analog liefert das Quadrat des Betrags von $\underline{a}$ die rückwärts transportierte Leistung. Die Wellengrößen werden deshalb auch *Leistungswellen* genannt. Im nächsten Schritt sollen normierte Spannungen und Ströme gemäß

$$\begin{aligned} \underline{U}_\mathrm{N} &= \frac{\underline{U}}{\sqrt{R_0}} \\ \underline{I}_\mathrm{N} &= \underline{I} \cdot \sqrt{R_0} \end{aligned} \tag{4.6}$$

eingeführt werden. Daraus folgt sofort

$$\begin{aligned} \underline{U}_\mathrm{vN} &= \underline{I}_\mathrm{vN} = \underline{b} \\ \underline{U}_\mathrm{rN} &= \underline{I}_\mathrm{rN} = \underline{a} \end{aligned} \quad . \tag{4.7}$$

Für die zwischen den Leitern messbare Spannung und den im Leiter messbaren Strom in normierter Form erhält man somit

$$\boxed{\begin{aligned} \underline{U}_\mathrm{N} &= \underline{b} + \underline{a} \\ \underline{I}_\mathrm{N} &= \underline{b} - \underline{a} \end{aligned}} \quad . \tag{4.8}$$

Auflösung dieser Gleichungen nach $\underline{b}$ und $\underline{a}$ führt auf

$$\boxed{\begin{aligned} \underline{b} &= \frac{1}{2}(\underline{U}_\mathrm{N} + \underline{I}_\mathrm{N}) \\ \underline{a} &= \frac{1}{2}(\underline{U}_\mathrm{N} - \underline{I}_\mathrm{N}) \end{aligned}} \quad . \tag{4.9}$$

Somit ist ein klarer Zusammenhang zwischen Strom und Spannung auf der einen Seite und den Wellengrößen auf der anderen Seite gezeigt. Die Beschreibung mit Hilfe der Wellengrößen erschließt eine völlig neue Perspektive auf elektrische Anordnungen und wird sich im Folgenden als äußerst nützlich erweisen.

R_0 kann der Wellenwiderstand einer im Spiel befindlichen Leitung sein. Dann beschreiben $\underline{b}$ und $\underline{a}$ tatsächlich die physikalisch trennbaren Wellenanteile. R_0 kann aber auch als Normierungswiderstand aufgefasst werden und wird dann *Systemimpedanz* genannt. Im Inneren von Schaltungen aus konzentrierten Elementen ist diese Betrachtungsweise erforderlich. $\underline{b}$ und $\underline{a}$ beschreiben in diesem Fall fiktive Wellen, mit denen sich dennoch bestens rechnen lässt. In der Praxis strebt man die Existenz einer einzigen Systemimpedanz R_0 für ein komplettes System an. Alle Quellen speisen aus dem definierten Innenwiderstand R_0, alle Leitungen haben den Wellenwiderstand R_0 und alle Abschlüsse betragen R_0. In der Messtechnik sind 50Ω-Systeme sehr weit verbreitet.

4.1.2 Die reale Wellenquelle

Bild 4-2 zeigt eine mit einer Lastimpedanz $\underline{Z}_L$ beschaltete reale Spannungsquelle [7]. Diese besteht aus einer inneren Spannungsquelle $\underline{U}_S$, welche eingeprägte Spannungsquelle oder Urspannungsquelle genannt wird, und der Innenimpedanz $\underline{Z}_S$. Der Index S steht hierbei für *source*. Die Anordnung soll in der Wellendarstellung untersucht werden, was mit Hilfe der Gleichungen (4.8) und (4.9) ohne Weiteres möglich sein muss. Deshalb sind Wellengrößen mit ihren Bezugspfeilen eingeführt, eine von der realen Quelle ablaufende Welle $\underline{b}$ und eine auf sie zulaufende Welle $\underline{a}$. Ziel ist es nun eine der realen Spannungsquelle äquivalente reale Wellenquelle anzugeben.

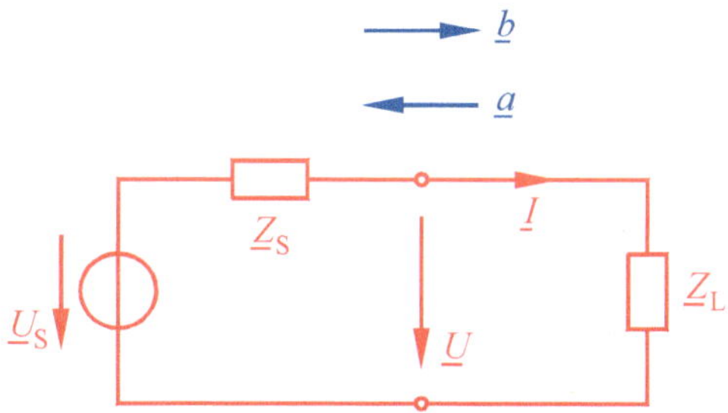

Bild 4-2 Reale Wechselspannungsquelle mit Lastimpedanz

Spannung und Strom an der realen Quelle lauten in normierter Form

$$\begin{aligned} \underline{U}_N &= \underline{U}_{SN} \cdot \frac{\underline{Z}_L}{\underline{Z}_S + \underline{Z}_L} \\ \underline{I}_N &= \underline{U}_{SN} \cdot \frac{R_0}{\underline{Z}_S + \underline{Z}_L} \end{aligned} , \qquad (4.10)$$

woraus mit (4.9)

$$\begin{aligned} \underline{b} &= \frac{1}{2} \underline{U}_{SN} \cdot \frac{\underline{Z}_L + R_0}{\underline{Z}_L + \underline{Z}_S} \\ \underline{a} &= \frac{1}{2} \underline{U}_{SN} \cdot \frac{\underline{Z}_L - R_0}{\underline{Z}_L + \underline{Z}_S} \end{aligned} \qquad (4.11)$$

wird. Damit sind alle Vorbereitungen zur Einführung der realen Wellenquelle getroffen. Diese wird durch eine innere Urwellenquelle, die unter allen Umständen eine Welle $\underline{b}_S$ liefert, und einen Reflexionsfaktor $\underline{r}_S$ beschrieben. Die von dieser realen Quelle ablaufende Welle setzt sich demnach aus einem Quellanteil und einem durch Reflexion entstandenen Anteil zusammen.

$$\underline{b} = \underline{b}_S + \underline{r}_S \cdot \underline{a} \qquad (4.12)$$

Damit die reale Wellenquelle der realen Spannungsquelle äquivalent ist, muss gelten

$$\underline{b}_{\mathrm{S}} + \underline{r}_{\mathrm{S}}\,\underline{a} = \frac{1}{2}\underline{U}_{\mathrm{SN}} \cdot \frac{\underline{Z}_{\mathrm{L}} + R_0}{\underline{Z}_{\mathrm{L}} + \underline{Z}_{\mathrm{S}}} \quad . \tag{4.13}$$

Da zwei unbekannte Größen zu bestimmen sind, brauchen wir noch eine zweite Gleichung. Dazu betrachten wir den Spezialfall $\underline{Z}_{\mathrm{L}} = R_0$. Für diesen liefert (4.11)

$$\begin{aligned} \underline{b} &= \underline{U}_{\mathrm{SN}} \cdot \frac{R_0}{R_0 + \underline{Z}_{\mathrm{S}}} \\ \underline{a} &= 0 \end{aligned} \quad . \tag{4.14}$$

Die auf die Quelle zulaufende Welle $\underline{a}$ verschwindet, daher gibt es keinen reflektierten Anteil. Die ablaufende Welle $\underline{b}$ ist gerade gleich der Quellwelle.

$$\underline{b}_{\mathrm{S}} = \underline{U}_{\mathrm{SN}} \cdot \frac{R_0}{R_0 + \underline{Z}_{\mathrm{S}}} = \underline{U}_{\mathrm{S}} \cdot \frac{\sqrt{R_0}}{R_0 + \underline{Z}_{\mathrm{S}}} \tag{4.15}$$

Umformung der allgemein gültigen Gleichung (4.12) liefert

$$\underline{r}_{\mathrm{S}} = \frac{\underline{b} - \underline{b}_{\mathrm{S}}}{\underline{a}} \quad . \tag{4.16}$$

Nun werden (4.11) und (4.15) in (4.16) eingesetzt

$$\underline{r}_{\mathrm{S}} = \frac{\frac{1}{2}\underline{U}_{\mathrm{SN}} \cdot \frac{\underline{Z}_{\mathrm{L}} + R_0}{\underline{Z}_{\mathrm{L}} + \underline{Z}_{\mathrm{S}}} - \underline{U}_{\mathrm{SN}} \cdot \frac{R_0}{R_0 + \underline{Z}_{\mathrm{S}}}}{\frac{1}{2}\underline{U}_{\mathrm{SN}} \cdot \frac{\underline{Z}_{\mathrm{L}} - R_0}{\underline{Z}_{\mathrm{L}} + \underline{Z}_{\mathrm{S}}}} \quad ,$$

woraus durch algebraische Umformung

$$\underline{r}_{\mathrm{S}} = \frac{\underline{Z}_{\mathrm{S}} - R_0}{\underline{Z}_{\mathrm{S}} + R_0} \tag{4.17}$$

folgt. Das Ergebnis verwundert nicht; es wurde in ähnlicher Form schon im Abschnitt 3.3.1 gefunden. (4.15) und (4.17) werden zu einem wichtigen Resultat zusammengefasst:

$$\boxed{\begin{aligned} \underline{b}_{\mathrm{S}} &= \underline{U}_{\mathrm{S}} \cdot \frac{\sqrt{R_0}}{R_0 + \underline{Z}_{\mathrm{S}}} \\ \underline{r}_{\mathrm{S}} &= \frac{\underline{Z}_{\mathrm{S}} - R_0}{\underline{Z}_{\mathrm{S}} + R_0} \end{aligned}} \tag{4.18}$$

Wir betrachten noch den Spezialfall $\underline{Z}_{\mathrm{S}} = R_0$, die Quelle speist aus der Systemimpedanz. Dann wird

$$\begin{aligned} \underline{b}_{\mathrm{S}} &= \frac{\underline{U}_{\mathrm{S}}}{2\sqrt{R_0}} \\ \underline{r}_{\mathrm{S}} &= 0 \end{aligned} \quad . \tag{4.19}$$

Bild 4-3 zeigt das Symbol der realen Wellenquelle. In der Wellendarstellung ist es überflüssig, eine Leitung durch zwei Linien entsprechend den beiden Leitern zu symbolisieren, wie man das von gewöhnlichen Stromlaufplänen her kennt. Es genügt die Angabe einer einzigen Linie, womit eine Leitungsverbindung, also ein Weg für eine Wellenausbreitung gemeint ist. Die Darstellungen gewinnen damit den Charakter von Blockschaltbildern.

Bild 4-3 Symbol der realen Wellenquelle

4.1.3 Gegenüberstellung der realen Quellen

Betrachten wir zunächst eine reale Spannungsquelle, an die eine beliebige Lastimpedanz $\underline{Z}_L$ angeschlossen werden kann (Bild 4-4). Es stellen sich dann äußere Größen $\underline{U}$ und $\underline{I}$ ein, welche durch die Eigenschaften der Quelle und durch die Lastimpedanz bestimmt sind [7].

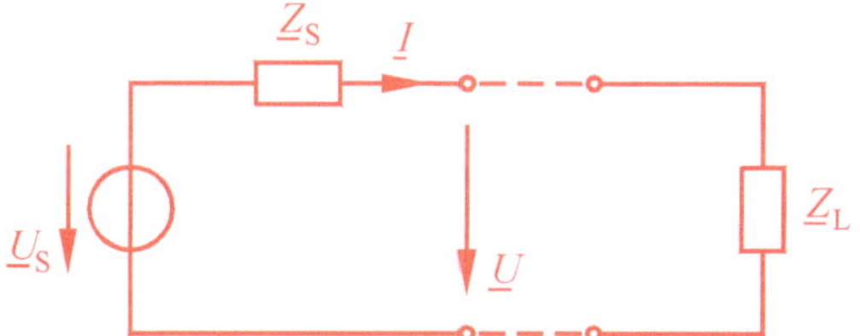

Bild 4-4 Reale Spannungsquelle mit Lastimpedanz

Quellgröße ist die Urspannung $\underline{U}_S$. Um sie zu messen, muss die Quelle im Leerlauf betrieben werden ($\underline{Z}_L \rightarrow \infty$), was einem Reflexionsfaktor $\underline{r}_L = 1$ entspricht (vgl. 3.3.1). Die Innenimpedanz kann durch ein Kurzschlussexperiment ermittelt werden ($\underline{Z}_L = 0, \underline{r}_L = -1$), dann ist

$$\underline{Z}_S = \frac{\underline{U}_S}{\underline{I}_K} \quad . \tag{4.20}$$

Die Innenimpedanz lässt sich auch an der realen Quelle messen, wenn man die innere Spannungsquelle durch einen Kurzschluss ersetzt.

$$\underline{Z}_S = -\frac{\underline{U}}{\underline{I}}\bigg|_{\underline{U}_S=0} \tag{4.21}$$

Das Betriebsverhalten der realen Spannungsquelle wird durch die *Arbeitsgerade*

$$\underline{U} = \underline{U}_S - \underline{I} \cdot \underline{Z}_S \tag{4.22}$$

beschrieben. Die Gleichungen (4.18) liefern eine äquivalente reale Wellenquelle.

Bild 4-5 zeigt eine reale Stromquelle. Wie man sich leicht überlegen kann, ist diese unter der Voraussetzung

$$\underline{I}_S = \frac{\underline{U}_S}{\underline{Z}_S} \tag{4.23}$$

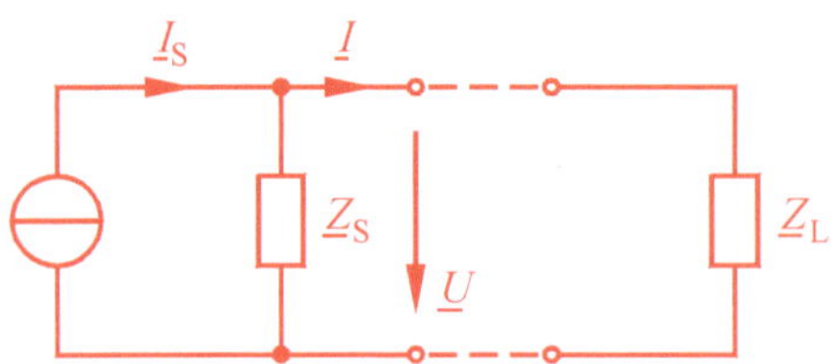

Bild 4-5 Reale Stromquelle mit Lastimpedanz

der realen Spannungsquelle äquivalent, d. h. beide zeigen identisches Betriebsverhalten. Quellgröße ist hier der Urstrom $\underline{I}_S$, er kann durch ein Kurzschlussexperiment ermittelt werden. Im Fall $\underline{Z}_L = 0$ ($\underline{r}_L = -1$) wird

$$\underline{I} = \underline{I}_K = \underline{I}_S \quad . \tag{4.24}$$

$\underline{Z}_S$ erhält man durch ein Leerlaufexperiment ($\underline{Z}_L \rightarrow \infty$), denn dann wird

$$\underline{U} = \underline{U}_L = \underline{I}_S \cdot \underline{Z}_S \quad . \tag{4.25}$$

Analog zum Fall der realen Spannungsquelle lässt sich die Innenimpedanz zwischen den Polen der realen Quelle messen, wenn man die innere Stromquelle durch einen Leerlauf ersetzt.

$$\underline{Z}_S = -\left.\frac{\underline{U}}{\underline{I}}\right|_{\underline{I}_S=0} \tag{4.26}$$

Das Betriebsverhalten wird wieder durch eine Arbeitsgerade beschrieben.

$$\underline{I} = \underline{I}_S - \frac{\underline{U}}{\underline{Z}_S} \tag{4.27}$$

Der Zusammenhang mit der realen Spannungsquelle ist in (4.23) dokumentiert. Mit (4.18) kann wieder eine äquivalente Wellenquelle angegeben werden.

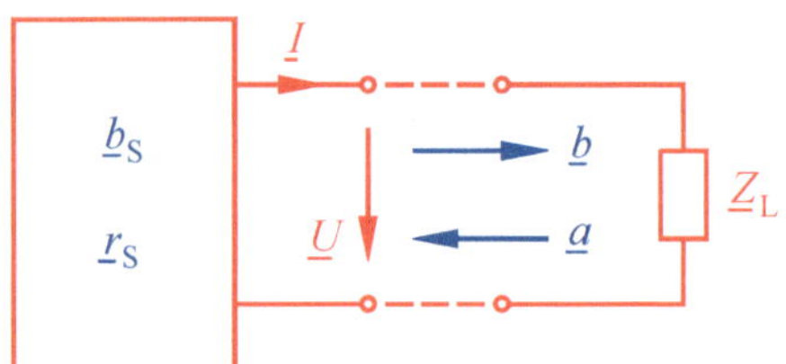

Bild 4-6 Reale Wellenquelle mit Lastimpedanz

Betrachten wir schließlich die in Bild 4-6 veranschaulichte reale Wellenquelle mit Lastimpedanz $\underline{Z}_L$. Die Quelle ist hier zwecks besserer Vergleichsmöglichkeit nochmals in der klassischen „2-Draht-Darstellung“ angegeben. Quellgröße ist dabei die Urleistungswelle $\underline{b}_S$. Um sie zu messen, muss die Quelle mit der Systemimpedanz R_0 beschaltet werden.

$$\underline{b}_S = \left.\underline{b}\right|_{\underline{Z}_L=R_0} \tag{4.28}$$

Tabelle 4.1 Die realen Quellen

Typ	Quellgröße, Messung	Innengröße, Messung	Betriebsverhalten
Spannung	$\underline{U}_S = \underline{U}\big\|_{\underline{Z}_L \to \infty}$	$\underline{Z}_S = -\frac{\underline{U}}{\underline{I}}\Big\|_{\underline{U}_S=0}$	$\underline{U} = \underline{U}_S - \underline{I}\cdot\underline{Z}_S$
Strom	$\underline{I}_S = \underline{I}\big\|_{\underline{Z}_L =0}$	$\underline{Z}_S = -\frac{\underline{U}}{\underline{I}}\Big\|_{\underline{I}_S=0}$	$\underline{I} = \underline{I}_S - \frac{\underline{U}}{\underline{Z}_S}$
Welle	$\underline{b}_S = \underline{b}\big\|_{\underline{Z}_L = R_0}$	$\underline{r}_S = \frac{\underline{b}}{\underline{a}}\Big\|_{\underline{b}_S=0}$	$\underline{b} = \underline{b}_S + \underline{a}\cdot\underline{r}_S$

Das Betriebsverhalten wird durch

$$\underline{b} = \underline{b}_S + \underline{a}\cdot\underline{r}_S \tag{4.29}$$

beschrieben. $\underline{r}_S$ ergibt sich somit zu

$$\underline{r}_S = \frac{\underline{b}-\underline{b}_S}{\underline{a}} \tag{4.30}$$

Tabelle 4.2 Äquivalenzen der realen Quellen

Quellyp	Äquiv. Spannungsquelle	Äquivalente Stromquelle	Äquivalente Wellenquelle
Spannung	$\underline{U}_S$ $\underline{Z}_S$	$\underline{I}_S = \frac{\underline{U}_S}{\underline{Z}_S}$ $\underline{Z}_S = \underline{Z}_S$	$\underline{b}_S = \underline{U}_S\cdot\frac{\sqrt{R_0}}{R_0+\underline{Z}_S}$ $\underline{r}_S = \frac{\underline{Z}_S - R_0}{\underline{Z}_S + R_0}$
Strom	$\underline{U}_S = \underline{I}_S\cdot\underline{Z}_S$ $\underline{Z}_S = \underline{Z}_S$	$\underline{I}_S$ $\underline{Z}_S$	$\underline{b}_S = \underline{I}_S\underline{Z}_S\cdot\frac{\sqrt{R_0}}{R_0+\underline{Z}_S}$ $\underline{r}_S = \frac{\underline{Z}_S - R_0}{\underline{Z}_S + R_0}$
Welle	$\underline{U}_S = \underline{b}_S\cdot\frac{2\sqrt{R_0}}{1-\underline{r}_S}$ $\underline{Z}_S = R_0\frac{1+\underline{r}_S}{1-\underline{r}_S}$	$\underline{I}_S = \underline{b}_S\cdot\frac{2}{\sqrt{R_0}(1+\underline{r}_S)}$ $\underline{Z}_S = R_0\frac{1+\underline{r}_S}{1-\underline{r}_S}$	$\underline{b}_S$ $\underline{r}_S$

oder

$$\underline{r}_S = \left.\frac{\underline{b}}{\underline{a}}\right|_{\underline{b}_S=0} \quad . \tag{4.31}$$

Durch Umformung der Gleichungen (4.18) findet man eine äquivalente Spannungsquelle und daraus sofort auch eine äquivalente Stromquelle. Die Ergebnisse sind in den Tabellen 4.1 und 4.2 zusammengefasst.

Es muss ausdrücklich darauf hingewiesen werden, dass die Quellen nur bezüglich ihres äußeren Verhaltens identisch sind. Die inneren Verhältnisse, insbesondere der innere Leistungsverlust, können sich erheblich unterscheiden. Der praktische Vorteil der Beschreibung durch die Wellenquelle besteht darin, dass zur Messung der inneren Größen weder ein Leerlauf noch ein Kurzschluss gebildet werden muss, und dass kein Umschalten erforderlich ist. Es wird grundsätzlich nur die Systemimpedanz R_0 angeschlossen.

4.1.4 Die Impedanz in der Wellendarstellung

Wir betrachten nochmals eine reale Spannungsquelle, die mit einer Lastimpedanz $\underline{Z}_L$ beschaltet ist (Bild 4-7). Die Lastimpedanz soll durch ihren Reflexionsfaktor, also durch das Verhältnis von ablaufender zu zulaufender Welle beschrieben werden [7].

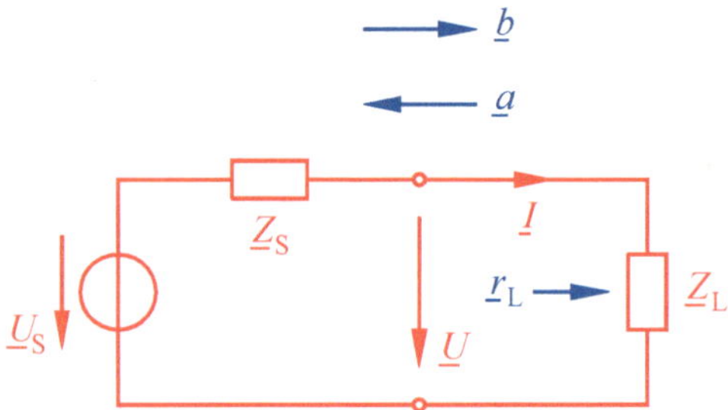

Bild 4-7 Reale Quelle mit Lastimpedanz

$$\underline{r}_L = \frac{\underline{a}}{\underline{b}} \tag{4.32}$$

Aus (4.11) folgt

$$\underline{r}_L = \frac{\frac{1}{2}\underline{U}_{SN}\cdot\frac{\underline{Z}_L - R_0}{\underline{Z}_L + \underline{Z}_S}}{\frac{1}{2}\underline{U}_{SN}\cdot\frac{\underline{Z}_L + R_0}{\underline{Z}_L + \underline{Z}_S}}$$

also

$$\boxed{\underline{r}_L = \frac{\underline{Z}_L - R_0}{\underline{Z}_L + R_0}} \quad , \tag{4.33}$$

womit wieder ein Resultat aus Abschnitt 3.3.1 bestätigt wird. Der Spezialfall

$$\begin{aligned} \underline{Z}_L &= R_0 \\ \underline{r}_L &= 0 \end{aligned} \tag{4.34}$$

Bild 4-8 Allgemeine Impedanz und Wellensumpf

wird *Wellensumpf* genannt. Die Welle verschwindet bildlich gesprochen in einem Sumpf, es kommt nichts zurück. Bild 4-8 zeigt die Symbole für Impedanz und Sumpf in der Wellendarstellung.

4.1.5 Das System Quelle-Leitung-Last

Bild 4-9 zeigt den Anschluss einer Lastimpedanz an eine reale Quelle - hier eine Spannungsquelle - über eine Leitung. Die Leitung wird durch Wellenwiderstand R_0 und Ausbreitungsmaß $\underline{\gamma}$ beschrieben, die Last durch den von ihr verursachten Reflexionsfaktor $\underline{r}_L$ gemäß (4.33). Die Anordnung soll mit Hilfe der Wellengrößen analysiert werden. Die Leitung bewirkt eine Transformation der vorlaufenden und der rücklaufenden Welle gemäß

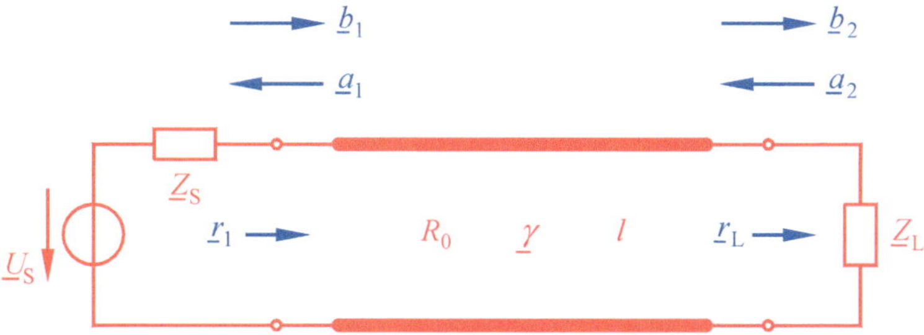

Bild 4-9 System Quelle - Leitung - Last

$$\begin{aligned} \underline{b}_2 &= \underline{b}_1 \cdot \mathrm{e}^{-\underline{\gamma} l} \\ \underline{a}_1 &= \underline{a}_2 \cdot \mathrm{e}^{-\underline{\gamma} l} \end{aligned} \quad . \tag{4.35}$$

Diese Transformationseigenschaft der Leitung wurde bereits im Abschnitt 3.2.2 für Ströme und Spannungen berechnet. Quelle und Last tragen mit den Beziehungen

$$\begin{aligned} \underline{b}_1 &= \underline{b}_S + \underline{a}_1 \cdot \underline{r}_S \\ \underline{a}_2 &= \underline{b}_2 \cdot \underline{r}_L \end{aligned} \tag{4.36}$$

bei. Somit ist ein lineares Gleichungssystem für die Wellengrößen gefunden, welches sich mit elementaren Methoden - etwa dem GAUSSschen Algorithmus - lösen lässt. Beispielsweise berechnet sich die auf die Last zulaufende Welle $\underline{b}_2$ zu

$$\underline{b}_2 = \frac{\underline{b}_S}{\mathrm{e}^{\underline{\gamma} l} - \underline{r}_L \, \underline{r}_S \cdot \mathrm{e}^{-\underline{\gamma} l}} \quad . \tag{4.37}$$

Dem interessierten Leser wird die Überprüfung dieses Resultats empfohlen.

4.2 s-Parameter und Streumatrizen

4.2.1 Ausgangspunkt

Wir betrachten zunächst ein elektrisches Zweitor gemäß Bild 4-10. Wie aus der Zweitortheorie bekannt ist, können die Zusammenhänge zwischen den äußeren elektrischen Größen - der primären und der sekundären Spannung sowie dem primären und dem sekundären Strom - kompakt durch eine 2x2-Matrix beschrieben werden. Betrachtet man beispielsweise die Ströme als Ursachen und die Spannungen als Wirkungen darauf, gewinnt man eine Darstellung durch die sogenannte *Impedanzmatrix* [9] (vgl. 2.4.2).

$$\begin{aligned} \underline{U}_1 &= \underline{z}_{11}\underline{I}_1 + \underline{z}_{12}\underline{I}_2 \\ \underline{U}_2 &= \underline{z}_{21}\underline{I}_1 + \underline{z}_{22}\underline{I}_2 \end{aligned} \tag{4.38}$$

Spannungen und Ströme werden zu je einem Vektor, die Koeffizienten $\underline{z}_{\mu\nu}$ zu einer Matrix zusammengefasst, und es folgt

$$\begin{pmatrix} \underline{U}_1 \\ \underline{U}_2 \end{pmatrix} = \begin{pmatrix} \underline{z}_{11} & \underline{z}_{12} \\ \underline{z}_{21} & \underline{z}_{22} \end{pmatrix} \cdot \begin{pmatrix} \underline{I}_1 \\ \underline{I}_2 \end{pmatrix} \tag{4.39}$$

oder

$$\underline{\boldsymbol{U}} = \underline{\boldsymbol{Z}} \cdot \underline{\boldsymbol{I}} \quad . \tag{4.40}$$

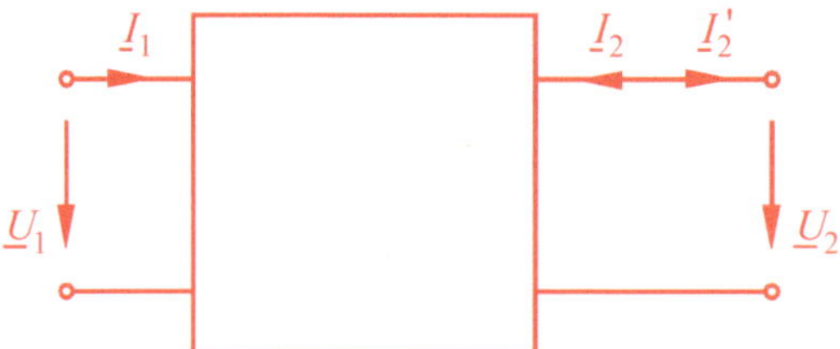

Bild 4-10 Elektrisches Zweitor

Gelegentlich ist die Betrachtung der Ströme als Ursache nicht zulässig, etwa bei einem idealen Übertrager. Dann existiert die Darstellung (4.38) nicht und Ströme und Spannungen müssen in anderer Weise gepaart werden. Von besonderer Bedeutung ist die Beschreibung durch die sogenannte *Kettenmatrix* , wobei Primär- und Sekundärgrößen zu je einem Vektor zusammengefasst werden.

$$\begin{aligned} \underline{U}_1 &= \underline{a}_{11}\underline{U}_2 + \underline{a}_{12}\underline{I}_2' \\ \underline{I}_1 &= \underline{a}_{21}\underline{U}_2 + \underline{a}_{22}\underline{I}_2' \\ \begin{pmatrix} \underline{U}_1 \\ \underline{I}_1 \end{pmatrix} &= \underline{\boldsymbol{A}} \cdot \begin{pmatrix} \underline{U}_2 \\ \underline{I}_2' \end{pmatrix} \end{aligned} \tag{4.41}$$

Hierbei ist

$$\underline{I}_2' = -\underline{I}_2 \tag{4.42}$$

der nach außen orientierte Sekundärstrom. Diese Darstellung hat die bemerkenswerte Eigenschaft, dass sich die Kettenmatrix einer Kettenschaltung von Zweitoren ganz einfach als Produkt der Teilmatrizen berechnet (vgl. 2.4.4). Aus diesem Grund musste der Sekundärstrom nach rechts orientiert werden, er wird damit zum Primärstrom des nachfolgenden Zweitors.

Der Darstellung (4.41) entnimmt man sofort Regeln zur Berechnung der a-Parameter. So ergibt sich beispielsweise $\underline{a}_{11}$ als Quotient aus $\underline{U}_1$ zu $\underline{U}_2$ unter der Voraussetzung, dass der Sekundärstrom $\underline{I}_2$' verschwindet. Dies wird durch Beschaltung der Sekundärseite mit einem Leerlauf realisiert. Ganz analog erhält man $\underline{a}_{22}$ als Quotienten der Ströme, wenn die Sekundärspannung verschwindet, was man durch Beschaltung mit einem Kurzschluss erreicht. Zusammengefasst lauten die Vorschriften zur Ermittlung der a-Parameter:

$$\begin{aligned} \underline{a}_{11} &= \left.\frac{\underline{U}_1}{\underline{U}_2}\right|_{\underline{I}_2'=0} & \underline{a}_{12} &= \left.\frac{\underline{U}_1}{\underline{I}_2'}\right|_{\underline{U}_2=0} \\ \underline{a}_{21} &= \left.\frac{\underline{I}_1}{\underline{U}_2}\right|_{\underline{I}_2'=0} & \underline{a}_{22} &= \left.\frac{\underline{I}_1}{\underline{I}_2'}\right|_{\underline{U}_2=0} \end{aligned} \tag{4.43}$$

Diese Vorschriften eignen sich auch zur Messung der $\underline{a}_{\mu\nu}$. Die Beschreibung durch die Kettenmatrix hat gewisse Nachteile:

(i) Zur Messung muss die Sekundärseite im Kurzschluss und im Leerlauf betrieben werden. Zumindest der Kurzschluss verbietet sich bei manchen Anordnungen, beispielsweise bei Verstärkern. Ein Leerlauf erfreut sich in der Hochfrequenztechnik auch nicht uneingeschränkter Beliebtheit, da er Totalreflexion und somit Interferenzen verursacht.

(ii) Zur Messung muss zwischen Kurzschluss und Leerlauf umgeschaltet werden. Dies macht die Messung aufwändig und fehlerträchtig.

(iii) Die a-Parameter sind teilweise dimensionsbehaftet, die Dimensionen sind darüber hinaus uneinheitlich.

(iv) Es gibt Zweitore, zu denen keine Kettenmatrix angegeben werden kann.

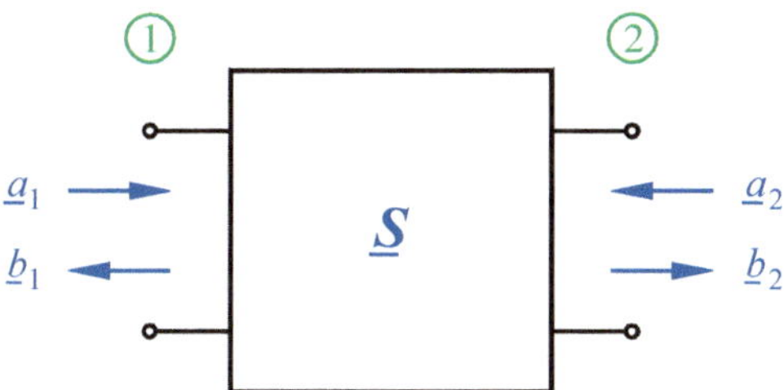

Bild 4-11 Zweitor mit zulaufenden und ablaufenden Wellen

Die Beschreibung eines Zweitors durch eine Matrix soll nun auf die Wellengrößen übertragen werden. Dazu betrachten wir Bild 4-11. Es zeigt ein Zweitor, bei dem Spannungen und Ströme durch die Wellengrößen ersetzt sind. Hierbei bedeuten $\underline{a}_1$ und $\underline{a}_2$ die auf Tor 1 bzw. 2 zulaufenden, $\underline{b}_1$ und $\underline{b}_2$ die vom jeweiligen Tor ablaufenden Wellen. Fasst man die ablaufenden Wellen als Funktionen der zulaufenden auf, erhält man die Beschreibung [7]

$$\begin{aligned} \underline{b}_1 &= \underline{s}_{11}\,\underline{a}_1 + \underline{s}_{12}\,\underline{a}_2 \\ \underline{b}_2 &= \underline{s}_{21}\,\underline{a}_1 + \underline{s}_{22}\,\underline{a}_2 \end{aligned} \tag{4.44}$$

oder kompakt

$$\underline{\boldsymbol{b}} = \underline{\boldsymbol{S}} \cdot \underline{\boldsymbol{a}} \quad . \tag{4.45}$$

$\underline{\boldsymbol{S}}$ wird *Streumatrix* genannt, die Koeffizienten $\underline{s}_{\mu\nu}$ heißen *Streuparameter* . Sie sind dimensionslos und gewöhnlich komplex. Das Symbol S leitet sich von der englischen Bezeichnung *Scattering Matrix* ab. Analog zum Fall der Kettenmatrix können der Darstellung (4.44) sofort Regeln zur Berechnung bzw. zur Messung der s-Parameter entnommen werden.

$$\begin{aligned} \underline{s}_{11} &= \left.\frac{\underline{b}_1}{\underline{a}_1}\right|_{\underline{a}_2=0} & \underline{s}_{12} &= \left.\frac{\underline{b}_1}{\underline{a}_2}\right|_{\underline{a}_1=0} \\ \underline{s}_{21} &= \left.\frac{\underline{b}_2}{\underline{a}_1}\right|_{\underline{a}_2=0} & \underline{s}_{22} &= \left.\frac{\underline{b}_2}{\underline{a}_2}\right|_{\underline{a}_1=0} \end{aligned} \tag{4.46}$$

Die Bedingungen $\underline{a}_1 = 0$ bzw. $\underline{a}_2 = 0$ werden durch reflexionsfreien Abschluss des betreffenden Tors realisiert, also durch Beschaltung mit der Systemimpedanz R_0 . Dann wird die vom Tor ablaufende Welle nicht reflektiert, die zulaufende verschwindet. Die s-Parameter lassen sich damit ganz einfach deuten. $\underline{s}_{11}$ ist offenbar der primäre Reflexionsfaktor bei sekundärem Abschluss. $\underline{s}_{21}$ beschreibt die Transmission von Tor 1 nach Tor 2 ebenfalls bei sekundärem Abschluss. Auf Grund der Definition der Streuparameter ergibt sich hier eine gewöhnungsbedürftige Reihenfolge der Indizes. Das Ziel der Transmission wird als erster Index genannt, der Ausgangspunkt als zweiter. $\underline{s}_{22}$ und $\underline{s}_{12}$ haben analoge Bedeutung bei Vertauschung der Tore. Das Instrument Streumatrix bietet folgende Vorzüge:

(i) Die s-Parameter sind bei Abschluss der Tore zu ermitteln. Dies ist HF-technisch leicht zu bewerkstelligen. Man braucht weder Kurzschluss noch Leerlauf und es ist kein Umschalten erforderlich.

(ii) Die s-Parameter sind dimensionslos.

(iii) Die Streumatrix existiert für jedes in sich widerspruchsfreie Zweitor.

(iv) Die Darstellung kann auf n-Tore, also auf Anordnungen mit mehr als zwei Toren, erweitert werden.

Zur messtechnischen Bestimmung der Streumatrix eines Zweitors dient der *s-Parameter-Messplatz* . Er ermittelt alle s-Parameter eines angeschlossenen Prüflings in einem vom Benutzer vorgegebenen Frequenzintervall und stellt diese grafisch dar. Für die Reflexionsfaktoren $\underline{s}_{11}$ und $\underline{s}_{22}$ wird hierbei gern das SMITH-Diagramm verwendet, die Transmissionen werden eher im BODE-Diagramm dargestellt. Die genaue Beschreibung erfolgt in Abschnitt 7.3.5.

4.2.2 Beispiele

Zunächst wird das in Bild 4-12 gezeigte Leitungsstück untersucht. Es ist in der in Abschnitt 4.1.4 eingeführten Wellendarstellung angegeben, eine Leitungsverbindung wird durch eine einzige Linie symbolisiert. Durch Wellenwiderstand - hier gleich der Systemimpedanz R_0 - Ausbreitungsmaß $\underline{\gamma}$ und physikalische Länge l ist das Zweitor vollständig beschrieben. Gesucht ist seine Streumatrix. Zur Bestimmung von $\underline{s}_{11}$ und $\underline{s}_{21}$ muss die Leitung an Tor 2 mit der Systemimpedanz R_0 abgeschlossen werden. Diese transformiert sich über die Leitung bekanntlich in sich selbst, somit ist Tor 1 reflexionsfrei ($\underline{s}_{11} = 0$). Eine sich über die Leitung ausbreitende Welle wird mit dem Faktor $e^{-\underline{\gamma} l}$ bewertet, was dem Transmissionsfaktor $\underline{s}_{21}$

entspricht. Die gleichen Überlegungen lassen sich bei Speisung an Tor 2 verbunden mit Abschluss an Tor 1 anstellen. Somit ergibt sich die gesuchte Streumatrix zu

$$\underline{\boldsymbol{S}} = \begin{pmatrix} 0 & \mathrm{e}^{-\underline{\gamma} l} \\ \mathrm{e}^{-\underline{\gamma} l} & 0 \end{pmatrix} . \tag{4.47}$$

Die Symmetrie von $\underline{\boldsymbol{S}}$ trägt dem Umstand Rechnung, dass es sich um ein *struktursymmetrisches Zweitor* handelt.

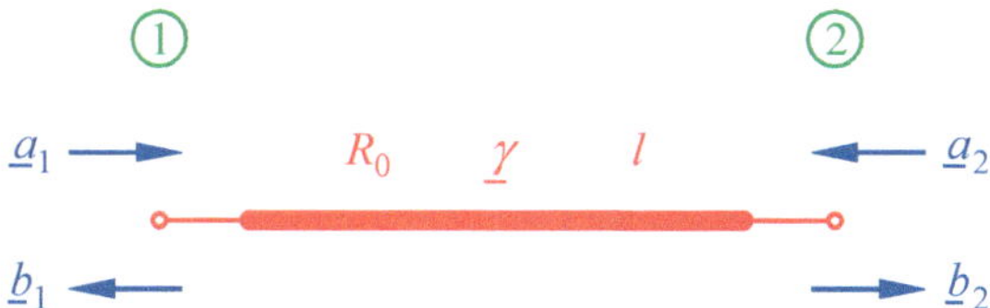

Bild 4-12 Leitungsstück in der Wellendarstellung

In einem zweiten Beispiel soll die in Bild 4-13 gezeigte $\lambda/4$ lange verlustlose Leitung untersucht werden, deren Wellenwiderstand R_W ungleich der Systemimpedanz R_0 ist. Das Beispiel hat durchaus praktische Relevanz. Denken wir daran, dass ein falsches Leitungsstück in ein System eingefügt wurde, oder dass ein angestrebter Wellenwiderstand nur näherungsweise realisiert werden konnte. Die spezielle Länge wurde gewählt, um die Komplexität der Rechnung in Grenzen zu halten. Da nun auf Ströme und Spannungen zurückgegriffen werden muss, wurde die klassische Zweileiter-Darstellung gewählt. Ein an Tor 2 angebrachter Abschluss R_0 transformiert sich über die Leitung in

$$R_1 = R_\mathrm{W} \frac{R_0 + \mathrm{j}\, R_\mathrm{W} \tan \beta l}{R_\mathrm{W} + \mathrm{j}\, R_0 \tan \beta l} , \tag{4.48}$$

man vergleiche hierzu Abschnitt 3.4.2. Im vorliegenden Fall ist

$$\tan \beta l = \tan\left(\frac{2\pi}{\lambda} \cdot \frac{\lambda}{4}\right) = \tan \frac{\pi}{2} \rightarrow \infty ,$$

also wird

$$R_1 = \frac{R_\mathrm{W}^2}{R_0} . \tag{4.49}$$

Dieser Widerstand verursacht im R_0-System einen Reflexionsfaktor

$$\underline{s}_{11} = \frac{R_1 - R_0}{R_1 + R_0} = \frac{R_\mathrm{W}^2 - R_0^2}{R_\mathrm{W}^2 + R_0^2} .$$

Die weitere Analyse dieser eigentlich simplen Anordnung gestaltet sich überraschend schwierig. Man muss nun zwischen Wellengrößen im R_0-System und solchen im R_W-System unterscheiden. Dies ist in Bild 4-13 durch entsprechende Indizes geschehen. Beide müssen in einem sinnvollen Verhältnis zu den tatsächlich vorhandenen Strömen und Spannungen stehen, gemäß den Gleichungen (4.8) und (4.9). Betrachten wir zunächst Tor 1. Hier gilt wie soeben berechnet

$$\frac{\underline{U}_1}{\underline{I}_1} = R_1 \quad .$$

Damit erhalten wir für normierte Spannung und normierten Strom im R_0-System.

$$\underline{U}_{1\,\mathrm{N}\,0} = \frac{\underline{U}_1}{\sqrt{R_0}}$$

$$\underline{I}_{1\,\mathrm{N}\,0} = \underline{I}_1 \cdot \sqrt{R_0} = \underline{U}_1 \frac{\sqrt{R_0}}{R_1} \tag{4.50}$$

Die vorlaufende Welle im R_0-System ist somit

$$\underline{a}_{10} = \frac{1}{2}\left(\underline{U}_{1\,\mathrm{N}\,0} + \underline{I}_{1\,\mathrm{N}\,0}\right) = \frac{1}{2}\,\underline{U}_1 \left(\frac{1}{\sqrt{R_0}} + \frac{\sqrt{R_0}}{R_1}\right) \quad . \tag{4.51}$$

Analog erhalten wir für die vorlaufende Welle im R_W-System

$$\underline{a}_{1\,\mathrm{W}} = \frac{1}{2}\,\underline{U}_1 \left(\frac{1}{\sqrt{R_\mathrm{W}}} + \frac{\sqrt{R_\mathrm{W}}}{R_1}\right) \quad . \tag{4.52}$$

Es lässt sich ein Verhältnis aus $\underline{a}_{1\mathrm{W}}$ und $\underline{a}_{10}$ ablesen, woraus nach längerer Rechnung unter Einbeziehung von (4.49)

$$\underline{a}_{1\,\mathrm{W}} = \underline{a}_{10} \cdot \sqrt{R_\mathrm{W} R_0}\, \frac{R_\mathrm{W} + R_0}{R_\mathrm{W}^2 + R_0^2} \quad . \tag{4.53}$$

folgt. Diese Wellengröße transformiert sich über die $\lambda/4$ lange Leitung in

$$\underline{b}_{2\,\mathrm{W}} = -\mathrm{j}\,\underline{a}_{1\,\mathrm{W}} \quad . \tag{4.54}$$

Nun muss in vergleichbarer, aber einfacherer Weise, der Übergang von $\underline{b}_{2\mathrm{W}}$ zu $\underline{b}_{20}$ berechnet werden. Hier wird der einfache Zusammenhang

$$\frac{\underline{U}_2}{\underline{I}_2} = R_0$$

ausgenutzt. Es ist

$$\underline{b}_{2\,\mathrm{W}} = \frac{1}{2}\left(\frac{\underline{U}_2}{\sqrt{R_\mathrm{W}}} + \underline{I}_2'\sqrt{R_\mathrm{W}}\right) = \frac{1}{2}\,\underline{U}_2 \left(\frac{1}{\sqrt{R_\mathrm{W}}} + \frac{\sqrt{R_\mathrm{W}}}{R_0}\right) \tag{4.55}$$

und

$$\underline{b}_{20} = \frac{\underline{U}_2}{\sqrt{R_0}}$$

also

$$\underline{b}_{20} = \frac{2\sqrt{R_\mathrm{W} R_0}}{R_\mathrm{W} + R_0} \cdot \underline{b}_{2\,\mathrm{W}} \quad . \tag{4.56}$$

Jetzt lässt sich die gesuchte Transmission im R_0-System ablesen.

$$\underline{s}_{21} = \frac{\underline{b}_{20}}{\underline{a}_{10}} = -\mathrm{j}\,2\,\frac{R_\mathrm{W} R_0}{R_\mathrm{W}^2 + R_0^2} \tag{4.57}$$

Wegen der Symmetrie ist somit die Streumatrix vollständig bestimmt; wir erhalten

$$\underline{\boldsymbol{S}} = \frac{1}{R_\mathrm{W}^2 + R_0^2} \cdot \begin{pmatrix} R_\mathrm{W}^2 - R_0^2 & -\mathrm{j}\,2\,R_\mathrm{W} R_0 \\ -\mathrm{j}\,2\,R_\mathrm{W} R_0 & R_\mathrm{W}^2 - R_0^2 \end{pmatrix} . \tag{4.58}$$

Bild 4-13 Verlustlose $\lambda/4$-Leitung mit Wellenwiderstand R_W

Dieses Beispiel macht noch einmal deutlich, dass die s-Parameter stets in Verbindung mit der gewählten Systemimpedanz zu sehen sind.

Schließlich wird das in Bild 4-14 gezeigte symmetrische Widerstandsnetzwerk, also ein Zweitor aus konzentrierten Elementen, untersucht. Widerstandsanordnungen dieser Struktur kommen als Dämpfungsglieder zum Einsatz. Beschaltet man Tor 2 mit der Systemimpedanz R_0 , so zeigt sich am Tor 1 ein Widerstand

$$R_1 = R_0 + 2R_0 \| (R_0 + R_0) = 2R_0 \ ,$$

der einen Reflexionsfaktor

$$\underline{s}_{11} = \frac{2R_0 - R_0}{2R_0 + R_0} = \frac{1}{3}$$

verursacht. Strom und Spannung auf der Primärseite stehen im Verhältnis

$$\underline{U}_1 = R_1 \underline{I}_1$$

zueinander. Mit (4.9) erhält man daraus für die auf Tor 1 zulaufende Welle:

$$\underline{a}_1 = \frac{1}{2}\left(\underline{U}_{1\mathrm{N}} + \underline{I}_{1\mathrm{N}}\right) = \frac{1}{2}\left(\frac{\underline{I}_1 R_1}{\sqrt{R_0}} + \underline{I}_1 \sqrt{R_0}\right) \tag{4.59}$$

Mit Hilfe der Stromteilungsgleichung errechnet sich der Sekundärstrom zu

$$\underline{I}_2' = \underline{I}_1 \frac{2R_0}{2R_0 + R_0 + R_0} = \frac{1}{2}\,\underline{I}_1 \ ,$$

der wegen der sekundären Beschaltung mit R_0 im Verhältnis

$$\underline{U}_2 = R_0 \underline{I}_2'$$

zur Sekundärspannung steht. Daraus folgt für die von Tor 2 ablaufende Welle

$$\underline{b}_2 = \frac{1}{2}\left(\underline{U}_{2\text{N}} + \underline{I}_{2\text{N}}'\right) = \frac{1}{2}\underline{I}_1\sqrt{R_0} \quad . \tag{4.60}$$

(4.59) und (4.60) liefern dann die gesuchte Transmission

$$\underline{s}_{21} = \frac{\underline{b}_2}{\underline{a}_1} = \frac{R_0}{R_1 + R_0} = \frac{1}{3} \quad .$$

Das Zweitor ist symmetrisch, somit folgt

$$\underline{\boldsymbol{S}} = \frac{1}{3}\begin{pmatrix} 1 & 1 \\ 1 & 1 \end{pmatrix} \quad . \tag{4.61}$$

Dieses Zweitor wäre als Dämpfungsglied nicht zu gebrauchen, da es nicht eigenreflexionsfrei ist.

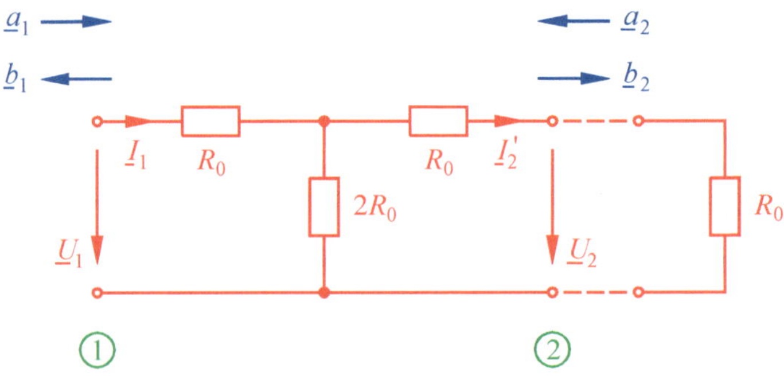

Bild 4-14 Zweitor aus Widerständen

4.2.3 Die Kettenschaltung

Betrachten wir die in Bild 4-15 dargestellte Anordnung aus einer realen Wellenquelle, zwei Zweitoren und einem Verbraucher. Quelle und Verbraucher werden durch ihre spezifischen Eigenschaften, die Zweitore durch ihre Streumatrizen beschrieben, wobei diese durch einen hochgestellten Index zu unterscheiden sind. An jedem Tor ist eine Wellengröße in Vorwärtsrichtung und eine in Rückwärtsrichtung eingeführt. Die in den vorherigen Abschnitten hergeleiteten Zusammenhänge liefern nun:

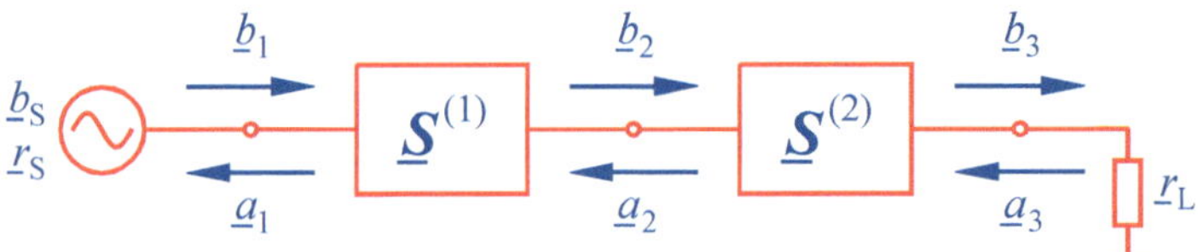

Bild 4-15 Eine Kettenschaltung

$$
\begin{aligned}
\underline{b}_1 &= \underline{b}_\mathrm{S} + \underline{r}_\mathrm{S}\,\underline{a}_1 \\
\underline{b}_2 &= \underline{s}_{21}^{(1)}\,\underline{b}_1 + \underline{s}_{22}^{(1)}\,\underline{a}_2 \\
\underline{b}_3 &= \underline{s}_{21}^{(2)}\,\underline{b}_2 + \underline{s}_{22}^{(2)}\,\underline{a}_3 \\
\underline{a}_3 &= \underline{r}_\mathrm{L}\,\underline{b}_3 \\
\underline{a}_2 &= \underline{s}_{12}^{(2)}\,\underline{a}_3 + \underline{s}_{11}^{(2)}\,\underline{b}_2 \\
\underline{a}_1 &= \underline{s}_{12}^{(1)}\,\underline{a}_2 + \underline{s}_{11}^{(1)}\,\underline{b}_1
\end{aligned}
\tag{4.62}
$$

Dies ist ein eindeutig lösbares lineares Gleichungssystem für die eingeführten Wellengrößen. Die Lösung erfolgt mit gängigen Methoden, beispielsweise dem GAUSSschen Algorithmus.

4.2.4 Zusammenhang zwischen Streumatrix und Kettenmatrix

Aus der Grundlagenliteratur sind Umrechnungsformeln für die unterschiedlichen Zweitordarstellungen bekannt [9], man findet diese auch im Abschnitt 2.4.6. So können beispielsweise die Elemente der in 4.2.1 eingeführten Impedanzmatrix $\underline{\boldsymbol{Z}}$ durch die Elemente der Kettenmatrix $\underline{\boldsymbol{A}}$ ausgedrückt werden. Wir wollen nun versuchen, einen vergleichbaren Zusammenhang zwischen der Streumatrix und der Kettenmatrix herzustellen. Hierzu wird zunächst die normierte Kettenmatrix eingeführt [7].

$$
\begin{pmatrix} \underline{U}_{1\mathrm{N}} \\ \underline{I}_{1\mathrm{N}} \end{pmatrix} = \begin{pmatrix} \underline{a}_{11\mathrm{N}} & \underline{a}_{12\mathrm{N}} \\ \underline{a}_{21\mathrm{N}} & \underline{a}_{22\mathrm{N}} \end{pmatrix} \begin{pmatrix} \underline{U}_{2\mathrm{N}} \\ \underline{I}_{2\mathrm{N}}' \end{pmatrix}
\tag{4.63}
$$

Sie beschreibt Zusammenhänge zwischen den normierten elektrischen Größen; ihre Elemente werden zur Unterscheidung von der gewöhnlichen Kettenmatrix mit einem zusätzlichen Index N gekennzeichnet. Sie sind dimensionslos, und wie man sich leicht überlegen kann, gilt

$$
\begin{aligned}
\underline{a}_{11\mathrm{N}} &= \underline{a}_{11} & \underline{a}_{12\mathrm{N}} &= \frac{\underline{a}_{12}}{R_0} \\
\underline{a}_{21\mathrm{N}} &= \underline{a}_{21}\cdot R_0 & \underline{a}_{22\mathrm{N}} &= \underline{a}_{22}
\end{aligned}
\quad .
\tag{4.64}
$$

Zur Bestimmung von $\underline{s}_{11}$ und $\underline{s}_{21}$ muss das Zweitor gemäß Bild 4-16 betrieben werden. Die Beschaltung erzwingt

$$
\underline{U}_2 = R_0\,\underline{I}_2' \quad ,
$$

woraus sofort

$$
\underline{U}_{2\mathrm{N}} = \underline{I}_{2\mathrm{N}}'
\tag{4.65}
$$

folgt. Die Gleichungen (4.9) für die Wellengrößen liefern daraus in Verbindung mit der Darstellung (4.63):

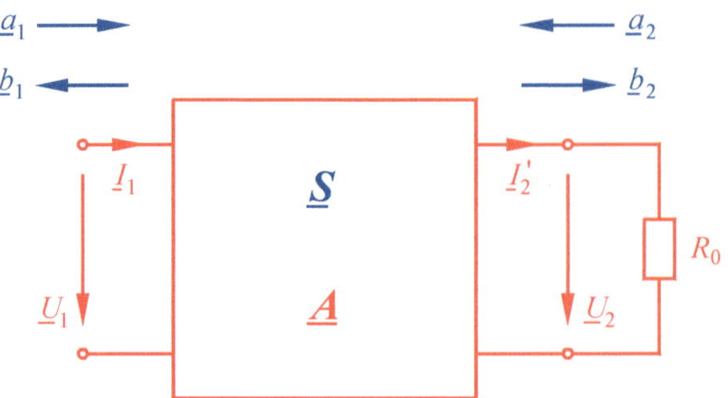

Bild 4-16 Betrieb eines Zweitors zur Bestimmung von $\underline{s}_{11}$ und $\underline{s}_{21}$

$$\begin{aligned} \underline{a}_1 &= \frac{1}{2}\left(\underline{U}_{1\mathrm{N}} + \underline{I}_{1\mathrm{N}}\right) &&= \frac{1}{2}\left(\underline{a}_{11\mathrm{N}} + \underline{a}_{12\mathrm{N}} + \underline{a}_{21\mathrm{N}} + \underline{a}_{22\mathrm{N}}\right)\underline{I}_{2\mathrm{N}}' \\ \underline{b}_1 &= \frac{1}{2}\left(\underline{U}_{1\mathrm{N}} - \underline{I}_{1\mathrm{N}}\right) &&= \frac{1}{2}\left(\underline{a}_{11\mathrm{N}} + \underline{a}_{12\mathrm{N}} - \underline{a}_{21\mathrm{N}} - \underline{a}_{22\mathrm{N}}\right)\underline{I}_{2\mathrm{N}}' \\ \underline{b}_2 &= \frac{1}{2}\left(\underline{U}_{2\mathrm{N}} + \underline{I}_{2\mathrm{N}}'\right) &&= \underline{I}_{2\mathrm{N}}' \end{aligned} \tag{4.66}$$

Daraus lassen sich schon die Streuparameter $\underline{s}_{11}$ und $\underline{s}_{21}$ ablesen.

$$\begin{aligned} \underline{s}_{11} &= \frac{\underline{b}_1}{\underline{a}_1} = \frac{\underline{a}_{11\mathrm{N}} + \underline{a}_{12\mathrm{N}} - \underline{a}_{21\mathrm{N}} - \underline{a}_{22\mathrm{N}}}{\underline{a}_{11\mathrm{N}} + \underline{a}_{12\mathrm{N}} + \underline{a}_{21\mathrm{N}} + \underline{a}_{22\mathrm{N}}} \\ \underline{s}_{21} &= \frac{\underline{b}_2}{\underline{a}_1} = \frac{2}{\underline{a}_{11\mathrm{N}} + \underline{a}_{12\mathrm{N}} + \underline{a}_{21\mathrm{N}} + \underline{a}_{22\mathrm{N}}} \end{aligned} \tag{4.67}$$

Zur Bestimmung der restlichen Streuparameter muss das Zweitor auf der Primärseite mit der Systemimpedanz R_0 beschaltet werden, siehe Bild 4-17. Diese Beschaltung erzwingt

$$\underline{U}_{1\mathrm{N}} = -\underline{I}_{1\mathrm{N}} \quad . \tag{4.68}$$

Aus der Definition der normierten Kettenmatrix (4.63) liest man ab:

$$\underline{U}_{1\mathrm{N}} = \underline{a}_{11\mathrm{N}}\,\underline{U}_{2\mathrm{N}} + \underline{a}_{12\mathrm{N}}\,\underline{I}_{2\mathrm{N}}' \tag{4.69}$$

$$\underline{I}_{1\mathrm{N}} = \underline{a}_{21\mathrm{N}}\,\underline{U}_{2\mathrm{N}} + \underline{a}_{22\mathrm{N}}\,\underline{I}_{2\mathrm{N}}' = -\underline{U}_{1\mathrm{N}} \tag{4.70}$$

(4.69) wird nach $\underline{U}_{2\mathrm{N}}$ aufgelöst, das Ergebnis wird in (4.70) eingesetzt

$$-\underline{U}_{1\mathrm{N}} = \frac{\underline{a}_{21\mathrm{N}}}{\underline{a}_{11\mathrm{N}}}\left(\underline{U}_{1\mathrm{N}} - \underline{a}_{12\mathrm{N}}\,\underline{I}_{2\mathrm{N}}'\right) + \underline{a}_{22\mathrm{N}}\,\underline{I}_{2\mathrm{N}}' \quad ,$$

woraus durch Auflösung nach $\underline{I}_{2\mathrm{N}}'$

$$\underline{I}_{2\mathrm{N}}' = \frac{\underline{a}_{11\mathrm{N}} + \underline{a}_{21\mathrm{N}}}{\underline{a}_{12\mathrm{N}}\underline{a}_{21\mathrm{N}} - \underline{a}_{11\mathrm{N}}\,\underline{a}_{22\mathrm{N}}}\,\underline{U}_{1\mathrm{N}} \tag{4.71}$$

folgt. Die Gleichungen (4.69) und (4.70) werden addiert und das Ergebnis in (4.71) eingesetzt.

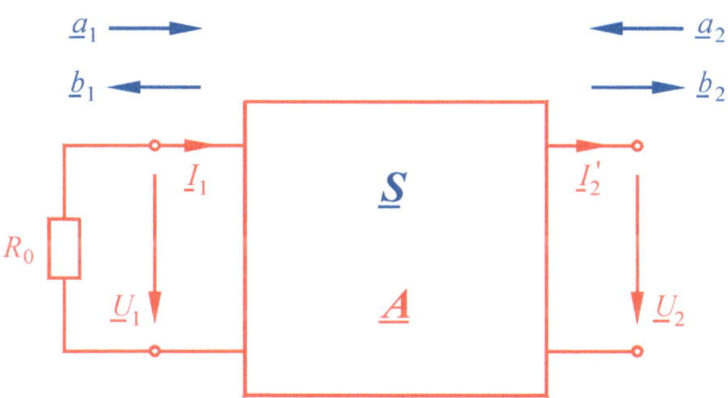

Bild 4-17 Betrieb eines Zweitors zur Bestimmung von $\underline{s}_{12}$ und $\underline{s}_{22}$

$$
\begin{aligned}
0 &= \left(\underline{a}_{11\mathrm{N}} + \underline{a}_{21\mathrm{N}}\right)\underline{U}_{2\mathrm{N}} + \left(\underline{a}_{12\mathrm{N}} + \underline{a}_{22\mathrm{N}}\right)\underline{I}_{2\mathrm{N}}' \qquad \Rightarrow \\
\underline{U}_{2\mathrm{N}} &= \frac{\underline{a}_{12\mathrm{N}} + \underline{a}_{22\mathrm{N}}}{\underline{a}_{11\mathrm{N}}\,\underline{a}_{22\mathrm{N}} - \underline{a}_{12\mathrm{N}}\,\underline{a}_{21\mathrm{N}}} \cdot \underline{U}_{1\mathrm{N}}
\end{aligned} \tag{4.72}
$$

Nun können die Wellengrößen extrahiert werden

$$
\begin{aligned}
\underline{b}_1 &= \underline{U}_{1\mathrm{N}} \\
\underline{b}_2 &= \frac{1}{2}\left(\underline{U}_{2\mathrm{N}} + \underline{I}_{2\mathrm{N}}'\right) = \frac{1}{2}\,\frac{\underline{a}_{11\mathrm{N}} - \underline{a}_{12\mathrm{N}} + \underline{a}_{21\mathrm{N}} - \underline{a}_{22\mathrm{N}}}{\underline{a}_{12\mathrm{N}}\,\underline{a}_{21\mathrm{N}} - \underline{a}_{11\mathrm{N}}\,\underline{a}_{22\mathrm{N}}}\,\underline{U}_{1\mathrm{N}} \\
\underline{a}_2 &= \frac{1}{2}\left(\underline{U}_{2\mathrm{N}} - \underline{I}_{2\mathrm{N}}'\right) = \frac{1}{2}\,\frac{-\underline{a}_{11\mathrm{N}} - \underline{a}_{12\mathrm{N}} - \underline{a}_{21\mathrm{N}} - \underline{a}_{22\mathrm{N}}}{\underline{a}_{12\mathrm{N}}\,\underline{a}_{21\mathrm{N}} - \underline{a}_{11\mathrm{N}}\,\underline{a}_{22\mathrm{N}}}\,\underline{U}_{1\mathrm{N}}
\end{aligned} \quad , \tag{4.73}
$$

was schließlich auf die gesuchten s-Parameter führt.

$$
\begin{aligned}
\underline{s}_{12} &= \frac{\underline{b}_1}{\underline{a}_2} = 2\,\frac{\underline{a}_{11\mathrm{N}}\,\underline{a}_{22\mathrm{N}} - \underline{a}_{12\mathrm{N}}\,\underline{a}_{21\mathrm{N}}}{\underline{a}_{11\mathrm{N}} + \underline{a}_{12\mathrm{N}} + \underline{a}_{21\mathrm{N}} + \underline{a}_{22\mathrm{N}}} \\
\underline{s}_{22} &= \frac{\underline{b}_2}{\underline{a}_2} = \frac{-\underline{a}_{11\mathrm{N}} + \underline{a}_{12\mathrm{N}} - \underline{a}_{21\mathrm{N}} + \underline{a}_{22\mathrm{N}}}{\underline{a}_{11\mathrm{N}} + \underline{a}_{12\mathrm{N}} + \underline{a}_{21\mathrm{N}} + \underline{a}_{22\mathrm{N}}}
\end{aligned} \tag{4.74}
$$

Durch Entnormierung und Zusammenfassung erhalten wir

$$
\underline{\boldsymbol{S}} = \frac{1}{\underline{a}_{11} + \dfrac{\underline{a}_{12}}{R_0} + \underline{a}_{21}R_0 + \underline{a}_{22}} \cdot
\begin{pmatrix}
\underline{a}_{11} + \dfrac{\underline{a}_{12}}{R_0} - \underline{a}_{21}R_0 - \underline{a}_{22} & 2\left(\underline{a}_{11}\,\underline{a}_{22} - \underline{a}_{12}\,\underline{a}_{21}\right) \\
2 & -\underline{a}_{11} + \dfrac{\underline{a}_{12}}{R_0} - \underline{a}_{21}R_0 + \underline{a}_{22}
\end{pmatrix} \tag{4.75}
$$

Hier ist eine wichtige Anmerkung nötig. Bei reziproken Zweitoren gilt bekanntlich [9] (vgl. 2.4.4)

$$
\det \underline{\boldsymbol{A}} = \underline{a}_{11}\,\underline{a}_{22} - \underline{a}_{12}\,\underline{a}_{21} = 1 \quad . \tag{4.76}
$$

Für diesen Fall liefert (4.75)

$$\underline{s}_{12} = \underline{s}_{21} \ . \tag{4.77}$$

Der bei Beschreibung durch Spannungen und Ströme schwierig zu deutende Begriff der Reziprozität bedeutet für die Wellengrößen nichts anderes als die Gleichheit von Vorwärts- und Rückwärtstransmission. Dies wird zu einem wichtigen Lehrsatz zusammengefasst:

Reziproke Zweitore sind transmissionssymmetrisch.
Passive Zweitore sind reziprok.

(4.75) kann nach den a-Parametern aufgelöst werden. Wir ersparen uns die mühsame Rechenarbeit und begnügen uns mit dem Ergebnis:

$$\underline{\boldsymbol{A}} = \frac{1}{2\underline{s}_{21}} \cdot \begin{pmatrix} 1+\underline{s}_{11}-\underline{s}_{22}-\left(\underline{s}_{11}\underline{s}_{22}-\underline{s}_{12}\underline{s}_{21}\right) & R_0 \cdot \left[1+\underline{s}_{11}+\underline{s}_{22}+\left(\underline{s}_{11}\underline{s}_{22}-\underline{s}_{12}\underline{s}_{21}\right)\right] \\ \dfrac{1-\underline{s}_{11}-\underline{s}_{22}+\left(\underline{s}_{11}\underline{s}_{22}-\underline{s}_{12}\underline{s}_{21}\right)}{R_0} & 1-\underline{s}_{11}+\underline{s}_{22}-\left(\underline{s}_{11}\underline{s}_{22}-\underline{s}_{12}\underline{s}_{21}\right) \end{pmatrix} \tag{4.78}$$

Demnach ist eine von Null verschiedene Vorwärtstransmission $\underline{s}_{21}$ Voraussetzung für die Existenz der Kettenmatrix.

In Abschnitt 2.4.6 finden sich Umrechnungsformeln für die verschiedenen Zweitorbeschreibungen. Zusammen mit (4.78) kann somit jede Zweitordarstellung aus der Streumatrix gewonnen werden, sofern sie existiert. Exemplarisch wird dies für die Admittanzmatrix angegeben:

$$\underline{\boldsymbol{Y}} = \frac{1}{R_0\left[\left(1+\underline{s}_{11}\right)\left(1+\underline{s}_{22}\right)-\underline{s}_{12}\underline{s}_{21}\right]} \cdot \begin{pmatrix} \left(1-\underline{s}_{11}\right)\left(1+\underline{s}_{22}\right)+\underline{s}_{12}\underline{s}_{21} & -2\underline{s}_{12} \\ -2\underline{s}_{21} & \left(1+\underline{s}_{11}\right)\left(1-\underline{s}_{22}\right)+\underline{s}_{12}\underline{s}_{21} \end{pmatrix} \tag{4.79}$$

Moderne s-Parameter-Messplätze erlauben die Darstellung solcher Matrizenelemente, wobei die Kettenmatrix und die bei Transistorschaltungen verbreitete Hybridmatrix von besonderer Bedeutung sind. Sie werden in der hier gezeigten Weise aus den gemessenen s-Parametern berechnet, sind also Ergebnis einer erweiterten Software.

4.2.5 Dreitore

Das Konzept der Beschreibung hochfrequenztechnischer Baugruppen durch die Streumatrix kann ohne Schwierigkeiten auf Anordnungen mit mehr als zwei Toren erweitert werden. Wir betrachten dazu das in Bild 4-18 gezeigte Dreitor. Nun müssen drei ablaufende Wellen $\underline{b}_\nu$ als Funktionen der zulaufenden $\underline{a}_\mu$ ausgedrückt werden. Folge ist eine 3x3-Matrix.

$$\begin{pmatrix} \underline{b}_1 \\ \underline{b}_2 \\ \underline{b}_3 \end{pmatrix} = \begin{pmatrix} \underline{s}_{11} & \underline{s}_{12} & \underline{s}_{13} \\ \underline{s}_{21} & \underline{s}_{22} & \underline{s}_{23} \\ \underline{s}_{31} & \underline{s}_{32} & \underline{s}_{33} \end{pmatrix} \cdot \begin{pmatrix} \underline{a}_1 \\ \underline{a}_2 \\ \underline{a}_3 \end{pmatrix} \tag{4.80}$$

Ein Hauptdiagonalelement $\underline{s}_{\nu\nu}$ beschreibt dabei die Eigenreflexion am Tor ν, ein Außerdiagonalelement $\underline{s}_{\mu\nu}$ die Transmission von Tor ν zu Tor μ. Die Elemente sind wie gewohnt bei

Abschluss der Tore mit der Systemimpedanz R_0 zu bestimmen, was gleichermaßen für die Berechnung wie für die Messung gilt. Sind auf den Wellenleitern mehrere Moden ausbreitungsfähig, kann man ein physikalisches Tor durch mehrere logische Tore beschreiben entsprechend der Anzahl der Ausbreitungsmoden. Die s-Parameter beschreiben dann auch den Übergang von einem Mode in den anderen [1].

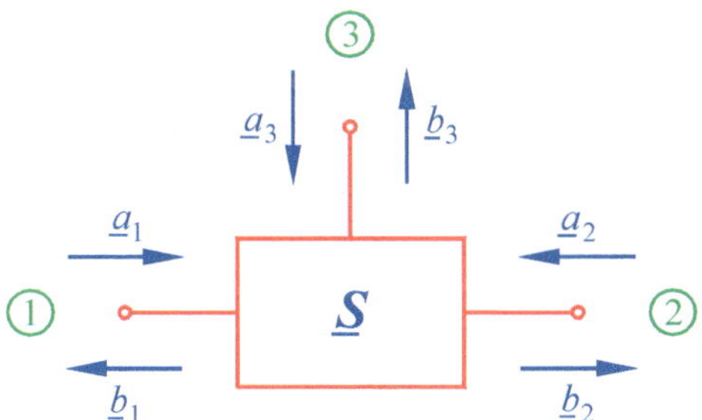

Bild 4-18 Dreitor

4.2.6 Aktive, passive und verlustlose n-Tore

Die Streumatrix besitzt die bemerkenswerte Eigenschaft, dass gewisse Merkmale des beschriebenen n-Tors direkt entnommen werden können [1]. So ist beispielsweise die Streumatrix eines verlustlosen n-Tors grundsätzlich *unitär*. Dies wird im Folgenden ausgehend von einer Leistungsbilanz hergeleitet. Wie in Abschnitt 4.1.1 begründet, beschreiben die Betragsquadrate der Wellengrößen die durch die Wellen transportierten Leistungen. Demnach lässt sich die gesamte einem n-Tor zugeführte Leistung als Differenz aus zugeführter und abgeführter beschreiben:

$$P = \sum_{\nu=1}^{n}\left(|\underline{a}_\nu|^2 - |\underline{b}_\nu|^2\right) \tag{4.81}$$

Man kann das Betragsquadrat einer komplexen Zahl als Produkt aus dieser Zahl und ihrer konjugiert komplexen darstellen. Für die zulaufenden Wellen erhalten wir damit [15]

$$\begin{aligned}\sum|\underline{a}_\nu|^2 &= \overset{*}{\underline{a}}_1\underline{a}_1 + \overset{*}{\underline{a}}_2\underline{a}_2 + \;\dots\; + \overset{*}{\underline{a}}_n\underline{a}_n \\ &= \left(\overset{*}{\underline{a}}_1 \;\; \overset{*}{\underline{a}}_2 \;\; \dots \;\; \overset{*}{\underline{a}}_n\right)\cdot\begin{pmatrix}\underline{a}_1\\ \underline{a}_2\\ \vdots\\ \underline{a}_n\end{pmatrix} \\ &= \underline{\boldsymbol{a}}^{*\mathrm{T}}\cdot\underline{\boldsymbol{a}}\end{aligned} \quad . \tag{4.82}$$

Drückt man die ablaufenden Wellen gemäß

$$\underline{\boldsymbol{b}} = \underline{\boldsymbol{S}}\cdot\underline{\boldsymbol{a}} \tag{4.83}$$

durch die zulaufenden aus, ergibt sich völlig analog

[15] Der hochgestellte Index T bezeichnet den transponierten Vektor bzw. die transponierte Matrix. Zeilen sind gegen Spalten vertauscht.

$$\sum |\underline{b}_\nu|^2 = (\underline{\boldsymbol{S}} \cdot \underline{\boldsymbol{a}})^{*\mathrm{T}} \cdot \underline{\boldsymbol{S}} \cdot \underline{\boldsymbol{a}} = \underline{\boldsymbol{a}}^{*\mathrm{T}} \cdot \underline{\boldsymbol{S}}^{*\mathrm{T}} \cdot \underline{\boldsymbol{S}} \cdot \underline{\boldsymbol{a}} \quad . \tag{4.84}$$

Die gesamte Leistung gemäß (4.81) wird also

$$P = \underline{\boldsymbol{a}}^{*\mathrm{T}} \cdot \left(\boldsymbol{E} - \underline{\boldsymbol{S}}^{*\mathrm{T}} \cdot \underline{\boldsymbol{S}}\right) \cdot \underline{\boldsymbol{a}} \quad . \tag{4.85}$$

Die zwischen den Vektoren stehende quadratische Matrix soll mit $\underline{\boldsymbol{H}}$ bezeichnet werden.

$$\underline{\boldsymbol{H}} := \boldsymbol{E} - \underline{\boldsymbol{S}}^{*\mathrm{T}} \cdot \underline{\boldsymbol{S}} \tag{4.86}$$

Da allgemein

$$(\underline{\boldsymbol{S}}^{*\mathrm{T}} \cdot \underline{\boldsymbol{S}})^{\mathrm{T}} = \underline{\boldsymbol{S}}^{\mathrm{T}} \cdot \underline{\boldsymbol{S}}^{*} = (\underline{\boldsymbol{S}}^{*\mathrm{T}} \cdot \underline{\boldsymbol{S}})^{*} \tag{4.87}$$

gilt, hat $\underline{\boldsymbol{H}}$ folgende spezielle Eigenschaft:

$$\underline{\boldsymbol{H}}^{\mathrm{T}} = \left(\boldsymbol{E} - \underline{\boldsymbol{S}}^{*\mathrm{T}} \cdot \underline{\boldsymbol{S}}\right)^{\mathrm{T}} = \boldsymbol{E} - \left(\underline{\boldsymbol{S}}^{*\mathrm{T}} \cdot \underline{\boldsymbol{S}}\right)^{*} = \underline{\boldsymbol{H}}^{*} \tag{4.88}$$

Man sagt, $\underline{\boldsymbol{H}}$ ist *HERMITEsch*. Als Folge hat auch die quadratische Form

$$P = \underline{\boldsymbol{a}}^{*\mathrm{T}} \cdot \underline{\boldsymbol{H}} \cdot \underline{\boldsymbol{a}} \tag{4.89}$$

spezielle Eigenschaften und zwar gilt:

(i) P ist reell.

(ii) Im Fall

$$\underline{\boldsymbol{S}}^{*\mathrm{T}} = \underline{\boldsymbol{S}}^{-1} \tag{4.90}$$

folgt

$$\underline{\boldsymbol{H}} = 0$$

also

$$P = 0 \quad . \tag{4.91}$$

(iii) Falls $\underline{\boldsymbol{H}}$ *positiv semidefinit* ist, folgt

$$P > 0 \quad .$$

(iv) Falls $\underline{\boldsymbol{H}}$ *negativ semidefinit* ist, folgt

$$P < 0 \quad .$$

Hier sind weitergehende Erklärungen zu den einzelnen Punkten notwendig.

Zu (i) Dadurch ist gezeigt, dass der Ausdruck (4.85) in jedem Fall ein als Leistung interpretierbares Ergebnis liefert, wobei das Vorzeichen zum Ausdruck bringt, ob Leistung aufgenommen oder abgegeben wird.

Zu (ii) Eine Matrix mit der Eigenschaft (4.90) heißt *unitär* . Das Resultat (4.91) besagt, dass das n-Tor unter dem Strich weder Leistung aufnimmt noch abgibt, es ist demnach verlustlos. Dies führt auf einen wichtigen Lehrsatz:

Die Streumatrix eines verlustlosen n-Tors ist unitär.

Zu (iii) Hier ist ein Exkurs in die Matrizenrechnung notwendig. Die Definitheit einer quadratischen Matrix $\underline{\boldsymbol{H}}$ kann über *Hauptminoren* getestet werden. Hauptminor ist jede Unterdeterminante die durch Streichung von Zeilen und Spalten mit gleichen Indizes entsteht. Hierbei ist auch der Fall, dass keine Zeile bzw. Spalte gestrichen wird, enthalten; die Determinante der Matrix selbst stellt also schon einen Hauptminor dar. Für das hier beschriebene Verfahren genügt es, sich auf eine bestimmte Gruppe von Hauptminoren zu beschränken, nämlich die *Führenden Hauptminoren* [16]. Sie sind folgendermaßen definiert: m_1 ist die Determinante der Untermatrix, die durch Streichung der zweiten und aller folgenden Zeilen und Spalten entsteht, also das Matrizenelement $\underline{h}_{11}$. Zur Berechnung von m_2 sind die dritte und alle folgenden Zeilen und Spalten zu streichen und so weiter. Der letzte Hauptminor m_n ist dann die Determinante von $\underline{\boldsymbol{H}}$. HERMITEsche Matrizen haben die Eigenschaft, dass ihre Hauptminoren stets reell sind [3]. Die Aussage lautet nun:

Eine Matrix ist positiv semidefinit, wenn alle Führenden Hauptminoren nichtnegativ sind, und mindestens einer positiv ist.

Machen wir ein Beispiel: Gegeben sei die 3x3-Matrix

$$\underline{\boldsymbol{H}} = \begin{pmatrix} \underline{h}_{11} & \underline{h}_{12} & \underline{h}_{13} \\ \underline{h}_{21} & \underline{h}_{22} & \underline{h}_{23} \\ \underline{h}_{31} & \underline{h}_{32} & \underline{h}_{33} \end{pmatrix} . \tag{4.92}$$

Sie besitzt die folgenden Führenden Hauptminoren:

$$\begin{aligned} m_1 &= \underline{h}_{11} \\ m_2 &= \begin{vmatrix} \underline{h}_{11} & \underline{h}_{12} \\ \underline{h}_{21} & \underline{h}_{22} \end{vmatrix} \\ m_3 &= \begin{vmatrix} \underline{h}_{11} & \underline{h}_{12} & \underline{h}_{13} \\ \underline{h}_{21} & \underline{h}_{22} & \underline{h}_{23} \\ \underline{h}_{31} & \underline{h}_{32} & \underline{h}_{33} \end{vmatrix} \end{aligned} \tag{4.93}$$

Falls m_1 , m_2 und m_3 nichtnegativ sind, und mindestens einer positiv ist, ist $\underline{\boldsymbol{H}}$ positiv semidefinit, und es folgt $P > 0$. Dies besagt, dass das 3-Tor insgesamt mehr Leistung aufnimmt als es abgibt. Es ist demnach passiv, aber nicht verlustlos.

[16] Gelegentlich spricht man von *den Hauptminoren*, meint damit jedoch nur die Führenden Hauptminoren. Missverständnisse und Irrtümer sind dann vorprogrammiert.

Zu (iv) Hier lautet die duale Aussage

> Eine negativ semidefinite Matrix hat die Eigenschaft, dass die Vorzeichen der Führenden Hauptminoren alternieren.

Man kann zusätzlich zeigen, dass ungerade Indizes auf negative und gerade auf positive Ergebnisse führen. Das Kriterium hat nur geringe praktische Bedeutung, da es n-Tore, die sich unter allen denkbaren Betriebsbedingungen aktiv verhalten, kaum gibt.

In manchen Fällen ist $\underline{\boldsymbol{H}}$ weder positiv noch negativ semidefinit und $\underline{\boldsymbol{S}}$ nicht unitär. Dann kann dem n-Tor keine pauschale Eigenschaft zugeschrieben werden; es hängt von der äußeren Beschaltung ab, ob es sich aktiv oder passiv verhält. Ein Beispiel dazu wird im nächsten Abschnitt behandelt. Die Existenz eines negativen Führenden Hauptminors deutet darauf hin, dass gewissermaßen ein aktiver Charakter in dem n-Tor schlummert. Das kann dazu führen, dass ein Netz, welches dieses n-Tor enthält, instabil wird (Schwingneigung, eventuell Selbstzerstörung). Die s-Paramater können durch Messung gewonnen sein. Die Führenden Hauptminoren lassen sich dann leicht berechnen. Bei n-Toren, die man für passiv hält, sollte man für alle Frequenzen prüfen, ob negative Hauptminoren enthalten sind.

4.2.7 Beispiele

Wir betrachten zunächst eine verlustlose $\lambda/4$-Leitung mit dem Wellenwiderstand R_W, welche im R_0-System beschrieben wird (Bild 4-19). Diese Anordnung wurde bereits im Abschnitt 4.2.2 untersucht, die Berechnung führte auf die Streumatrix

$$\underline{\boldsymbol{S}} = \frac{1}{R_\mathrm{W}^2 + R_0^2} \cdot \begin{pmatrix} R_\mathrm{W}^2 - R_0^2 & -\mathrm{j}2R_\mathrm{W}R_0 \\ -\mathrm{j}2R_\mathrm{W}R_0 & R_\mathrm{W}^2 - R_0^2 \end{pmatrix} . \tag{4.94}$$

Zum Test auf Verlustlosigkeit muss $\underline{\boldsymbol{S}}^{*\mathrm{T}} \cdot \underline{\boldsymbol{S}}$ berechnet und geprüft werden.

$$\begin{aligned} \underline{\boldsymbol{S}}^{*\mathrm{T}} \cdot \underline{\boldsymbol{S}} &= \frac{1}{(R_\mathrm{W}^2 + R_0^2)^2} \cdot \begin{pmatrix} R_\mathrm{W}^2 - R_0^2 & \mathrm{j}2R_\mathrm{W}R_0 \\ \mathrm{j}2R_\mathrm{W}R_0 & R_\mathrm{W}^2 - R_0^2 \end{pmatrix} \cdot \begin{pmatrix} R_\mathrm{W}^2 - R_0^2 & -\mathrm{j}2R_\mathrm{W}R_0 \\ -\mathrm{j}2R_\mathrm{W}R_0 & R_\mathrm{W}^2 - R_0^2 \end{pmatrix} \\ &= \begin{pmatrix} 1 & 0 \\ 0 & 1 \end{pmatrix} = \boldsymbol{E} \end{aligned} \tag{4.95}$$

$\underline{\boldsymbol{S}}$ ist also unitär, (4.94) beschreibt erwartungsgemäß ein verlustloses Zweitor.

Bild 4-19 Verlustlose $\lambda/4$-Leitung mit Wellenwiderstand R_W

Ein gutes Beispiel für ein Zweitor, über dessen Aktivität keine pauschale Aussage gemacht werden kann, ist ein gewöhnlicher Verstärker. Bei normalem Betrieb, also Beschaltung des Eingangs mit einer Signalquelle und Beschaltung des Ausgangs mit einer Last, verhält er sich aktiv. Schließt man hingegen die Quelle am Ausgang und die Last am Eingang an, kommt es nicht zu einer Signalverstärkung, das Zweitor ist dann passiv. Die Streumatrix des Verstärkers hat im einfachsten Fall die Form

$$\underline{\boldsymbol{S}} = \begin{pmatrix} 0 & 0 \\ V & 0 \end{pmatrix} \quad . \tag{4.96}$$

Hierbei wäre Tor 1 der Eingang, Tor 2 der Ausgang und $V > 1$ die Spannungsverstärkung. Die Führenden Hauptminoren berechnen sich zu

$$\begin{aligned} m_1 &= 1-V^2 < 0 \\ m_2 &= 1-V^2 < 0 \end{aligned} \quad . \tag{4.97}$$

Beide sind negativ, die Vorzeichen alternieren also nicht, das Zweitor ist nur bei bestimmten Betriebsbedingungen aktiv.

4.2.8 Symmetrieeigenschaften

Dieser Abschnitt dient der Definition leicht zu interpretierender Fachbegriffe. Im Fall

$$\underline{s}_{11} = \underline{s}_{22} = \dots = \underline{s}_{\mathrm{nn}} \tag{4.101}$$

spricht man von einem *reflexionssymmetrischen* n-Tor. Eine Streumatrix mit der Eigenschaft

$$\underline{s}_{\mu\nu} = \underline{s}_{\nu\mu}$$

für alle Kombinationen

$$\begin{aligned} \mu &= 1,2 \dots n \\ \nu &= 1,2 \dots n \\ \mu &\neq \nu \end{aligned}$$

also

$$\underline{\boldsymbol{S}} = \underline{\boldsymbol{S}}^{\mathrm{T}} \tag{4.102}$$

beschreibt ein *transmissionssymmetrisches* n-Tor. Die Streumatrix eines reflexions- und transmissionssymmetrischen Dreitors hat demnach die Form

$$\underline{\boldsymbol{S}} = \begin{pmatrix} \underline{r} & \underline{t}_{\mathrm{A}} & \underline{t}_{\mathrm{B}} \\ \underline{t}_{\mathrm{A}} & \underline{r} & \underline{t}_{\mathrm{C}} \\ \underline{t}_{\mathrm{B}} & \underline{t}_{\mathrm{C}} & \underline{r} \end{pmatrix} \quad . \tag{4.103}$$

4.3 Realisierungen

4.3.1 Passive Eintore

Jede Impedanz $\underline{Z}$ bildet im Sinne der n-Tor-Theorie ein Eintor. Voraussetzung für Passivität ist die Eigenschaft

$$\mathrm{Re}\,\underline{Z} \;\geq\; 0 \;. \tag{4.104}$$

Im R_0-System verursacht diese Impedanz bekanntlich den Reflexionsfaktor

$$\underline{r} \;=\; \frac{\underline{Z}-\mathrm{R}_0}{\underline{Z}+\mathrm{R}_0} \;, \tag{4.105}$$

wodurch ihre Wirkung auf die Wellengrößen vollständig beschrieben ist. Bei passiver Impedanz gilt

$$|\underline{r}| \;\leq\; 1 \;. \tag{4.106}$$

Spezialfälle sind der Wellensumpf $\underline{Z} = R_0$ mit dem Reflexionsfaktor $\underline{r} = 0$, der Kurzschluss $\underline{Z} = 0$ mit dem Reflexionsfaktor $\underline{r} = -1$ und der Leerlauf $\underline{Z} \rightarrow \infty$ mit dem Reflexionsfaktor $\underline{r} = +1$.

4.3.2 Aktive Eintore

Aktive Eintore werden in der HF-Technik *Reflexionsverstärker* genannt. Die ablaufende Welle ist im Betrag größer als die zulaufende, was mit

$$|\underline{r}| \;>\; 1 \tag{4.107}$$

einhergeht. Um daraus einen Verstärker mit Eingang und Ausgang zu machen, müssen zulaufende und ablaufende Welle voneinander getrennt werden. Dies gelingt beispielsweise mit Hilfe eines Zirkulators. Dieses Dreitor wird in Abschnitt 4.3.8 detailliert beschrieben. Das Schaltsymbol des Reflexionsverstärkers ist in Bild 4-20 zu sehen.

Bild 4-20 Schaltsymbol des Reflexionsverstärkers

Die Realisierung kann mit Hilfe einer *Tunneldiode* erfolgen, ihre Kennlinie ist in Bild 4-21 dargestellt. Für kleine Aussteuerungen um den Punkt A kann die Kennlinie durch die grün dargestellte Gerade angenähert werden, und das ist wiederum die Arbeitsgerade einer realen Spannungsquelle. Somit ist die Verstärkerwirkung erklärt. Man fragt sich, woher ein passives Bauteil die für Verstärkung notwendige Energie bezieht. Für den beschriebenen Betrieb muss der Arbeitspunkt A durch Anlegen einer Gleichspannung eingestellt werden. Diese fungiert als Energielieferant.

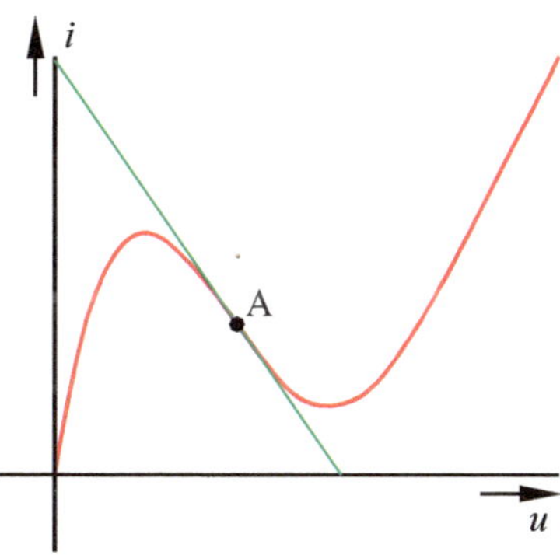

Bild 4-21 Kennlinie einer Tunneldiode

Der Vorteil dieser Realisierung besteht darin, dass die Tunneldiode als passives Bauteil beliebig gekühlt werden kann. Bei einem Transistor ist das nicht möglich, er würde die für Verstärkerbetrieb erforderlichen Eigenschaften verlieren. Durch Kühlung wird das thermische Rauschen herabgesetzt, weshalb sich der Reflexionsverstärker für besonders rauscharme Anwendungen anbietet. Ein Beispiel ist der Empfangsverstärker in einer Bodenstation für Satellitenfunk. Hier werden die Bauteile in flüssigem Helium gekühlt (vgl. 2.5.1).

4.3.3 Die Leitung

Eine Leitung definierter Länge, deren Wellenwiderstand mit der Systemimpedanz R_0 übereinstimmt, stellt ein besonders einfaches Beispiel für ein passives Zweitor dar. In Abschnitt 4.2.2 wurde die Streumatrix

$$\underline{\boldsymbol{S}} = \begin{pmatrix} 0 & \mathrm{e}^{-\underline{\gamma}l} \\ \mathrm{e}^{-\underline{\gamma}l} & 0 \end{pmatrix} \quad . \tag{4.108}$$

berechnet. Eine Beschreibung für eine Leitung mit veränderter Wellenimpedanz im R_0-System anzugeben, gestaltet sich ungleich schwieriger. Dieser Fall wurde im Abschnitt 4.2.2 speziell für die $\lambda/4$-Leitung behandelt.

4.3.4 Der Phasenschieber

Für messtechnische Anwendungen ist es häufig hilfreich, eine definierte Phasenverschiebung eines Signals herbeizuführen. Dazu dient der Phasenschieber; in Bild 4-22 ist das Schaltsymbol zu sehen. Er kann z. B. in koaxialer Technik als teleskopartig ausziehbare Leitung realisiert werden. Die Streumatrix hat die Form

$$\underline{\boldsymbol{S}} = \begin{pmatrix} 0 & \mathrm{e}^{-\mathrm{j}\varphi} \\ \mathrm{e}^{-\mathrm{j}\varphi} & 0 \end{pmatrix} \quad . \tag{4.109}$$

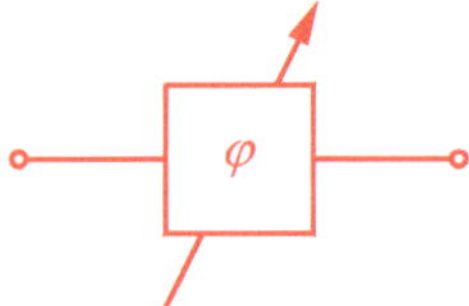

Bild 4-22 Schaltsymbol des Phasenschiebers

Der Phasenschieber wird auch *Gyrator* genannt, darf aber nicht mit dem aus der Elektronik bekannten Gyrator - einem Vierpol aus zwei spannungsgesteuerten Stromquellen - verwechselt werden. Letzterer wird in der Niederfrequenztechnik gern zur Realisierung von aktiven Filtern eingesetzt, man spricht in diesem Zusammenhang von Gyratorfiltern.

4.3.5 Das Dämpfungsglied

Bild 4-23 zeigt das Schaltsymbol eines Dämpfungsglieds. Das große Pi im Symbol rührt daher, dass die Realisierung des Dämpfungsglieds durch Zusammenschaltung von drei Widerständen an diesen Buchstaben erinnert. Man könnte es auch mit Hilfe der Stern-Dreieck-Transformation in eine T-Struktur überführen. Das Dämpfungsglied ist beidseitig angepasst, und schwächt das Signal in beiden Richtungen in derselben definierten Weise ab. Die Dämpfung a wird als Dezibel-Wert angegeben und ist dann gleichermaßen Leistungsdämpfung wie Spannungsdämpfung, da das Zweitor zwischen gleichen Abschlüssen betrieben wird. Die Streumatrix lautet somit

$$\underline{\boldsymbol{S}} = \begin{pmatrix} 0 & 10^{-a/20\,\mathrm{dB}} \\ 10^{-a/20\,\mathrm{dB}} & 0 \end{pmatrix} . \qquad (4.110)$$

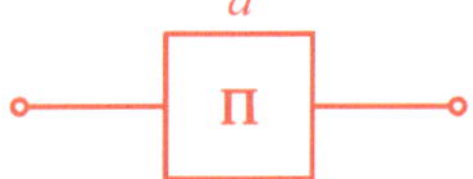

Bild 4-23 Schaltsymbol des Dämpfungsglieds

Da das Dämpfungsglied nur aus Widerständen aufgebaut ist, lässt es sich einfach und präzise realisieren. Dämpfungsglieder werden an verschiedenen Stellen eingesetzt:

* Effektivwertmessung: Ein unbekanntes Signal wird in definierter Weise so weit abgeschwächt, bis sein Effektivwert dem eines bekannten, geeichten Signals genau gleich ist. Für die Messung braucht man lediglich ein RMS-Voltmeter. Aus der Dämpfung kann dann ganz einfach auf den Pegel des unbekannten Signals geschlossen werden. Hierfür ist ein in Stufen einstellbares Dämpfungsglied notwendig, das auf Grund der Anwendung den Namen *Eichleitung* erhielt. Ist das unbekannte Signal schwächer als das geeichte, verfährt man genau umgekehrt.

* Pegelanpassung: Ein zu messendes Signal wird so weit abgeschwächt, dass ein Empfangsteil, z. B. ein Messwerk, genau richtig ausgesteuert wird. Ein wichtiges Messgerät der HF-Technik ist der *Spectrum Analyzer* , der es erlaubt ein hochfrequentes Signal nach seinen spektralen Eigenschaften darzustellen. Dieser besitzt im Eingangsteil ein einstellbares Dämpfungsglied, welches bis heute Eichleitung genannt wird. Der nachfolgende Mischer, der die Aufgabe hat das zu messende Signal in eine andere Frequenzlage umzusetzen, ist äußerst empfindlich, damit auch sehr schwache Signale dargestellt wer-

den können. Das Dämpfungsglied muss vom Anwender so eingestellt werden, dass der Mischer gerade noch nicht übersteuert wird. Damit erzielt man die größte Dynamik. Letztendlich ist das nichts anderes als die Messbereichseinstellung bei einem Multimeter. Eine detaillierte Beschreibung erfolgt in Kapitel 7.

* Verbesserung des Reflexionsfaktors: Einem Fehlabschluss wird ein Dämpfungsglied vorgeschaltet. Die Reflexionsdämpfung erhöht sich dadurch um den zweifachen Dämpfungswert, da sowohl die auf den Fehlabschluss zulaufende, als auch die von ihm reflektierte Welle das Dämpfungsglied durchläuft.

Dämpfungsglieder sind häufig mit Kühlrippen ausgestattet und daran leicht erkennbar; siehe dazu Bild 4-43. Damit wird die aus der Signalvernichtung resultierende Wärmeabfuhr unterstützt; für sehr große Leistungen werden sogar Flüssigkeitskühlungen eingesetzt. Neuerdings sind sogenannte *digitale Dämpfungsglieder* als integrierte Bausteine erhältlich. Digital bedeutet hierbei, dass durch Anlegen eines speziellen Bitmusters eine definierte Dämpfung eingestellt werden kann. Diese sind sehr vorteilhaft bei Funkempfängern, die sich damit per Software an veränderte Funkbedingungen anpassen können. Bild 4-24 zeigt die Realisierung eines Dämpfungsglieds in Pi-Struktur.

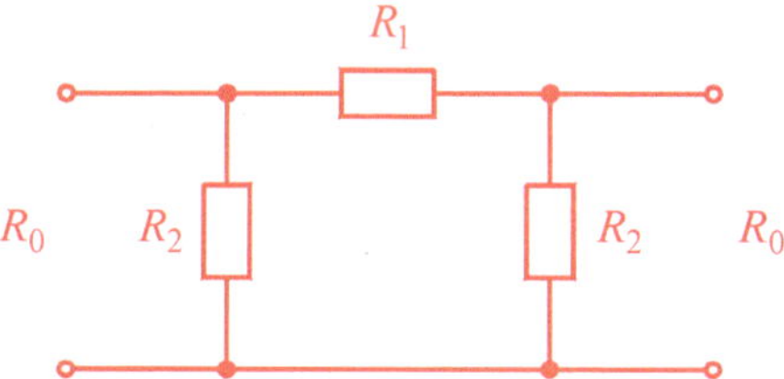

Bild 4-24 Dämpfungsglied in Pi-Struktur

Es folgt ein Beispiel: Wir wollen ein 20dB-Dämpfungsglied für ein 50Ω-System dimensionieren. Als erstes wird die Anpassbedingung formuliert: Ein am rechten Tor angebrachter Abschluss R_0 soll sich zum linken in sich selbst transformieren.

$$R_0 = R_2 \parallel \left(R_1 + R_2 \parallel R_0\right) = \frac{R_2\left(R_1 + \dfrac{R_2 \cdot R_0}{R_2 + R_0}\right)}{R_2 + R_1 + \dfrac{R_2 \cdot R_0}{R_2 + R_0}} \qquad (4.112)$$

Diese Gleichung lässt sich in einigen Rechenschritten nach R_1 auflösen, und man erhält

$$R_1 = \frac{2\,R_0^2\,R_2}{\left(R_2 - R_0\right)\cdot\left(R_2 + R_0\right)} \quad . \qquad (4.113)$$

Nun wird die Dämpfungsbedingung formuliert: Bei Beschaltung des rechten Tores mit R_0 erfolgt eine Spannungsteilung um den Faktor 10 entsprechend der vorgegebenen Dämpfung von 20dB. Für diese Berechnung müssen Ströme eingeführt werden, wie in Bild 4-25 zu sehen. Der Abschluss R_0 transformiert sich vereinbarungsgemäß zum linken Tor in sich selbst. Damit gilt

$$\underline{I}_1 = \frac{\underline{U}_1}{R_0} \quad . \qquad (4.114)$$

Mit der Stromteilungsgleichung erhält man

$$\underline{I} = \underline{I}_1 \frac{R_2}{R_2 + R_1 + R_2 \parallel R_0} , \qquad (4.115)$$

was schließlich auf

$$\underline{U}_2 = \underline{I} \cdot R_2 \parallel R_0 = \frac{\underline{U}_1}{R_0} \cdot \frac{R_2 \cdot R_2 \parallel R_0}{R_2 + R_1 + R_2 \parallel R_0} \qquad (4.116)$$

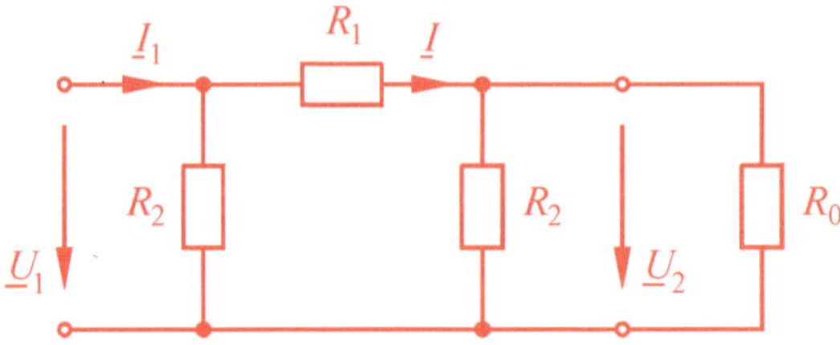

Bild 4-25 Zur Berechnung der Dämpfung

führt. Setzt man hier das geforderte Spannungsverhältnis ein, ergibt sich eine Gleichung für die Widerstände. Durch Elimination von R_1 mit Hilfe von (4-113) und anschließende Auflösung nach R_2 ist ein erstes Ergebnis gefunden. Dieses wird in (4.113) eingesetzt, und die Aufgabe ist gelöst. Das endgültige Resultat lautet:

$$\begin{aligned} R_1 &= \frac{11}{20} R_0 = 247{,}5\Omega \\ R_2 &= \frac{11}{9} R_0 = 61{,}1\Omega \end{aligned} \qquad (4.117)$$

Dem interessierten Leser wird dringend empfohlen die komplette Rechnung selbst zu verifizieren. Er wird überrascht sein von dem immensen Rechenaufwand, der hier zur Bestimmung von gerade einmal zwei Widerstandswerten erforderlich ist.

4.3.6 Das Anpassglied

Das Anpassglied ist streng genommen die verallgemeinerte Form des Dämpfungsglieds und unterscheidet sich deshalb nur wenig. Die Systemimpedanzen auf den beiden Seiten sind nun unterschiedlich, als Folge ergeben sich unterschiedliche Querwiderstände. Bild 4-26 zeigt eine typische Realisierung. Es gibt nun zwei Anpassbedingungen:

* Ein Abschluss R_{02} am rechten Tor transformiert sich in R_{01} am linken,
* Ein Abschluss R_{01} am linken Tor transformiert sich in R_{02} am rechten.

Hinzu kommt wie gehabt eine Dämpfungsbedingung, sodass insgesamt drei Vorgaben bestehen, welche eine eindeutige Lösung für die drei Widerstände liefern. Wegen der unterschiedlichen Abschlüsse muss nun strikt zwischen Spannungs- und Leistungsdämpfung unterschieden werden. Auch ist die Angabe einer Streumatrix nicht ohne Weiteres möglich.

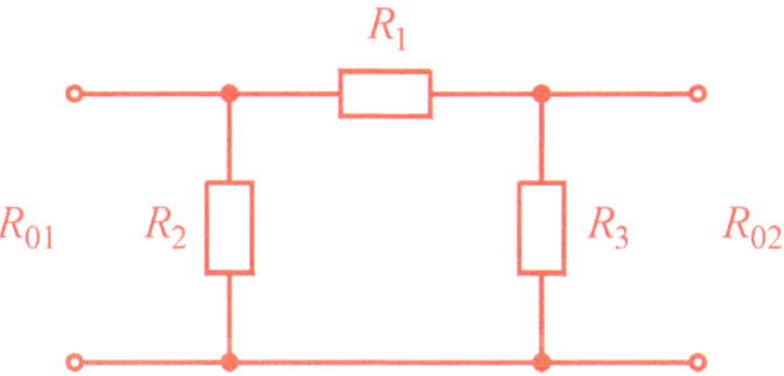

Bild 4-26 Anpassglied in Pi-Struktur

Häufig besteht nur die Anforderung ein bestimmtes Impedanzniveau an ein anderes anzupassen, dann wählt man das *Anpassglied minimaler Dämpfung* . Dieses zeichnet sich dadurch aus, dass ein Querwiderstand entfällt, das ist der auf der hochohmigeren Seite, man vergleiche Bild 4-27. Ein typisches Beispiel für die Notwendigkeit eines Anpassglieds ist der Einsatz eines Messgeräts mit einer bestimmten Eingangsimpedanz zur Messung an einem gegebenen System. Es gibt auch Messgeräte mit umschaltbarer Eingangsimpedanz. Die Umschaltung bedeutet dabei nichts anderes als das Zuschalten eines Anpassglieds im Eingangsteil und Kompensation des dadurch verursachten Signalverlusts über die Gerätesoftware.

Als praktisches Beispiel soll ein Anpassglied minimaler Dämpfung für einen Übergang von 50Ω auf 75Ω entworfen werden. Wir verwenden Bild 4-27 mit

$$\begin{aligned} R_{01} &= 50\Omega \\ R_{02} &= 75\Omega \end{aligned} \quad . \tag{4.118}$$

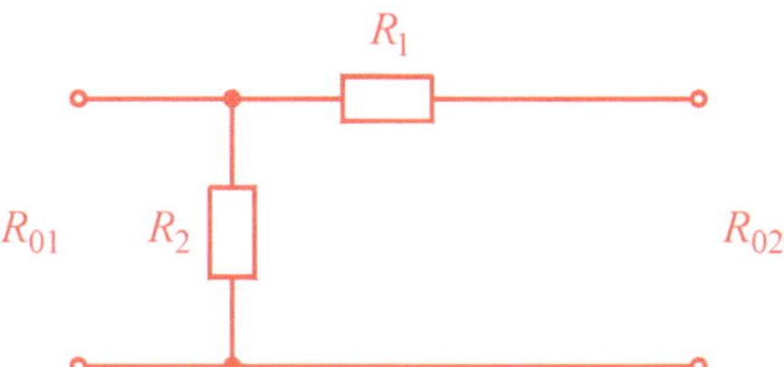

Bild 4-27 Anpassglied minimaler Dämpfung für $R_{01} < R_{02}$

Die Anpassungsbedingungen lauten:

$$\begin{aligned} R_{01} &= R_2 \parallel (R_1 + R_{02}) &= \frac{R_2 \cdot (R_1 + R_{02})}{R_2 + R_1 + R_{02}} \\ R_{02} &= R_1 + R_2 \parallel R_{01} &= R_1 + \frac{R_2 \cdot R_{01}}{R_2 + R_{01}} \end{aligned} \tag{4.119}$$

Dieses Gleichungspaar lässt sich nach den gesuchten Größen R_1 und R_2 auflösen, wobei der Aufwand an algebraischer Rechnung wieder überraschend hoch ist. Wir erhalten:

$$\begin{aligned} R_1 &= \sqrt{R_{02}^2 - R_{01} \cdot R_{02}} &= 43{,}3\Omega \\ R_2 &= R_{01} \cdot \sqrt{\frac{R_{02}}{R_{02} - R_{01}}} &= 86{,}6\Omega \end{aligned} \tag{4.120}$$

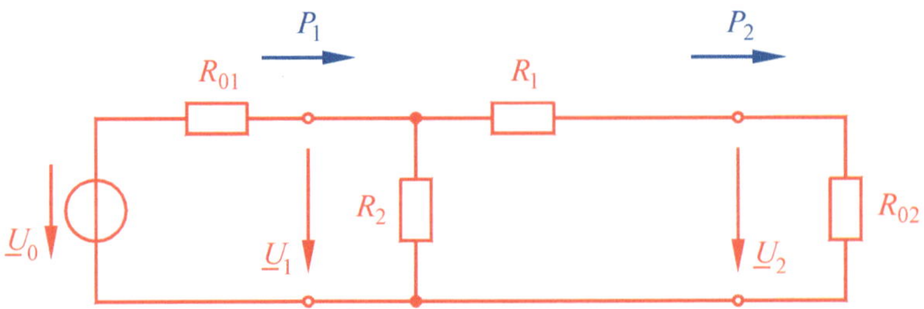

Bild 4-28 Zur Berechnung der Wellendämpfung a_{21}

Im nächsten Schritt wollen wir die vom Anpassglied verursachte Wellendämpfung berechnen und zwar für beide Richtungen (vgl. 2.3.2). Zunächst wird an Tor 1 gespeist, siehe Bild 4-28. Das Verhältnis der Scheinleistungen P_1 und P_2 liefert die Dämpfung a_{21} [17]. R_{02} transformiert sich in R_{01}, folglich ist

$$P_1 = \frac{U_1^2}{R_{01}} \quad . \tag{4.121}$$

Die Widerstände R_1 und R_{02} bilden einen Spannungsteiler, also ist

$$P_2 = \left(U_1 \cdot \frac{R_{02}}{R_1 + R_{02}}\right)^2 \cdot \frac{1}{R_{02}} \quad . \tag{4.122}$$

Unter Berücksichtigung von (4.120) ergibt sich die gesuchte Dämpfung ausgedrückt durch die beiden Systemimpedanzen zu

$$a_{21} = 10 \cdot \lg \frac{P_1}{P_2} \text{ dB} = 10 \cdot \lg \frac{\left(\sqrt{R_{02}} + \sqrt{R_{02} - R_{01}}\right)^2}{R_{01}} \text{dB} = 5{,}72 \text{dB} \quad . \tag{4.123}$$

Nun soll die Wellendämpfung in der Gegenrichtung bestimmt werden, der dazu erforderliche Betrieb ist in Bild 4-29 gezeigt. Mit der gleichen Begründung wie vorher ist

$$P_2 = I_2^2 \cdot R_{02} \quad . \tag{4.124}$$

$\underline{I}_1$ ergibt sich aus $\underline{I}_2$ durch Stromteilung und es folgt

$$P_1 = I_2^2 \cdot \left(\frac{R_2}{R_2 + R_{01}}\right)^2 \cdot R_{01} \quad . \tag{4.125}$$

Nach einigen Rechenschritten erhält man

$$a_{12} = 10 \cdot \lg \frac{P_2}{P_1} \text{ dB} = 10 \cdot \lg \frac{\left(\sqrt{R_{02}} + \sqrt{R_{02} - R_{01}}\right)^2}{R_{01}} \text{dB} = a_{21} \quad . \tag{4.126}$$

[17] Die Indizierung wurde in Anlehnung an die bei s-Parametern eingeführte Regel gewählt. Der erste Index bezeichnet das Ziel, der zweite die Quelle.

Die Analyse führt auf das interessante Ergebnis, dass die Wellendämpfung in beiden Richtungen gleich ist. Das ist eine unmittelbare Folge der Reziprozität passiver n-Tore. Dieser Dämpfungswert dient allgemein zur Spezifikation von Anpassgliedern minimaler Dämpfung.

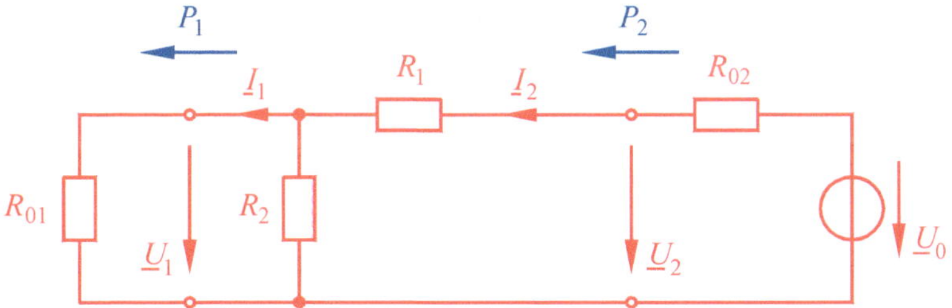

Bild 4-29 Zur Berechnung der Wellendämpfung a_{12}

4.3.7 Die Richtungsleitung

Bild 4-30 zeigt das Schaltsymbol der Richtungsleitung [1]. Die Wirkungsweise dieses Zweitors ist schnell erklärt. Es ist beidseitig angepasst, die Transmission ist in Pfeilrichtung hoch, entgegen der Pfeilrichtung niedrig. Die Richtungsleitung wird deshalb auch die Diode der HF-Technik genannt. Die Streumatrix einer idealen Richtungsleitung hat demzufolge die Form

$$\underline{\boldsymbol{S}} = \begin{pmatrix} 0 & 0 \\ 1 & 0 \end{pmatrix} . \qquad (4.127)$$

Im realen Fall liegt eine gewisse Fehlanpassung vor, Transmission und Unterdrückung sind nicht hundertprozentig und es erfolgt eine Phasenverschiebung. Dann erhält die Streumatrix die Form

$$\underline{\boldsymbol{S}} = \begin{pmatrix} \underline{r}_1 & \underline{s} \\ \underline{t} & \underline{r}_2 \end{pmatrix} , \qquad (4.128)$$

wobei man

$$\begin{aligned} |\underline{r}_{1,2}| &<< 1 \\ |\underline{s}| &<< 1 \\ |\underline{t}| &\approx 1 \end{aligned} \qquad (4.129)$$

anstrebt.

Bild 4-30 Schaltsymbol der Richtungsleitung

Zur Realisierung dient ein Zirkulator, er wird in Abschnitt 4.3.8 besprochen. Richtungsleitungen werden zum Schutz empfindlicher Tore eingesetzt. Beispielsweise sollte bei einem Verstärker grundsätzlich vermieden werden, dass ein Signal auf das Ausgangstor zuläuft. Die

Folge wären *Intermodulationen* in Folge nichtlinearer Verzerrungen. Darunter versteht man die unerwünschte Entstehung neuer Signalfrequenzen durch Kombination der Signale. Dieses Phänomen wurde in Abschnitt 2.5.3 genau erklärt. Bei einem Verstärker, der eine Sendeantenne speist, kann dies durch ein von der Antenne empfangenes Fremdsignal leicht passieren. Gelegentlich hat die Richtungsleitung auch die Aufgabe, Beschädigungen zu verhindern.

4.3.8 Der Zirkulator

Bild 4-31 zeigt das Schaltsymbol des Zirkulators [1]. Auch hier ist die Wirkungsweise leicht zu verstehen. Alle drei Tore sind angepasst. Eine auf ein Tor zulaufende Welle wird in Pfeilrichtung zum Nachbartor weitergeleitet, in Gegenrichtung unterdrückt. Die Streumatrix des idealen Zirkulators hat somit die Form

$$\underline{\boldsymbol{S}} = \begin{pmatrix} 0 & 0 & 1 \\ 1 & 0 & 0 \\ 0 & 1 & 0 \end{pmatrix} . \tag{4.130}$$

Im realen Fall sind die Werte unvollkommen, das Verhalten ist aber in aller Regel symmetrisch, d.h. die Reflexionsfaktoren sowie die Transmissionen sind untereinander gleich. Es ergibt sich

$$\underline{\boldsymbol{S}} = \begin{pmatrix} \underline{r} & \underline{s} & \underline{t} \\ \underline{t} & \underline{r} & \underline{s} \\ \underline{s} & \underline{t} & \underline{r} \end{pmatrix} , \tag{4.131}$$

wobei man

$$\begin{aligned} |\underline{r}| &\ll 1 \\ |\underline{s}| &\ll 1 \\ |\underline{t}| &\approx 1 \end{aligned} \tag{4.132}$$

anstrebt. Die Abweichung der Beträge von den idealen Werten können im Dezibelmaß angegeben werden in Form einer Reflexionsdämpfung, einer Vorwärtsdämpfung und einer Rückwärtsunterdrückung.

$$\begin{aligned} a_{\mathrm{r}} &= -20 \lg|\underline{r}|\, dB \\ a_{\mathrm{t}} &= -20 \lg|\underline{t}|\, dB \\ a_{\mathrm{s}} &= -20 \lg|\underline{s}|\, dB \end{aligned} \tag{4.133}$$

a_{S} wird auch *Isolation* genannt.

Zirkulatoren können in koaxialer Technik, als Streifenleiter oder auch als Hohlleiter realisiert werden. Dabei kommen Permanentmagneten aus ferromagnetischen Stoffen zum Einsatz. Auf die feldtheoretische Erklärung der Wirkungsweise muss hier verzichtet werden. Man kann sich bildhaft vorstellen, dass ein senkrecht zur Leitungsrichtung wirkendes statisches Magnetfeld die Welle in gezielter Weise zum Nachbartor ablenkt, vergleichbar der Ablenkung eines Elektronenstrahls. Wegen der mehr oder weniger stark ausgeprägten nichtlinearen Eigenschaften aller Ferromagnete neigen Zirkulatoren zu nichtlinearen Verzerrungen, also zur Entstehung von Oberschwingungen und Intermodulationen. Bei hohen Anforderungen an den Störabstand sollen Zirkulatoren aus diesem Grund nicht eingesetzt werden. Über nichtlineare Verzerrungen finden sich ausführliche Erklärungen in Abschnitt 2.5.3.

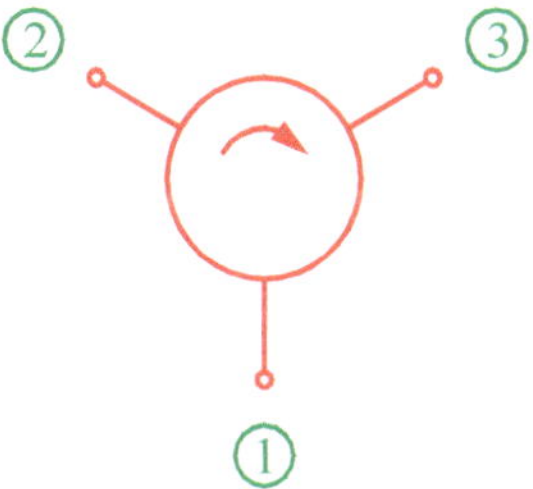

Bild 4-31 Schaltsymbol des Zirkulators

Bild 4-32 zeigt die Realisierung einer Richtungsleitung mit Hilfe eines geeignet beschalteten Zirkulators. Eine auf Tor 1 zulaufende Welle wird dämpfungsarm zum Tor 2 durchgeleitet. Eine auf Tor 2 zulaufende Welle wird zum Tor 3 geleitet und dort abgesumpft, gelangt also nicht an das Tor 1. Reicht die Isolation so nicht aus, kann man mehrere derartige Anordnungen kaskadieren.

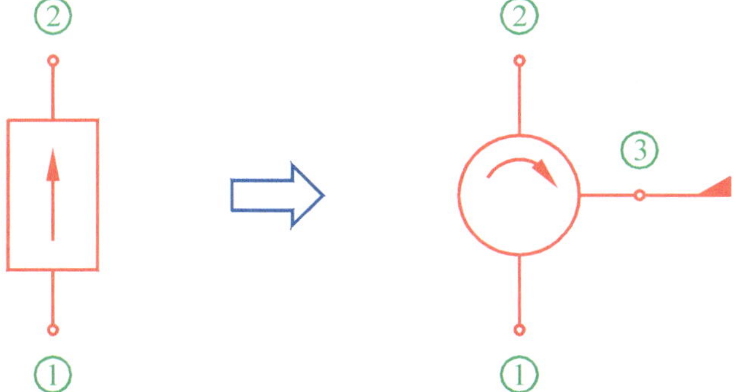

Bild 4-32 Realisierung der Richtungsleitung mit Zirkulator

In Bild 4-33 ist dargestellt, wie man mit einem Zirkulator einen Reflexionsverstärker zu einem herkömmlichen Verstärker - also einem Zweitor mit Eingang und Ausgang - umbauen kann. Die Funktionsweise erklärt sich von selbst, der Betrag des Reflexionsfaktors liefert direkt die Verstärkung.

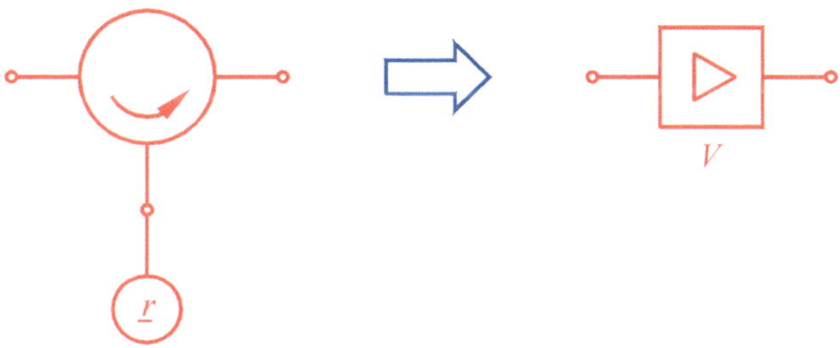

Bild 4-33 Praktischer Aufbau eines Reflexionsverstärkers

Diese Anordnung würde sich im Prinzip auch zur Reflexionsfaktormessung eignen. Dafür verwendet man aber besser die im nächsten Abschnitt beschriebene Reflexionsfaktor-Messbrücke.

Ein weiteres Beispiel für den Einsatz des Zirkulators ist in Bild 4-34 skizziert. Es handelt sich um einen sogenannten *Transceiver* . Dieses Akronym ist durch Zusammenziehen der Begriffe *Transmitter* für Sender und *Receiver* für Empfänger entstanden. Es handelt sich um eine kommunikationstechnische Einrichtung, die zugleich senden und empfangen kann, deshalb mit einem Sender (T), einem Empfänger (R) und einer gemeinsamen Antenne ausgestattet ist. Solche Einrichtungen kommen überall dort zum Einsatz, wo Funkverkehr in beide Richtungen stattfindet, also bei Gegensprechsystemen. Man spricht auch vom *Full Duplex* Betrieb. Im Bereich des GSM-Mobilfunks gibt es den Begriff BTS für *Base Transceiver Station* , das ist die Funkstation, mit der das einzelne Mobiltelefon in Kontakt steht. [18] Der Zirkulator hat die Aufgabe, den Sender vom Empfänger zu trennen. Das Sendesignal gelangt über den Zirkulator zur Antenne, welche angepasst sein muss, und wird von dieser abgestrahlt. Das von der Antenne empfangene Signal wird an den ebenfalls angepassten Empfänger geleitet. Somit ist sichergestellt, dass das Sendesignal nicht an den Empfängereingang gelangt.

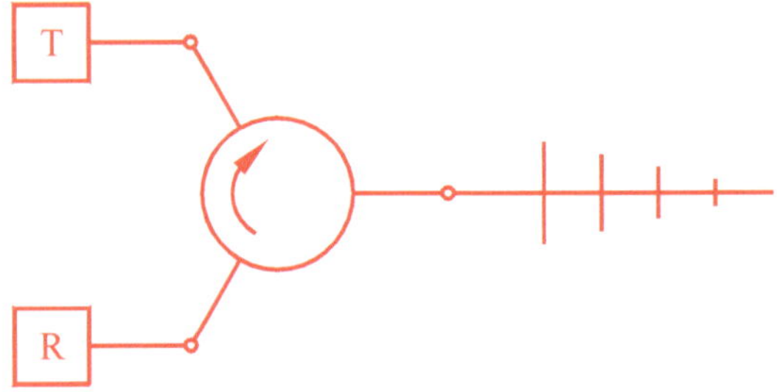

Bild 4-34 Blockschaltbild einer Transceiver Station

4.3.9 Die Reflexionsfaktor-Messbrücke

Die Begriffe Reflexionsfaktor und Stehwellenverhältnis (VSWR) sind eng verwandt. Deshalb taucht das Kürzel VSWR (oder kurz SWR) in Verbindung mit Reflexionsfaktoren wieder auf (siehe Bild 4-43); es dient aber hierbei nur als Namensgeber, eine Messung von s findet nicht statt. In Bild 4-35 ist das Schaltsymbol der Reflexionsfaktor-Messbrücke dargestellt. Die Funktionsweise dieses Dreitors lässt sich folgendermaßen verbal beschreiben:

* Alle Tore sind angepasst.
* In Pfeilrichtung erfolgt auf den entsprechend gekennzeichneten Pfaden Transmission mit definierter Dämpfung.
* Eine Signalausbreitung entgegen der Pfeilrichtung wird unterdrückt.
* Die Tore 1 und 3 sind vollständig entkoppelt.

Die Streumatrix der idealen Reflexionsfaktor-Messbrücke hat die Form

---

[18] Allerdings werden bei GSM-Mobilfunk wegen der extrem hohen Anforderungen an die Dynamik keine Zirkulatoren eingesetzt; man verwendet Duplexer gemäß 3.3.10.

$$\underline{\boldsymbol{S}} = \begin{pmatrix} 0 & 0 & 0 \\ \frac{1}{\sqrt{2}} & 0 & 0 \\ 0 & \frac{1}{\sqrt{2}} & 0 \end{pmatrix} . \tag{4.134}$$

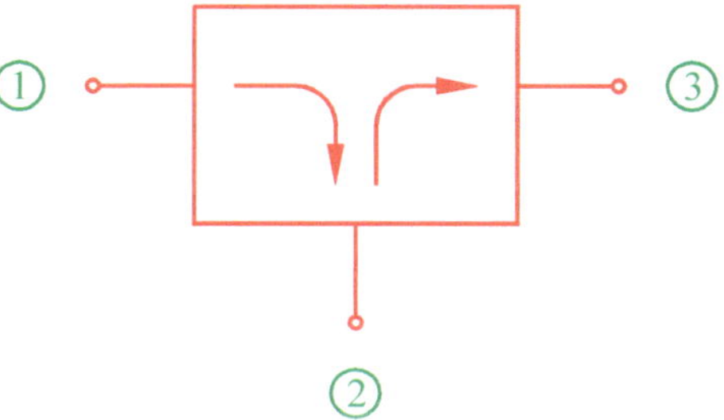

Bild 4-35 Schaltsymbol der Reflexionsfaktor-Messbrücke

In diesem Fall hätten die Pfade eine Dämpfung von je 3dB. Kleinere Dämpfungen sind bei Reflexionsfaktor-Messbrücken der hier behandelten Art nicht realisierbar. Das Dreitor ist also nicht verlustlos; hierin besteht ein gewisser Nachteil gegenüber dem Zirkulator. Bild 4-36 zeigt den kompletten Aufbau zur Messung eines Reflexionsfaktors. Die Anordnung soll im Folgenden analysiert werden. Die Signalquelle ist angepasst, somit gilt

$$\underline{r}_S = 0 .$$

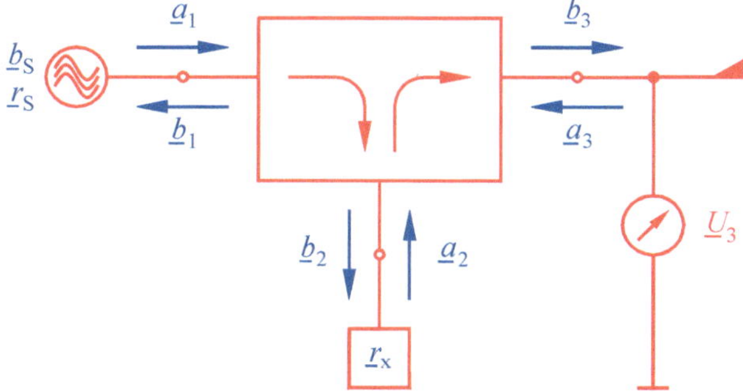

Bild 4-36 Anordnung zur Messung des Reflexionsfaktors

Wegen

$$\underline{s}_{11} = \underline{s}_{12} = \underline{s}_{13} = 0$$

ist

$$\underline{b}_1 = 0 ,$$

folglich ist die Spannung an Tor 1 der Quellwelle proportional gemäß

$$\underline{U}_1 = \sqrt{R_0} \cdot \underline{b}_S \quad .$$

Weiter gilt

$$\underline{b}_2 = \underline{s}_{21}\,\underline{a}_1 = \frac{1}{\sqrt{2}}\,\underline{b}_S$$

$$\underline{a}_2 = \underline{r}_x\,\underline{b}_2 = \frac{\underline{r}_x}{\sqrt{2}}\,\underline{b}_S$$

und schließlich

$$\underline{b}_3 = \underline{s}_{32}\,\underline{a}_2 = \frac{\underline{r}_x}{2}\,\underline{b}_S \quad .$$

Der Sumpf an Tor 3 hat

$$\underline{a}_3 = 0$$

zur Folge, somit ist die an Tor 3 messbare Spannung

$$\underline{U}_3 = \sqrt{R_0} \cdot \underline{b}_3$$

dem Reflexionsfaktor proportional und wir erhalten

$$\frac{\underline{U}_3}{\underline{U}_1} = \frac{\underline{r}_x}{2} \quad . \tag{4.135}$$

In der Praxis sind die Streuparameter $\underline{s}_{21}$ und $\underline{s}_{32}$ im Betrag kleiner als $1/\sqrt{2}$ und ihre Phase ist von Null verschieden. Diese Grunddämpfung und die Phasenverschiebung werden vor der eigentlichen Messung in einem Normalisierungszyklus ermittelt. Hierbei wird an Stelle des Prüflings ein Kurzschluss, der bekanntlich den Reflexionsfaktor -1 hat, angebracht. Die Messergebnisse werden später mit denen der Normalisierung verrechnet, was auf den korrekten Reflexionsfaktor $\underline{r}_x$ führt. Zur Ermittlung des Spannungsverhältnisses $\underline{U}_3/\underline{U}_1$ dient der sogenannte *Network Analyzer* , ein Messplatz bestehend aus einem Signalgenerator und einem frequenzselektiven Voltmeter, welche in Frequenz und Pegel miteinander kommunizieren. Die Messung erfolgt über ein vom Anwender vorgegebenes Frequenzintervall, das Resultat ist also ein Frequenzgang des Reflexionsfaktors. Ausführliche Erklärungen folgen in Kapitel 7.

Bei realen Reflexionsfaktor-Messbrücken sind die Tore 1 und 3 nicht vollständig entkoppelt, ein kleiner Teil des Signals gelangt direkt von Tor 1 nach Tor 3. Diese Eigenschaft wird durch die sogenannte *Directivity D* quantitativ beschrieben. Das ist die Dämpfung auf dem direkten Pfad von Tor 1 nach Tor 3 bezogen auf die Grunddämpfung der Messbrücke.

$$D = -20 \cdot \lg \frac{|\underline{s}_{31}|}{|\underline{s}_{21} \cdot \underline{s}_{32}|}\,\mathrm{dB} \tag{4.136}$$

Die Directivity ist ein wichtiges Qualitätsmerkmal einer Reflexionsfaktor-Messbrücke. Es ergeben sich zwei Konsequenzen:

* Ein Teil des von der Signalquelle gelieferten Signals gelangt nicht zum Prüfling, es geht also für die Messung verloren. Dieser Effekt kann in aller Regel vernachlässigt werden.

* An Tor 3 erfolgt eine Überlagerung des vom Prüfling reflektierten und des direkt transmittierten Signals, was zu einer Verfälschung des Messergebnisses führt.

Der zuletzt genannte Effekt soll etwas genauer untersucht werden. Man erkennt sofort, dass die Verfälschung umso gravierender ist, je schwächer das von $\underline{r}_x$ reflektierte Signal ist. Die Messung wird also bei Prüflingen mit hoher Reflexionsdämpfung kritisch. Es sind zwei Extremfälle denkbar, woraus sich Fehlergrenzen abschätzen lassen.

* Reflektiertes und transmittiertes Signal überlagern sich gleichphasig. Der Messwert nimmt den größtmöglichen Wert an.
* Die Signale überlagern sich gegenphasig, der Messwert wird zu klein. Bei Betragsgleichheit erfolgt eine Auslöschung, der Messwert wird null.

Machen wir ein Beispiel: Die Grunddämpfung einer Reflexionsfaktor-Messbrücke beträgt $8{,}5\text{dB}$, ihre Directivity wird mit 37dB angegeben. Nach Normalisierung wurde eine Reflexionsdämpfung von $6{,}5\text{dB}$ gemessen. Es stellt sich die Frage nach dem Vertrauensbereich, dem Wertebereich, in dem die wahre Reflexionsdämpfung des Prüflings liegt. In Bild 4-37 sind die Signalflüsse skizziert. Die an Tor 3 ablaufende Welle $\underline{b}_3$ setzt sich aus einem durch die Directivity verursachten Anteil $\underline{b}_{3\text{d}}$ und einem durch die Reflexion verursachten Anteil $\underline{b}_{3\text{r}}$ zusammen. Über deren Phasenlage ist nichts bekannt. $\underline{b}_{3\text{d}}$ ist gegenüber $\underline{a}_1$ um $(37+8{,}5)\text{dB}$ gedämpft, $\underline{b}_{3\text{r}}$ um $(x+8{,}5)\text{dB}$ und die Überlagerung $\underline{b}_3$ um $(6{,}5+8{,}5)\text{dB}$. Da alle Verhältnisse den additiven Anteil $8{,}5\text{dB}$ entsprechend der Grunddämpfung haben, kann dieser für den Vergleich weggelassen werden. Die Abschätzung der Überlagerung ist im Dezibel-Maß nicht möglich, es müssen die tatsächlichen Verhältnisse berechnet werden.

$$\begin{aligned} V_\text{d} &= 10^{-37/20} &= 0{,}0141 \\ V &= 10^{-6{,}5/20} &= 0{,}473 \end{aligned}$$

Nun müssen die beiden Extremfälle der Überlagerung untersucht werden.

(i) V hat sich durch gleichphasige Überlagerung der Wellenanteile ergeben.

$$\begin{aligned} V &= V_{\text{x}1} + V_\text{d} \\ V_{\text{x}1} &= V - V_\text{d} = 0{,}459 \quad \Rightarrow \\ a_{\text{R}1} &= 6{,}76\,\text{dB} \end{aligned}$$

(ii) Es fand gegenphasige Überlagerung statt.

$$\begin{aligned} V &= V_{\text{x}2} - V_\text{d} \\ V_{\text{x}2} &= V + V_\text{d} = 0{,}487 \quad \Rightarrow \\ a_{\text{R}2} &= 6{,}24\,\text{dB} \end{aligned}$$

Somit folgt für den Vertrauensbereich der Reflexionsdämpfung

$$6{,}24\,\text{dB} \leq a_\text{R} \leq 6{,}76\,\text{dB} \quad .$$

Man erkennt wieder, dass sich im Falle der Gleichheit von Directivity und wahrer Reflexionsdämpfung im Fall gegenphasiger Überlagerung

$$V = V_{\text{x}2} - V_\text{d} = 0$$

ergibt. Es wird überhaupt kein Signal mehr gemessen, man würde auf unendliche Reflexionsdämpfung schließen. Dies bedeutet die Grenze der Einsetzbarkeit einer Reflexionsfaktor-

Messbrücke. In der Praxis achtet man darauf, dass Directivity der Messbrücke und Empfindlichkeit des Analysators in einem ausgewogenen Verhältnis zueinander stehen.

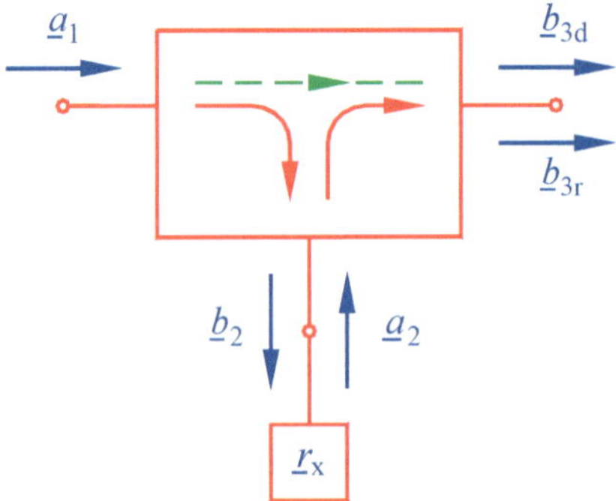

Bild 4-37 Signalflüsse

In Bild 4-38 sieht man eine Realisierung. Es liegt tatsächlich eine Brückenschaltung vor, gebildet aus drei gleichen Widerständen vom Wert der Systemimpedanz R_0 und dem Prüfling $\underline{Z}_x$. Am linken Tor wird mit einer Spannung $\underline{U}$ gespeist, die Spannung $\underline{U}_B$ im Brückenzweig wird gemessen. Durch Anwendung der Spannungsteilungsgleichung auf die beiden parallel liegenden Pfade erhält man

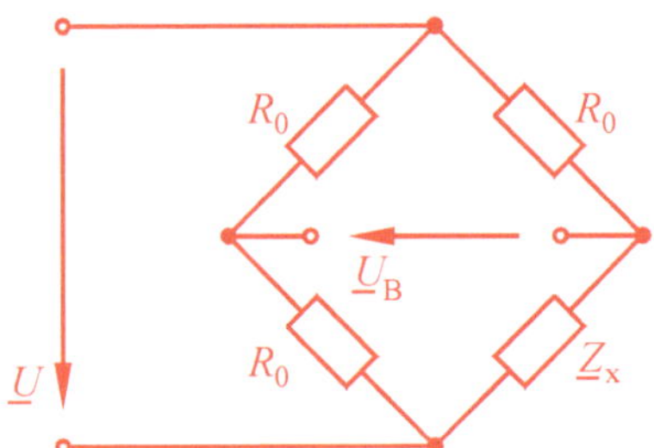

Bild 4-38 Realisierung einer Reflexionsfaktor-Messbrücke

$$\underline{U}_B = \frac{\underline{U}}{2} - \underline{U}\frac{R_0}{\underline{Z}_x + R_0} = \underline{U}\frac{\underline{Z}_x - R_0}{2(\underline{Z}_x + R_0)}, \tag{4.137}$$

woraus mit 4-33

$$\underline{r}_x = 2\frac{\underline{U}_B}{\underline{U}} \tag{4.138}$$

folgt. Das Spannungsverhältnis liefert den Reflexionsfaktor. Bild 4-38 ist prinzipiell zu verstehen. Bei Realisierung in koaxialer Technik verfügen die drei Tore über ein gemeinsames Massepotenzial (gegeben durch die Außenleiter der drei koaxialen Konnektoren), was bei der hier gezeigten Schaltung nicht möglich ist. Abhilfe ließe sich durch Auskopplung von $\underline{U}_B$ mit einem Übertrager schaffen. Auf alle Fälle eignet sich Bild 4-38 gut zum grundsätzlichen Verständnis der Funktionsweise einer Reflexionsfaktor-Messbrücke. In Bild 4-43 ist eine Reflexionsfaktor-Messbrücke in praktischer Ausführung zu sehen.

4.3.10 Der Duplexer

Bei diesem Dreitor handelt es sich um die Zusammenschaltung von zwei Bandpassfiltern mit unterschiedlichen Durchlassbereichen. Es wird deshalb auch *HF-Frequenzweiche* genannt. Reflexions- und Transmissionsverhalten lassen sich wie in den Tabellen 4.3 und 4.4 zusammengestellt beschreiben.

Tabelle 4.3 Reflexionsverhalten des Duplexers

Tor	ist angepasst im Durchlassbereich von
1	Bandpass 1 und Bandpass 2
2	Bandpass 1
3	Bandpass 2

Tabelle 4.4 Transmissionsverhalten des Duplexers

von Tor	nach Tor	Transmission im Durchlassbereich von
1 2	2 1	Bandpass 1
1 3	3 1	Bandpass 2
2 3	3 2	keine Transmission Tore sind entkoppelt

Demnach haben die Beträge der s-Parameter die in Bild 4-40 gezeigten Frequenzgänge. Der Duplexer eignet sich sehr gut zum Zusammenführen von Signalen aus zwei Quellen. Diese werden dann an die Tore 2 und 3 angeschlossen. Wegen der vollständigen Entkopplung gibt es keine gegenseitige Beeinflussung.

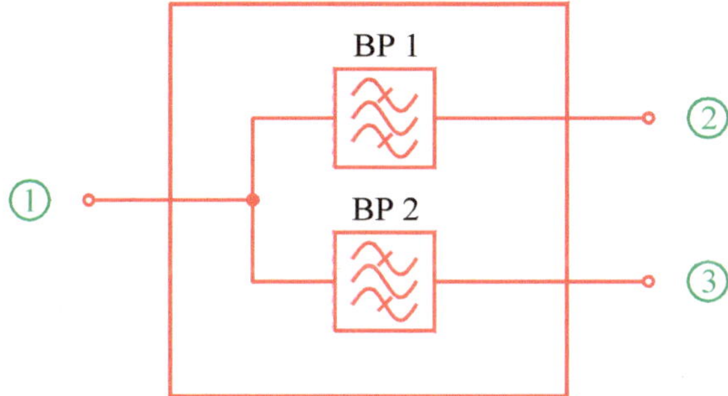

Bild 4-39 Schaltsymbol des Duplexers

Auch der Betrieb eines Senders und eines Empfängers an einer gemeinsamen Antenne, wie das in Abschnitt 4.3.8 beschrieben wurde, ist so gut möglich. Die Antenne kommt dann an Tor 1.

Voraussetzung hierfür ist, dass Sender und Empfänger in unterschiedlichen Frequenzbändern arbeiten. Dies ist bei realen Transceiver-Stationen in aller Regel gegeben. Umgekehrt eignet sich der Duplexer auch zum Aufspalten eines Frequenzgemischs in einzelne Bänder.

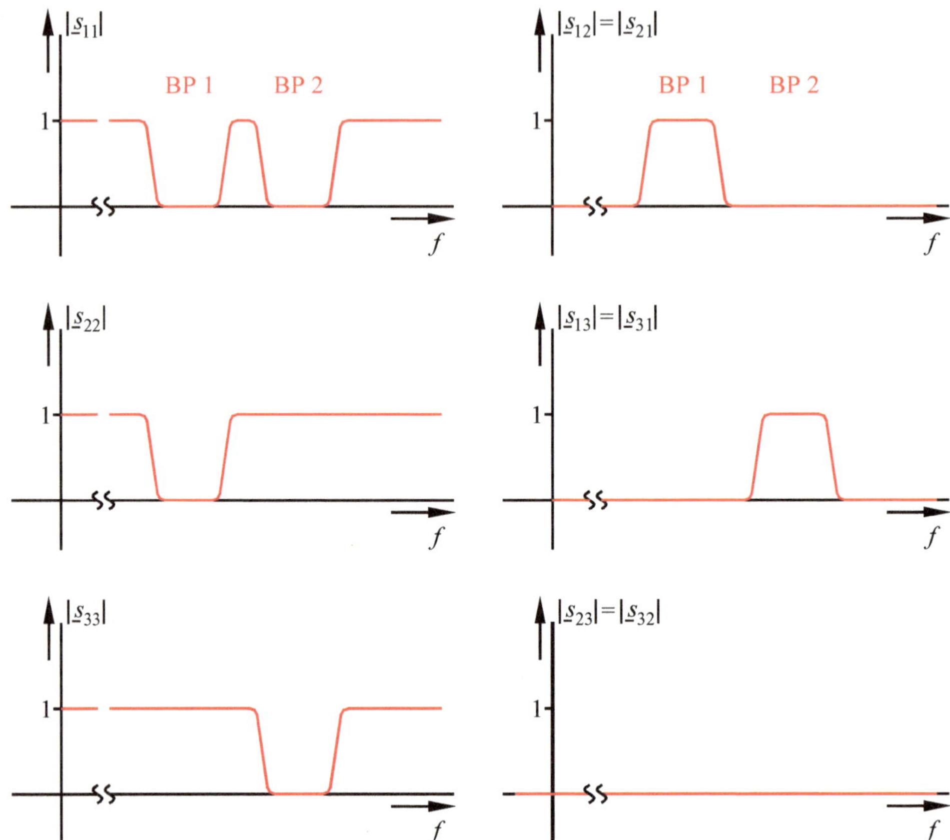

Bild 4-40 Betragsfrequenzgänge der s-Parameter des Duplexers

Es muss noch darauf hingewiesen werden, dass die Begriffswahl nicht einheitlich ist. Man liest auch *Diplexer*, und das Wort Duplexer wird gelegentlich für die Doppel-T-Verzweigung verwendet (siehe 4.3.13).

4.3.10 Die Leitungsverzweigung

In Messaufbauten werden gelegentlich sogenannte *T-Stücke* eingesetzt, die nichts anderes als simple Leitungsverzweigungen darstellen. Damit ist es beispielsweise möglich, das von einem Generator an eine Testschaltung gelieferte Signal zugleich zu oszilloskopieren. Eine teilweise beschaltete Leitungsverzweigung ist in Bild 4-41 dargestellt. Die Streumatrix soll berechnet werden. Zur Bestimmung der Streuparameter $\underline{s}_{11}$ und $\underline{s}_{21}$ ist das Dreitor wie gezeigt zu beschalten. Die Abschlüsse an den Toren 2 und 3 liegen parallel; sie bilden also aus der Sicht von Tor 1 einen Widerstand $R_0/2$. Folglich ist

$$\underline{s}_{11} = \frac{\frac{R_0}{2} - R_0}{\frac{R_0}{2} + R_0} = -\frac{1}{3} \quad . \tag{4.139}$$

Aus dem gleichen Grund berechnet sich der Zusammenhang zwischen Spannung und Strom an Tor 1 zu

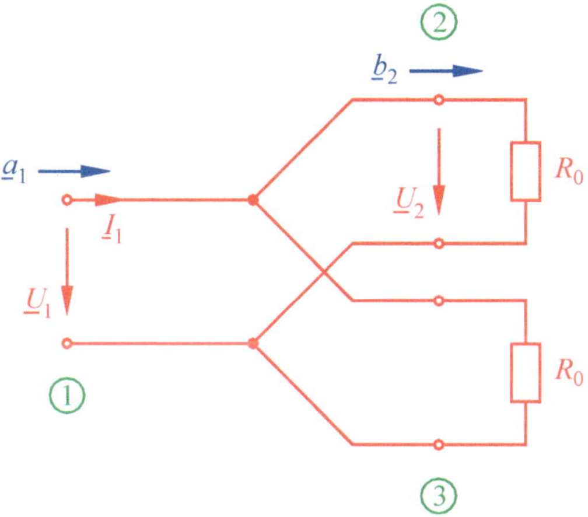

Bild 4-41 Teilweise beschaltete Leitungsverzweigung

$$\underline{I}_1 = \frac{\underline{U}_1}{R_0/2} = 2\frac{\underline{U}_1}{R_0} \quad ,$$

also ist

$$\underline{a}_1 = \frac{1}{2}\left(\underline{U}_{1\mathrm{N}} + \underline{I}_{1\mathrm{N}}\right) = \frac{3}{2}\cdot\frac{\underline{U}_1}{\sqrt{R_0}}$$

(vgl. Abschnitt 4.1.1). Wegen der Anpassung an Tor 2 gilt

$$\underline{b}_2 = \frac{\underline{U}_2}{\sqrt{R_0}} = \frac{\underline{U}_1}{\sqrt{R_0}} \quad ,$$

somit folgt

$$\underline{s}_{21} = \frac{\underline{b}_2}{\underline{a}_1} = \frac{2}{3} \quad . \tag{4.140}$$

Da es sich um ein struktursymmetrisches Dreitor handelt, ist die Streumatrix damit schon vollständig bestimmt.

$$\underline{\boldsymbol{S}} = \frac{1}{3}\begin{pmatrix} -1 & 2 & 2 \\ 2 & -1 & 2 \\ 2 & 2 & -1 \end{pmatrix} \tag{4.141}$$

Die Leitungsverzweigung ist verlustlos, weil sie keine Bauteile enthält, welche Wirkleistung aufnehmen könnten. Dies lässt sich auch durch den Test gemäß Abschnitt 4.2.6 bestätigen.

$$\underline{\boldsymbol{S}}^{*\mathrm{T}} \cdot \underline{\boldsymbol{S}} = \boldsymbol{E} \tag{4.142}$$

Der große Nachteil der Leitungsverzweigung besteht darin, dass sie nicht eigenreflexionsfrei ist, was man an

$$\underline{s}_{11} = \underline{s}_{22} = \underline{s}_{33} \neq 0 \tag{4.143}$$

erkennt. T-Stücke dürfen deshalb nur dann eingesetzt werden, wenn Fehlanpassung keine Rolle spielt, was bei niedrigen Frequenzen gelegentlich der Fall ist. Seit geraumer Zeit werden unter dem Schlagwort *PLC* [19] Computernetze angeboten, die das gewöhnliche Lichtnetz zum Datentransfer nutzen. Sie funktionieren mehr schlecht als recht. Dies ist unter anderem dadurch begründet, dass es im Lichtnetz von Leitungsverzweigungen nur so wimmelt. Im Konsumbereich sind T-Stücke zum Anschluss mehrerer Empfänger an einen Antennenanschluss im Handel. Bei deren Verwendung sind Probleme wegen Fehlanpassung vorprogrammiert. Der Hochfrequenztechniker sieht das T-Stück grundsätzlich mit Argusaugen. In Bild 4-43 ist ein T-Stück mit BNC-Konnektoren [20] zu sehen.

4.3.11 Der Power Splitter

In der Hochfrequenztechnik verwendet man zur Aufspaltung von Signalen an Stelle von reinen Leitungsverzweigungen sogenannte Power Splitter. Bild 4-42 zeigt einen teilweise beschalteten Zweifach Power Splitter, womit ein Signal auf zwei Pfade aufgeteilt werden kann. Man kann nach dem gleichen Muster auch Dreifach- oder Vierfach Power Splitter bauen, die internen Widerstände erhalten dann andere Werte. Der Abschluss an Tor 2 addiert sich mit dem internen Widerstand $R_0/3$ zu $4/3\ R_0$. Das Gleiche geschieht mit dem Abschluss an Tor 3; beide liegen parallel, bilden also im Verzweigungspunkt einen Widerstand $2/3\ R_0$. An Tor 1 erscheint somit die Reihenschaltung aus dem internen Widerstand $R_0/3$ und dem soeben berechneten Wert $2/3\ R_0$, also die Systemimpedanz R_0. Tor 1 ist angepasst.

Die Transmission lässt sich folgendermaßen berechnen: Die Spannung $\underline{U}_1$ teilt sich in den Verzweigungspunkt zu

$$\underline{U}_\mathrm{V} = \frac{2}{3}\underline{U}_1 \quad ,$$

durch nochmalige Spannungsteilung ergibt sich

$$\underline{U}_2 = \underline{U}_\mathrm{V}\frac{R_0}{\frac{4}{3}R_0} = \frac{3}{4}\underline{U}_\mathrm{V} = \frac{1}{2}\underline{U}_1 \quad . \tag{4.144}$$

Die Halbierung der Spannung hat zur Folge, dass je ein Viertel der an Tor 1 eingespeisten Leistung zu den Toren 2 und 3 gelangt. Die Hälfte der an Tor 1 eingespeisten Leistung geht also verloren, sie wird in den internen Widerständen in Wärme umgesetzt. Hierin besteht ein gewisser Nachteil gegenüber dem T-Stück, wegen der Reflexionsfreiheit wird der Power

[19] PLC: Power Line Communication

[20] BNC: Bajonet Navy Connector

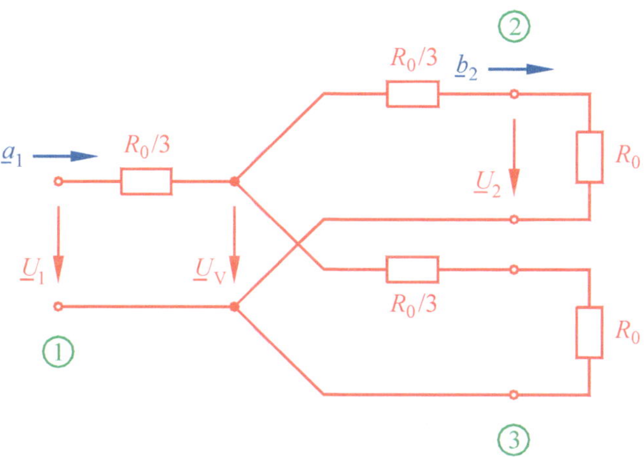

Bild 4-42 Teilweise beschalteter Zweifach Power Splitter

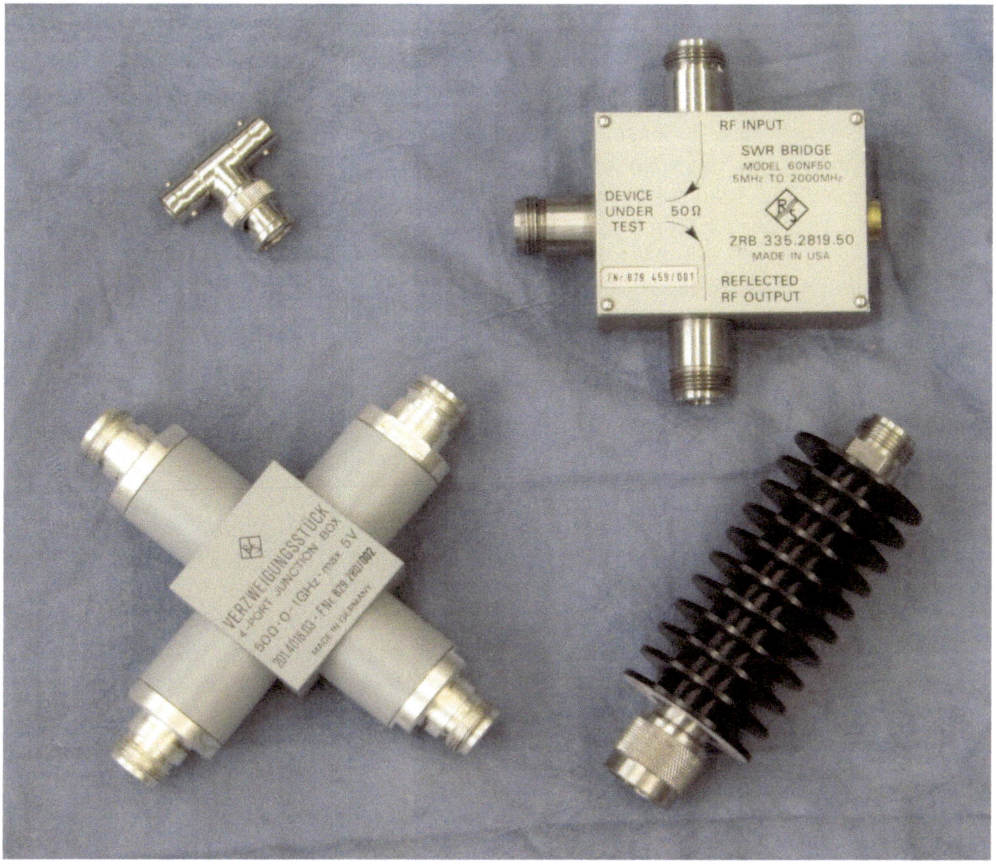

Bild 4-43 Koaxiales T-Stück, Reflexionsfaktor-Messbrücke, Dreifach Power Splitter und Dämpfungsglied für 50W

Splitter dennoch bevorzugt. Im Dezibel-Maß lässt sich die Funktionsweise des Power Splitters so beschreiben: Jeder Pfad hat für sich 6dB Dämpfung, der Leistungsverlust beträgt insgesamt 3dB . Wegen Anpassung an allen Toren sind die Wellengrößen den Spannungen proportional, sodass sich aus den Spannungsverhältnissen die s-Parameter ergeben. Somit folgt

$$\underline{S} = \frac{1}{2}\begin{pmatrix} 0 & 1 & 1 \\ 1 & 0 & 1 \\ 1 & 1 & 0 \end{pmatrix} . \tag{4.145}$$

In Bild 4-43 ist ein Dreifach Power Splitter zu sehen.

4.3.12 Der Richtkoppler

Bei parallel verlegten Leitungen taucht das in der Regel unerwünschte Phänomen des sogenannten *Nebensprechens* auf. Ein Teil des auf Leitung 1 übertragenen Signals koppelt auf Leitung 2 über und breitet sich dort weiter aus. Im klassischen analogen Telefonsystem äußert sich diese Erscheinung dadurch, dass man ein fremdes Gespräch schwach im Hintergrund hören kann, daher der Name. Bei digitaler Übertragung ist dieses Problem nicht grundsätzlich beseitigt; es kann zur Folge haben, dass einzelne Bits kippen, also Bitfehler auftreten. Da diese aber nicht am Empfangsort zu einem hörbaren Gespräch decodiert werden, gibt es das klassische Nebensprechen nicht mehr, es erfolgt lediglich ein Qualitätsverlust.

Physikalisch lässt sich diese Erscheinung pauschal relativ leicht erklären. Das vom Strom in Leitung 1 hervorgerufene Magnetfeld induziert in Leitung 2 [21] eine der Änderung des Stroms proportionale Spannung. Man spricht von *magnetischer* oder *induktiver* Kopplung. Außerdem bilden die Leiter der Leitung 1 mit denen der Leitung 2 Kondensatoren, es liegt also zusätzlich *elektrische* bzw. *kapazitive* Kopplung vor. Beide Kopplungsarten sind über die Leitungslänge verteilt und bewirken zusammen den beschriebenen Effekt. Eine exakte feldtheoretische Analyse ist äußerst schwierig.

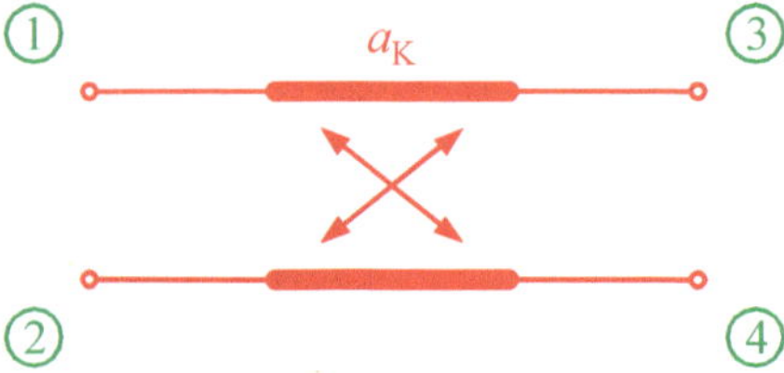

Bild 4-44 Schaltsymbol des Richtkopplers

In der Hochfrequenztechnik macht man aus der Not eine Tugend und nutzt das Phänomen des Nebensprechens für Messzwecke gezielt aus. Ergebnis ist der sogenannte *Richtkoppler* , dessen Schaltsymbol in Bild 4-44 dargestellt ist [1]. Dieser Vierpol besteht aus zwei durchgehenden Leitungen, die in Diagonalrichtung eine definierte Kopplung aufweisen, während die direkt nebeneinander liegenden Tore entkoppelt sind. Alle Tore sind angepasst. Im Idealfall hat die Streumatrix die Form

21 Genauer: In der aus Leitung 2, ihrer Quelle und ihrem Abschluss gebildeten Leiterschleife.

$$\underline{S} = \begin{pmatrix} 0 & 0 & \sqrt{1-k^2} & \pm\mathrm{j}k \\ 0 & 0 & \pm\mathrm{j}k & \sqrt{1-k^2} \\ \sqrt{1-k^2} & \pm\mathrm{j}k & 0 & 0 \\ \pm\mathrm{j}k & \sqrt{1-k^2} & 0 & 0 \end{pmatrix} \tag{4.146}$$

mit

$$0 < k < 1 \quad . \tag{4.147}$$

Die Elemente auf der Nebendiagonale beschreiben die Kopplung auf den diagonalen Pfaden, also die Transmission zwischen den Toren 1 und 4 bzw. 2 und 3. Sie sind im Idealfall rein imaginär, was eine Phasenverschiebung um $90°$ entsprechend $\pi/2$ im Bogenmaß zur Folge hat. Der Richtkoppler wird deshalb gelegentlich auch *π/2-Hybrid* genannt. Häufig ist

$$k \ll 1 \quad \Rightarrow \quad \sqrt{1-k^2} \approx 1 \quad . \tag{4.148}$$

Man beschreibt den Richtkoppler dann durch seine Koppeldämpfung

$$a_\mathrm{K} = -20 \lg k \,\mathrm{dB} \quad . \tag{4.149}$$

Für einen 40dB-Koppler ergibt sich beispielsweise

$$\begin{aligned} a_\mathrm{K} &= 40\,\mathrm{dB} \quad \Leftrightarrow \quad k = \frac{1}{100} \\ \sqrt{1-k^2} &= 0{,}99995 \quad \Rightarrow \quad -0{,}0004\,\mathrm{dB} \end{aligned} \quad .$$

Durch die Auskopplung eines kleinen Signalanteils ergibt sich auf den durchgehenden Pfaden ein Verlust von gerade einmal $0{,}0004\mathrm{dB}$. Diese Eigenschaft macht den Richtkoppler für messtechnische Anwendungen äußerst attraktiv. Ein übertragenes Signal kann ohne merkliche Beeinflussung beobachtet werden. Der ausgekoppelte Teil ist lediglich mit der bekannten Koppeldämpfung zu korrigieren. Richtkoppler lassen sich in koaxialer Technik, als Streifenleiter oder als Hohlleiter breitbandig und mit guter Präzision realisieren.

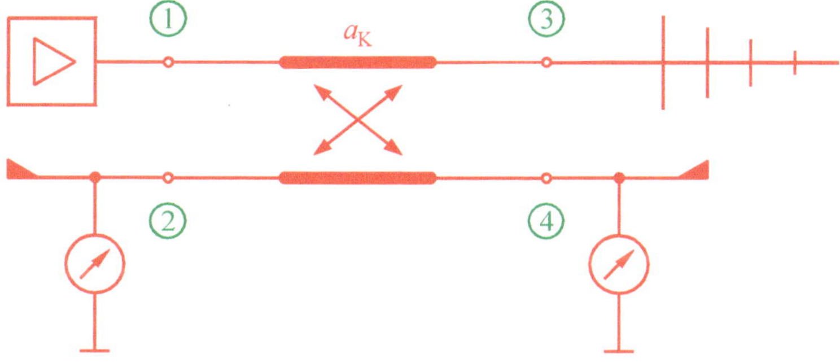

Bild 4-45 Monitoring einer Sendeantenne

Es folgen Beispiele:

(i) Einsatz eines Richtkopplers zum Monitoring einer Sendeantenne. Die Anordnung ist in Bild 4-45 skizziert. Das Messgerät an Tor 2 gibt Aufschluss über das Reflexionsverhalten der Antenne. Bei ordnungsgemäßem Betrieb, also bei angepasster Antenne, zeigt es Null an. Das Messgerät an Tor 4 erlaubt zusammen mit der Koppeldämpfung die Bestimmung des auf die Antenne zulaufenden und somit des von ihr abgestrahlten Signals. An Tor 4 kann auch ein Demodulator angeschlossen werden, um das Signal unmittelbar vor der Abstrahlung zu kontrollieren. Bei Rundfunksendern ist diese Methode gang und gäbe.

(ii) Kontrolle des Transmissionsverhaltens eines Zweitors im laufenden Betrieb. Die Messschaltung ist in Bild 4-46 zu sehen. Es wird nur ein Koppelpfad des Richtkopplers genutzt, Tor 2 ist abgesumpft. Zur Messung dient hier das sogenannte *Power Meter* , ein angepasstes Voltmeter, das den Pegel des anliegenden Signals anzeigen kann, z. B. in dBm (vgl. 7.1). Wenn beide Richtkoppler die gleiche Koppeldämpfung haben, ergibt sich die Dämpfung bzw. Verstärkung des Zweitors direkt als Differenz der beiden Anzeigen. Wie man sieht, wird hier die Wellendämpfung gemessen, was für die Auswertung ohne Relevanz ist, da sich im angepassten Fall Einfügungsdämpfung, Betriebsdämpfung und Wellendämpfung nicht unterscheiden (vgl. 2.3.2). Die Definition der Wellendämpfung wurde durch die Messschaltung von Bild 4-46 motiviert.

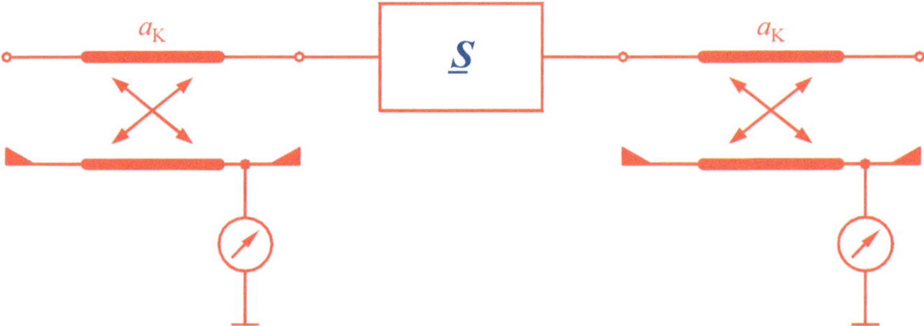

Bild 4-46 Messschaltung zur Bestimmung des Transmissionsverhaltens eines Zweitors

4.3.13 Die Doppel-T-Verzweigung

Dieses auch unter dem Namen *magisches T* bekannte Viertor kann als Hohlleiteranordnung gemäß Bild 4-47 realisiert werden [1]. Es besteht aus vier Hohlleiterstücken, welche *kollineare Arme* (Tore 3 und 4), *H-Arm* (Tor 1) und *E-Arm* (Tor 2) genannt werden. Das Viertor besitzt folgende Eigenschaften:

* Alle Tore sind angepasst.

$$\underline{s}_{11} = \underline{s}_{22} = \underline{s}_{33} = \underline{s}_{44} = 0 \tag{4.150}$$

* Die Tore 3 und 4 sind vollständig entkoppelt.

$$\underline{s}_{34} = \underline{s}_{43} = 0 \tag{4.151}$$

  Diese Eigenschaft lässt sich damit begründen, dass die nach oben bzw. nach vorn angeschlossenen Arme die Wandströme in dem aus den kollinearen Armen gebildeten Hohlleiter total unterbrechen.

* Man kann feldtheoretisch zeigen, dass auch die Tore 1 und 2 entkoppelt sind.

$$\underline{s}_{12} = \underline{s}_{21} = 0 \tag{4.152}$$

* Das Viertor ist aufbaubedingt verlustlos, somit ist seine Streumatrix unitär (vgl. 4.2.6).

$$\underline{\boldsymbol{S}}^{*\mathrm{T}} = \underline{\boldsymbol{S}}^{-1} \tag{4.153}$$

* Das Viertor ist aufbaubedingt passiv, somit ist es reziprok und für seine Streumatrix gilt

$$\underline{\boldsymbol{S}} = \underline{\boldsymbol{S}}^{\mathrm{T}} \quad . \tag{4.154}$$

All diesen Eigenschaften wird eine Streumatrix der Form

$$\underline{\boldsymbol{S}} = \frac{1}{\sqrt{2}} \begin{pmatrix} 0 & 0 & 1 & 1 \\ 0 & 0 & 1 & -1 \\ 1 & 1 & 0 & 0 \\ 1 & -1 & 0 & 0 \end{pmatrix} \tag{4.155}$$

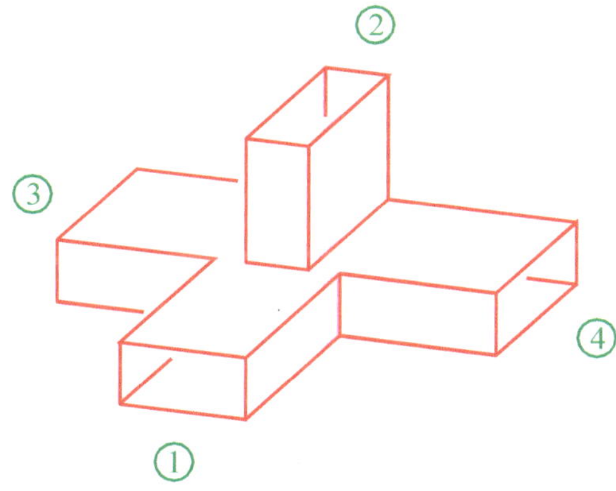

Bild 4-47 Doppel-T-Verzweigung in Hohlleitertechnik

gerecht. Es bestehen also Kopplungen mit je 3dB Dämpfung zwischen den Toren 1 - 3 und 1 - 4 sowie zwischen 2 - 3 und 2 - 4. Ursache für die Kopplung zum Tor 1 ist die magnetische Feldstärke, deshalb der Name H-Arm. Umgekehrt wird die Kopplung zum Tor 2 durch das E-Feld bewirkt, weshalb man hier vom E-Arm spricht. Die Transmissionen zwischen den Toren 2 und 4 sind im Idealfall reell negativ, bewirken also eine Phasenverschiebung um $180°$ oder um π im Bogenmaß. Die Doppel-T-Verzweigung wird deshalb auch *π-Hybrid* genannt.

Auf Grund der speziellen Eigenschaften ergeben sich mannigfache Anwendungen für das magische T. Zwei sollen kurz skizziert werden.

(i) Redundante Speisung von zwei Verbrauchern aus zwei Generatoren: Diese Methode wird bei Rundfunksendern gerne angewendet. Die Verbraucher sind dabei zwei Antennen, die in unterschiedliche Himmelsrichtungen abstrahlen. Sie werden an die Tore 3 und 4 angeschlossen. Die Tore 1 und 2 sind mit je einem Endverstärker verbunden, von denen nur einer arbeitet. Wegen der Entkopplung der Tore 1 und 2 „sehen sich die Verstärker gegenseitig nicht". Das vom aktiven Verstärker gelieferte Signal wird verlustlos zu gleichen Teilen den beiden Antennen zugeführt. Sollte dieser ausfallen, muss nur der zweite eingeschaltet werden, und der Betrieb läuft ohne Unterbrechung weiter.

(ii) Messtechnik: Vergleich einer unbekannten Impedanz $\underline{Z}_x$ mit einer gegebenen $\underline{Z}_N$. $\underline{Z}_x$ und $\underline{Z}_N$ werden an die kollinearen Arme (Tore 3 und 4) angeschlossen, am H-Arm (Tor 1) wird gespeist. Der E-Arm (Tor 2) ist abgeschlossen, dort wird gemessen. Wie man sich leicht überlegen kann, erfolgt im Fall

$$\underline{Z}_x = \underline{Z}_N$$

eine Signalauslöschung an Tor 2. Diese Methode bietet sich an, wenn $\underline{Z}_x$ auf den gewünschten Wert $\underline{Z}_N$ abgeglichen werden soll. Der Abgleich ist dann so vorzunehmen, dass eine Nullindikation erfolgt. Häufig ist der gegebene Wert $\underline{Z}_N$ gerade die Systemimpedanz R_0 .

Das magische T kann auch als Ringstruktur in koaxialer Technik oder als Streifenleitungsanordnung realisiert werden.

5 Mikrowellennetze

5.1 Definition

Eine Zusammenschaltung von n-Toren wird *Mikrowellennetz* genannt. Es unterscheidet sich von einem herkömmlichen elektrischen Netzwerk dadurch, dass nicht in beliebiger Weise Knoten miteinander verbunden werden dürfen. Stattdessen werden Tore über Leitungen zusammengeschaltet, wodurch sich verglichen mit herkömmlichen Netzwerken viel einfachere und übersichtlichere Strukturen ergeben. In der sehr verbreiteten Koaxialtechnik erfolgt die Zusammenschaltung über Koaxialkabel mit entsprechenden Konnektoren. Die n-Tore werden durch ihre Streumatrizen beschrieben. Wenn der Einfluss der Leitungen (Dämpfung, Verzögerung) in die Berechnung eingehen soll, ist auch jede Leitung als Zweitor mit entsprechender Streumatrix aufzufassen. Ein unbeschaltetes Tor wird als Leerlauf mit dem Reflexionsfaktor $\underline{r} = 1$ aufgefasst, eine Leitungsverzweigung ist als Dreitor gemäß 4.3.10 durch seine Streumatrix zu beschreiben. Netzwerkvariable sind je eine vorlaufende und eine rücklaufende Welle an jeder Zusammenschaltung.

Unter Mikrowellen versteht man hochfrequente Signale, deren Wellenlänge zwischen 1mm und 10cm liegt. Die in diesem Kapitel vorgestellte Theorie beschränkt sich aber keineswegs auf das damit verbundene Frequenzgebiet oberhalb 3GHz, sondern sie ist immer dann angebracht, wenn sich eine Signalbeschreibung durch Wellengrößen anbietet. So gesehen ist der Begriff Mikrowellennetz nicht sehr geschickt gewählt. Er kam vermutlich folgendermaßen zu Stande: Gegen Mitte des 20. Jahrhunderts gelang die technische Handhabung von Frequenzen über 3GHz, wodurch das Wort Mikrowellen einen gewissen Modecharakter erhielt, es ging um etwas Brandneues. Etwa zeitgleich etablierte sich auch die hier beschriebene Theorie, weshalb der gerade topaktuelle Begriff gleich dafür herhalten musste.

Bild 5-1 zeigt als einführendes Beispiel einen Generator, der über ein Leitungsstück und einen als Richtungsleitung beschalteten Zirkulator eine Antenne speist. Die Netzwerkvariablen sind eingetragen.

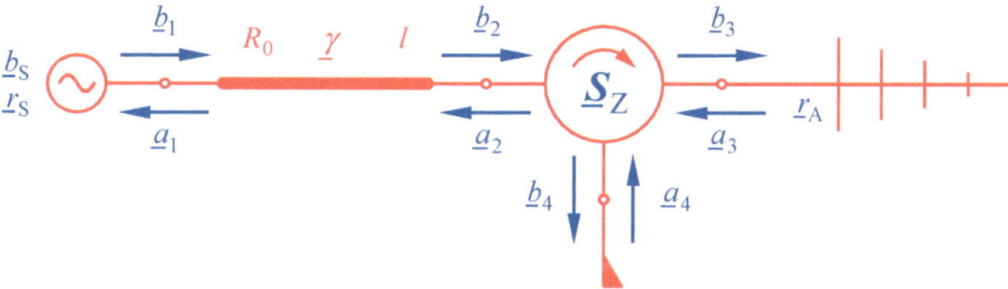

Bild 5-1 Einführendes Beispiel für ein Mikrowellennetz

5.2 Analyse durch lineare Gleichungssysteme

Wir betrachten nochmals Bild 5-1. Das dargestellte Mikrowellennetz ist aus drei Eintoren (Generator, Antenne, Sumpf), einem Zweitor (Leitung) und einem Dreitor (Zirkulator) aufgebaut. Der Generator wird durch seine Quellgrößen $\underline{b}_S$ und $\underline{r}_S$, die Antenne durch ihren Eigenreflexionsfaktor $\underline{r}_A$ und der Sumpf durch den Reflexionsfaktor $\underline{r} = 0$ beschrieben. Die Angaben zur Leitung führen auf eine 2x2-Streumatrix gemäß 4.3.3; die Streumatrix des Zirkulators $\underline{\mathbf{S}}_Z$ hat drei Zeilen und drei Spalten (vgl. 4.3.8). Netzwerkvariable in Form von Wellengrößen sind eingeführt. Somit sind 8 Gleichungen für 8 Variable gefunden. Sie bilden zusammen ein lineares Gleichungssystem. Daraus wird ohne Beweis ein allgemeiner Lehrsatz für Mikrowellennetze gebildet:

> Die beschreibenden Gleichungen aller in einem Mikrowellennetz enthaltenen n-Tore bilden zusammen ein eindeutig lösbares lineares Gleichungssystem für die Wellengrößen.

Mit Grauen denken wir zurück an das in einer Grundlagenvorlesung besprochene Maschenstromverfahren und erinnern uns an den immensen Aufwand, der allein zur Aufstellung des Gleichungssystems getrieben werden musste.

Die Analyse soll nun an einem einfachen Beispiel durchexerziert werden. Dazu betrachten wir Bild 5-2. Der Wellenwiderstand der Leitung ist gleich der Systemimpedanz R_0. Die Quelle liefert eine erste Gleichung.

$$\underline{b}_1 = \underline{b}_S + \underline{r}_S\,\underline{a}_1 \tag{5.1}$$

Die s-Parameter-Darstellung der Leitung trägt zwei weitere Gleichungen bei.

$$\begin{pmatrix} \underline{b}_2 \\ \underline{a}_1 \end{pmatrix} = \begin{pmatrix} 0 & e^{-\underline{\gamma} l} \\ e^{-\underline{\gamma} l} & 0 \end{pmatrix} \cdot \begin{pmatrix} \underline{a}_2 \\ \underline{b}_1 \end{pmatrix} \tag{5.2}$$

Der Abschluss ist durch eine besonders einfache Gleichung zu beschreiben.

$$\underline{a}_2 = \underline{r}_L\,\underline{b}_2 \tag{5.3}$$

Die Gleichungen (5.1) bis (5.3) werden zu einem linearen Gleichungssystem zusammengefasst:

$$\begin{pmatrix} 1 & 0 & -\underline{r}_S & 0 \\ -e^{-\underline{\gamma} l} & 1 & 0 & 0 \\ 0 & 0 & 1 & -e^{-\underline{\gamma} l} \\ 0 & -\underline{r}_L & 0 & 1 \end{pmatrix} \cdot \begin{pmatrix} \underline{b}_1 \\ \underline{b}_2 \\ \underline{a}_1 \\ \underline{a}_2 \end{pmatrix} = \begin{pmatrix} \underline{b}_S \\ 0 \\ 0 \\ 0 \end{pmatrix} \tag{5.4}$$

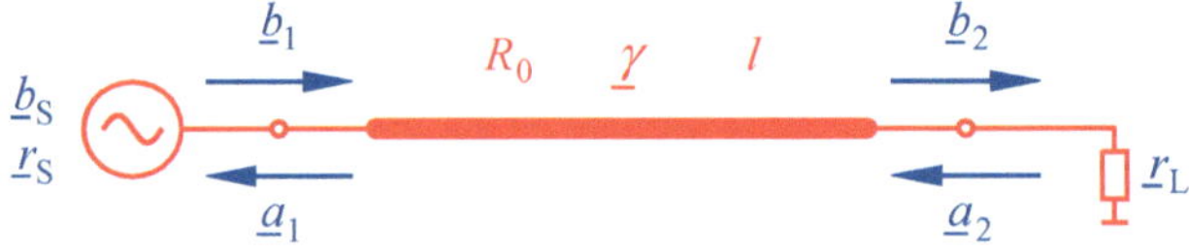

Bild 5-2 Einfaches Mikrowellennetz

Das Gleichungssystem kann nach allen Variablen aufgelöst werden. So erhält man beispielsweise für die vom Abschluss reflektierte Welle

$$\underline{a}_2 = \frac{\underline{r}_\mathrm{L}}{\mathrm{e}^{\underline{\gamma}l} - \underline{r}_\mathrm{S}\underline{r}_\mathrm{L} \cdot \mathrm{e}^{-\underline{\gamma}l}} \cdot \underline{b}_\mathrm{S} \quad . \tag{5.5}$$

5.3 Graphentheoretische Methoden

5.3.1 Ausgangspunkt

Ein lineares Gleichungssystem kann durch einen sogenannten *Graphen* visualisiert werden [7]. Ein solches Gebilde aus Knoten und Zweigen [22] wird auch *Signalflussdiagramm* oder *Signalflussgraph* genannt. Hierbei stellen die Knoten die Variable dar, während die Zweige die Zusammenhänge zwischen diesen beschreiben. In unserem Fall sind die Zweige gerichtet und jeder hat ein Gewicht in Form eines dimensionsbehafteten oder dimensionslosen, reellen oder komplexen Werts. Von außen wirkende Größen - die Quellgrößen - werden durch zusätzliche Knoten repräsentiert, eventuell auch eine oder mehrere nach außen wirkende Größen, die Ausgänge. Zur Erläuterung nehmen wir uns ein lineares Gleichungssystem vor:

$$\begin{pmatrix} a_{11} & a_{12} & a_{13} \\ a_{21} & a_{22} & a_{23} \\ a_{31} & a_{32} & a_{33} \end{pmatrix} \cdot \begin{pmatrix} x_1 \\ x_2 \\ x_3 \end{pmatrix} = \begin{pmatrix} b_1 \\ 0 \\ 0 \end{pmatrix} \tag{5.6}$$

Zusätzlich soll eine Ausgangsgröße durch

$$y = c_2 x_2 + c_3 x_3 \tag{5.7}$$

gegeben sein. Hierdurch wird ein System mit drei Variablen, einem Eingang und einem Ausgang beschrieben. Nun wird jede Zeile des Gleichungssystems (5.6) nach einer Variablen aufgelöst.

$$\begin{aligned} x_1 &= \phantom{a'_{21}x_1 + {}} a'_{12}x_2 + a'_{13}x_3 + b'_1 \\ x_2 &= a'_{21}x_1 \phantom{{}+ a'_{12}x_2} + a'_{23}x_3 \\ x_3 &= a'_{31}x_1 + a'_{32}x_2 \end{aligned} \tag{5.8}$$

Wie man sich leicht überlegen kann, gilt hierbei

$$\begin{aligned} a'_{\nu\mu} &= -\frac{a_{\nu\mu}}{a_{\nu\nu}} \\ b'_1 &= \frac{b_1}{a_{11}} \end{aligned} \quad . \tag{5.9}$$

Der aus (5.8) und (5.7) gebildete Satz von Gleichungen lässt sich gemäß Bild 5-3 durch einen Graphen veranschaulichen. Jedes Knotensignal wird gerade durch die Summe der zulaufenden Zweige gebildet.

---

[22] Hierfür findet man in der Literatur auch den Begriff *Kanten*.

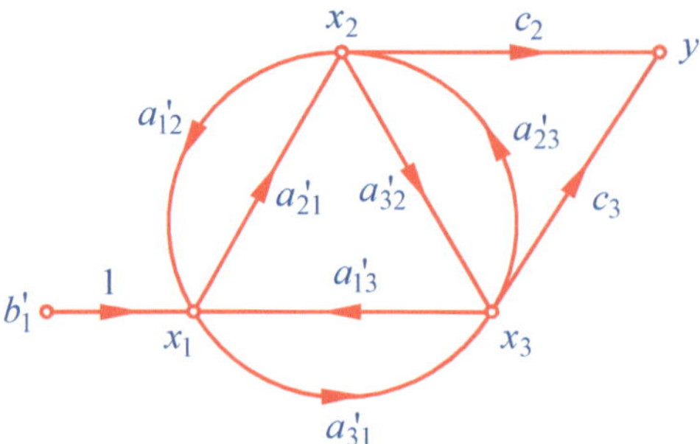

Bild 5-3 Signalflussgraph für ein System mit drei Variablen, einem Eingang und einem Ausgang

5.3.2 Darstellung von Zweitor, Quelle und Last

Wir wollen nun versuchen, einfache n-Tore durch Graphen darzustellen und Zusammenschaltungen zu verifizieren [7]. Bild 5-4 zeigt ein Zweitor, das primär von einer Wellenquelle gespeist wird und sekundär irgendeinen Abschluss versorgt. Für das Zweitor gilt die s-Parameter-Darstellung

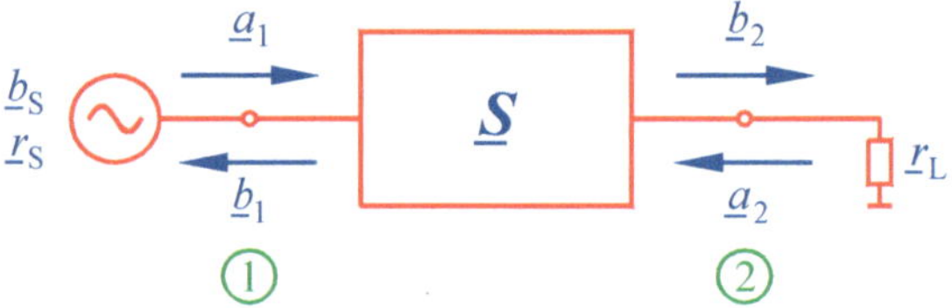

Bild 5-4 Einfaches Mikrowellennetz

$$\begin{aligned} \underline{b}_1 &= \underline{s}_{11}\,\underline{a}_1 + \underline{s}_{12}\,\underline{a}_2 \\ \underline{b}_2 &= \underline{s}_{21}\,\underline{a}_1 + \underline{s}_{22}\,\underline{a}_2 \end{aligned} \quad . \tag{5.10}$$

Dem Gleichungspaar (5.10) lässt sich sofort das in Bild 5-5 dargestellte Signalflussdiagramm entnehmen.

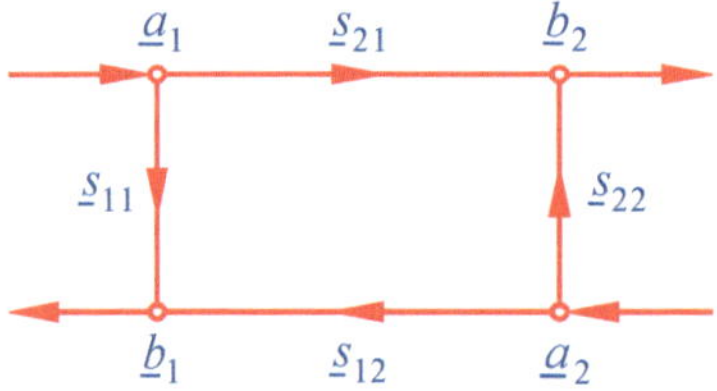

Bild 5-5 Signalflussdiagramm eines Zweitors

Bild 5-6 soll verifizieren, dass es sich hier nicht um graue Theorie handelt. Das Instrument der Signalflussgraphen wird durchaus in der Praxis angewandt. Man sieht ein modernes Messgerät, einen sogenannten *vektoriellen Network Analyzer* . Damit kann man die s-Parameter eines Zweitors in einem vom Anwender gewählten Frequenzintervall messtechnisch ermitteln. Das Gerät liefert eine graphische Anzeige, im vorliegenden Fall wird die Ortskurve eines Reflexionsfaktors im SMITH-Diagramm dargestellt ($\underline{s}_{11}$ oder $\underline{s}_{22}$). *Vektoriell* bedeutet in diesem Zusammenhang, dass das Gerät Betrag **und** Phase ermitteln kann, dass es die komplexen Parameter also vollständig bestimmt. Dieser Begriff ist äußerst unglücklich gewählt, da eine komplexe Zahl kein Vektor ist. Es besteht lediglich eine rein äußerliche Ähnlichkeit zwischen der Darstellung einer komplexen Zahl als Zeiger und der eines Vektors. Der Begriff hat sich aber etabliert. Zur Messung sind die Tore des Prüflings an die Konnektoren PORT 1 und PORT 2 des Analyzers anzuschließen. Zwischen diesen ist der gerade gefundene Graph des Zweitors in leicht modifizierter Form aufgedruckt; damit wird dem geschulten Anwender die Funktionsweise des Geräts verdeutlicht. Teile des Signalflussgraphen sind gestrichelt. Damit ist gemeint, dass das Gerät in der vorliegenden Ausbaustufe diese s-Parameter nicht bestimmen kann. Zur Messung von $\underline{s}_{12}$ und $\underline{s}_{22}$ muss der Prüfling gewendet werden.

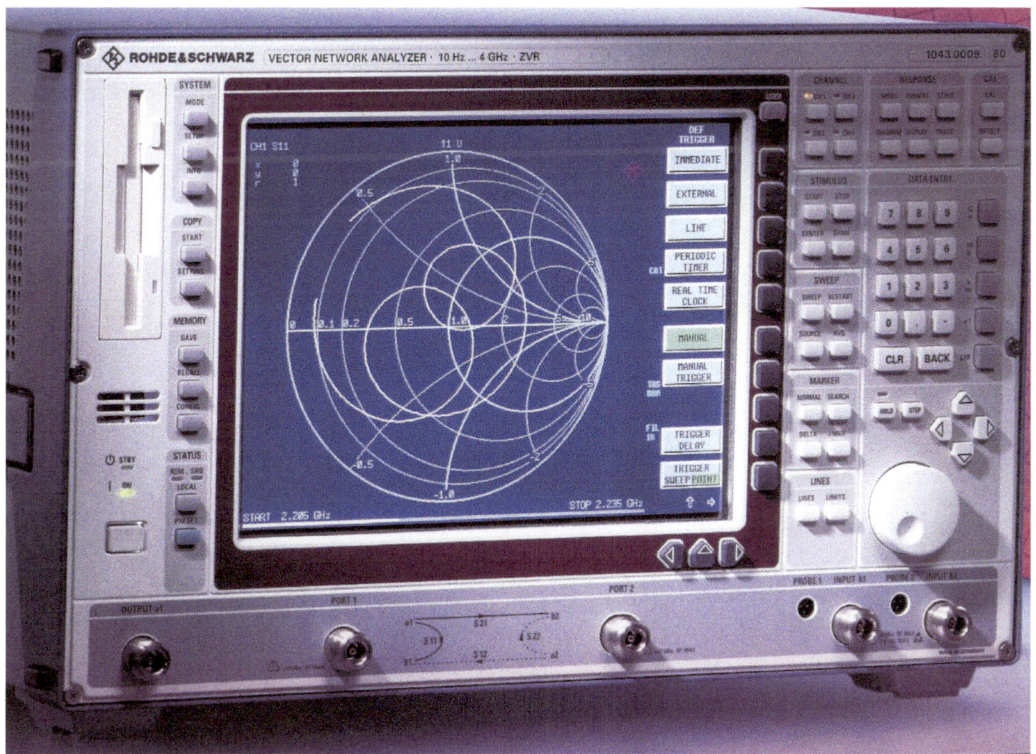

Bild 5-6 Ein Network Analyzer (mit freundlicher Genehmigung der Firma ROHDE & SCHWARZ, München)

Als nächstes betrachten wir die Mikrowellenquelle. Für die hier eingeführten Wellengrößen ist ihre Funktionsweise durch

$$\underline{a}_1 = \underline{b}_S + \underline{r}_S \cdot \underline{b}_1 \tag{5.11}$$

zu beschreiben, was sofort auf einen Signalflussgraphen mit zwei Knoten für die Variablen und einem für die Quellwelle $\underline{b}_S$ führt. Schließlich wird noch der durch seinen Reflexionsfaktor beschriebene Abschluss betrachtet, hier gilt

$$\underline{a}_2 = \underline{r}_L \cdot \underline{b}_2 \quad . \tag{5.12}$$

Bild 5-7 zeigt die Graphen von Quelle und Last.

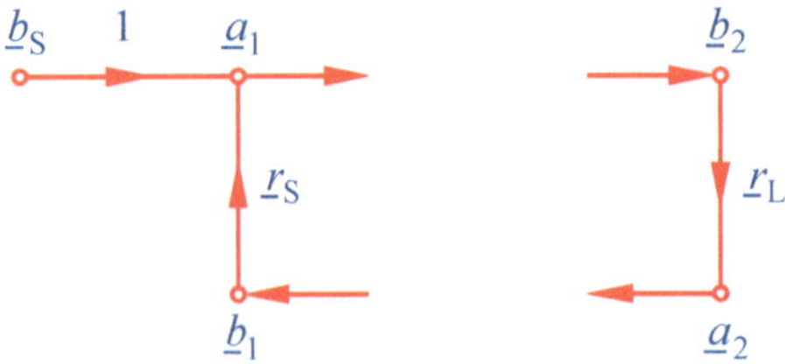

Bild 5-7 Signalflussgraph der Mikrowellenquelle und der Last

Fasst man die so gefundenen Signalflussdiagramme zusammen, ergibt sich der in Bild 5-8 gezeigte Graph der Gesamtschaltung. Damit ist auch klar, warum die Zweige für $\underline{s}_{11}$ und für $\underline{s}_{22}$ gekrümmt dargestellt werden.

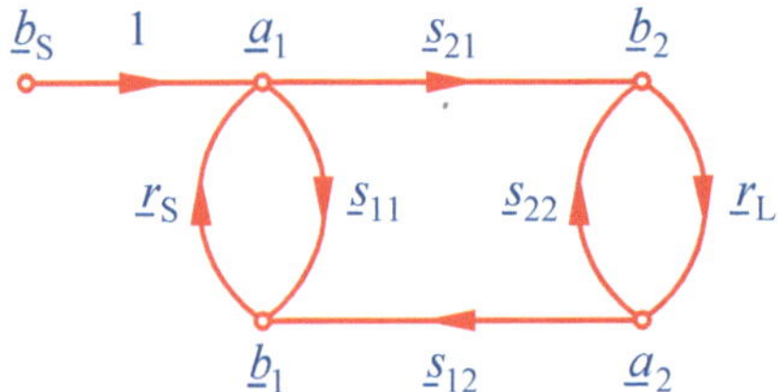

Bild 5-8 Signalflussgraph des Mikrowellennetzes von Bild 5-4

5.3.3 Modifikationen von Signalflussgraphen

In diesem Abschnitt wird ein Satz von Regeln zusammengestellt, nach denen sich ein Graph umformen lässt, ohne Einfluss auf seine Gesamtaussage zu nehmen [7]. De facto ist das nichts anderes als eine Modifikation des zu Grunde liegenden Gleichungssystems in Form bekannter Manipulationen von Zeilen oder Spalten.

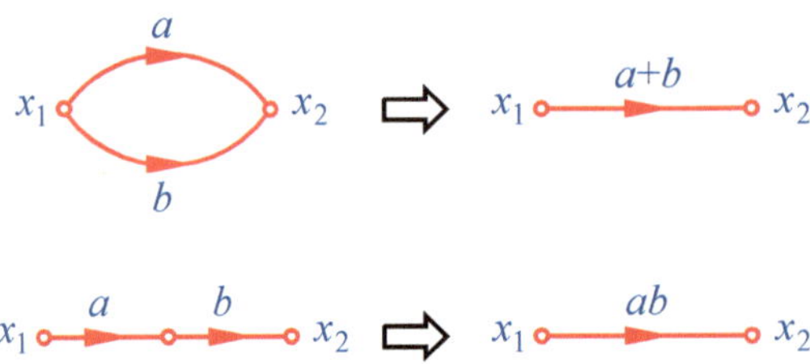

Bild 5-9 Zusammenfassung von konfluenten und von seriellen Zweigen

Besonders einfache und sofort verständliche Modifikationen sind die Zusammenfassung von konfluenten oder von seriellen Zweigen. Bild 5-9 erklärt dies. Die Auflösung von Rückkopplungsschleifen geht nicht ganz so einfach. Sie wird an Hand von Bild 5-10 erläutert. Wir lesen ab

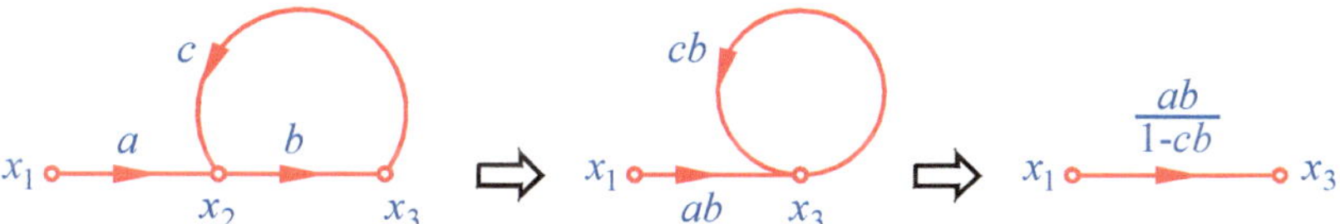

Bild 5-10 Auflösung einer Rückkopplungsschleife

$$\begin{aligned} x_2 &= ax_1 + cx_3 \\ x_3 &= bx_2 = abx_1 + cbx_3 \end{aligned} \quad , \tag{5.13}$$

womit der Knoten x_2 eliminiert ist. Auflösung der letzten Gleichung nach x_3 liefert

$$x_3 = \frac{ab}{1-cb} x_1 \quad . \tag{5.14}$$

Im nächsten Beispiel wird die Ermittlung einer durch einen Signalflussgraphen beschriebenen Übertragungsfunktion demonstriert. Wir betrachten das in Bild 5-11 dargestellte Diagramm mit mehreren Rückkopplungen. Das beschreibende Gleichungssystem lautet

$$x_1 = x_S + d\,x_3 \tag{5.15}$$

$$x_2 = a\,x_1 + e\,x_4 \tag{5.16}$$

$$x_3 = b\,x_2 \tag{5.17}$$

$$x_4 = c\,x_3 \tag{5.18}$$

$$x_L = x_4 \tag{5.19}$$

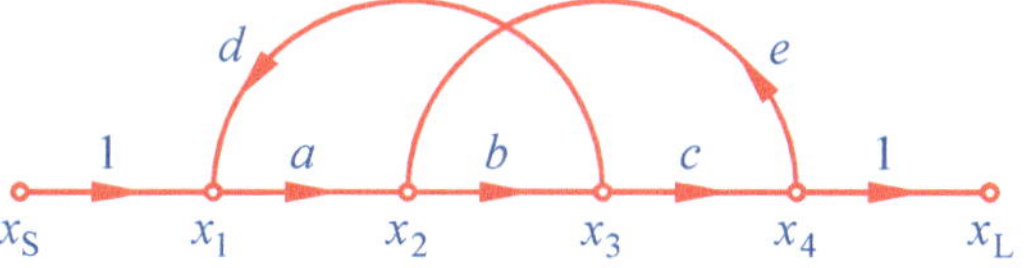

Bild 5-11 Ein Signalflussdiagramm

Setzt man (5.16) in (5.17) ein, ergibt sich

$$x_3 = ab\,x_1 + eb\,x_4 \quad , \tag{5.20}$$

womit die Variable x_2 aus dem Gleichungssystem und somit auch der Knoten x_2 aus dem Signalflussdiagramm eliminiert ist. Bild 5-12 zeigt den reduzierten Signalflussgraphen. Nun wird (5.20) in (5.18) und in (5.15) eingesetzt:

$$x_4 = abc\,x_1 + ebc\,x_4 \tag{5.21}$$

$$x_1 = x_S + abd\,x_1 + ebd\,x_4 \tag{5.22}$$

Nun ist auch x_3 eliminiert. Zur Vereinfachung führt man die Abkürzungen

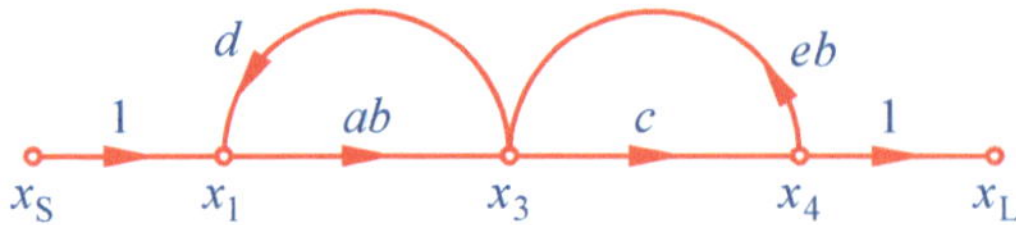

Bild 5-12 Signalflussdiagramm nach Knotenelimination

$$f := abc \qquad g := ebc$$
$$h := abd \qquad i := ebd \tag{5.23}$$

ein, das resultierende Diagramm ist in Bild 5-13 zu sehen.

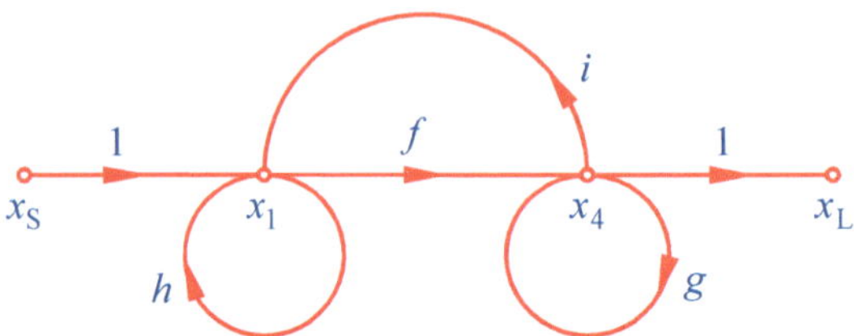

Bild 5-13 Weiter vereinfachtes Signalflussdiagramm

Jetzt werden die Eigenschleifen gemäß Bild 5-10 aufgelöst, es folgt

$$x_4 = \frac{f}{1-g} x_1 \quad , \tag{5.24}$$

$$x_1 = \frac{1}{1-h} x_S + \frac{i}{1-h} x_4 \quad . \tag{5.25}$$

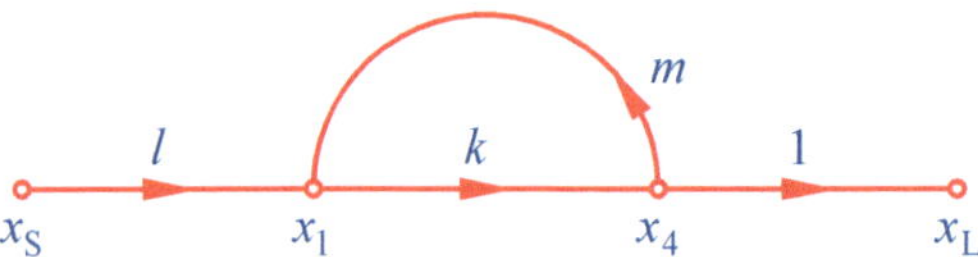

Bild 5-14 Signalflussdiagramm nach der dritten Umformung

Mit den Abkürzungen

$$k := \frac{f}{1-g} \qquad l := \frac{1}{1-h} \qquad m := \frac{i}{1-h} \tag{5.26}$$

ergibt sich das Signalflussdiagramm gemäß Bild 5-14. Die Auflösung der letzten Rückkopplungsschleife erfolgt durch Einsetzen von (5.25) in (5.24), und wir erhalten

$$x_L = x_4 = \frac{kl}{1-km} x_S \quad , \tag{5.27}$$

womit ein direkter Zusammenhang zwischen der Quellgröße x_S und der Lastgröße x_L hergestellt ist.

5.3.4 Graphentransmissionsfaktor und MASON-Regel

Das zuletzt behandelte Beispiel motiviert dazu, nach einer kompakten Formel oder zumindest einem systematischen Verfahren zu suchen, um eine in Form eines Signalflussgraphen dokumentierte Übertragungsfunktion zu ermitteln. Ergebnis ist die sogenannte *MASON-Regel* , die hier ohne Beweis vorgestellt wird [7]. Zum klaren Verständnis müssen zunächst einige Begriffe eingeführt werden:

* Ein Knoten, von dem nur Zweige ausgehen, heißt *Quellknoten* .
* Ganz analog wird ein Knoten, an dem nur Zweige enden, *Senkeknoten* genannt.
* Bildet man den Quotienten aus dem Knotensignal an einem Senkeknoten x_{L} und dem an einem Quellknoten x_{S} , ergibt sich die Übertragungsfunktion

$$T_{\mathrm{LS}} = \frac{x_{\mathrm{L}}}{x_{\mathrm{S}}} \quad . \tag{5.28}$$

  Diese wird im vorliegenden Fall *Graphentransmissionsfaktor* genannt; die Indizes S und L bezeichnen Quelle und Senke, sie stehen wie an früherer Stelle für *Source* und *Load* ; der Senkeknoten wird demnach als erster, der Quellknoten als zweiter notiert. Diese auf den ersten Blick unlogische Vereinbarung wurde im Hinblick auf eine Übereinstimmung mit der Indizierung der s-Parameter getroffen ($\underline{s}_{21}$ bezeichnet die Transmission von Tor 1 nach Tor 2).
* *Pfad* heißt jede Serie vorwärts orientierter Zweige vom Quellknoten zum Senkeknoten, die keinen Knoten mehrfach berührt, also keine Schleifen bildet. Das Produkt aller Gewichte der beteiligten Zweige heißt *Pfadtransmission* . Diese wird mit P_{ν} bezeichnet.
* Jede Serie gleichorientierter Zweige, die einen geschlossenen Weg bildet und dabei keinen Knoten mehrfach berührt, wird *Schleife erster Ordnung* genannt. Dieser wird eine *Schleifentransmission* zugeordnet; das ist das Produkt aller Gewichte der beteiligten Zweige. Das Symbol für die Transmission der Schleife erster Ordnung ist $L_{\mu}(1)$.
* Findet man im Graphen n Schleifen erster Ordnung, die sich nicht berühren, d. h. keinen gemeinsamen Knoten besitzen, bilden diese zusammen eine *Schleife n-ter Ordnung* . Deren Schleifentransmission ist das Produkt der beteiligten Schleifen erster Ordnung. Die Vorgehensweise sieht also so aus, dass man zunächst nach Schleifen erster Ordnung sucht, dann prüft, ob man je zwei voneinander isolierte zu Schleifen zweiter Ordnung kombinieren kann usw. Man erkennt, dass eine Schleife dritter Ordnung zugleich drei Schleifen zweiter Ordnung beinhaltet. Die Transmission der Schleife n-ter Ordnung wird mit $L_{\kappa}(n)$ bezeichnet.
* Aus allen Schleifentransmissionen wird gemäß

$$\Delta_{\mathrm{G}} = 1 - \sum_{\nu} L_{\nu}(1) + \sum_{\mu} L_{\mu}(2) - \sum_{\kappa} L_{\kappa}(3) + \cdots - \cdots \tag{5.29}$$

  eine Rechengröße gebildet, die sogenannte *Graphendeterminante* .
* In vergleichbarer Weise kann jedem Pfad ν eine *Pfaddeterminante* Δ_{ν} zugeordnet werden, die sich wie die Graphendeterminante berechnet, wobei jedoch nur **die** Schleifen eingesetzt werden, die den betreffenden Pfad **nicht** berühren.

Somit sind alle Vorbereitungen zur endgültigen Formulierung der MASON-Regel getroffen. Ein Graphentransmissionsfaktor T_{LS} berechnet sich formal gemäß

$$T_{LS} = \frac{1}{\Delta_G} \sum_{\nu=1}^{N} (P_\nu \cdot \Delta_\nu) \quad ; \tag{5.30}$$

N ist hierbei die Gesamtzahl der Pfade.

Es folgen Beispiele:

(i) Bild 5-15 zeigt ein Signalflussdiagramm mit Quellknoten x_S, Senkeknoten x_L und inneren Knoten x_1 bis x_5 [7]. Der Graphentransmissionsfaktor

$$T_{LS} = \frac{x_L}{x_S} \tag{5.31}$$

soll mit Hilfe der Mason-Regel ermittelt werden.

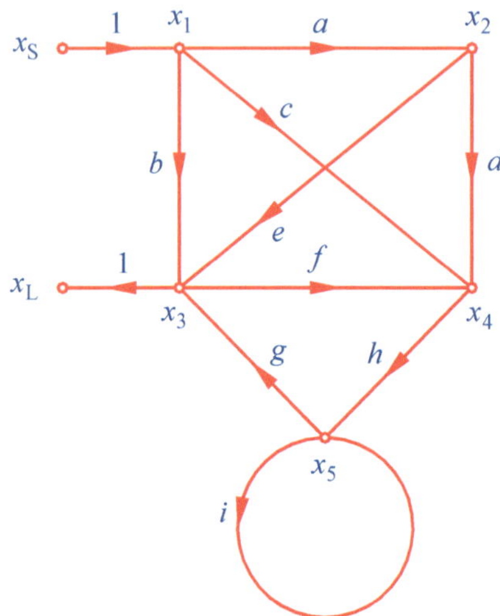

Bild 5-15 Ein Signalflussdiagramm

Wir suchen zunächst nach Pfaden und geben die zugehörigen Pfadtransmissionen an.

$x_S - x_1 - x_2 - x_3 - x_L \Rightarrow P_1 = ae$

$x_S - x_1 - x_2 - x_4 - x_5 - x_3 - x_L \Rightarrow P_2 = adhg$

$x_S - x_1 - x_4 - x_5 - x_3 - x_L \Rightarrow P_3 = chg$

$x_S - x_1 - x_3 - x_L \Rightarrow P_4 = b$

Folgende Schleifen erster Ordnung lassen sich finden:

$x_3 - x_4 - x_5 - x_3 \Rightarrow L_1(1) = fhg$

$x_5 - x_5 \Rightarrow L_2(1) = i$

Schleifen höherer Ordnung existieren nicht. Die Pfade P_1 und P_4 tangieren die Schleife $L_2(1)$ nicht, die anderen Pfade berühren alle Schleifen. Die Graphendeterminante lautet

$$\Delta_G = 1 - fhg - i \quad , \tag{5.32}$$

für die Pfaddeterminanten findet man

$$\begin{aligned} \Delta_1 &= 1 - L_2(1) = 1 - i \\ \Delta_2 &= 1 \\ \Delta_3 &= 1 \\ \Delta_4 &= 1 - L_2(1) = 1 - i \end{aligned} \quad . \tag{5.33}$$

Somit ergibt sich für den gesuchten Graphentransmissionsfaktor

$$T_{\mathrm{LS}} = \frac{ae(1-i) + adhg + chg + b(1-i)}{1 - fgh - i} \quad . \tag{5.34}$$

(ii) Wir nehmen uns noch einmal das in Abschnitt 5.3.2 behandelte Mikrowellennetz aus realer Quelle, Zweitor und Last vor, wie es in Bild 5-4 dargestellt ist. Quellgröße soll die Urwellenquelle $\underline{b}_{\mathrm{S}}$ sein, Senkegröße die auf den Verbraucher zulaufende Welle $\underline{b}_2$. Der Signalflussgraph von Bild 5-8 ist demnach gemäß Bild 5-16 zu erweitern.

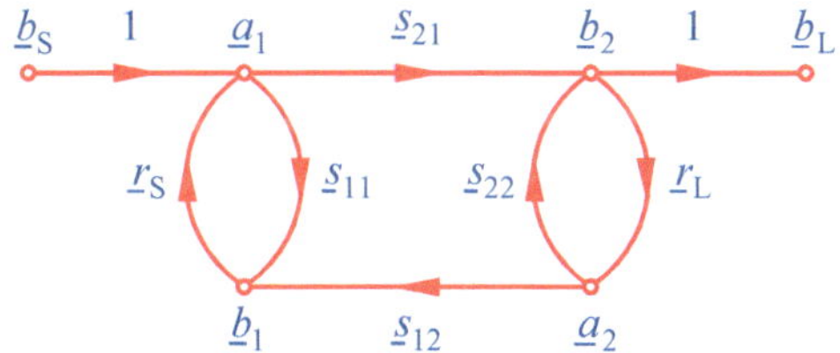

Bild 5-16 Signalflussgraph des Mikrowellennetzes von Bild 5-4

Hier findet man nur einen einzigen Pfad:

$\underline{b}_{\mathrm{S}} - \underline{a}_1 - \underline{b}_2 - \underline{b}_{\mathrm{L}} \quad \Rightarrow \quad \underline{P}_1 = \underline{s}_{21}$

Es gibt drei Schleifen erster Ordnung:

$\underline{a}_1 - \underline{b}_1 - \underline{a}_1 \quad \Rightarrow \quad \underline{L}_1(1) = \underline{r}_{\mathrm{S}} \cdot \underline{s}_{11}$

$\underline{a}_2 - \underline{b}_2 - \underline{a}_2 \quad \Rightarrow \quad \underline{L}_2(1) = \underline{r}_{\mathrm{L}} \cdot \underline{s}_{22}$

$\underline{a}_1 - \underline{b}_2 - \underline{a}_2 - \underline{b}_1 - \underline{a}_1 \quad \Rightarrow \quad \underline{L}_3(1) = \underline{s}_{21} \cdot \underline{r}_{\mathrm{L}} \cdot \underline{s}_{12} \cdot \underline{r}_{\mathrm{S}}$

$\underline{L}_1(1)$ und $\underline{L}_3(1)$ haben keinen gemeinsamen Knoten, bilden also zusammen eine Schleife zweiter Ordnung.

$\underline{L}_1(1) \,\&\, \underline{L}_3(1) \quad \Rightarrow \quad \underline{L}_1(2) = \underline{r}_{\mathrm{S}} \cdot \underline{s}_{11} \cdot \underline{r}_{\mathrm{L}} \cdot \underline{s}_{22}$

Alle Schleifen berühren den Pfad, also hat die Pfaddeterminante Δ_1 den Wert 1. Für die Graphendeterminante ergibt sich

$$\Delta_{\mathrm{G}} = 1 - \underline{r}_{\mathrm{S}}\underline{s}_{11} - \underline{r}_{\mathrm{L}}\underline{s}_{22} - \underline{s}_{21}\underline{r}_{\mathrm{L}}\underline{s}_{12}\underline{r}_{\mathrm{S}} + \underline{r}_{\mathrm{S}}\underline{s}_{11}\underline{r}_{\mathrm{L}}\underline{s}_{22} \quad .$$

Somit lautet das gesuchte Resultat

$$T_{\mathrm{LS}} = \frac{\underline{s}_{21}}{1 - \underline{r}_{\mathrm{S}}\underline{s}_{11} - \underline{r}_{\mathrm{L}}\underline{s}_{22} - \underline{s}_{21}\underline{r}_{\mathrm{L}}\underline{s}_{12}\underline{r}_{\mathrm{S}} + \underline{r}_{\mathrm{S}}\underline{s}_{11}\underline{r}_{\mathrm{L}}\underline{s}_{22}} \quad . \tag{5.35}$$

(iii) Bild 5-17 zeigt ein Mikrowellennetz mit einem Zirkulator. Dieser soll halbideal sein, d.h. er ist zwar eigenreflexionsfrei an allen Toren, jedoch ist die Rückwärtstransmission nicht vernachlässigbar. Sie wird mit $\underline{s}$ bezeichnet, die Vorwärtstransmission mit $\underline{t}$. Die beschreibende Streumatrix lautet demnach

$$\underline{\boldsymbol{S}}_Z = \begin{pmatrix} 0 & \underline{s} & \underline{t} \\ \underline{t} & 0 & \underline{s} \\ \underline{s} & \underline{t} & 0 \end{pmatrix} . \tag{5.36}$$

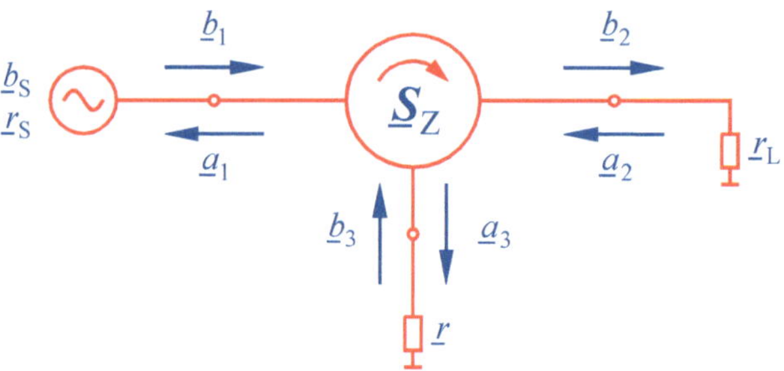

Bild 5-17 Ein Mikrowellennetz

An Tor 1 ist eine reale Wellenquelle, an Tor 2 ein Verbraucher $\underline{r}_L$ und an Tor 3 eine durch ihren Reflexionsfaktor $\underline{r}$ beschriebene Impedanz angeschlossen. Quellgröße soll die Urwellenquelle $\underline{b}_S$, Senkegröße die auf den Verbraucher zulaufende Welle $\underline{b}_2$ sein. Mit diesen Angaben findet man schnell den in Bild 5-18 dargestellten Signalflussgraphen. Hier gibt es zwei Pfade:

$\underline{b}_S$ - $\underline{b}_1$ - $\underline{b}_2$ - $\underline{a}_L$ $\Rightarrow$ $\underline{P}_1 = \underline{t}$

$\underline{b}_S$ - $\underline{b}_1$ - $\underline{a}_3$ - $\underline{b}_3$ - $\underline{b}_2$ - $\underline{a}_L$ $\Rightarrow$ $\underline{P}_2 = \underline{s}\cdot\underline{r}\cdot\underline{s}$

Diese Wege lassen sich wunderbar im Schaltbild verfolgen. $\underline{P}_1$ ist der reguläre Weg für die Signalausbreitung, während $\underline{P}_2$ durch zweimalige Rückwärtstransmission und Reflexion an $\underline{r}$ zu Stande kommt. Es gibt folgende Schleifen erster Ordnung:

$\underline{b}_1$ - $\underline{a}_3$ - $\underline{b}_3$ - $\underline{b}_3$ - $\underline{b}_1$ $\Rightarrow$ $\underline{S}_1(1) = \underline{s}\cdot\underline{r}\cdot\underline{t}\cdot\underline{r}_S$

$\underline{b}_2$ - $\underline{a}_2$ - $\underline{a}_3$ - $\underline{b}_3$ - $\underline{b}_2$ $\Rightarrow$ $\underline{S}_2(1) = \underline{r}_L\cdot\underline{t}\cdot\underline{r}\cdot\underline{s}$

$\underline{b}_1$ - $\underline{b}_2$ - $\underline{a}_2$ - $\underline{a}_1$ - $\underline{b}_1$ $\Rightarrow$ $\underline{S}_3(1) = \underline{t}\cdot\underline{r}_L\cdot\underline{s}\cdot\underline{r}_S$

$\underline{b}_1$ - $\underline{b}_2$ - $\underline{a}_2$ - $\underline{a}_3$ - $\underline{b}_3$ - $\underline{a}_1$ - $\underline{b}_1$ $\Rightarrow$ $\underline{S}_4(1) = \underline{t}\cdot\underline{r}_L\cdot\underline{t}\cdot\underline{r}\cdot\underline{t}\cdot\underline{r}_S = \underline{t}^3\cdot\underline{r}_L\cdot\underline{r}\cdot\underline{r}_S$

Schleifen höherer Ordnung existieren nicht, alle Schleifen berühren beide Pfade, somit haben beide Pfaddeterminanten den Wert 1. Für die Graphendeterminante findet man

$$\Delta_G = 1-\underline{s}\,\underline{r}\,\underline{t}\,\underline{r}_S-\underline{r}_L\,\underline{t}\,\underline{r}\,\underline{s}-\underline{t}\,\underline{r}_L\,\underline{s}\,\underline{r}_S-\underline{t}^3\,\underline{r}_L\,\underline{r}\,\underline{r}_S$$

und damit

$$T_{LS} = \frac{\underline{t}+\underline{s}^2\,\underline{r}}{1-\underline{s}\,\underline{r}\,\underline{t}\,\underline{r}_S-\underline{r}_L\,\underline{t}\,\underline{r}\,\underline{s}-\underline{t}\,\underline{r}_L\,\underline{s}\,\underline{r}_S-\underline{t}^3\,\underline{r}_L\,\underline{r}\,\underline{r}_S} . \tag{5.37}$$

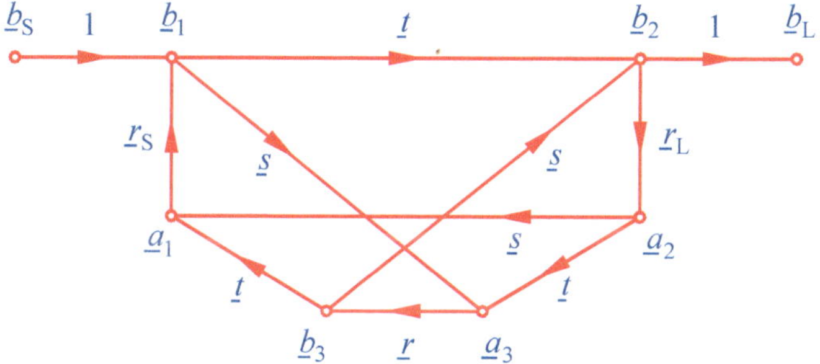

Bild 5-18 Signalflussdiagramm zum Mikrowellennetz von Bild 5-17

6 Signalausbreitung im freien Raum

6.1 Elektromagnetische Wellen

Die Möglichkeit, Signale ohne Verwendung von Leitungen über den freien Raum zu übertragen, stellt ohne jeden Zweifel ein ganz besonderes Highlight der Hochfrequenztechnik dar. Auch hier findet eine Wellenausbreitung statt, jedoch wird die Welle nicht durch Ströme und Spannungen gebildet, sondern durch Feldgrößen. Elektrisches und magnetisches Feld tauschen Energie untereinander aus und bewegen sich zugleich als Schwingungsmuster vorwärts. Da weder das elektrische noch das magnetische Feld auf Materie angewiesen ist, kann diese Welle auch im absolut leeren Raum existieren. Das ist gut so, denn sonst könnte das Sonnenlicht die Erde nicht erreichen und es wäre nie Leben auf der Erde entstanden. Andererseits ist es nicht selbstverständlich - Schallwellen sind nur in Materie ausbreitungsfähig.

Die mathematische Berechnung elektromagnetischer Wellen erfolgt mit den Mitteln der *Vektoranalysis*. Da von der hier angesprochenen Zielgruppe keine dezidierten Kenntnisse in diesem anspruchsvollen Gebiet der höheren Mathematik erwartet werden, müssen wir auf explizite Berechnungen verzichten, sie würden den Rahmen dieses Buches sprengen. Dieses Kapitel verfolgt lediglich den Zweck, den vektoranalytischen Lösungsweg zu skizzieren. Der Leser wird möglicherweise nicht jeden Rechenschritt bis ins Detail verstehen.

Die Zusammenhänge im elektromagnetischen Feld werden durch die *MAXWELLschen Gleichungen* vollständig beschrieben. Diese lauten in differentieller Form [23]:

$$\begin{aligned}
\operatorname{div}\boldsymbol{E}(\boldsymbol{r},t) &= \frac{\rho(\boldsymbol{r},t)}{\varepsilon} \\
\mathbf{rot}\,\boldsymbol{E}(\boldsymbol{r},t) &= -\frac{\partial}{\partial t}\boldsymbol{B}(\boldsymbol{r},t) \\
\operatorname{div}\boldsymbol{B}(\boldsymbol{r},t) &= 0 \\
\mathbf{rot}\,\boldsymbol{H}(\boldsymbol{r},t) &= \boldsymbol{J}(\boldsymbol{r},t)+\varepsilon\frac{\partial}{\partial t}\boldsymbol{E}(\boldsymbol{r},t)
\end{aligned} \tag{6.1}$$

Dabei haben die Symbole folgende Bedeutungen:

* div : Die *Divergenz* ist ein vektoranalytischer Differentialoperator. Sie beschreibt die Quellen des Feldes. Man denke an eine geschlossene Hüllfläche, eine Blase. Über die gesamte Fläche wird die Normalkomponente der von innen nach außen wirkenden Feldstärke integriert. Das Ergebnis wird durch die Fläche dividiert. Nun wird die Hüllfläche verkleinert und schließlich auf einen Punkt zusammengezogen. Der so entstehende Grenzwert ist die Divergenz des Feldes an dem betrachteten Punkt.
* **rot** : Die *Rotation* ist ebenfalls ein vektoranalytischer Differentialoperator. Sie beschreibt die Wirbel des Feldes. Hier denkt man an eine geschlossene Raumkurve, längs der das Feld aufsummiert wird. Das Resultat wird auf den Umfang der Kurve bezogen. Nun wird die Kurve auf einen Punkt zusammengezogen, es entsteht wieder ein

[23] Vektoren werden durch fett gedruckte Symbole bezeichnet.

Grenzwert. Die Rotation hat Vektorcharakter, und zwar steht der Vektor senkrecht auf dem Wirbel gemäß der RECHTEN-HAND-REGEL (vgl. 3.6.1, Bild 3-39).

* $\boldsymbol{r}$: Ortsvektor, beschreibt die Lage des Raumpunkts in irgendeinem Koordinatensystem.
* $\boldsymbol{E}$: Vektor der elektrischen Feldstärke.
* ρ: Raumladungsdichte.
* ε: Dielektrizitätskonstante.
* $\frac{\partial}{\partial t}$: Partielle Ableitung nach der Zeit.
* $\boldsymbol{B}$: Vektor der magnetischen Flussdichte.
* $\boldsymbol{H}$: Vektor der magnetischen Feldstärke.
* $\boldsymbol{J}$: Vektor der Stromdichte.

Die MAXWELLschen Gleichungen sind also partielle Differentialgleichungen in vier Variablen, nämlich den drei Raumkoordinaten und der Zeit. Man spricht von *verteilten Parametern*. Im materiefreien Raum gelten folgende Besonderheiten, die mit guter Näherung auch in Luft zutreffen:

* Es existieren keine Ladungen, somit verschwindet die Raumladungsdichte.

$$\rho = 0 \tag{6.2}$$

* Es ist die Dielektrizitätskonstante des Vakuums einzusetzen.

$$\varepsilon = \varepsilon_0 \tag{6.3}$$

* Flussdichte und magnetische Feldstärke sind zueinander proportional gemäß

$$\boldsymbol{B} = \mu_0 \cdot \boldsymbol{H} \quad , \tag{6.4}$$

wobei μ_0 die magnetische Permeabilität des Vakuums ist.

* Da keine Ladungen existieren, fließt auch kein Strom.

$$\boldsymbol{J} = \boldsymbol{0} \tag{6.5}$$

Damit erhalten die Gleichungen (6.1) die folgende vereinfachte Form:

$$\begin{aligned} \operatorname{div} \boldsymbol{E}(\boldsymbol{r},t) &= 0 \\ \mathbf{rot}\, \boldsymbol{E}(\boldsymbol{r},t) &= -\frac{\partial}{\partial t} \boldsymbol{B}(\boldsymbol{r},t) \\ \operatorname{div} \boldsymbol{B}(\boldsymbol{r},t) &= 0 \\ \mathbf{rot}\, \boldsymbol{B}(\boldsymbol{r},t) &= \varepsilon_0 \mu_0 \frac{\partial}{\partial t} \boldsymbol{E}(\boldsymbol{r},t) \end{aligned} \tag{6.6}$$

Jedes Feldmuster, das den Gleichungen (6.6) genügt, ist prinzipiell existenzfähig. Man sieht, dass es keine statische Lösung gibt. Denn dann würden die Ableitungen nach der Zeit verschwinden, das Gleichungssystem (6.6) hätte nur die triviale Lösung ($\boldsymbol{E} = \boldsymbol{0}$, $\boldsymbol{B} = \boldsymbol{0}$).

Ohne Begründung werden nun ein paar Besonderheiten elektromagnetischer Wellen bei Ausbreitung im materiefreien Raum oder in Luft genannt:

* Sie breiten sich mit Lichtgeschwindigkeit c_0 aus, wobei

$$c_0 = \frac{1}{\sqrt{\varepsilon_0 \mu_0}} \approx 3 \cdot 10^8 \frac{\mathrm{m}}{\mathrm{s}} \tag{6.7}$$

gilt.

* Die Beträge (Effektivwerte) von elektrischer und magnetischer Feldstärke sind zueinander proportional gemäß

$$\frac{|\boldsymbol{E}|}{|\boldsymbol{H}|} = \sqrt{\frac{\mu_0}{\varepsilon_0}} = Z_\mathrm{F} = 120\pi\Omega \quad . \tag{6.8}$$

Da $\boldsymbol{E}$ die Dimension V/m , $\boldsymbol{H}$ die Dimension A/m hat, ergibt sich für das Verhältnis formal ein Widerstand. Z_F wird *Feldwellenwiderstand* genannt.

Die einfachste Lösung der Gleichungen (6.6) ist die *gleichförmige ebene Welle.* Sie besitzt eine definierte Ausbreitungsrichtung, und in jeder Ebene senkrecht dazu findet man ein einheitliches schwingendes Feldmuster, welches sich mit Lichtgeschwindigkeit ausbreitet. Man erkennt sofort, dass es sich hierbei um eine Idealisierung handelt, denn der komplette Raum wäre von einem einheitlichen Feldmuster erfüllt. Realitätsnäher ist die *Kugelwelle*, wobei man ausgehend von einem Zentrum Kugelschalen mit einheitlichem Feldmuster vorfindet. Betrachtet man einen Ausschnitt aus einer solchen Kugelschale, der so klein ist, dass die Krümmung vernachlässigt werden kann, ist das Feldmuster identisch dem der gleichförmigen ebenen Welle. Da die Oberfläche einer Kugelschale mit Abstand vom Zentrum zunimmt, nimmt die Feldstärke in gleichem Maße ab.

TEM-Welle [24] ist eine Bezeichnung für ein Feldmuster, bei dem sowohl elektrischer als auch magnetischer Feldstärkevektor grundsätzlich senkrecht zur Ausbreitungsrichtung stehen. Existieren im Raum mehrere Wellen, z. B. ausgehend von unterschiedlichen Wellenquellen oder ausgelöst durch Reflexionen, kommt es zu einer Überlagerung der Feldstärkevektoren. Darauf wird im nächsten Abschnitt noch genauer eingegangen. Trifft eine elektromagnetische Welle auf Materie, so wird sie dort absorbiert oder reflektiert. Absorption bedeutet in diesem Zusammenhang, dass die Welle in die Materie eindringt und ihre Energie dort auf Grund von Verlusten in Wärme umgesetzt wird (z. B. durch Induktion von Wirbelströmen). Gewöhnlich wird ein Teil absorbiert, der andere reflektiert.

[24] **t**ransversal **e**lektro **m**agnetisch

6.2 Antennen

Voraussetzung für die Entstehung einer elektromagnetischen Welle ist die Existenz einer Störung im Raum. Diese kann dann als Feldquelle angesehen werden. Zwei physikalische Effekte kommen primär hierfür in Betracht:

* Polarisation eines leitfähigen Körpers, die sich ständig ändert. Folge ist ein ebenso zeitlich veränderliches E-Feld vom aktuell positiv zum negativ geladenen Ende des Körpers. Außerdem bewirkt die permanente Ladungsverschiebung Wechselströme im Leiter, die ihrerseits Magnetfelder verursachen. Nach diesem Prinzip arbeiten *Dipolantennen.*
* Wechselstrom in einem ringförmig geschlossenen Leiter. Das dadurch verursachte magnetische Wechselfeld fungiert als Feldquelle. Nach diesem Prinzip arbeiten *Rahmenantennen.*

Im Folgenden sollen einige für die Praxis wichtige Eigenschaften und Erkennungsmerkmale von Antennen erläutert werden:

* Antennen sind passiv und somit grundsätzlich reziprok (vgl. 4.2.4). Das bedeutet, jede Antenne eignet sich in gleicher Weise zum Senden wie zum Empfangen. Alle Charakteristika, die im Sendebetrieb ermittelt wurden (z. B. Frequenzgang, Richtcharakteristik) dürfen eins zu eins auf den Empfangsbetrieb übertragen werden.
* Aus Sicht von Sender und Empfänger ist eine Antenne ein Zweipol. Somit besitzt sie eine messbare Impedanz $\underline{Z}_A$. In Verbindung mit einer Systemimpedanz R_0 kann daraus gemäß

  $$\underline{r}_A = \frac{\underline{Z}_A - R_0}{\underline{Z}_A + R_0} \tag{6.9}$$

  ein Reflexionsfaktor gebildet werden, dessen Betrag im Interesse einer guten Anpassung möglichst klein sein sollte. Er kann mit der Reflexionsfaktor-Messbrücke gemessen werden (4.3.9, 7.3.4). Impedanz und Reflexionsfaktor sind frequenzabhängig. Diesem Frequenzgang entnimmt man ein Frequenzband hoher Reflexionsdämpfung, in dem die Antenne sinnvoll eingesetzt werden kann.
* Häufig erfolgt die Signalausbreitung nicht nur auf dem direkten Weg, sondern über Reflexionen auch auf Umwegen. Man spricht von *Mehrwegeausbreitung*. Da diese Wege unterschiedlich lang sind, kommt es zu Laufzeitunterschieden. Am Empfangsort findet eine Überlagerung der einzelnen Signale statt, was bei ungünstiger Phasenlage eine Abschwächung oder sogar Auslöschung des Signals zur Folge hat. Dieses Phänomen wird in der Fachsprache *Fading* genannt (englisch auszusprechen). Es gibt zwei Methoden dem zu begegnen. Eine ist die sogenannte *Antenna Diversity* [25]. Man arbeitet mit zwei oder mehr Empfangsantennen, die einen Abstand von etwa $\lambda/4$ zueinander haben. Man kann dann davon ausgehen, dass mindestens eine Antenne bleibt, bei der keine Signalauslöschung stattfindet. Der Nachteil dieses Verfahrens besteht darin, dass ebenso viele Empfänger wie Antennen vorhanden sein müssen, somit ist es teuer. Die zweite Möglichkeit bietet das unter dem Namen *Frequency Hopping* bekannte Frequenzsprungverfahren. Die durch den Laufzeitunterschied bedingte Phasenlage der Signale hängt von der Frequenz ab. Schaltet man diese beständig um, kann man erwarten, dass nicht zu allen Zeiten eine Signalauslöschung vorliegt. Dieses Verfahren wird beispielsweise bei GSM-

---

[25] Wurde auch zu *Antennendiversität* eingedeutscht.

Mobilfunk eingesetzt. Hierbei wird das Signal in Zeitschlitze zerlegt und zwischen drei Frequenzen umgeschaltet. Bei der vorhergehenden Codierung des Signals wurde Redundanz eingebaut, die so organisiert ist, dass bei Ausfall eines Zeitschlitzes noch kein Informationsverlust eintritt.

* Praktisch alle Antennen zeigen eine mehr oder weniger stark ausgeprägte *Richtcharakteristik.* In bestimmte Raumrichtungen erfolgt starke Abstrahlung, in andere schwächere. Dieses Verhalten wird durch das *Richtdiagramm* dokumentiert, es ist in Bild 6-1 beispielhaft dargestellt.

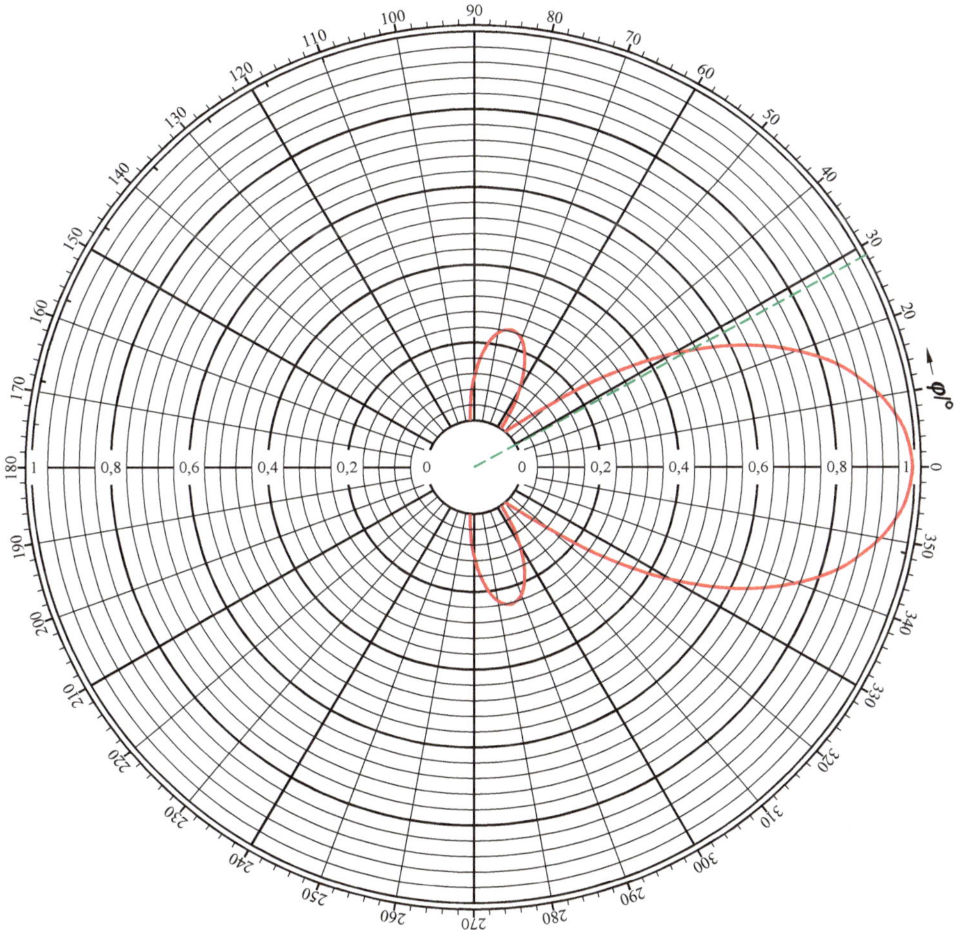

Bild 6-1 Richtdiagramm einer Antenne

Das Richtdiagramm wird folgendermaßen gewonnen: Man montiert die Antenne auf einem drehbaren Teller mit Winkelskala und schließt sie an einen Sender an. In einer gewissen Entfernung montiert man eine Prüfantenne, die mit einem Messgerät verbunden ist. Nun ermittelt man die Richtung der stärksten Abstrahlung, diese entspricht dem Winkel 0°. Die Winkelskala wird entsprechend justiert, der Punkt 0°/1,0 in das Diagramm eingetragen. Nun dreht man die Antenne in kleinen Winkelschritten und trägt den auf den Maximalwert bezogenen Messwert mit Hilfe der durch die konzentrischen Kreise gegebenen Koordinaten unter dem eingestellten Winkel in das Diagramm ein. Man erkennt in Bild 6-1, dass unter einem Winkel von etwa 29° gerade die Hälfte des Maximalwerts gemessen wurde (grüne Linie). Auf diese Weise entsteht die für Richtantennen typische keulenförmige Kurve, welche deshalb auch *Funkkeule* genannt wird. Charakteristisch sind Nebenkeulen, die hier unter einem Winkel von 75° auftreten. Zur vollständigen Dokumentation muss ein Horizontal- und ein Vertikaldiagramm erstellt werden.

Eine Möglichkeit zur quantitativen Beurteilung der Richtwirkung bietet der sogenannte *Antennengewinn* . Hierzu vergleicht man die in Hauptabstrahlrichtung zu beobachtende Leistungsdichte mit der eines isotropen Kugelstrahlers [26] und drückt das Verhältnis in gewohnter Weise im Dezibel-Maß aus. Es hat sich eingebürgert, an dieser Stelle dBi zu schreiben. Das i steht hierbei für *isotrop*, da mit einem isotropen Kugelstrahler verglichen wurde. Machen wir ein Beispiel: Eine angepasste Antenne wird aus einem Verstärker gespeist. Der Pegel der auf die Antenne zulaufenden Welle beträgt 46dBm . Er wurde mit dem in Abschnitt 4.3.12 beschriebenen Verfahren ermittelt. In Hauptabstrahlrichtung der Antenne misst man in 9m Entfernung mit einer Feldsonde eine elektrische Feldstärke

$$E = 6{,}44\frac{\mathrm{V}}{\mathrm{m}} \quad .$$

Es stellt sich die Frage nach dem Antennengewinn. Wegen

$$H = \frac{E}{Z_{\mathrm{F}}} = \frac{6{,}44\frac{\mathrm{V}}{\mathrm{m}}}{120\pi\Omega} = 17{,}1\frac{\mathrm{mA}}{\mathrm{m}}$$

kann man aus der gemessenen Feldstärke die Leistungsdichte

$$p_{\mathrm{A}} = E \cdot H = 110\frac{\mathrm{mW}}{\mathrm{m}^2}$$

herleiten. Sie ist mit der Leistungsdichte, die der Kugelstrahler zur Folge hätte, zu vergleichen. Aus

$$p_{\mathrm{P}} = 46\,\mathrm{dBm}$$

folgt für die abgestrahlte Leistung des Kugelstrahlers

$$P_{\mathrm{K}} = 39{,}8\,\mathrm{W} \quad .$$

Die Oberfläche einer Kugel mit 9m Radius beträgt

$$O = 4\pi r^2 = 1018\,\mathrm{m}^2 \quad ,$$

die Leistungsdichte des Kugelstrahlers wäre demnach

$$p_{\mathrm{K}} = \frac{39{,}8\,\mathrm{W}}{1018\,\mathrm{m}^2} = 39{,}1\frac{\mathrm{mW}}{\mathrm{m}^2} \quad .$$

Somit errechnet sich der Antennengewinn zu

---

26 gleiches Abstrahlverhalten in alle Raumrichtungen; exakt nicht realisierbar.

$$g = 10 \cdot \lg \frac{110 \dfrac{\mathrm{mW}}{\mathrm{m}^2}}{39{,}1 \dfrac{\mathrm{mW}}{\mathrm{m}^2}} \mathrm{dBi} = 4{,}49 \, \mathrm{dBi} \quad .$$

Besonders gute Richtwirkung und damit besonders hohen Antennengewinn erzielt man durch Verwendung eines Parabolspiegels (umgangssprachlich *Schüssel*).

* Ein weiteres Merkmal einer Antenne ist die sogenannte *Antennenhöhe*. Dieser Begriff wird vorwiegend im EMV-Bereich verwendet, wo man elektrische Feldstärken nachweisen möchte. Hierzu charakterisiert der Hersteller seine Antenne durch das Verhältnis von Spannung am Antennensockel zu elektrischer Feldstärke am Ort der Antenne

$$h = \frac{U}{E} \quad . \tag{6.11}$$

Man erkennt sofort, dass h die Dimension einer Länge hat, daher der Begriff *Höhe*, womit keine geometrische Größe gemeint ist.

7 Hochfrequenzmesstechnik

Innerhalb der Elektrotechnik stellt die Messtechnik ein eigenes Wissens- und Arbeitsgebiet dar. Sie ist gewissermaßen wertfrei und wird in allen Bereichen benötigt. Verglichen mit anderen Komponenten besitzt das Messgerät grundsätzlich die höchste Präzision; ansonsten wäre die Messung zweifelhaft. Hinzu kommt, dass die eingesetzten Methoden häufig sehr trickreich sind. Es geht demnach um edle Verfahren mit edlen Produkten. Einem unentschlossenen Berufsanfänger kann die Hinwendung zur Messtechnik deshalb durchaus empfohlen werden.

7.1 Das Power Meter

Dieses Gerät wird auch das Voltmeter des HF-Technikers genannt. Es misst den Effektivwert des kompletten anliegenden Signals ohne Berücksichtigung der spektralen Zusammensetzung. Die Anzeige erfolgt als Spannungswert oder in Form eines damit korrespondierenden Pegels (vgl. 2.3.3). Der Geräteeingang ist gewöhnlich nicht hochohmig, wie man das von einem herkömmlichen Voltmeter wünscht, sondern er hat einen definierten Wert, häufig 50Ω. Damit stellt das Gerät in einem 50Ω-System einen reflexionsfreien Abschluss dar. Oft ist der Eingangswiderstand umschaltbar, z. B. 50Ω, 75Ω, unendlich.

Ein Beispiel: Ein Signal mit einem Effektivwert von 700mV liegt am Eingang eines Power Meters mit 50Ω Eingangswiderstand. Zugehörige Spannungspegel wären

$$\begin{aligned} p_{\mathrm{U}} &= 20 \cdot \lg \frac{700\mathrm{mV}}{1\mathrm{V}} \mathrm{dBV} = -3{,}1\mathrm{dBV} \\ p_{\mathrm{U}} &= 20 \cdot \lg \frac{700\mathrm{mV}}{775\mathrm{mV}} \mathrm{dB} = -0{,}88\mathrm{dB} \end{aligned} \quad . \tag{7.1}$$

Das Signal verursacht am Eingangswiderstand eine Leistung

$$P = \frac{(700\mathrm{mV})^2}{50\Omega} = 9{,}80\mathrm{mW} \quad , \tag{7.2}$$

die mit einem Leistungspegel

$$p_{\mathrm{P}} = 10 \cdot \lg \frac{9{,}80\mathrm{mW}}{1\mathrm{mW}} \mathrm{dBm} = 9{,}91\mathrm{dBm} \tag{7.3}$$

einhergeht. Der Anwender gibt vor, welcher Wert in der Anzeige erscheinen soll. Manche Geräte erlauben auch die Messung des Gleichanteils (vgl. 7.2.1)

Bedienung und Auswertung werden durch mannigfache Zusatzfunktionen unterstützt. So kann beispielsweise ein Referenzwert eingestellt werden, auf den sich der Messwert bezieht; dieser kann Ergebnis einer früheren Messung sein. Möglich ist auch eine gezielte Verschiebung des Messwerts. Bild 4-45 zeigt eine Messanordnung mit Power Metern. Hier könnte man die Koppeldämpfung der Richtkoppler durch geeignete Korrekturwerte kompensieren. Ein weiteres Beispiel für den Einsatz von Power Metern findet man in Abschnitt 7.4.3.

7.2 Der Spectrum Analyzer

Elektrische Signale sind in aller Regel zeitlich veränderlich. Von daher liegt es nahe, sie in Form von *Liniendiagrammen* zu dokumentieren; gemeint ist eine grafische Darstellung des Funktionsverlaufs über einer Zeitachse. Ein solches Ergebnis liefert das Oszilloskop. Es ist aber auch möglich, nach im Signal enthaltenen Periodizitäten zu fragen und diese darzustellen. Dieses Ergebnis stellt der *Spectrum Analyzer* dar. Beide zusammen produzieren sozusagen ein abgerundetes Bild des Signals. Die Angabe des Spektrums bietet folgende Vorteile:

* Das Ergebnis ist in der Regel deutlich präziser. Wenngleich das Oszilloskop wohl das wichtigste Messinstrument der Elektrotechnik ist, arbeitet es vergleichsweise ungenau. Es liefert dem Anwender einen groben Überblick über die Form des Signals. Bei den gegenwärtig verbreiteten Digitalspeicheroszilloskopen mit 8-bit-Wandler ist die Dynamik schon aufgrund der Analog-Digital-Wandlung auf bestenfalls 48dB begrenzt; bei guten Spectrum Analyzern erreicht man hingegen 120dB und mehr.
* Die Spektralanalyse mit Geräten der im Folgenden behandelten Art ist stets bei deutlich höheren Frequenzen möglich. Der schnellste Spectrum Analyzer auf dem Markt hat - bezüglich der Frequenz - zu allen Zeiten die technologische Grenze der Elektrotechnik definiert.
* Nur mit Hilfe des Spektrums kann eine eventuelle gegenseitige Beeinflussung gewisser Dienste beurteilt werden. Stellt sich die Frage, ob ein gegebenes Störsignal einen bestimmten Mobilfunkkanal beeinflusst, so prüft man, ob das Störsignal relevante Anteile im Frequenzbereich des Nutzsignals besitzt. Anhand des Oszillogramms wäre das nicht möglich.

7.2.1 Der Spektralbegriff

Die Mathematik hält eine Reihe von Werkzeugen bereit, um einer Zeitfunktion eine Spektralfunktion zuzuordnen. Der Typ des Signals bestimmt das passende Werkzeug. Im Hinblick auf die spätere Anwendung werden hier nicht allgemeine mathematische Funktionen, sondern Spannungsverläufe behandelt; die relevanten Größen sind Effektivwerte und Frequenzen. Die Anzeige erfolgt letztendlich in Form eines aus dem Effektivwert gebildeten Spannungs- oder Leistungspegels. Die Darstellung ist dadurch anfangs nicht so kompakt wie in einem Mathematik-Lehrbuch; unterm Strich zahlt sich dieser Mehraufwand aber aus.

I. Periodische Signale: Ein Spannungsverlauf heißt periodisch, wenn die Bedingung

$$u(t+T) = u(t) \qquad \forall t \tag{7.4}$$

erfüllt ist. Die kürzest mögliche Zeitspanne T, für welche die Identität (7.4) gilt, heißt dann *Periodendauer* oder kurz *Periode* des Signals. Man erkennt sofort, dass Gleichung (7.4) in der Realität streng nicht erfüllt sein kann, denn dazu müsste das Signal für unendliche Zeit präsent sein. Man spricht in der Praxis von einem periodischen Signal, wenn es für sehr viele Perioden besteht, bzw. wenn der Beginn sehr weit zurück liegt, so dass alle Einschwingvorgänge abgeklungen sind (vgl. 2.2). Ist das Signal eine reine Kosinusschwingung

$$u(t) = \sqrt{2}U \cdot \cos(2\pi f t + \varphi) \ , \tag{7.5}$$

spricht man von einer harmonischen Schwingung; diese stellt einen Spezialfall der periodischen Signale dar. Bild 7-1 zeigt einen Ausschnitt aus einem periodischen, aber nicht harmonischen Signal; die Periode ist angedeutet.

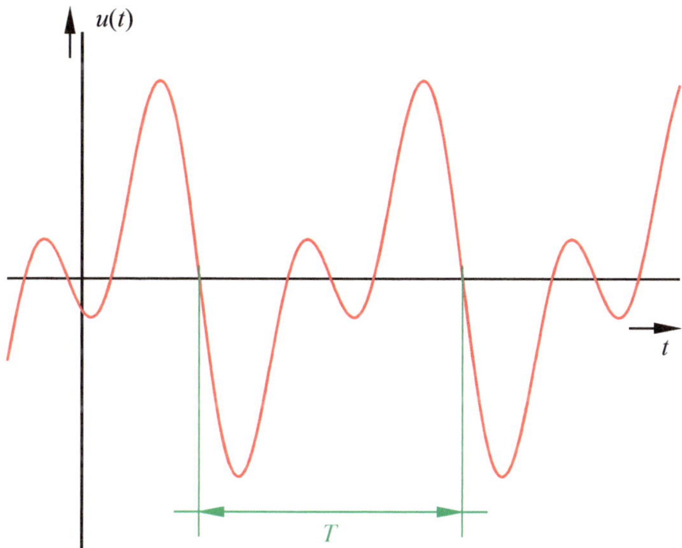

Bild 7-1 Periodisches Signal

Periodische Funktionen können in eine sogenannte FOURIER-Reihe entwickelt werden. Das ist eine endliche oder unendliche Summe von Teilschwingungen unterschiedlicher Effektivwerte, Frequenzen und Phasenlagen. Die niedrigste Frequenz ergibt sich gemäß

$$f_0 = \frac{1}{T} \tag{7.6}$$

aus der Periode, alle anderen sind ganzzahlige Vielfache davon. Die Funktion kann also in der Form

$$f(t) = \sqrt{2}\,U_1 \cdot \cos(2\pi f_0 t + \varphi_1) + \sqrt{2}\,U_2 \cdot \cos(4\pi f_0 t + \varphi_2) + \sqrt{2}\,U_3 \cdot \cos(6\pi f_0 t + \varphi_3) + \ldots \tag{7.7}$$

oder kompakt

$$f(t) = \sum_{v=1}^{\infty} \sqrt{2}\,U_v \cdot \cos(2v\pi f_0 t + \varphi_v) \tag{7.8}$$

geschrieben werden. Die Größen U_v [27] und φ_v werden *FOURIER-Koeffizienten* genannt. Die Darstellungen (7.7) und (7.8) könnten eine zusätzliche additive Konstante U_0 enthalten, welche in der Fachsprache *Gleichanteil* oder *Offset* genannt wird. Der Spectrum Analyzer unterdrückt diesen Anteil durch ein direkt nach dem Eingang angeordnetes Hochpassfilter (siehe

[27] Lehrbücher der Mathematik bevorzugen an Stelle der Effektivwerte die Amplituden.

Bild 7-15) und bringt ihn nicht zur Anzeige. U_0 wird deshalb hier unterschlagen. Zur Messung des Offset müssten andere Geräte herangezogen werden, beispielsweise ein Power Meter (vgl. 7.1) oder ein Digitalspeicheroszilloskop. Häufig verschwinden bestimmte Teilschwingungen, z. B. alle geradzahligen. Der geübte Anwender kann dies dem Signal anhand von Symmetrieeigenschaften ansehen. Bei gegebener Zeitfunktion $f(t)$ können die FOURIER-Koeffizienten formal berechnet werden.[28] Hierzu wird auf die einschlägige Mathematik-Grundlagen-Literatur verwiesen, denn hier geht es nicht um Berechnung, sondern um Messung.

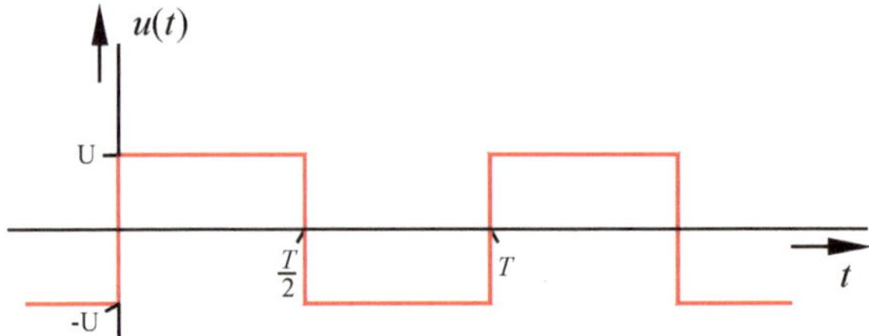

Bild 7-2 Rechtecksignal

Eine Möglichkeit zur grafischen Visualisierung bietet das sogenannte *Linienspektrum* [29]. Hierbei trägt man die Effektivwerte der Teilschwingungen maßstäblich als Balken über einer Frequenzachse auf. Bild 7-2 zeigt ein Rechtecksignal, Bild 7-3 das zugehörige Linienspektrum. Wie man sieht, entfallen hier die geradzahligen Teilschwingungen, was mit der strengen Symmetrie des gegebenen Rechtecksignals erklärt werden könnte. Ziel der Spektralanalyse ist es, ein dem Linienspektrum ähnelndes Bild per Messung zu erzeugen, das sowohl nach Frequenz als auch nach Effektivwert quantitativ ausgewertet werden kann.

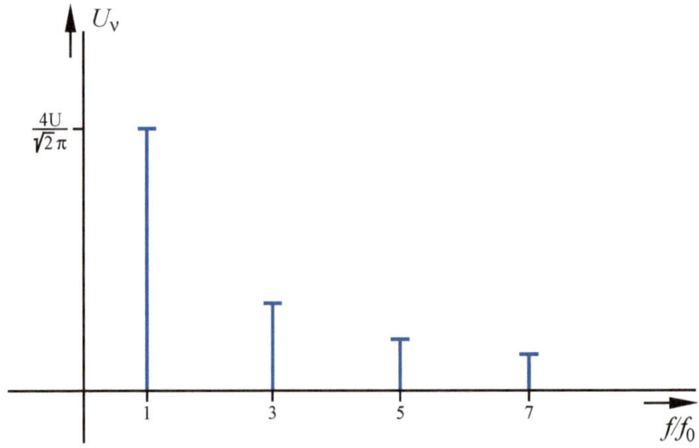

Bild 7-3 Linienspektrum des Rechtecksignals

[28] man spricht auch von *harmonischer Analyse*

[29] nicht zu verwechseln mit dem Liniendiagramm

Wir wollen uns nun vorstellen, ein periodisches Signal u_{E} durchläuft, wie in Bild 7-4 gezeigt, ein lineares System. Das könnte beispielsweise ein Filter, eine Leitung oder ein Verstärker sein. Da es linear ist, lässt es sich durch eine komplexwertige Übertragungsfunktion $\underline{H}(f)$ beschreiben. Gemäß den Vorüberlegungen von Abschnitt 2.5.2 ist das Ausgangssignal u_{A} dann wieder periodisch mit derselben Periode T, kann also ebenfalls in FOURIER-Reihe entwickelt werden und für seine FOURIER-Koeffizienten $U_{\mathrm{A}\nu}$ und $\varphi_{\mathrm{A}\nu}$ gilt

$$\begin{aligned} U_{\mathrm{A}\nu} &= U_{\mathrm{E}\nu} \cdot \left| \underline{H}(\nu \cdot f_0) \right| \\ \varphi_{\mathrm{A}\nu} &= \varphi_{\mathrm{E}\nu} + \arg \underline{H}(\nu \cdot f_0) \end{aligned} . \tag{7.9}$$

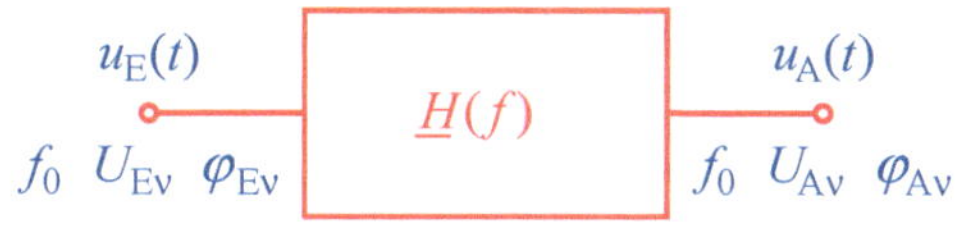

Bild 7-4 Lineares System, Signale und FOURIER-Koeffizienten

Damit ergibt sich eine prinzipielle Möglichkeit zur Selektion der einzelnen Spektrallinien: Man baue ein genügend schmales Bandpassfilter mit variabler Mittenfrequenz f_{M} und verschiebe es über das komplette Frequenzband. Über der Mittenfrequenz des Filters wird der Effektivwert seines Ausgangssignals aufgetragen. In Bild 7-5 ist die Messanordnung skizziert. Als Messgerät würde sich ein Power Meter anbieten. Das Kürzel *RBW* steht hierbei für *Resolution Band Width* zu Deutsch *Auflösungsbandbreite*. Das ist die 3dB-Bandbreite des Filters, also der Abstand der Frequenzpunkte über und unter der Filtermitte, bei denen die Filterdämpfung um 3dB über der Grunddämpfung [30] liegt. In Bild 7-16 ist dies für ein 1kHz-Filter veranschaulicht.

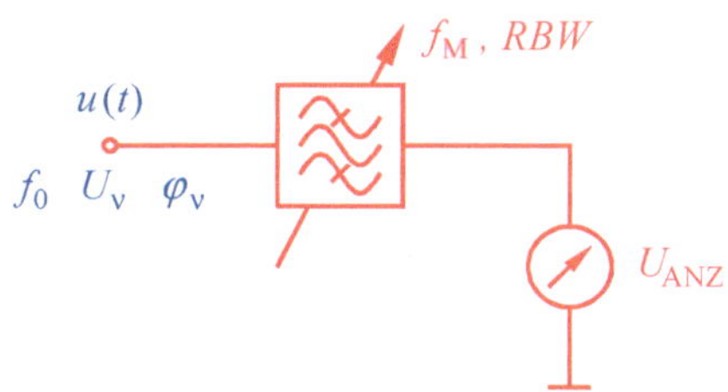

Bild 7-5 Anordnung zur Selektion der Spektrallinien

Es sind nun unterschiedliche Fälle bezüglich der Lage des Bandpassfilters zu den Spektrallinien zu unterscheiden. Dies zeigt Bild 7-6.

Fall A: Der Durchlassbereich liegt fernab von Spektrallinien. Das Ausgangssignal verschwindet, der Frequenz f_{MA} wird der Messwert 0 zugeordnet; das Ergebnis entspricht der Erwartung.

$$U_{\mathrm{ANZ}}(f_{\mathrm{MA}}) = 0 \tag{7.10}$$

[30] Dämpfung in Filtermitte

Fall B: Die Mitte des Durchlassbereichs liegt genau auf der Spektrallinie ν. Der Frequenz f_{MB} wird der Effektivwert dieser Linie, bewertet mit der Grunddämpfung des Filters, zugeordnet; auch dieses Ergebnis entspricht der Erwartung.

$$U_{\mathrm{ANZ}}\left(f_{\mathrm{MB}}\right) = U_{\nu} \cdot \left|\underline{H}\left(f_{M}\right)\right| \qquad (7.11)$$

Fall C: Die Spektrallinie fällt außermittig in den Durchlassbereich. Der Frequenz f_{MC} wird der Effektivwert dieser Linie, bewertet mit der Dämpfung in der Filterflanke, zugeordnet. Dieses Ergebnis entspricht nicht der Erwartung, denn es gibt demnach von Null verschiedene Messergebnisse neben den Spektrallinien, abhängig von der Form des Messfilters. Man sagt auch „das Messfilter bildet sich auf das Messergebnis ab“.

$$U_{\mathrm{ANZ}}\left(f_{\mathrm{MC}}\right) = U_{\nu} \cdot \left|\underline{H}\left(f_{\mathrm{M}} - \Delta f\right)\right| \qquad (7.12)$$

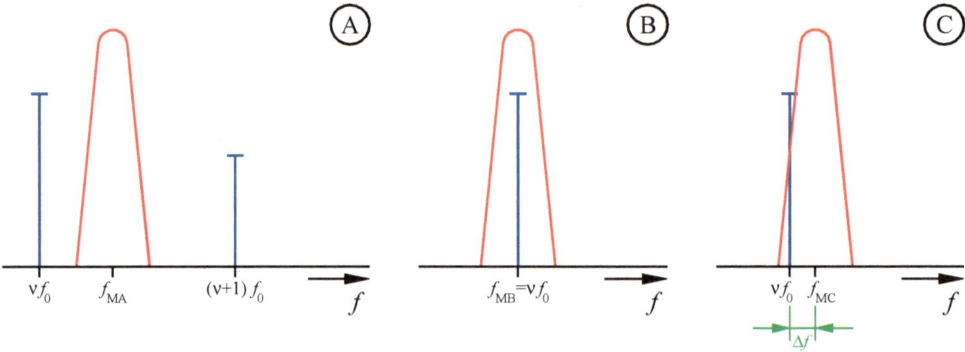

Bild 7-6 Unterschiedliche Lagen von Spektrallinien und Messfilter

Bild 7-7 zeigt das komplette Messergebnis für verschieden breite Messfilter. Detektiert man auf die Maxima der Höcker, erhält man genau das Linienspekrum gemäß Bild 7-3.

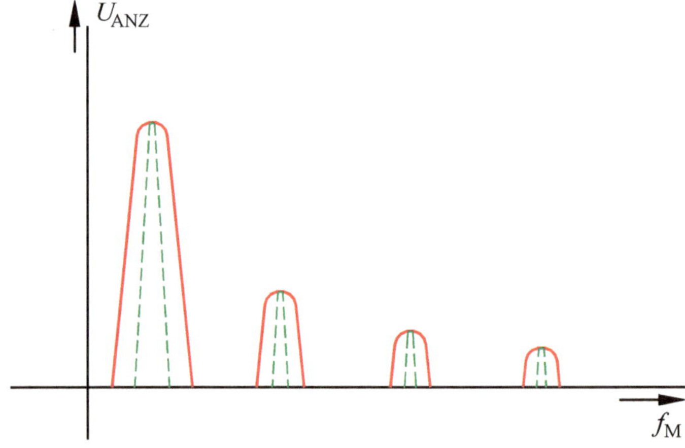

Bild 7-7 Komplettes Messergebnis für verschiedene Auflösungsbandbreiten

Es stellt sich noch die Frage nach einer sinnvollen Breite des Messfilters. Ein schmales Filter bewirkt eine erhöhte Selektivität. Es können nahe beieinander liegende Spektrallinien gegenseitig aufgelöst werden, die Maxima sind deutlich ausgeprägt. Außerdem ist bei schmalem Filter das Rauschen reduziert. Andererseits benötigt ein schmales Filter eine längere Einschwingzeit; deshalb muss es langsam verschoben werden und hat somit eine erhöhte Messzeit zur Folge. Dieser Effekt ist nicht zu unterschätzen. Unter ungünstigen Bedingungen ergeben sich Messzeiten von Stunden, im Extremfall sogar von Tagen. Bei einem breiten Messfilter ist es gerade umgekehrt: Selektivität und Rauschen sind verschlechtert, die Messzeit aber verkürzt. In der Praxis stellt der Anwender die Bandbreite passend ein. Das schafft er nur, wenn er die Arbeitsweise des Spectrum Analyzers verstanden hat. Bild 7-8 zeigt den Fall einer falsch gewählten Filterbandbreite. Die beiden Spektrallinien können nicht gegeneinander aufgelöst werden. Es erscheint ein Kamelhöcker mit wenig Aussagekraft.

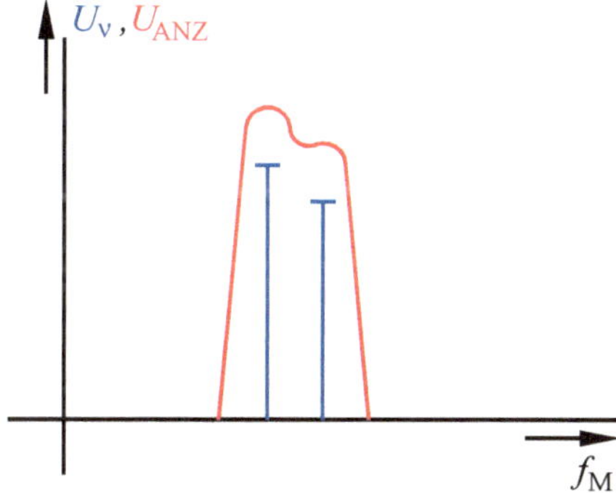

Bild 7-8 Messergebnis bei falsch eingestellter Auflösungsbandbreite

Und nun kommt ein Knalleffekt: Ein Mitlauffilter, wie hier verlangt, ist überhaupt nicht realisierbar, zumindest nicht mit vertretbarem Aufwand. Man arbeitet letztendlich mit einem stationären Bandpass und verändert die Frequenzlage des Signals durch eine Umsetztechnik. Es wird also nicht das Filter über das Signal geschoben, sondern das Signal durch das Filter. An allen in diesem Abschnitt angestellten Überlegungen zu Auflösungsbandbreite, Abbildung des Messfilters auf das Ergebnis und Einschwingverhalten ändert sich dadurch so gut wie nichts. Die leicht verständliche Herleitung über den mitlaufenden Bandpass war somit durchaus zweckmäßig. Die detaillierte Erklärung des Verfahrens erfolgt in Abschnitt 7.2.2.

II. Nicht periodische Signale: Hier macht man den Grenzübergang

$$\begin{array}{lcl} T & \rightarrow & \infty \\ f_0 & \rightarrow & 0 \end{array} , \tag{7.13}$$

die Summe in (7.8) wird zum Integral, und es entsteht die gemäß

$$\boxed{\underline{U}(f) = \int_{-\infty}^{+\infty} u(t) \cdot \mathrm{e}^{-\mathrm{j}2\pi ft} \, \mathrm{d}t} \tag{7.14}$$

definierte FOURIER-Transformation. Die komplexwertige Funktion $\underline{U}(f)$ wird auch das *Spektrum* der Zeitfunktion $u(t)$ genannt, sie hat die Dimension V·s. Man kann zeigen, dass das uneigentliche Integral in (7.14) unter der Voraussetzung

$$\int_{-\infty}^{+\infty} |u(t)| \mathrm{d}t \quad < \quad \infty \tag{7.15}$$

konvergiert. Man sagt dann, $u(t)$ ist absolut integrierbar oder quadratintegrabel. (7.15) ist auf alle Fälle für jede zeitlich begrenzte Funktion erfüllt. Somit ist es möglich einem einzelnen Impuls oder Burst (Impulszug) ein Spektrum zuzuordnen. Damit kann wieder beurteilt werden, ob dieses Signal einen Dienst, der in einem bestimmten Frequenzband angesiedelt ist, stören wird.

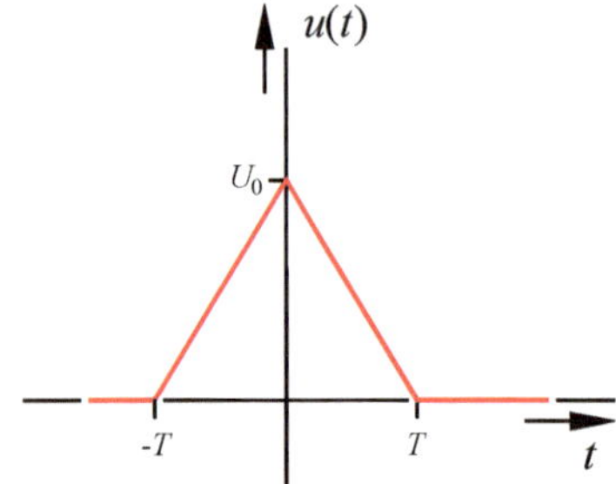

Bild 7-9 Dreieckimpuls

Bild 7-9 zeigt einen sogenannten Dreieckimpuls. Durch Auswertung der Bestimmungsgleichung (7.14) gelangt man nach nicht ganz trivialer Rechnung zu dem korrespondierenden Spektrum

$$\underline{U}(f) \quad = \quad \frac{2\,U_0}{(2\pi f)^2\,T} \cdot \left[1 - \cos(2\pi f T)\right] \quad . \tag{7.16}$$

Der Betrag von $\underline{U}$ ist in Bild 7-10 skizziert. Man erkennt, dass das Spektrum bei f=1/T eine Nullstelle hat. Hier wird der Impuls keine Störwirkung haben, in unmittelbarer Umgebung nur geringe.

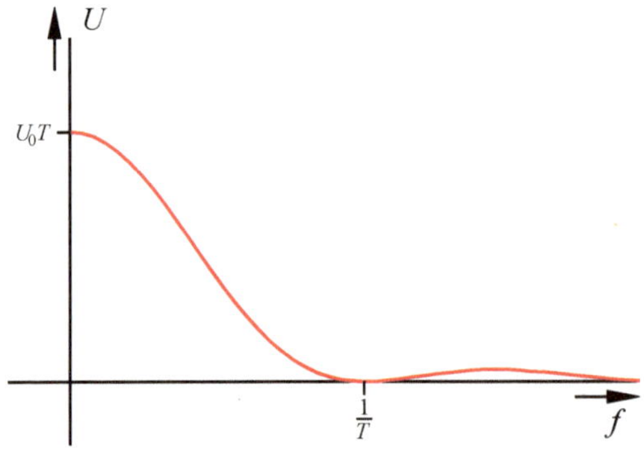

Bild 7-10 Betrag des Spektrums des Dreieckimpulses

Durchläuft ein nicht periodisches Signal ein lineares System gemäß Bild 7-11, wird sein Spektrum mit der Übertragungsfunktion des Systems bewertet, und es gilt

$$\underline{U}_{\mathrm{A}}(f) \;=\; \underline{U}_{\mathrm{E}}(f)\cdot\underline{H}(f) \qquad (7.17)$$

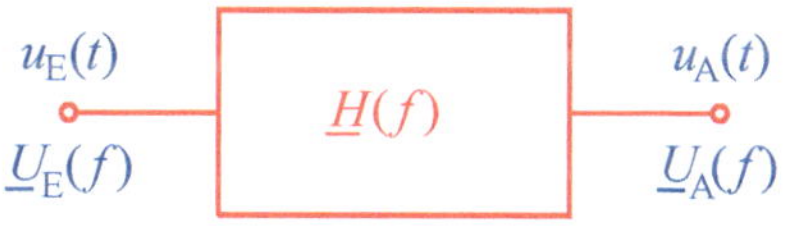

$u_{\mathrm{E}}(t)$, $\underline{U}_{\mathrm{E}}(f)$ → $\underline{H}(f)$ → $u_{\mathrm{A}}(t)$, $\underline{U}_{\mathrm{A}}(f)$

Bild 7-11 Lineares System, Signale und Spektren

Die Messung des Spektrums durch einen mitlaufenden Bandpass funktioniert hier aber nicht. Das Ergebnis wird von Null abweichen bei der Frequenz, auf die der Bandpass beim Auftreten des Impulses gerade abgestimmt ist; es ist also ein Zufallsergebnis. Aus diesem Grund muss der Spectrum Analyzer der hier behandelten Art bei gepulsten oder sich schnell ändernden Signalen mit größter Vorsicht eingesetzt werden. Die Messgerätehersteller bieten spezielle Broschüren mit Hinweisen zum Umgang mit kritischen Signalformen an (z. B. Radarsignale).

III. Stochastische Signale: Ein stochastisches Signal ist ein Zufallsprodukt. Es ist nicht vorhersagbar und nicht berechenbar. Beispiele sind Rauschsignale und alle Nachrichtensignale wie Sprache, Musik, Bilder, Daten usw. Es ist damit nicht periodisch und auch nicht zeitlich begrenzt, weshalb die bisher besprochenen Methoden ausfallen. Eine Beschreibung erfolgt nun durch die *spektrale Leistungsdichte* $S(f)$. Ausführliche Erklärungen hierzu gab es bereits in Abschnitt 2.5.1, worauf hiermit verwiesen wird. Wesentlich war folgendes Ergebnis: Der Wert von S zu einer gegebenen Frequenz f ergibt sich aus dem Ausgangssignal eines schmalen idealen Bandpasses der Breite Δf mit Mittenfrequenz bei f als Quotient aus transmittierter Leistung zu Bandbreite. Der Spectrum Analyzer führt näherungsweise diese Filterung durch; die Näherung besteht lediglich darin, dass der Bandpass nicht ideal ist. Somit kann aus der Anzeige des Spectrum Analyzers auf die spektrale Leistungsdichte geschlossen werden.

Es folgt ein Beispiel: Ein Spectrum Analyzer zeigt bei der Frequenz $f = 123\mathrm{MHz}$ den Messwert $p_{\mathrm{P}} = -13\mathrm{dBm}$ an. Es war ein 3kHz-Messfilter eingestellt. Somit wird

$$S(123\mathrm{MHz}) \;=\; \frac{10^{-13/10}\,\mathrm{mW}}{3\mathrm{kHz}} \;=\; 16{,}7\,\frac{\mathrm{nW}}{\mathrm{Hz}} \quad . \qquad (7.18)$$

Bei einem Eingangswiderstand von 50Ω ergibt sich daraus die spektrale Spannungsdichte

$$S_{\mathrm{U}}(123MHz) \;=\; \sqrt{16{,}7\,\frac{\mathrm{nW}}{\mathrm{Hz}}\cdot 50\Omega} \;=\; \frac{914\mu\mathrm{V}}{\sqrt{\mathrm{Hz}}} \quad . \qquad (7.19)$$

Damit erkennt man, dass die Anzeige des Spectrum Analyzers bei stochastischen Signalen von der eingestellten Auflösungsbandbreite abhängt. Somit kann der Anwender beurteilen, ob ein periodisches oder ein stochastisches Eingangssignal vorliegt. Periodische Signale zeigen bei Veränderung der Auflösungsbandbreite stets den gleichen Pegel, stochastische nicht.

7.2.2 Das Super-heterodyn-Prinzip

Hierbei handelt es sich um ein Umsetzverfahren, mit dem ein Signal in eine andere Frequenzlage verschoben wird. Verwandte Begriffe sind *Overhead-Prinzip* und *Überlagerungsempfänger* . Es wird in weiten Bereichen der Kommunikationstechnik eingesetzt, insbesondere bei praktisch allen Funkempfängern. So gesehen ist ein Spectrum Analyzer nichts anderes als ein etwas zu teuer geratenes Radio. Bild 7-12 zeigt das Blockschaltbild. Es folgt eine Erklärung der einzelnen Baugruppen und der Arbeitsweise:

(1) Eingang der Stufe. Hier liegt das Eingangssignal $u_E(t)$ an.

(2) Eingangstiefpass. Er hat die Aufgabe einer Vorselektion zum Zweck der Spiegelunterdrückung. Die Erklärung erfolgt später. Sein Ausgangssignal wird mit $u_S(t)$ bezeichnet.

(3) Lokaler Oszillator (engl. *Local Oscillator* oder *Internal Oscillator*). Er erzeugt eine harmonische Schwingung der Form

$$u_O(t) = \sqrt{2}\, U_O \cdot \cos(2\pi f_O t) \tag{7.20}$$

mit einstellbarer Frequenz f_O . Die Realisierung erfolgt gewöhnlich durch eine PLL-Synthesizerschaltung[31] mit einem Quarzoszillator. Dadurch hat die Schwingung eine einstellbare Frequenz und zugleich die Präzision des Quarzoszillators. Die Genauigkeit dieser Frequenz und ihre Langzeitstabilität sind wichtige Qualitätsmerkmale für das Gerät, denn sie bestimmen letztendlich die Genauigkeit der Frequenzmessung. Erhöhte Präzision lässt sich durch Verwendung eines sogenannten *Ofenquarzes* erzielen. Dessen Temperatur wird zwecks Unterdrückung der Temperaturabhängigkeit durch eine thermostatisch geregelte Heizspule auf einem konstanten Wert von etwa 80°C gehalten; sie liegt damit stets über der höchsten im Geräteinneren zu erwartenden Temperatur, es ist keine Kühlung erforderlich. Nach dem Einschalten kann es einige Zeit dauern, bis diese Temperatur erreicht ist. So lange arbeitet das Gerät nicht mit voller Präzision. Manche Exemplare weisen durch ein Symbol in der Anzeige auf diesen Zustand hin. Das Gerät sollte deshalb nur bei längeren Arbeitspausen abgeschaltet werden.

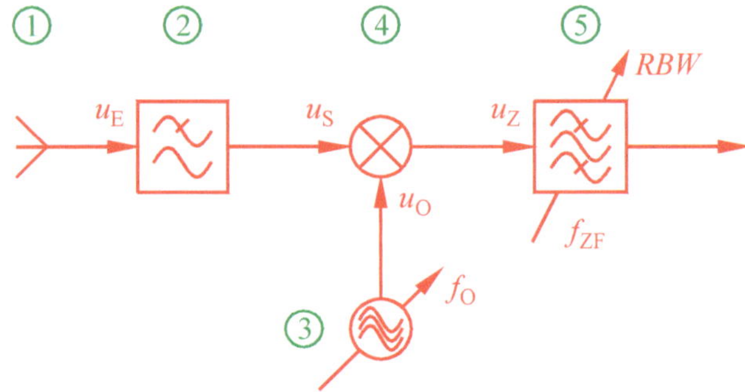

Bild 7-12 Blockschaltbild des Überlagerungsempfängers

(4) Mischer (engl. *Mixer*). Er bildet aus den Eingangssignalen u_O und u_S ein Signal u_Z in neuer Frequenzlage. Aus der Literatur sind unzählige Mischerprinzipien bekannt. Grund-

[31] PLL: Phase Locked Loop

voraussetzung ist die Existenz irgendeiner Nichtlinearität, welche immer für die Entstehung von neuen Frequenzen sorgt; man vergleiche Abschnitt 2.5.3. Die Erklärung wird besonders einfach, wenn man den Mischer als einfachen Multiplizierer modelliert:

$$u_Z = u_O \cdot u_S \tag{7.21}$$

Bei monofrequentem Eingangssignal

$$u_S(t) = \sqrt{2}\, U_S \cdot \cos(2\pi f_S t) \ . \tag{7.22}$$

erhält man dann durch Ausnutzung eines Additionstheorems der Trigonometrie

$$\begin{aligned} u_Z(t) &= \sqrt{2}\, U_S \cdot \cos(2\pi f_S t) \cdot \sqrt{2}\, U_O \cdot \cos(2\pi f_O t) \\ &= U_S U_O \cdot \left\{ \cos\left[2\pi(f_O + f_S)t\right] + \cos\left[2\pi(f_O - f_S)t\right] \right\} \end{aligned} \ . \tag{7.23}$$

Damit sind die hohe Frequenz $f_O{+}f_S$ und die niedrige $f_O{-}f_S$ [32] neu entstanden

(5) ZF-Filter. ZF steht für *Zwischenfrequenz* (engl. *IF Intermediate Frequency*). Der Bandpass bei der festen Mittenfrequenz f_{ZF} mit der vom Anwender einzustellenden Bandbreite *RBW* hat die Aufgabe der endgültigen Selektion.

In Bild 7-13 ist die Arbeitsweise der Stufe in Form eines Frequenzplans erklärt. Unter der Voraussetzung

$$f_O - f_S = f_{ZF} \tag{7.24}$$

wird die Linie bei f_S genau in die Mitte des Bandpasses verschoben; an dessen Ausgang erscheint ein Signal, dessen Effektivwert ein Abbild des ursprünglichen Eingangssignals ist. Zugleich entsteht eine Linie bei der hohen Frequenz $f_O{+}f_S$. Sie wird nicht weiter verarbeitet, dieser Signalanteil geht also verloren. Es gibt einen speziellen Mischertyp, den sogenannten *Grundwellenmischer* . Er ist so hingezüchtet, dass ausschließlich die Linie bei $f_O{-}f_S$ entsteht. Mit diesem Mischer ausgerüstete Geräte haben deshalb eine um etwa 3dB verbesserte Dynamik. Die grün dargestellten Linien bei f_1 und f_2 werden auf die Frequenzlagen $f_O{-}f_1$ bzw. $f_O{-}f_2$ außerhalb des Filters verschoben und somit ausgefiltert. Durch Variation von f_O kann der Empfänger auf eine neue Frequenz abgestimmt werden. Damit ist ein zum mitlaufenden Bandpass äquivalentes Verfahren gefunden.

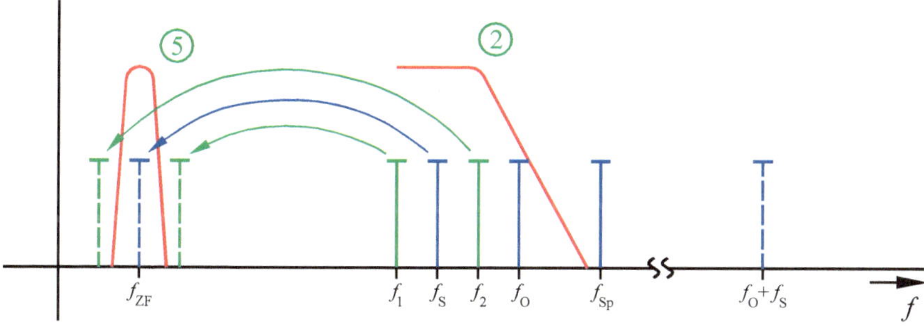

Bild 7-13 Frequenzplan des Überlagerungsempfängers

[32] Da die Kosinusfunktion gerade ist, spielt das Vorzeichen von $f_O{-}f_S$ keine Rolle; nur der Betrag ist relevant

Es bleibt noch ein Problem: Ein eventuell vorhandener Signalanteil bei

$$f_{Sp} = f_O + f_{ZF} \tag{7.25}$$

hätte nach dem Mischer eine Linie $f_{Sp} - f_O = f_{ZF}$ zur Folge. Diese würde also auch in das Filter fallen und den erwünschten Anteil überlagern. Da f_{Sp} bezüglich f_O spiegelbildlich zu f_S liegt, spricht man von der *Spiegelfrequenz* oder kurz dem *Spiegel* (engl. *Mirror Frequency*). Die Beseitigung des Problems erfolgt durch den Eingangstiefpass, der die Spiegelfrequenz von Anfang an ausschaltet. Man erkennt sofort die Forderungen an diesen Tiefpass:

* Die höchste zu erwartende Signalfrequenz f_{Smax} muss in den Durchlassbereich fallen; das wäre hier für f_2 knapp erfüllt.
* Die niedrigste Spiegelfrequenz

  $$f_{Spmin} = f_{Smin} + 2 \cdot f_{ZF} \tag{7.26}$$

  muss in den Sperrbereich fallen. Das wäre hier für f_S gut erfüllt. Die erforderliche Sperrdämpfung ergibt sich aus der für das komplette Gerät angestrebten Dynamik.

Die beiden Forderungen sind nicht für beliebige Kombinationen der Frequenzen erfüllbar. Darauf hat der Entwickler beim Entwurf des Frequenzplans zu achten. Mit dem in Bild 7-13 gezeigten Eingangstiefpass könnten Signalfrequenzen etwas unter f_S bis f_2 umgesetzt werden. Für einen Rundfunkempfänger könnte das ausreichen, für ein Messgerät wäre es inakzeptabel.

Wie man sich leicht überlegen kann, sind nun beliebige Spielformen möglich:

* Die Oszillatorfrequenz kann über oder unter der Signalfrequenz liegen. Gegebenenfalls muss dann der Eingangstiefpass gegen einen Hochpass ausgetauscht werden.
* Man kann die niedrige Frequenz $f_O - f_S$ ausnutzen oder auch die hohe $f_O + f_S$.

Bei modernen Spectrum Analyzern wird das Signal zunächst auf eine über dem Messbereich liegende sehr hohe Frequenz hochgemischt, dort stationär gefiltert und dann in Stufen herabgemischt und weiter gefiltert. Die endgültige Selektion erfolgt schließlich in niedriger Frequenzlage mit einem Digitalfilter.

Man könnte auf die Idee kommen,

$$f_O = f_S \tag{7.27}$$

zu wählen und so das Signal auf die Frequenz Null herunterzumischen; an Stelle des ZF-Bandpasses käme dann ein viel leichter zu realisierender Tiefpass entsprechender Grenzfrequenz zum Einsatz. Dieses unter dem Namen *Nullumsetzung* bekannte Verfahren wird von Fachleuten gern mit dem saloppen Satz „tausendmal probiert, niemals hat es funktioniert“ abqualifiziert. Die Begründung liegt wahrscheinlich darin, dass die Beschreibung des Mischers durch einen Multiplizierer gemäß (7.21) eine zu grobe Näherung ist.

7.2.3 Das komplette Blockschaltbild

Bild 7-15 zeigt das komplette Blockschaltbild eines Spectrum Analyzers. Der soeben behandelte Überlagerungsempfänger ist zu erkennen. Die übrigen Baugruppen werden im Folgenden besprochen:

(6) Eingangshochpass (*Input Highpass*). Er unterdrückt einen eventuell vorhandenen Offset des Eingangssignals, siehe 7.2.1. Gewöhnlich genügt ein einfaches RC-Glied gemäß Bild 7-14. Für hohe Frequenzen verhält sich der Kondensator wie ein Kurzschluss, und am Eingang erscheint der Widerstand R. Dies ist dann der definierte erwünschte Eingangswiderstand. Der Gleichanteil darf eine Obergrenze nicht überschreiten, weil es sonst zur Zerstörung des Kondensators käme. Dieser maximale Offset ist in aller Regel neben der Eingangsbuchse aufgedruckt.

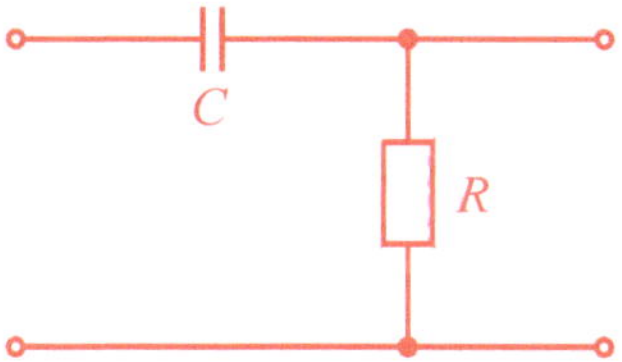

Bild 7-14 Eingangshochpass zur Unterdrückung des Offset

(7) Eingangsabschwächer (*Attenuator*). Dies ist ein in Stufen einstellbares Dämpfungsglied (vgl. 4.3.5); es wird aus historischen Gründen auch *Eichleitung* genannt. Diese Baugruppe wird aus folgendem Grund benötigt: Der Spectrum Analyzer soll sich auch zum Nachweis sehr schwacher Signale eignen, beispielsweise dem an einer Empfangsantenne. Ein Eingangsverstärker ist nicht denkbar, denn dieser müsste den kompletten Frequenzumfang des Geräts abdecken; außerdem wären die Linearitätsanforderungen extrem hoch, da er keinerlei Intermodulationen erzeugen dürfte. Im Gegenzug wird der Eingang des Mischers hochempfindlich ausgeführt. Damit dieser bei stärkeren Signalen nicht übersteuert oder gar beschädigt wird, schaltet der Anwender hier Dämpfung ein. Im Grunde handelt es sich um nichts anderes als die Messbereichseinstellung bei einem Multimeter.

(8) ZF-Verstärker (*IF Gain*). Das unter Umständen sehr schwache Ausgangssignal des Mischers wird auf einen höheren Pegel gebracht, damit die nachfolgenden Baugruppen passend angesteuert werden. Der Verstärker muss vor dem ZF-Filter angeordnet sein. Nur so ist es möglich, das unvermeidbare Rauschen des Verstärkers durch Wahl einer kleinen Auflösungsbandbreite zu reduzieren.

(9) Demodulator (*Detector*). Er erfüllt den Zweck des Gleichrichters in einem Voltmeter für Wechselspannung. Die Geräte sind oft mit mehreren Demodulatoren ausgestattet, die dann auch Detektoren genannt werden. Der erfahrene Anwender kann somit das Gerät für spezielle Messaufgaben optimieren. In den meisten Fällen genügt der Standard-Demodulator, das ist ein reiner Gleichrichter.

(10) Logarithmierer (*Log Amp*). Die Anzeige erfolgt letztendlich als Pegel in einem Dezibel-Maß. Der Wert des Signals muss also logarithmiert werden. Bei hohen Anforderungen an die Dynamik ist dies durch Analog-Digital-Wandlung und anschließende Rechnung nicht mit ausreichender Präzision möglich. Der Logarithmierer wird deshalb bei hochwertigen Geräten als analoge Baugruppe ausgeführt. Siehe dazu auch 7.2.5.

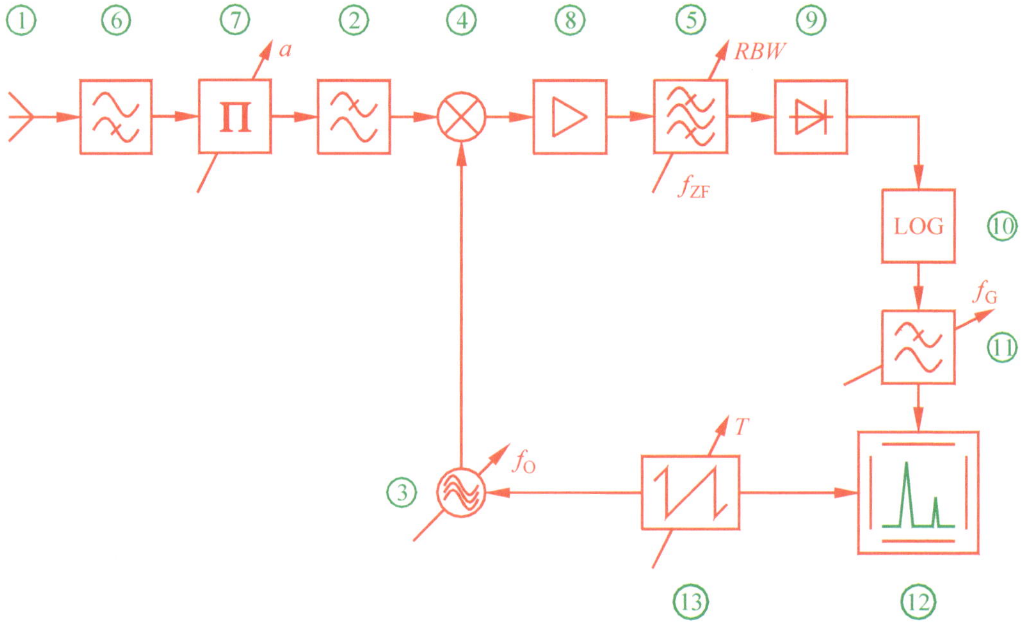

Bild 7-15 Komplettes Blockschaltbild des Spectrum Analyzers

(11) Videofilter (*Video Filter*). Dies ist ein Tiefpass mit einstellbarer Grenzfrequenz. Dadurch lässt sich die Messkurve glätten.

(12) Bildschirm (*CRT Display*). Hier wird das Messergebnis als Frequenzgangkurve angezeigt. Natürlich wird heute keine Kathodenstrahlröhre mehr verbaut, sondern ein Flachdisplay, eventuell farbig.

(13) Sägezahngenerator (*Sweep Generator*). Er steuert die Oszillationsfrequenz des lokalen Oszillators und die Horizontalablenkung der Anzeige. Somit entsteht die Abszisse der Frequenzgangkurve. Der analoge Sägezahngenerator ist heute durch einen Dualzähler ersetzt. Die Schnelligkeit wird vom Anwender eingestellt.

7.2.4 Die Bedienung

Die Bedienung erfolgt über eine Menüführung und Softkeyes, die am Bildschirmrand positioniert sind. Derzeit kommen Geräte mit Touch-Bedienung auf den Markt. Die Bedienung wird dadurch komfortabler, ist aber im Wesentlichen unverändert. Zur Bezeichnung der Bedienfunktionen benutzen die Hersteller stark verstümmelte Abkürzungen. Die in diesem Buch verwendeten Kürzel sind beispielhaft zu verstehen.

ATT (*Attenuator*) Stufenweise Einstellung der Eingangsabschwächung, z. B. 0 bis 80dB in 5dB-Schritten. Die Einstellung ist so vorzunehmen, dass der Mischer gerade noch nicht übersteuert wird. Eine Übersteuerung durch Signale im eingestellten - also dem sichtbaren - Frequenzbereich lässt sich daran erkennen, dass die Messkurve das Diagramm nach oben verlassen möchte, sie sozusagen am oberen Rand anschlägt, und sich dies durch Veränderung von REF (siehe unten) nicht beseitigen lässt. In diesem Fall muss die Dämpfung sofort erhöht werden. Schwieriger ist es, wenn stärkere Signalanteile außerhalb des sichtbaren Frequenzbereichs vorliegen. Der Anwender muss sich stets darüber im Klaren sein, dass auch diese den Mischer erreichen. Man beginnt dann mit der höchsten Abschwächung und setzt diese in Stufen herab. Sobald eine Übersteuerung erkennbar ist, geht man eine Stufe zurück. Damit ist die optimale Einstellung gefunden. Übersteuerung erkennt man daran, dass das Signal schwächer angezeigt wird, als es ist. Man beobachtet also die stärkste sichtbare Linie und verändert zugleich die Abschwächung. Eine Grundregel der elektrischen Messtechnik lautet „der Zeiger soll möglichst weit ausschlagen, aber nicht anschlagen". Genau dies wird hier im übertragenen Sinn realisiert. In der Dokumentation oder auch in der Oberfläche wird der maximal zulässige Mischerpegel genannt. Bei bekanntem Signal kann man damit die erforderliche Abschwächung berechnen.

REF (*Reference*) Damit stellt man die Positionierung der Messkurve in der Höhe ein. Der angezeigte Wert bezeichnet die Oberkante des Diagramms. Der größte einstellbare Wert ist der maximal zulässige Mischerpegel zuzüglich der aktuell eingestellten Abschwächung. Eine Übersteuerung im dargestellten Frequenzbereich wird also sofort sichtbar.

SCALE Auflösung der Ordinatenrichtung, z. B. 1dB/div, 10dB/div usw. Das Diagramm des Spectrum Analyzers ist ähnlich dem eines Oszilloskops in Kästchen (*Div*) geteilt. Während man beim Oszilloskop grundsätzlich horizontal 10 und vertikal 8 Kästchen vorfindet, sind es beim Spectrum Analyzer in beide Richtungen 10. Daran lässt sich ein Spectrum Analyzer auf den ersten Blick von einem Oszilloskop unterscheiden. Bei der Einstellung 10dB/Div hätte man also einen Gesamtumfang von 100dB.

FSTART / FSTOP Einstellung der Frequenzskala nach Anfang und Ende entsprechend dem linken und dem rechten Rand des Diagramms.

FCENT / SPAN Einstellung der Frequenzskala nach Zentrum und Hub.

SWT (*Sweep Time*) Das ist die Zeit, in der das eingestellte Frequenzband einmal durchlaufen wird. Dazu sagt man auch *Wobbelzeit*.

RBW (*Resolution Band Width*) Auflösungsbandbreite, das ist die 3dB-Bandbreite des ZF-Filters. Die verfügbaren Bandbreiten sind gewöhnlich in einer 1-3-10-Skala gestaffelt, z. B. 3Hz, 10Hz, 30Hz … 100MHz. Die Vor- und Nachteile großer bzw. kleiner Bandbreiten wurden schon in 7.2.1 behandelt. Kleine Bandbreiten bieten den Vorteil, dass nahe beieinander liegende Spektrallinien gegenseitig aufgelöst werden können. Zur passenden Darstellung von zwei Linien im Frequenzabstand Δf ist folgende Faustformel zu empfehlen:

$$RBW \approx \frac{1}{30}\cdot\frac{10\text{dB/div}}{SCALE}\cdot\Delta f \qquad (7.28)$$

Machen wir dazu ein Beispiel: Gegeben sei ein amplitudenmoduliertes Signal der Form

$$u(t) = \sqrt{2}\,U\cdot\left[1+m\cos\left(2\pi\cdot f_S t\right)\right]\cdot\cos\left(2\pi\cdot f_T t\right) \quad , \qquad (7.29)$$

was unter Ausnutzung eines Additionstheorems der Trigonometrie zu

$$u(t) = \sqrt{2}\,U\cdot\left\{\cos\left(2\pi\cdot f_T t\right)+\frac{m}{2}\cdot\cos\left[2\pi\cdot\left(f_T+f_S\right)t\right]+\frac{m}{2}\cdot\cos\left[2\pi\cdot\left(f_T-f_S\right)t\right]\right\} \qquad (7.30)$$

umgeformt werden kann. Hierbei ist

* f_T die Trägerfrequenz,
* f_S die Signalfrequenz,
* U der Effektivwert des Trägers und
* m der Modulationsgrad oder Modulationsindex, ein Wert zwischen 0 und 1, der meist in Prozent angegeben wird.

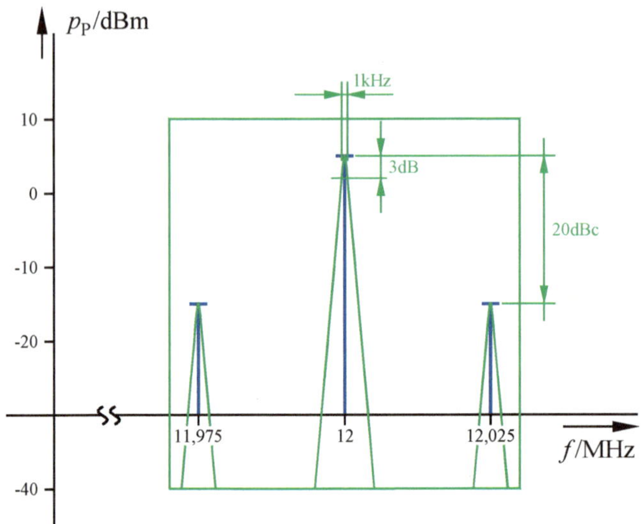

Bild 7-16 Linienspektrum eines amplitudenmodulierten Signals und zugehöriges Schirmbild

Sei speziell:

$$\begin{aligned} f_T &= 12\text{MHz} \\ f_S &= 25\text{kHz} \\ U &= 0{,}4\text{V} \\ m &= 0{,}2 \;\hat{=}\; 20\% \end{aligned} \tag{7.31}$$

Es gibt also eine Linie mit Effektivwert 0,4V bei 12MHz, im Abstand 25kHz darüber und darunter je eine Linie mit Effektivwert 40mV. In einem 50Ω-System korrespondieren diese Effektivwerte mit Pegeln 5,05dBm bzw. -14,95dBm. Man sagt, die Seitenlinien liegen um 20dBc unter dem Träger; der Zusatz c steht für *Carrier*. In Bild 7-16 ist das Linienspektrum blau dargestellt. Für *SCALE* empfiehlt sich hier ein Wert von 5dB/div, dann liegen die Seitenlinien etwa um eine halbe Bildschirmhöhe unter dem Träger. Für *REF* sollte man 10dBm einstellen, das Maximum liegt dann um knapp 1 Kästchen unter der Oberkante des Diagramms. Mit (2.27) folgt für *RBW* der Richtwert 1,67kHz; man wird den nächstliegenden einstellbaren Wert 1kHz wählen. Für die Frequenzachse könnte man *FCENT*=12MHz und *SPAN*=60kHz wählen, dann liegt das Bild mittig, und es bleibt seitlich ausreichend Rand. Das so zu erwartende Bild des Spectrum Analyzers ist grün skizziert; man erkennt auch die Auflösungsbandbreite. Wie man sieht, kann man die Eigenschaften eines amplitudenmodulierten Signals sehr leicht dem gemessenen Diagramm entnehmen:

* Ein symmetrisches Linienmuster gemäß Bild 7-16 legt den Gedanken an ein amplitudenmoduliertes Signal nahe.
* Die Frequenz der stärksten Linie liefert die Trägerfrequenz f_T .
* Der Abstand der Seitenlinien ergibt die Signalfrequenz f_S .
* Aus der Pegeldifferenz Δp_P errechnet sich der Modulationsindex gemäß

$$m \;=\; 2\cdot 10^{-\frac{\Delta p_P}{20\text{dB}}}\cdot 100\% \tag{7.32}$$

Aus diesem Grund ist die automatische Messfunktion *Amplitudenmodulation* in vielen Geräten implementiert, obwohl diese Übertragungstechnik ihre besten Zeiten hinter sich hat.

Ein schmales Messfilter liefert darüber hinaus den Vorteil, das Eigenrauschen des Geräts zu reduzieren. Dieses wird vorwiegend durch den Mischer und den ZF-Verstärker verursacht. Der Effektivwert des transmittierten Rauschsignals ist der Wurzel aus der Bandbreite proportional. Reduziert man die Bandbreite um den Faktor 1/10, so sinkt der Rauschsockel um 10dB (vgl. 7.2.1).

Es muss sichergestellt sein, dass das Filter bei jedem Messpunkt einschwingt. Deshalb sind die Größen Frequenzhub, Wobbelzeit und Auflösungsbandbreite aufeinander abzustimmen. Einen Anhaltspunkt liefert die Faustformel

$$SWT \;\approx\; K\cdot\frac{SPAN}{RBW^2} \quad . \tag{7.33}$$

Die Größe K ist gerätespezifisch und kann z. B. zwischen 2 und 5 liegen. Man findet sie in der Gerätedokumentation, oder man ermittelt sie selbst durch Testmessungen. Wollte man das Frequenzgebiet von 1GHz bis 2GHz mit einem 3Hz-Filter nach einem versteckten Querfunker absuchen, so ergäbe sich bei $K = 5$ rechnerisch eine Messzeit von mehr als 150 000 Stunden.

VBW (*Video Band Width*) Hiermit wird die 3dB-Bandbreite des Video-Filters eingestellt. Jeder Tiefpass hat die Eigenschaft ein lebhaftes Signal zu glätten. Im vorliegenden Fall ist das die Glättung der Messkurve; die Baugruppe hat damit nur eine kosmetische Aufgabe. Beim Einsatz ist Vorsicht geboten, denn zu niedrige Grenzfrequenz führt zu Signalverfälschung und somit zu Messfehlern. Die Grenzfrequenz sollte nur in Ausnahmefällen niedriger als die Auflösungsbandbreite sein. Ein Sonderfall wäre ein Signal, das so stark verrauscht ist, dass überhaupt keine Linie mehr erkennbar ist. Diese kann man durch Reduktion von VBW aus dem Rauschen herauskitzeln und bekommt damit einen Hinweis auf die Existenz eines Signalanteils. Eine quantitative Messung ist jedoch aus den genannten Gründen so nicht möglich. Dazu bräuchte man weitere Hilfsmittel beispielsweise einen Messverstärker oder einen aktiven Tastkopf. Die Methode sollte erst dann eingesetzt werden, wenn alle anderen Möglichkeiten zur Reduktion des Rauschens ausgeschöpft sind; das wären korrekte Einstellung von *ATT* und Reduktion von *RBW* .

7.2.5 Messung durch Diskrete FOURIER Transformation

Eine naheliegende Möglichkeit der Spektralanalyse wäre eine schnelle Abtastung des Zeitsignals, eine Wandlung der Abtastwerte in Dualzahlen und anschließende Berechnung eines korrespondierenden Spektrums durch Diskrete FOURIER-Transformation (DFT). Diese liefert Abtastwerte des Spektrums. Werden die Abstände der Abtastwerte in Zeit- und Spektralbereich geeignet aufeinander abgestimmt, kann ein spezieller Algorithmus angewandt werden, der unter dem Namen Schnelle FOURIER-Transformation bekannt ist (*Fast Fourier Transform, FFT*). In diesem Fall können einmal gewonnene Zwischenergebnisse häufig wiederverwendet werden, was den numerischen Rechenaufwand entscheidend reduziert. Der Nachteil besteht darin, dass die Frequenzabstände nicht frei wählbar sind; der Anwender erhält unter Umständen gerade in dem Frequenzgebiet, das ihn besonders interessiert, ein grobes Raster des Spektrums. Da bei einem Digitalspeicheroszilloskop eine große Zahl an Abtastwerten für die Darstellung gewonnen wurde, sind Spektralanalysen dieser Art häufig in solche Geräte eingebaut. Es handelt sich dann nur um eine Erweiterung der Software.

Die Methode hat gegenüber der in den vorigen Abschnitten beschriebenen entscheidende Nachteile:

* Das Abtasttheorem von SHANNON schreibt eine Abtastfrequenz vor, die mindestens doppelt so hoch sein muss, wie die höchste darstellbare Signalfrequenz. Somit sind Messfrequenzen wie beim klassischen Spectrum Analyzer unmöglich zu erreichen.
* Die Analog-Digital-Wandlung der Abtastwerte führt zu einer drastischen Reduktion der erzielbaren Dynamik. Bei Verwendung eines 8-bit-Wandlers ist die Dynamik allein durch den Wandler auf 48dB begrenzt. Setzt man zur Verbesserung einen breiteren Wandler ein, geht das auf Kosten der Abtastfrequenz. Jedes zusätzliche bit verbessert die Dynamik um etwa 6dB. So gesehen bräuchte man für 120dB Dynamik einen 20-bit-Wandler.
* Es kann nur ein Ausschnitt aus dem Zeitsignal verarbeitet werden, der dann periodisch fortgesetzt zu denken ist. Damit entsteht eine Periodizität, die das Signal nicht hat. Man kann das etwas heilen, indem man ein Fenster über das Zeitintervall legt, so dass dieses langsam beginnt und schwach ausklingt. Dieses muss der Anwender geschickt wählen.

In Anbetracht derartiger Nachteile nennen Fachleute die Methode mit DFT bzw. FFT auch den Holzhammer der Spektralanalyse.

7.3 Der Network Analyzer

Der Name hat zu allen Zeiten für Verwirrung gesorgt, da er den Gedanken an ein Gerät zur Untersuchung von Netzen assoziiert (Computernetze, Telefonnetze ...). Genau das ist damit nicht gemeint, sondern es geht um elektrische Netzwerke im klassischen Sinn, also um Zusammenschaltungen von passiven oder aktiven Elementen. Im einfachsten Fall wären das die passiven Zwei- oder Vierpole nach Tabelle 2-1; es können aber auch aktive und nichtlineare Elemente enthalten sein. Der Network Analyzer untersucht aus solchen Elementen gebildete Eintore oder Zweitore und liefert als Ergebnis

* die Eigenschaft eines Tores in Form von Impedanz oder Reflexionsfaktor

oder

* die Transmission von einem Tor zum anderen in Form einer Übertragungsfunktion.

Letztendlich kommt ein Frequenzgang dieser Größen zur Anzeige. Ein Gerät, das nur Beträge misst, heißt *skalarer Network Analyzer* ; wird die gesuchte Funktion vollständig als komplexer Wert ermittelt - also einschließlich der Phase - , spricht man von einem *vektoriellen Network Analyzer* . Wie schon in 5.3.2 erläutert, sind diese Begriffe unglücklich gewählt, da eine komplexe Zahl kein Vektor ist; die Bezeichnungen haben sich aber fest etabliert, so dass wir uns damit abfinden müssen.

7.3.1 Breitbandige Messung der Transmission

Interessiert nur der Betrag einer Übertragungsfunktion, könnte man die Anordnung gemäß Bild 7-17 heranziehen. Eine in der Frequenz veränderliche Signalquelle speist den Prüfling, der Effektivwert des am anderen Tor ankommenden Signals wird gemessen, beispielsweise mit einem Power Meter gemäß 7.1. Trägt man die angezeigte Spannung über der Generatorfrequenz auf, erhält man einen Frequenzgang. Das Kürzel *DUT*[33] steht für *Device Under Test*, gemeint ist der Prüfling.

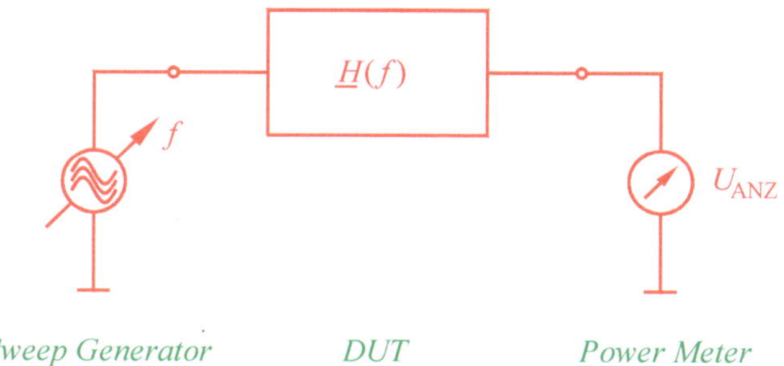

Bild 7-17 Prinzip der breitbandigen Transmissionsmessung

33 Man liest auch EUT Equipment Under Test

Die Methode ist verblüffend einfach, hat aber gravierende Nachteile:

* Der Generator erzeugt ein unvermeidbares Rauschsignal. Dieses passiert den Prüfling gemäß dessen Frequenzgang und wird dem gemessenen Signal zugeschlagen.
* Der Generator erzeugt außer der gewünschten Frequenz auch Oberschwingungen. Auch diese passieren den Prüfling und werden dem gemessenen Signal zugeschlagen.
* Der Prüfling erzeugt Rauschsignale und Oberschwingungen mit derselben Folge.

Die Auswirkungen sind besonders gravierend bei Frequenzen hoher Dämpfung des Prüflings, also beispielsweise im Sperrbereich von Filtern. Zur Erläuterung folgt ein Beispiel:

Der Dämpfungsfrequenzgang eines Hochpassfilters soll breitbandig gemessen werden. Der verwendete Generator erzeugt außer der eingestellten Grundschwingung bei der Messfrequenz f_M auch Oberschwingungen bei der dritten und der fünften Harmonischen. Deren Pegel liegt um 20dB (dritte) bzw. 26dB (fünfte) unter dem der Grundschwingung. Die Filterdämpfung beträgt bei der Messfrequenz 60dB, es ist der Sperrbereich. Bei der dritten Harmonischen beträgt sie 20dB, bei der fünften 6dB, das ist dann der Durchlassbereich. In Bild 7-18 sind die Verhältnisse skizziert.

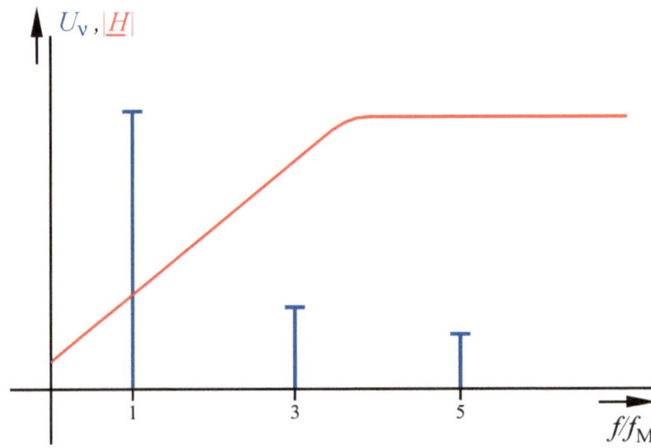

Bild 7-18 Linienspektrum und Filterkurve

Der Effektivwert des gesendeten Signals wird mit U bezeichnet. Dann ergeben sich die in Tabelle 7-1 aufgelisteten Werte für die Spektralanteile des empfangenen Signals.

Tabelle 7.1 Spektralanteile von Sende- und Empfangssignal

Frequenz	Gesendet	Empfangen
f_M	U	$\frac{1}{1000} \cdot U$
$3 \cdot f_M$	$\frac{U}{10}$	$\frac{1}{10} \cdot \frac{U}{10}$
$5 \cdot f_M$	$\frac{U}{20}$	$\frac{1}{2} \cdot \frac{U}{20}$

Somit erscheint in der Anzeige der Wert

$$\begin{aligned} U_{\text{ANZ}} &= \sqrt{\left(\frac{U}{1000}\right)^2 + \left(\frac{U}{100}\right)^2 + \left(\frac{U}{40}\right)^2} \quad . \\ &= 0{,}0269 \cdot U \end{aligned} \tag{7.34}$$

Daraus ließe sich eine Filterdämpfung

$$a_{\text{k}} = -20 \cdot \lg 0{,}0269\ \text{dB} = 31{,}4\ \text{dB} \tag{7.35}$$

kalkulieren, die um sagenhafte 28,6dB vom wahren Wert abweicht. Hierbei ist die Auswirkung des Rauschens noch nicht einmal berücksichtigt.

7.3.2 Selektive Messung der Transmission

Die soeben beschriebenen Probleme lassen sich umgehen, indem man an Stelle des Power Meters einen Spectrum Analyzer einsetzt. Bild 7-19 zeigt die Messanordnung. Hierbei muss der Analyzer stets genau auf die Generatorfrequenz abgestimmt sein. Da der Spectrum Analyzer über den Sweep Generator verfügt, der eine Einstellung des Frequenzfensters und der Sweep Time ermöglicht, liegt es nahe, die Führungsrolle dem Analyzer zu überlassen und damit die Sendefrequenz zu steuern. Der Generator heißt dann *Mitlaufgenerator* oder *Tracking Generator* . Beide Komponenten werden zu einer Einheit verbaut und bilden so den Network Analyzer; die Anzeige erfolgt auf dem Display des Spectrum Analyzers. Bei der Einstellung des Analyzers geht man zunächst nach den in 7.2.4 beschriebenen Regeln vor. Bezüglich der Sweep Time ist jedoch zusätzlich zu beachten, dass auch der Prüfling einschwingen muss. Der Analyzer wurde vom Hersteller bezüglich des Einschwingverhaltens optimiert. Deshalb muss man darauf gefasst sein, dass der Prüfling den Klotz am Bein bildet. Die korrekte Zeit lässt sich nur durch Testmessungen finden, indem man die gemäß (7.33) voreingestellte Sweep Time so lange erhöht, bis keine Veränderung der Messkurve mehr zu beobachten ist. Früher gab es Geräte, welche die Sweep-Richtung permanent umgekehrt haben, also einmal von links nach rechts, dann von rechts nach links gezeichnet haben. Wenn auf dem Rückweg eine andere Kurve erschien als auf dem Hinweg, war dies das Zeichen für eine zu kurze Sweep Time. Der Test war also denkbar einfach. Diese sehr praktische Gepflogenheit wurde von allen namhaften Herstellern eingestellt. Die Gründe sind nicht bekannt.

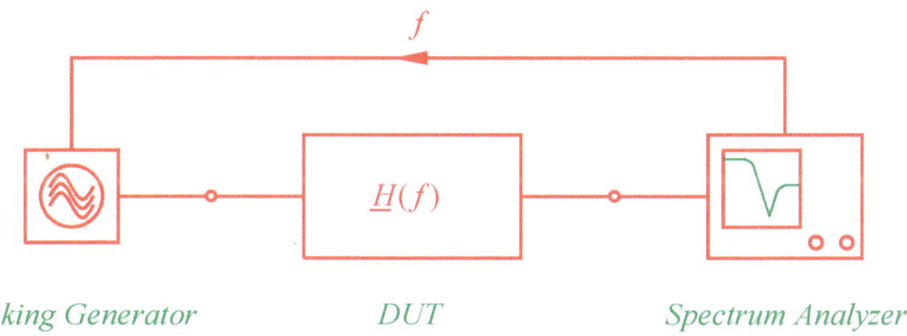

Bild 7-19 Prinzip der selektiven Transmissionsmessung

Der Generatorpegel ist gewöhnlich einstellbar und kann so an den Prüfling angepasst werden. Manche Geräte verfügen über eine zusätzliche Funktion, den sogenannten *Power Sweep* .

Hierbei wird der Generatorpegel in eingestellten Grenzen und in vorgegebener Zeit durchfahren. Damit lässt sich die Linearität des Prüflings testen. Wenn die Kurve nicht exakt horizontal verläuft, sondern ab einem gewissen Wert nach unten absackt, ist der Prüfling übersteuert. Sehr leicht lässt sich auf diese Weise der 1dB-Compression-Point ermitteln (vgl. 2.5.3). Selbstverständlich muss bei dieser Messung die Frequenz konstant gehalten werden.

Der Einfluss der Zuleitungen - zumindest deren Phasengang - ist vielfach nicht vernachlässigbar. Dazu wird in einem *Normalisierungszyklus* der Frequenzgang der starr miteinander verbundenen Anschlusskabel aufgenommen. Das Gerät verrechnet diese Werte später mit dem Messergebnis. Zur Normalisierung müssen alle Geräteeinstellungen endgültig sein oder anders ausgedrückt, nach jeder Veränderung irgendeines Parametes ist die Normalisierung erneut durchzuführen.

7.3.3 Phase und Gruppenlaufzeit

Da die Signale von Sender und Empfänger bei der selektiven Transmissionsmessung aufeinander synchronisiert sind, ist die Phasenmessung durch Auswertung des Zeitversatzes grundsätzlich möglich. Der mit der Phasenverschiebung verwandte Begriff *Gruppenlaufzeit* soll nun genauer betrachtet werden, weil er häufig die Ursache von Missverständnissen ist. Hierbei wurde das englische Wort *Group Delay* eingedeutscht. Für ein Zweitor in einer Übertragungskette wünscht man häufig einen sogenannten linearen Phasengang, der sich durch

$$\varphi(f) = -k \cdot 2\pi f \tag{7.36}$$

beschreiben lässt. k hat demnach die Dimension einer Zeit. Ein harmonisches Eingangssignal

$$u_{\mathrm{E}}(t) = \sqrt{2}\,U_{\mathrm{E}} \cdot \cos(2\pi f\,t) \tag{7.37}$$

bewirkt dann ein Ausgangssignal

$$\begin{aligned} u_{\mathrm{A}}(t) &= \sqrt{2}\,U_{\mathrm{A}} \cdot \cos(2\pi f\,t - k\,2\pi f) \\ &= \sqrt{2}\,U_{\mathrm{A}} \cdot \cos\left[2\pi f\,(t-k)\right] \\ &= \sqrt{2}\,U_{\mathrm{A}} \cdot \cos(2\pi f\,\tau) \end{aligned} \tag{7.38}$$

mit

$$\tau = t - k \quad . \tag{7.39}$$

u_{A} ist also gegenüber u_{E} verzögert - damit findet man sich in aller Regel ab - aber nicht verformt. Bild 7-20 zeigt die Auswirkung einer **nichtlinearen** Phasenverzerrung. Die rote Kurve kommt durch Überlagerung der blauen und der grünen zustande. Die Verzögerung der Teilschwingungen ist unterschiedlich. Als Folge ist die Summenkurve verformt. Der Effekt wirkt störend bis verheerend in der Digitaltechnik sowie bei frequenz- oder phasenmodulierten Signalen.

Es stellt sich nun die Frage nach einer quantitativen Bewertung der Abweichung vom streng linearen Phasengang. Dazu berechnet man die gemäß

$$\tau_{\mathrm{G}}(f) = \frac{1}{2\pi} \cdot \frac{\mathrm{d}\varphi}{\mathrm{d}f} \tag{7.40}$$

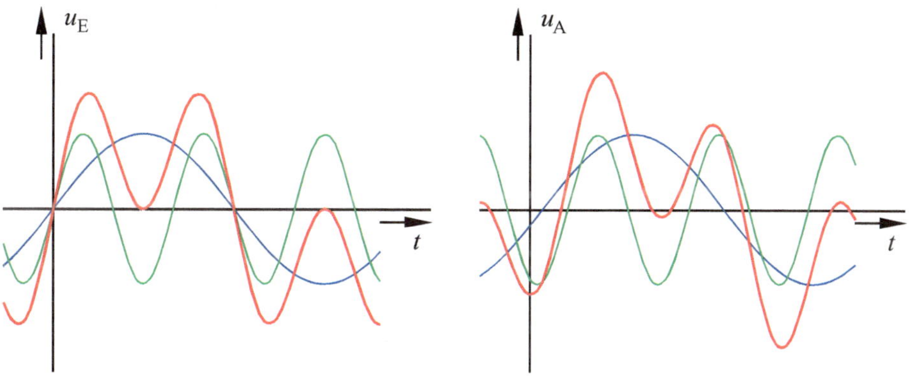

Bild 7-20 Nichtlineare Phasenverzerrung

definierte Gruppenlaufzeit; sie hat die Dimension einer Zeit. In Bild 7-21 sind ein leicht nichtlinearer Phasengang und die zugehörige Gruppenlaufzeit gegenübergestellt. Die Abweichung des Phasengangs vom strikt linearen Verlauf lässt sich nicht quantitativ bewerten, sehr wohl aber die Abweichung der Gruppenlaufzeit von deren Mittelwert, woraus sich eine Toleranz wie angedeutet ableiten lässt. So ist ein Vergleich von Systemen oder Komponenten möglich. Es muss ausdrücklich darauf hingewiesen werden, dass die Gruppenlaufzeit eine reine Rechengröße für den hier beschriebenen Zweck ist, und dass sie mit einer Signallaufzeit meist nichts zu tun hat.

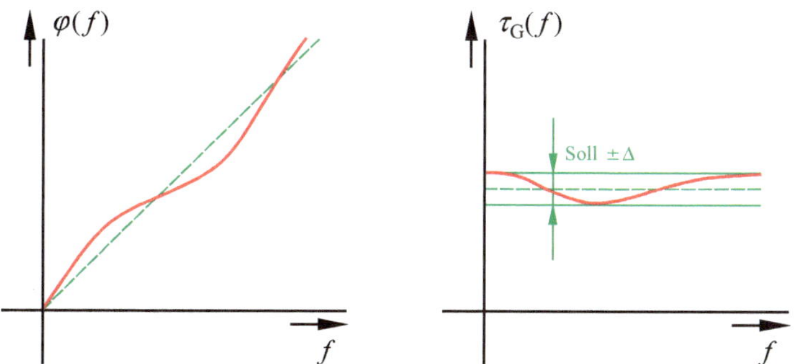

Bild 7-21 Phasengang und Frequenzgang der Gruppenlaufzeit

Die Messung von τ_G zu einer Frequenz f erfolgt durch Subtraktion benachbarter Funktionswerte der Phase und Division durch deren Kreisfrequenzabstand:

$$\tau_G(f) = \frac{\varphi(f+\Delta f)-\varphi(f-\Delta f)}{2\pi \cdot 2\Delta f} \tag{7.41}$$

Die Größe $2\Delta f$ wird in Anlehnung an optische Systeme *Apertur* genannt; sie ist vom Anwender einzustellen.

7.3.4 Messung von Impedanz und Reflexionsfaktor

In der Hochfrequenztechnik wird grundsätzlich der Reflexionsfaktor gemessen (vgl. 3.3.1; auch hier wird das Akronym VSWR verwendet). Daraus lässt sich dann gemäß

$$\underline{Z} = R_0 \frac{1+\underline{r}}{1-\underline{r}} \tag{7.42}$$

die korrespondierende Impedanz berechnen. R_0 ist dabei die Systemimpedanz, hier der Eingangswiderstand des Geräts. Man vergleiche Kapitel 3, wo dies ausführlich hergeleitet wurde. Die Messung erfolgt mit Hilfe einer Reflexionsfaktor-Messbrücke. Diese wurde in Abschnitt 4.3.9 beschrieben. Bild 7-22 zeigt die Messanordnung mit dem Network Analyzer.

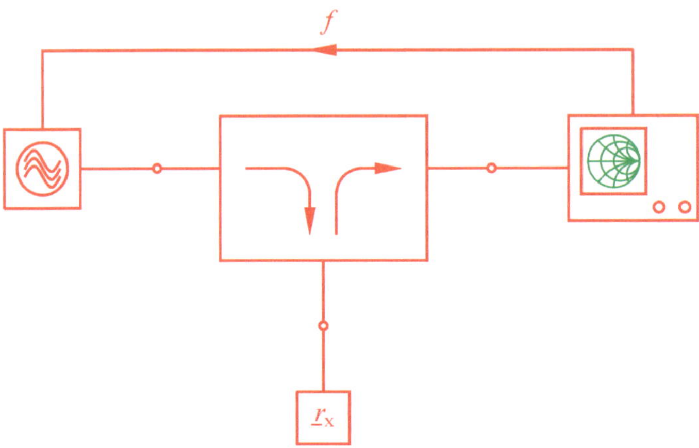

Bild 7-22 Prinzip der Messung des Reflexionsfaktors

So gesehen könnte man den Reflexionsfaktor ermitteln, indem man eine externe Reflexionsfaktor-Messbrücke in den Pfad für die Transmissionsmessung einschleift. Dämpfung und Phasenverschiebung von Brücke und Zuleitungen wären durch eine Referenzmessung mit einem Kurzschluss zu ermitteln und später mit dem Messergebnis zu verrechnen. Diese Methode ist veraltet. Die Reflexionsfaktor-Messbrücke ist heute - für den Anwender unsichtbar - in das Gerät integriert, die Referenzmessungen wurden vom Hersteller durchgeführt, die Ergebnisse in der Gerätesoftware hinterlegt. Der Anwender schließt seinen Prüfling direkt an einem Messtor an, in dieser Ebene misst das Gerät korrekt. Die Anzeige erfolgt meist im SMITH-Diagramm (vgl. 3.5).

Häufig kann der Prüfling nicht direkt in der Ebene der Anschlussbuchse platziert werden, sondern es ist eine Anschalttechnik erforderlich. Im Mindesten ist das ein Anschlusskabel, vielleicht auch eine spezielle Aufnahme, unter Umständen sogar ein Übertrager zwecks Symmetrisierung (vgl. 3.6.2). Unter der einzigen Voraussetzung, dass die Anschalttechnik passiv ist, lässt sich ihr Einfluss vollständig rechnerisch eliminieren [13]; dazu nimmt man vor der Messung am Prüfling in einem Normalisierungszyklus Referenzmessungen an einem Kurzschluss (*Short*), einem Leerlauf (*Open*) und der Systemimpedanz R_0 (*Match*) vor. Anschließend sind die Messergebnisse miteinander zu verrechnen. Die Vorgehensweise ist in Bild 7-23 verdeutlicht. Es ist nur ein Tor des Network Analyzers dargestellt, nämlich das, mit dem die Reflexionsmessung durchgeführt wird.

Die Anschalttechnik wird als Zweitor aufgefasst und durch ihre Kettenmatrix $\underline{A}$ beschrieben. Es gilt folgende Nomenklatur:

* $\underline{Z}_K$ ist die gemessene Impedanz bei Anschluss des Kurzschlusses,
* $\underline{Z}_L$ ist die gemessene Impedanz bei Anschluss des Leerlaufs,
* $\underline{Z}_0$ ist die gemessene Impedanz bei Anschluss der Systemimpedanz R_0,
* $\underline{Z}_x$ ist die gemessene Impedanz bei Anschluss des Prüflings $\underline{Z}$,
* $\underline{Z}$ ist der wahre Wert des Prüflings und damit das Ziel der Messung.

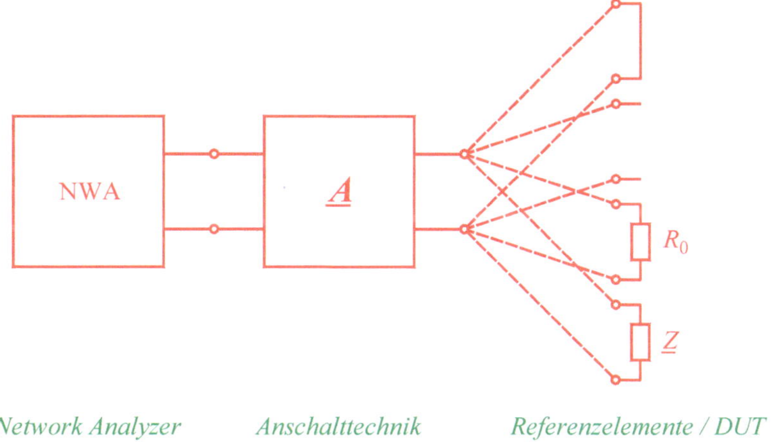

Bild 7-23 Normalisierung der Reflexionsmessung und Messung am Prüfling

Zwecks leichteren Verständnisses des nun erforderlichen Rechenwegs über die Kettenmatrix werden wesentliche Ergebnisse von Abschnitt 2.4.4 wiederholt. Bild 7-24 zeigt ein elektrisches Zweitor mit Primär- und Sekundärgrößen. Bei Beschreibung durch die Kettenmatrix werden die äußeren Größen gemäß

Bild 7-24 Elektrisches Zweitor mit Primär- und Sekundärgrößen

$$\begin{pmatrix} \underline{U}_1 \\ \underline{I}_1 \end{pmatrix} = \begin{pmatrix} \underline{a}_{11} & \underline{a}_{12} \\ \underline{a}_{21} & \underline{a}_{22} \end{pmatrix} \cdot \begin{pmatrix} \underline{U}_2 \\ \underline{I}_2' \end{pmatrix} \quad . \tag{7.43}$$

miteinander verknüpft. Auflösung nach den a-Parametern lieferte:

$$\underline{a}_{11} = \left.\frac{\underline{U}_1}{\underline{U}_2}\right|_{\underline{I}_2'=0} \qquad \underline{a}_{12} = \left.\frac{\underline{U}_1}{\underline{I}_2'}\right|_{\underline{U}_2=0}$$
$$\underline{a}_{21} = \left.\frac{\underline{I}_1}{\underline{U}_2}\right|_{\underline{I}_2'=0} \qquad \underline{a}_{22} = \left.\frac{\underline{I}_1}{\underline{I}_2'}\right|_{\underline{U}_2=0} \tag{7.44}$$

Man erkennt, dass die Betriebsbedingungen $\underline{U}_2=0$ bzw. $\underline{I}_2'=0$ gerade die Beschaltung mit Kurzschluss bzw. Leerlauf gemäß Bild 7-23 beschreiben. Damit gelangt man sofort zu

$$\underline{Z}_\mathrm{K} = \left.\frac{\underline{U}_1}{\underline{I}_1}\right|_{\underline{U}_2=0} = \frac{\underline{a}_{12}}{\underline{a}_{22}}$$
$$\underline{Z}_\mathrm{L} = \left.\frac{\underline{U}_1}{\underline{I}_1}\right|_{\underline{I}_2'=0} = \frac{\underline{a}_{11}}{\underline{a}_{21}} \quad . \tag{7.45}$$

Beschaltung mit R_0 hat

$$\frac{\underline{U}_2}{\underline{I}_2'} = R_0 \tag{7.46}$$

zur Folge, woraus man

$$\underline{Z}_0 = \frac{\underline{a}_{11} R_0 + \underline{a}_{12}}{\underline{a}_{21} R_0 + \underline{a}_{22}} \tag{7.47}$$

berechnen kann. Völlig analog findet man bei Beschaltung mit dem Prüfling

$$\underline{Z}_\mathrm{x} = \frac{\underline{a}_{11}\underline{Z} + \underline{a}_{12}}{\underline{a}_{21}\underline{Z} + \underline{a}_{22}} \quad . \tag{7.48}$$

Wir lösen (7.47) nach R_0 auf und führen Resultate von (7.45) ein:

$$R_0 = \frac{\underline{a}_{12} - \underline{a}_{22}\underline{Z}_0}{\underline{a}_{21}\underline{Z}_0 - \underline{a}_{11}}$$
$$= \frac{\underline{a}_{22}\underline{Z}_\mathrm{K} - \underline{a}_{22}\underline{Z}_0}{\underline{a}_{21}\underline{Z}_0 - \underline{a}_{21}\underline{Z}_\mathrm{L}} = \frac{\underline{a}_{22}}{\underline{a}_{21}} \cdot \frac{\underline{Z}_\mathrm{K} - \underline{Z}_0}{\underline{Z}_0 - \underline{Z}_\mathrm{L}} \tag{7.49}$$

Wieder völlig analog folgt aus (7.48)

$$\underline{Z} = \frac{\underline{a}_{22}}{\underline{a}_{21}} \cdot \frac{\underline{Z}_\mathrm{K} - \underline{Z}_\mathrm{x}}{\underline{Z}_\mathrm{x} - \underline{Z}_\mathrm{L}} \quad . \tag{7.50}$$

Schließlich wird (7.49) nach $\underline{a}_{22}/\underline{a}_{21}$ aufgelöst und das Ergebnis in (7.50) eingesetzt. Damit erhalten wir

$$\boxed{\underline{Z} = R_0 \cdot \frac{\underline{Z}_0 - \underline{Z}_\mathrm{L}}{\underline{Z}_\mathrm{K} - \underline{Z}_0} \cdot \frac{\underline{Z}_\mathrm{K} - \underline{Z}_\mathrm{x}}{\underline{Z}_\mathrm{x} - \underline{Z}_\mathrm{L}}} \quad . \tag{7.51}$$

Somit ist gezeigt, wie unter Ausnutzung der Normalisierung eine vollständige Elimination der Einflüsse der Anschalttechnik möglich ist. Wie bei der Transmission gilt auch hier, dass zwischen Normalisierung und Messung am Prüfling keinerlei Parameter verstellt werden dürfen. Das ganze Verfahren erfordert etwas Konzentration, da ein Vertauschen der Elemente bei den einzelnen Schritten verheerende Folgen hätte.

7.3.5 Der s-Parameter-Messplatz

In Abschnitt 4.2 wurde ausführlich beschrieben, wie ein n-Tor durch seine Streuparameter charakterisiert werden kann. Diese liefern einen Zusammenhang zwischen den zu- und den ablaufenden Wellengrößen. Speziell bei einem Zweitor sind $\underline{s}_{11}$ und $\underline{s}_{22}$ der primäre und der sekundäre Reflexionsfaktor, während $\underline{s}_{21}$ und $\underline{s}_{12}$ die Transmissionen darstellen. Alle s-Parameter sind bei Abschluss des Zweitors mit der Systemimpedanz zu ermitteln. Es liegt auf der Hand, dass der Network Analyzer diese Größen liefern kann. Hierbei wird der Anwender in hohem Maße unterstützt. Das Zweitor wird einmal an die Messtore angeschlossen, dann wählt man den gesuchten Streuparameter. Das Gerät stellt die erforderlichen Abschlüsse zur Verfügung, schleift gegebenenfalls eine Reflexionsfaktor-Messbrücke ein und führt die Messung wie beschrieben durch. Heute sind alle Network Analyzer zugleich s-Parameter-Messplätze. Der englische Name ist *s-Parameter Test Set* .

7.4 EMV-Messtechnik

Das relativ junge Wissensgebiet der Elektromagnetischen Verträglichkeit oder EMV (engl. *Electromagnetic Compatibility EMC*) befasst sich mit dem unerwünschten Zusammenspiel elektrischer Komponenten. Hierzu gehört auch die Wirkung elektromagnetischer Felder auf Bioorganismen, also auf Menschen und Tiere; der Volksmund hat dafür den Begriff *Elektrosmog* kreiert, der Fachmann spricht von *EMVU* (elektromagnetische Verträglichkeit Umwelt). Im EMV-Bereich hat sich eine eigene Messtechnik mit speziellen Geräten und Methoden etabliert. Wegen des großen Umfangs in Frequenz und Pegel sind sehr kostspielige Geräte erforderlich, andererseits sind die Ergebnisse oft nicht übermäßig präzise. Ironisch wird die EMV-Messtechnik deshalb auch *die Lehre vom Schätzen mit sehr teuren Instrumenten* genannt. Das Kapitel liefert einen Überblick über die gängigsten Einrichtungen und Methoden.

7.4.1 Feldsonden

Ein Gerät zur Detektion elektrischer oder magnetischer Felder wird korrekt Feldsonde genannt. Man liest in diesem Zusammenhang auch *Feldsensor*, was zwar verständlich, aber nicht ganz richtig ist. Unter einem Sensor versteht man eine Einrichtung zur Überführung einer nichtelektrischen Größe in ein elektrische, beispielsweise einer Temperatur in eine messbare Spannung. Feldgrößen sind aber als elektrische Größen aufzufassen. Im Folgenden wird die grundsätzliche Wirkungsweise von E- und B- oder H-Feldsonden an Hand der physikalischen Gegebenheiten erläutert.

Zum Nachweis elektrischer Felder kann man das physikalische Gesetz der *Influenz* ausnutzen. Wir betrachten dazu einen leitfähigen Körper im Einfluss eines statischen elektrischen Feldes (siehe Bild 7-25). Leitfähig bedeutet, dass es im Körper bewegliche Ladungen gibt; bei metallischen Leitern sind das die Valenzelektronen. Unter dem Einfluss der Feldkräfte ordnen sich diese wie in Bild 7-25 skizziert an, der Körper ist nun polarisiert. Dabei erfolgt die Anordnung so, dass das von den verschobenen Ladungen erzeugte E-Feld im Inneren des Körpers dem äußeren gerade entgegen gerichtet ist. Damit ist das Innere des Körpers feldfrei, es wirken keine Kräfte auf Ladungen, und es gibt keinen Grund für eine weitere Ladungsverschiebung.

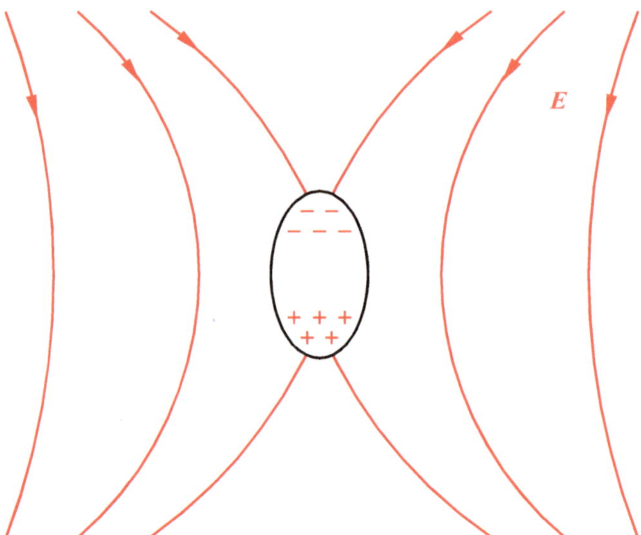

Bild 7-25 Das Phänomen der Influenz

Wir verwenden nun speziell einen kurzgeschlossenen Plattenkondensator gemäß Bild 7-26, nehmen an, dass die Feldrichtung senkrecht zu den Platten ist, und unterstellen für den Bereich des Kondensators homogene Feldverhältnisse. Dies bedeutet, dass der Feldstärkevektor dort überall den gleichen Betrag und die gleiche Richtung hat. Mit der gleichen Begründung wie vorher kommt es zu einer Ladungsverschiebung so, dass das Feld $\boldsymbol{E}_\mathrm{i}$ zwischen den Platten verschwindet. Die Platten tragen jetzt die influenzierten Ladungen $+Q$ und $-Q$.

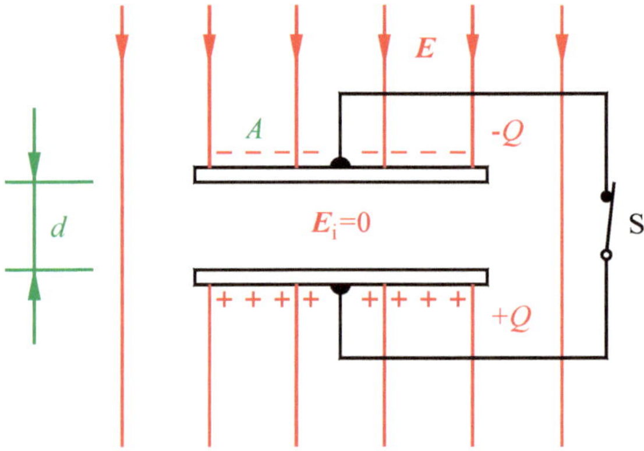

Bild 7-26 Kurzgeschlossener Plattenkondensator im E-Feld

Zur Messung eines statischen Feldes könnte man den Schalter öffnen, den geladenen Kondensator aus dem Feld entfernen und seine Spannung hochohmig messen. Für den Betrag des gesuchten Feldes ergibt sich daraus

$$|E| = \frac{|U|}{d} \quad . \tag{7.52}$$

Gewöhnlich sind die zu messenden Felder zeitlich veränderlich. Dann findet eine ständige Umladung statt, die einen Strom $i(t)$ durch den geschlossenen Schalter hervorruft. Dieser lässt sich messen, indem man den Schalter gemäß Bild 7-27 durch ein niederohmiges Amperemeter ersetzt, oder indem man eine Stromzange um den geschlossenen Schalter legt. Nun gilt

$$i(t) = \frac{\mathrm{d}Q}{\mathrm{d}t} \quad . \tag{7.53}$$

Wegen

$$Q = C \cdot u \tag{7.54}$$

folgt mit der bekannten Plattenkondensatorformel

$$C = \varepsilon_0 \cdot \varepsilon_r \cdot \frac{A}{d} \tag{7.55}$$

das Ergebnis

$$E(t) = \frac{1}{\varepsilon_0\, \varepsilon_r\, A} \cdot \int_0^t i(\tau)\mathrm{d}\tau \quad . \tag{7.56}$$

Es muss also noch ein Integrierer nachgeschaltet werden. Er lässt sich leicht als Operationsverstärkerschaltung realisieren. Elektrische Felder können auch mit Hilfe von Dipolen nachgewiesen werden.

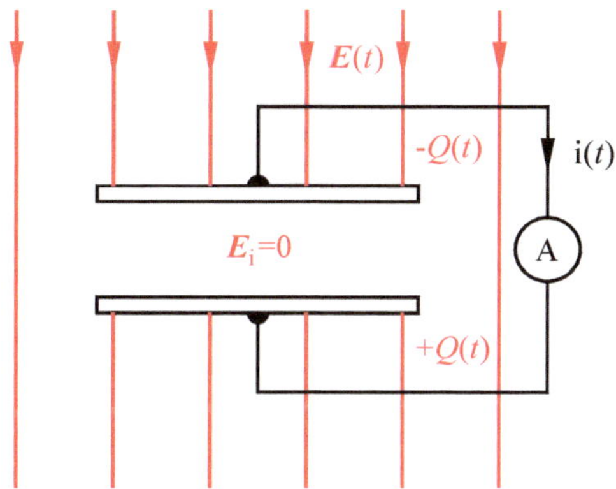

Bild 7-27 Anordnung zur Detektion zeitlich veränderlicher E-Felder

Die Messung von magnetischen Feldern kann unter Zuhilfenahme des Induktionsgesetzes erfolgen. Es wurde in Abschnitt 3.6.1 besprochen. Bringt man eine Spule mit dem Querschnitt A und der Windungszahl w senkrecht zur Feldrichtung in ein homogenes B-Feld, so misst man an dieser die induzierte Spannung

$$u = w \cdot A \cdot \frac{\mathrm{d}B}{\mathrm{d}t} \quad . \tag{7.57}$$

Auch hier kann durch Nachschalten eines Integrierers ein zur Messgröße B proportionaler Spannungswert erzeugt werden. Man erkennt, dass sich das Verfahren nur für zeitlich veränderliche Felder eignet. Eine andere Methode benutzt den HALL-Effekt. Hiermit können auch statische Felder ausgewertet werden.

Eine wichtige Kenngröße aller Feldsonden ist die sogenannte *Isotropie* . Damit ist die Abhängigkeit des Ergebnisses von der räumlichen Lage zum Feld gemeint. Alle bisher besprochenen Sonden waren anisotrop, denn sie mussten genau senkrecht zum Feld ausgerichtet werden, was sehr unpraktisch sein kann. Eine isotrope Sonde lässt sich realisieren, indem man drei identische anistrope Sonden in den Raumrichtungen x, y und z anordnet und deren Resultate nach den Regeln der Vektorrechnung auswertet. Für eine E-Feldsonde hieße das:

$$E = \sqrt{E_x^2 + E_y^2 + E_z^2} \tag{7.58}$$

Bild 7-28 zeigt schematisch mögliche Anordnungen für isotrope E- bzw. B-Feldsonden. E-Feldsonden dieser Bauart sind an der exakten Würfelform erkennbar; B-Feldsonden können in eine Kugel verbaut sein, gelegentlich sind aber auch die einzelnen Spulen von außen erkennbar. Isotrope Feldsonden haben konstruktionsbedingt eine gewisse Anisotropie, was natürlich einen Verlust an Qualität bedeutet. Darüber schweigen sich die Hersteller gerne aus.

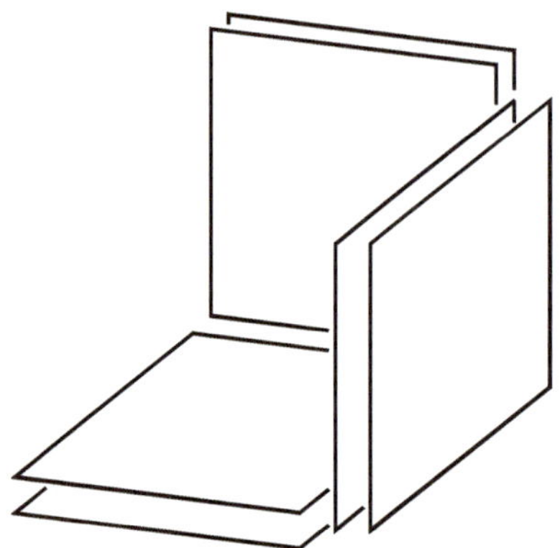

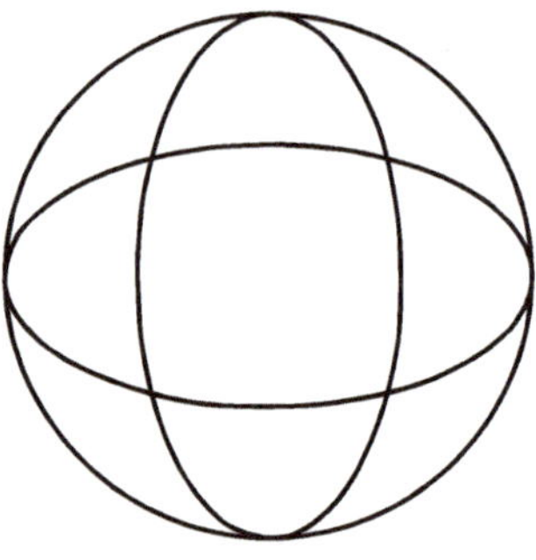

Bild 7-28 Bauformen isotroper E- und B-Feldsonden

7.4.2 EMV-Tests an Systemen, Geräten und Komponenten

Die Definition der EMV lautet:

> Elektromagnetische Verträglichkeit ist die Fähigkeit einer elektrischen Einrichtung, in ihrer elektromagnetischen Umgebung zufriedenstellend zu funktionieren, ohne diese Umgebung, zu der auch andere Einrichtungen gehören, unzulässig zu beeinflussen.

Hierdurch wird ausgedrückt:

* Die Einrichtung muss immun gegen zulässige Fremdsignale sein. Hierfür gibt es das Stichwort *Suszeptibilität* .
* Die Einrichtung darf selbst keine unzulässigen Signale erzeugen. Hierfür gibt es das Stichwort *Emission* .
* Es gibt ein Regelwerk, welches beschreibt, was zulässig ist. Dafür existiert eine Unzahl an Normen, die sich nach Nationen und nach Produktgruppen stark unterscheiden.

Die möglichen Ausbreitungswege der Störsignale werden grob unterteilt in

* leitungsgebunden,
* nicht leitungsgebunden.

Damit lassen sich die Aufgaben der EMV-Messtechnik gemäß Bild 7-29 schematisieren.

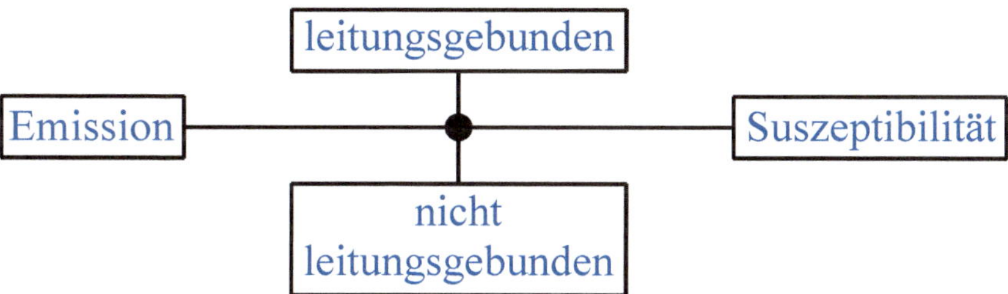

Bild 7-29 Aufgaben der EMV-Messtechnik

Mit den leitungsgebundenen Störungen wollen wir uns nicht weiter auseinandersetzen. Ansonsten ist die weitere Vorgehensweise im Prinzip klar:

* Suszeptibilität: Der Prüfling wird im Betrieb einem gemäß Norm erzeugten Störfeld ausgesetzt und auf einwandfreie Funktion getestet.
* Emission: Die im Betrieb vom Prüfling verursachten Störfelder werden messtechnisch erfasst und mit den Grenzwerten gemäß Norm verglichen.

7.4.3 Meszellen, -kammern und -hallen

Bei EMV-Messungen kommt nur ein durch metallische Wände nach außen geschirmter Raum in Frage und zwar aus folgenden Gründen:

* Emissionsmessung: Der Prüfling befindet sich noch in der Entwicklungsphase; möglicherweise erzeugt er unzulässige Störsignale. Diese dürfen nicht nach außen dringen.
* Emissionsmessung: Im Raum vorhandene Fremdfelder - z. B. durch Rundfunksender - würden dem Prüfling zugeschlagen; sie müssen unterdrückt werden.
* Suszeptibilitätsmessung: Die geforderten Störfelder übersteigen in aller Regel das zulässige Maß; sie dürfen nicht nach außen gelangen.

Je nach Größe unterscheidet man zwischen Zellen, Kammern und Hallen, wobei die Übergänge fließend sind. Zusätzlich wird verlangt, dass das Innnere reflexionsfrei ist. Bei Reflexion an den Metallwänden würde sich infolge Interferenz ein nicht zu überblickender Wellensalat entwickeln. Eine saubere Messung wäre ausgeschlossen. Deshalb muss die Zelle mit elektromagnetisch absorbierendem Material ausgekleidet sein. Sehr verbreitet ist die Verwendung von Pyramidenabsorbern; das sind mit Grafit überzogene Schaumstoffpyramiden, die der elektromagnetischen Welle bei geeigneter Dimensionierung genau den Feldwellenwiderstand des freien Raumes entgegensetzen (vgl. 6.1) und sie somit absorbieren. Diese Methode nimmt relativ viel Raum in Anspruch und wird deshalb eher bei größeren Messzellen oder bei Hallen angewandt. Platzsparend lassen sich reflexionsfreie Wände auch durch Auskleidung mit speziellen Ferriten realisieren. In all diesen Fällen spricht man von einer *Absorberhalle* bzw. -*kammer* (engl. *Unechoic Chamber*).

Bei Hallen erfolgt die Signalübertragung zum bzw. vom Prüfling über kalibrierte Antennen (vgl. 6.2). Bei Zellen und Kammern ist dies aus Platzgründen nicht möglich. Sie verfügen über eine koaxiale Anschlussbuchse, das Antennensystem ist in die Konstruktion integriert; hierbei gibt es eine schier unglaubliche Artenvielfalt. Manche Exemplare können als aufgedehnte Koaxialleitung betrachtet werden. Um einen klaren Zusammenhang zwischen dem Pegel an der Anschlussbuchse und der Feldstärke in der Zelle herzustellen, muss diese vor der Messung kalibriert werden. Dazu bedient man sich eines unter dem Namen *Substitutionsmethode* bekannten Verfahrens. Es wird im Folgenden beschrieben.

Bild 7-30 zeigt den Aufbau zur Durchführung der Substitutionsmethode. Ein Signalgenerator mit nachgeschaltetem Leistungsverstärker speist die Zelle. Ein Richtkoppler zweigt einen kleinen definierten Teil des Signals ab, der mit einem Power Meter gemessen wird und zusammen mit der Koppeldämpfung einen Rückschluss auf den Speisepegel zulässt. Zugleich wird die Feldstärke in der Zelle mit einer Feldsonde gemessen. Damit ist ein klarer Zusammenhang zwischen Pegel und Feldstärke hergestellt. Der mit einer vorgeschriebenen Feldstärke korrespondierende Pegel lässt sich leicht errechnen. Man passt dann die Verstärkung an, bis genau dieser Wert am Power Meter zur Anzeige kommt. Es wird ein Frequenzgang dieser Zahlen aufgenommen, wobei die Frequenzabstände dicht zu wählen sind, da diese Anordnungen einen sehr lebhaften Frequenzgang haben. Die Ergebnisse werden in einer Datenbank abgelegt und gelten für die komplette Lebensdauer des Messplatzes, solange keine Komponenten ausgetauscht werden oder sich in ihren Eigenschaften ändern. Die Zelle ist passiv, also ist sie reziprok (vgl. 4.2.4). Damit eignen sich die gewonnenen Werte nicht nur für die Suszeptibilitäts-, sondern auch für die Emissionsmessung. In diesem Fall entfällt der Richtkoppler und ein Messempfänger wird direkt an die Buchse angeschlossen. Die Kalibrierdaten müssen dann lediglich um die Koppeldämpfung des Richtkopplers korrigiert werden. Die Feldsonde ist nur für die Kalibrierung, nicht für die Messung erforderlich. Gewöhnlich führt der Hersteller oder der Lieferant die Kalibrierung bei der Inbetriebnahme des Messplatzes mit seiner Feldsonde durch.

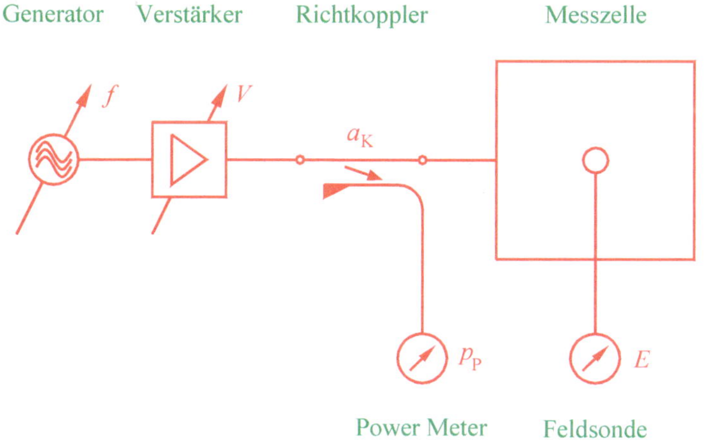

Bild 7-30 Anordnung zur Kalibrierung einer Messzelle

Es folgen Beispiele für Kalibrierung und Anwendung auf Suszeptibilitäts- und Emissionsmessung: Bei einem bestimmten Frequenzpunkt betrug der Pegel des ausgekoppelten und am Power Meter gemessenen Signals -16dBm , zugleich wurde in der Zelle eine Feldstärke von 6,7V/m gemessen. Es besteht der Wunsch, eine Feldstärke von 10V/m zu realisieren. Der damit korrespondierende Messwert berechnet sich zu

$$p_{\mathrm{PSoll}} = \left(-16 + 20\lg \frac{10\frac{\mathrm{V}}{\mathrm{m}}}{6{,}7\frac{\mathrm{V}}{\mathrm{m}}} \right) \mathrm{dBm} = -12{,}5\mathrm{dBm} \quad . \tag{7.59}$$

Die Verstärkung muss also erhöht werden, bis das Power Meter diesen Wert anzeigt. Nun soll die Emission einer Bohrmaschine bei eben dieser Frequenz gemessen werden. Die Bohrmaschine wird in der Zelle fixiert, eingeschaltet und gemäß Nennbetrieb belastet. Ein direkt angeschlossener Funkstör-Messempfänger zeigt 20,4dBm an. Die Koppeldämpfung des bei der Kalibrierung verwendeten Richtkopplers betrug 40dB . Für die Berechnung vergleichen wir zunächst den um die Koppeldämpfung korrigierten gemessenen Pegel mit dem aus der Kalibrierung.

$$\Delta p_{\mathrm{P}} = (20{,}4-40)\mathrm{dBm} - (-16\mathrm{dBm}) = -3{,}6\mathrm{dBm} \tag{7.60}$$

Die gesuchte Feldstärke liegt also um 3,6dB unter 6,7V/m und errechnet sich damit zu

$$E_{\mathrm{x}} = 6{,}7\frac{\mathrm{V}}{\mathrm{m}} \cdot 10^{-\frac{3{,}6}{20}} = 4{,}43\frac{\mathrm{V}}{\mathrm{m}} \quad . \tag{7.61}$$

7.4.4 Der Funkstör-Messempfänger

Für die soeben beschriebenen Messaufgaben könnte ein Spectrum Analyzer verwendet werden, was auch tatsächlich geschieht. Besser geeignet ist der sogenannte Funkstör-Messempfänger (engl. *EMC Test Receiver*), eine Sonder-Bauform des Spectrum-Analyzers. Die wichtigsten Unterschiede zum Spectrum Analyzer sind:

* Im Eingangspfad befindet sich zusätzlich ein breites mitlaufendes Bandpassfilter. Damit werden fernab liegende Störsignale unterdrückt und somit eine Übersteuerung des Mischers gemäß 7.2.4 verhindert.
* Es sind spezielle Auflösungsbandbreiten realisiert, die damit bestimmten EMV-Normen gerecht werden.
* Die Bedienoberfläche ist häufig recht spartanisch, manche Geräte haben noch nicht einmal einen Bildschirm. Dies trägt dem Umstand Rechnung, dass EMV-Messungen dieser Art wegen der enormen Vielzahl an Messpunkten und der stets erforderlichen Korrektur gemäß Kalibrierung grundsätzlich rechnergesteuert durchgeführt werden. Eine Bedienung des Geräts über das Front Panel ist somit die Ausnahme.

Symbole

Matrizen und Vektoren werden durch fett gedruckte Buchstaben dargestellt. Komplexe Größen sind unterstrichen; der Betrag einer komplexen Größe wird durch das nicht unterstrichene Symbol bezeichnet oder durch explizite Angabe von Betragsstrichen. Variable werden kursiv geschrieben, Konstanten und Indizes steil.

Beispiele:

* $\underline{\boldsymbol{S}}_{\mathrm{Z}}$ bezeichnet eine Matrix mit komplexen Elementen, die variabel sind.
* $U = |\underline{U}|$ bezeichnet den Betrag des komplexen Spannungszeigers $\underline{U}$.

Rechtsbündig ist die Dimension angegeben. 1 bedeutet hierbei, dass es sich um eine dimensionslose Größe handelt. Falls die betreffende Größe verschiedene Dimensionen haben kann, werden diese durch Semikolon getrennt. Ein horizontaler Strich besagt, dass dem Symbol keine Dimension zugeordnet werden kann (z. B. das Dezibel).

Symbol	Bedeutung	Dimension
a	Dämpfung	dB
$\underline{a}$	Wellengröße, Leistungswelle	$\sqrt{\mathrm{W}}$
$\underline{\boldsymbol{a}}$	Vektor der zulaufenden Wellen	$\sqrt{\mathrm{W}}$
α	Dämpfungsmaß	m^{-1}
$\underline{a}_{\mu\nu}$	Element der Kettenmatrix, komplex	1 ; Ω ; S
A	Fläche	m^2
A	Arbeitspunkt	---
$\underline{\boldsymbol{A}}$	Kettenmatrix, komplex	1 ; Ω ; S
b	Breite	mm
$\underline{b}$	Wellengröße, Leistungswelle	$\sqrt{\mathrm{W}}$
$\underline{\boldsymbol{b}}$	Vektor der ablaufenden Wellen	$\sqrt{\mathrm{W}}$
β	Phasenmaß	m^{-1}
$\boldsymbol{B}$	magnetische Flussdichte, Vektor	$\mathrm{T} = \mathrm{Vs/m}^2$
$\underline{\boldsymbol{B}}$	Inverse der Kettenmatrix, komplex	1 ; Ω ; S
B	Suszeptanz (Imaginärteil der Admittanz)	S
C	Kapazität	F
C	Raumkurve	---
C'	Kapazitätsbelag (einer Leitung)	nF/km
c	Geschwindigkeit	m/s
c_0	Lichtgeschwindigkeit, Naturkonstante	$3 \cdot 10^8 \mathrm{m/s}$
d	Durchmesser, Dicke, Abstand	mm
$\mathrm{d}\boldsymbol{A}$	vektorielles Flächenelement	m^2

dB	Dezibel	---
dBi	Dezibel isotrop	---
dBc	Dezibel Carrier	---
div	Divergenz, vektoranalytischer Differentialoperator	---
d$\boldsymbol{s}$	vektorielles Wegelement	m
D	Durchmesser	mm
D	Directivity (einer Reflexionsfaktor-Messbrücke)	dB
Δ_μ	Graphendeterminante	1
e	EULERsche Zahl	2,7183
ε	Dielektrizitätskonstante	$\frac{\text{As}}{\text{Vm}}$
ε_0	Dielektrizitätskonstante des Vakuums, Naturkonstante	$8{,}854\cdot 10^{-12}\,\frac{\text{As}}{\text{Vm}}$
ε_r	relative Dielektrizitätszahl, Materialkonstante	1
$\boldsymbol{E}$	Einheitsmatrix	---
$\boldsymbol{E}$	elektrische Feldstärke, Vektor	V/m
φ	Phasenwinkel, räumlicher Winkel	Bogenmaß oder °
f	Frequenz	Hz
F	Kraft	N
FC	Crest-Faktor	1
Φ	magnetischer Fluss	Wb = Vs
g	Antennengewinn	dB
$\underline{\gamma}$	Ausbreitungsmaß, komplex	m^{-1}
G	Leitwert, Konduktanz	S
G'	Ableitbelag (einer Leitung)	µS/km
$\underline{\boldsymbol{G}}$	Parallelreihenmatrix, komplex	1 ; Ω ; S
h	Antennenhöhe	m
$\underline{h}_{\mu\nu}$	Element der Hybridmatrix, komplex; h-Parameter	1 ; Ω ; S
$\boldsymbol{H}$	magnetische Feldstärke, Vektor	A/m
$\underline{H}$	Übertragungsfunktion, komplex	1
$\boldsymbol{H}$	HERMITEsche Matrix	---
$\underline{\boldsymbol{H}}$	Hybridmatrix, komplex	1 ; Ω ; S
i, I, $\underline{I}$, $\hat{\imath}$	elektrischer Strom (Zeitfunktion, Effektivwert, komplexer Zeiger, Amplitude)	A
j	imaginäre Einheit	$\sqrt{-1}$
$\boldsymbol{J}$	Stromdichte, Vektor	A/m^2
k	Boltzmann-Konstante, Naturkonstante	$1{,}38\cdot 10^{-23}$WS/K
k	Klirrfaktor	%

k	Kopplung	dB ; 1
K	Raumkurve	---
l	Länge	m
lg	dekadischer Logarithmus	---
ln	natürlicher Logarithmus	---
log	Logarithmus, allgemein	---
λ	Wellenlänge	m
L	Induktivität	H
L'	Induktivitätsbelag (einer Leitung)	µH/km
$L_{\mu}(v)$	Schleifentransmission	1
m	Masse	kg
m	Hauptminor (einer Matrix)	---
m	Anpassfaktor	1
m	Modulationsindex	1; %
μ	magnetische Permeabilität	$\frac{\mathrm{Vs}}{\mathrm{Am}}$
μ_0	magnetische Permeabilität des Vakuums, Naturkonstante	$4\pi \cdot 10^{-7} \frac{\mathrm{Vs}}{\mathrm{Am}}$
μ_r	relative magnetische Permeabilität, Materialkonstante	1
M	Gegeninduktivität	H
$_N$	Index, bezeichnet eine normierte Größe	---
Np	Neper, veraltetes Übertragungsmaß	---
O	Oberfläche	m^2
ω	Kreisfrequenz	s^{-1}
p	Leistungsdichte (bezogen auf Fläche)	W/m^2
p_U	Spannungspegel	z. B. dBU
p_P	Leistungspegel	z. B. dBm
$p_x(x)$	Verteilungsdichtefunktion	---
P_{μ}	Pfadtransmission	1
π	Kreiszahl	3,1416
φ	Phasenwinkel, räumlicher Winkel	Bogenmaß oder °
ψ	Phasenwinkel	Bogenmaß oder °
P	Leistung	W
Q	elektrische Ladung	As
Q	Güte	1
r	Radius	m
r	Raumkoordinate	---

$\boldsymbol{r}$	Ortsvektor	---
rot	Rotation, vektoranalytischer Differentialoperator, Vektor	---
$\underline{r}$	Reflexionsfaktor, komplex	1
ρ	Raumladungsdichte	As/m^3
R	Widerstand, Resistanz	Ω
R'	Widerstandsbelag (einer Leitung)	Ω/km
R_0	Wellenwiderstand (einer Leitung)	Ω
RBW	Resolution Band Width, Auflösungsbandbreite	Hz
s	Länge, Weg	m
s	Stehwellenverhältnis, VSWR	1
$\underline{s}$	Transmission	1
σ	Standardabweichung	---
σ^2	Varianz	---
$\underline{s}_{\mu\nu}$	Element der Streumatrix, komplex	1
$\underline{\boldsymbol{S}}$	Streumatrix, komplex	1
$S(f)$	spektrale Leistungsdichte	W/Hz
$S_U(f)$	spektrale Spannungsdichte	$V/\sqrt{Hz}$
S	Schalter	---
SWT	Sweep Time, Wobbelzeit	s
t	Zeit	s
$\underline{t}$	Transmission	1
τ	Zeit, normiert oder dimensionsbehaftet	1; s
τ_G	Gruppenlaufzeit	s
T	Zeitkonstante, Zeitspanne	s
T_{LS}	Graphentransmissionsfaktor	1
Θ	Durchflutung	A
u , U , $\underline{U}$, $\hat{u}$	elektrische Spannung (Zeitfunktion, Effektivwert, komplexer Zeiger, Amplitude)	V
$\ddot{u}$	Übersetzungsverhältnis, Windungszahlenverhältnis	1
v	Geschwindigkeit	m/s
V	Verstärkung	dB ; 1
VBW	Video Band Width, Videobandbreite	Hz
VK	Verkürzungsfaktor	1
$VSWR$	Voltage Standing Wave Ratio, Stehwellenverhältnis	1
X	Reaktanz	Ω
x	Weg	m
$\underline{y}_{\mu\nu}$	Element der Admittanzmatrix, komplex	S

$\underline{Y}$	Admittanz, komplex	S
$\underline{\boldsymbol{Y}}$	Admittanzmatrix, komplex	S
z	Raumkoordinate	---
$\underline{Z}_{\mu\nu}$	Element der Impedanzmatrix, komplex	Ω
$\underline{Z}$	Impedanz, komplex	Ω
$\underline{\boldsymbol{Z}}$	Impedanzmatrix, komplex	Ω
$\underline{Z}_0$	Wellenimpedanz (einer Leitung)	Ω
$\underline{Z}_F$	Feldwellenwiderstand	120πΩ

Literaturverzeichnis

[1] BRAND, H.: Schaltungslehre linearer Mikrowellennetze. S. Hirzel Verlag Stuttgart 1970

[2] HEUERMANN, H.: Hochfrequenztechnik. Vieweg + Teubner Verlag Wiesbaden 2009

[3] HOFFMANN, M.: Hochfrequenztechnik. Springer-Verlag Berlin, Heidelberg, New York 1997

[4] KRÖGER, R.; UNBEHAUEN, R.: Elektrodynamik. B. G. Teubner Stuttgart 1993

[5] LEUCHTMANN, P.: Einführung in die elektromagnetische Feldtheorie. Pearson Studium München 2005

[6] MEYERS Enzyklopädisches Lexikon, Bd. 1-25. Bibliographisches Institut Mannheim, Wien, Zürich 1975

[7] REISDORF, F.: Hochfrequenztechnik 1. Manuskript zur Vorlesung, Fachhochschule Bingen 2008

[8] SCHUON, E,; WOLF, H.: Nachrichtennmesstechnik. Springer-Verlag Berlin, Heidelberg, New York 1981

[9] UNBEHAUEN, R.: Grundlagen der Elektrotechnik 1 & 2. Springer-Verlag Berlin, Heidelberg, New York 1994

[10] ZINKE, O.; BRUNSWIG, H.: Hochfrequenztechnik 1. Springer-Verlag Berlin, Heidelberg, New York 2000

[11] UMMINGER, M. et al.: Ablation kontaminierter Oberflächen zementgebundener Bauteile beim Rückbau kerntechnischer Anlagen. Abschlussbericht, BMBF Förderkennzeichen 02S8709 und 02S8719, 2015

[12] RAUSCHER, C.: Grundlagen der Spektrumanalyse. Rohde & Schwarz, München, 2000

[13] HONDA, M.: The Impedance Measurement Handbook. Yokogawa-Hewlett-Packard LTD, 1989

Stichwortverzeichnis

1dB-Compression-Point 55, 225
1dB-Kompressionspunkt 55
3dB-Bandbreite 208
3dB-Eckfrequenz.................................. 61
A-Bewertungsfilter 32
Absorberhalle 235
Absorption 197
Abtasttheorem 221
Admittanz 18
Admittanzmatrix 38, 150
Amplitudenmodulation 220
Analog-Digital-Wandlung 205
Anpassfaktor 87, 104
Anpassglied 160
Anpassglied minimaler Dämpfung 161
Anpassung 83, 109
Antenna Diversity 198
Antenne 198
Antennengewinn 200
Antennenhöhe 201
a-Parameter 41, 141
aperiodischer Grenzfall 17
Apertur 226
Arbeitsgerade 135, 156
Attenuator 216, 217
Auflösungsbandbreite 208
Ausbreitungsmaß 77
Autokorrelationsfunktion 48
Bandpassfilter 171
Base Transceiver Station 166
Betriebsdämpfung 29, 178
BNC-Connector 174
BODE-Diagramm 23, 56, 142
BOLTZMANN-Konstante 46
Burst 211
CAN-Bus 128
charakteristische Impedanz 78
Corner Frequency 61
Crest-Faktor 46
CRT Display 217
Dämpfung 2
Dämpfungsglied 145, 158
Dämpfungsmaß 27, 77
dB 24
dBc 219
dBi 200
Demodulator 216
Detector 216
Dezibel 24
DFT 221
Dielektrizitätskonstante 116, 196
Differentialgleichung 7
Diplexer 172
Dipol 232
Dipolantenne 198
Directivity 168
Diskrete FOURIER-Transformation 221
Dispersion 124
Divergenz 195
Doppelleitung, homogene 71
Doppel-T-Verzweigung 172, 179
Dreitor 150
Dreitor, struktursymmetrisches 173
Duplexer 171
Durchflutungsgesetz 121
DUT 222

E-Arm ... 179
Eckfrequenz ... 61
Eichleitung ... 158, 216
Eigenrauschen ... 220
Einfügungsdämpfung ... 28, 178
Eingangsabschwächer ... 216
Eingangshochpass ... 216
Eingangstiefpass ... 213
Eintor, aktives ... 156
Eintor, passives ... 156
Electromagnetic Compatibility ... 230
Elektrodynamik ... V
Elektromagnetische Verträglichkeit ... 230, 234
Elektrosmog ... 230
EMC ... 230
EMC Test Receiver ... 237
Emission ... 234
EMV ... 125, 127, 230, 234
EMV-Messtechnik ... 230, 234
EMVU ... 230
Entzerrer ... 51
Erwartungswert ... 49
EULERsche Formel ... 9, 87
EUT ... 222
Fading ... 198
Fast Fourier Transform ... 221
FCENT ... 218
Feldsensor ... 230
Feldsonde ... 230
Feldstärke elektrische ... 196
Feldstärke magnetische ... 196
Feldtheorie ... V
Feldwellenwiderstand ... 197, 235
FFT ... 221
Flussdichte magnetische ... 196
FOURIER-Koeffizienten ... 206
FOURIER-Reihe ... 46, 206
FOURIER-Transformation ... 47, 211
Frequency Hopping ... 198
FSTART / FSTOP ... 218
Full Duplex ... 166
Funkkeule ... 200
Funkstör-Messempfänger ... 237
GAUSSsche Zahlenebene ... 22
GAUSS-Verteilung ... 49
Geräuschpegel ... 32
Gleichanteil ... 206
Graphendeterminante ... 189
Graphentheorie ... 183
Graphentransmissionsfaktor ... 189
Group Delay ... 225
Grundwellenmischer ... 214
Gruppengeschwindigkeit ... 80
Gruppenlaufzeit ... 225
GSM-Mobilfunk ... 166, 199
Gyrator ... 158
HALL-Effekt ... 233
H-Arm ... 179
harmonische Schwingung ... 206
HF-Frequenzweiche ... 171
Hohlleiter ... 71
h-Parameter ... 43
Hybridmatrix ... 43, 150
ideale Leitung ... 86, 100
IF Gain ... 216
Impedanz ... 18, 138, 227
Impedanzmatrix ... 35, 140
Induktionsgesetz ... 233
Influenz ... 230
Interferenz ... 1, 235
Intermediate Frequency ... 214

Intermodulation 164
Internal Oscillator 213
IP3-Punkt 53
Isolation 164
Isotropie 233
Kabelschlag 127
Kettenmatrix 41, 140, 147, 150
Knotenregel 18
Koaxialleitung 116
kollinearer Arm 179
komplexe Wechselstromrechnung 17
Konduktanz 20
konforme Abbildung 95
konzentrierte Elemente 1
Kopplung, elektrische 176
Kopplung, induktive 176
Kopplung, kapazitive 176
Kopplung, magnetische 176
Kugelwelle 197
LAN-Netz 127
Leistungspegel 31
Leistungswelle 132
Leitungsbeläge 72
leitungsgebunden 234
Leitungsgleichungen 72
Leitungstransformation 84, 100
Leitungsverzweigung 172
LENTZsche Regel 72
Lichtgeschwindigkeit 197
Liniendiagramm 205
Linienspektrum 207
Local Oscillator 213
Log Amp 216
Logarithmierer 216
Lokaler Oszillator 213
magisches T 179
Maschenregel 18
MASON-Regel 189
Matrix, HERMITEsche 152
Matrix, negativ definite 152
Matrix, positiv definite 152
Matrix, unitäre 151
MAXWELLsche GleichungenV, 7, 117, 120, 195
Mehrwegeausbreitung 198
Messtechnik 204
Meszellen, -kammern und -hallen 235
Micro Strip Line 129
Mikro-Streifenleitung 129
Mikrowellennetz 181
Mirror Frequency 215
Mischer 213
Mitlauffilter 210
Mitlaufgenerator 224
Mixer 213
Moden, höhere 125
Modulationsgrad, Modulationsindex 219
Nebenkeule 200
Nebensprechen 176
Neper 24
Network Analyzer 30, 168, 184, 222
Normalisierung 225, 230
Normalverteilung 49
normierte Admittanz 103
normierte Impedanz 90
n-Tor, aktives 151
n-Tor, passives 151
n-Tor, reflexionssymmetrisches 155
n-Tor, transmissionssymmetrisches 155
n-Tor, verlustloses 151
Nullindikation 180
Nullumsetzung 215

Oberschwingung 164, 223
Ofenquarz 213
Offset 206
Ortskurve 22, 115
Overhead-Prinzip 213
Parabolspiegel 201
Pegelmaß 31
Periode, Periodendauer 205
Permeabilität 116
Pfaddeterminante 189
Pfadtransmission 189
Phasengeschwindigkeit 80
Phasenmaß 77
Phasenmessung 225
Phasenschieber 157
Phasenverzerrung 225
Pi-Struktur 159
PLC 174
PLL-Synthesizerschaltung 213
Power Meter 34, 178, 204
Power Sweep 224
Power-Splitter 174
Pyramidenabsorber 235
quadratintegrabel 211
Quarzoszillator 213
Quellknoten 189
Rahmenantenne 198
Raumladungsdichte 196
Rauschabstand 50
Rauschen 45, 157
RBW 208, 218
Reaktanz 20
Receiver 166
Rechteck-Hohlleiter 130
Rechte-Hand-Regel 121, 126, 128, 196
Reference 218
Reflexion 1, 81, 197
Reflexionsdämpfung 82
Reflexionsfaktor 81, 227
Reflexionsfaktor-Messbrücke 166, 227
Reflexionsverstärker 156, 165
Resistanz 20
Resolution Band Width 208, 218
Resonanzüberhöhung 22
Return Loss 82
Reziprozität 37, 39, 43, 150, 198
Richtcharakteristik 199
Richtdiagramm 199
Richtkoppler 30, 129, 176
Richtungsleitung 163
Rotation 195
Rückflussdämpfung 82
S/N-Verhältnis 50
SCALE 218
Scattering Matrix 142
Schlaglänge 127
Schleife n-ter Ordnung 189
Schleifentransmission 189
Schnelle FOURIER-Transformation 221
Schüssel 201
Selektivität 210
Senkeknoten 189
Sensor 230
SHANNON 221
Signal to Noise 50
Signalflussdiagramm, -graph 183
Skineffekt 73
SMITH-Chart 90
SMITH-Diagramm 90, 142, 227
Sonar 6
SPAN 218
Spannungspegel 31

Spannungsquelle, eingeprägte 133
s-Parameter 140
s-Parameter Test Set 230
s-Parameter-Messplatz 142, 150, 230
Spectrum Analyzer 47, 158, 205
spektrale Leistungs-, Spannungsdichte 212
spektrale Leistungsdichte 47
spektrale Spannungsdichte 48
Spektrum 211
Spiegelfrequenz 215
Spiegelunterdrückung 213
Standardabweichung 49
Stehwellenverhältnis 87, 104
stochastische Signale 212
Störabstand 164
Streumatrix 140, 147
Streuparameter 142
Stromdichte 196
Stromquelle, reale 135
Struktursymmetrie 143
Substitutionsmethode 235
Super-heterodyn-Prinzip 213
Suszeptanz 20
Suszeptibilität 234
Sweep Generator 217, 224
Sweep Time 218
SWR 166
Symmetrieeigenschaften 155
symmetrische Leitung 127
symmetrische Technik 127
Systemimpedanz 29, 134, 145, 227
Telefonkanal 32, 33
TEM-Welle 125, 197
third order intercept point 53
Totalreflexion 83
Tracking Generator 224
Transceiver 166
Transmitter 166
T-Struktur 158
T-Stück 172
Tunneldiode 156
Twisted Pair 127
Überlagerungsempfänger 213
Übertragungsfunktion 189
Übertragungsmaß 24
Ultraschall 6
Umsetztechnik 210
Unechoic Chamber 235
Urspannungsquelle 133
Varianz 49
VBW Video Band Width 220
Vektoranalysis 195
Verkürzungsfaktor 3, 81
verlustlose Leitung 86
Verschiebungsstrom 121
verteilte Parameter 3, 75, 196
Verteilungsdichtefunktion 48
Verzerrung 51, 52, 57, 68
Verzerrung, nichtlineare 164
Videofilter 217
Vorselektion 213
VSWR 89, 104, 105, 166
Welle, elektromagnetische 195
Welle, gleichförmige ebene 197
Wellendämpfung 30, 178
Wellengröße .... V, 131
Wellenimpedanz 77
Wellenlänge 2, 79
Wellenquelle, reale 133
Wellensumpf 139, 156
Wellenwiderstandssprung 106
Wobbelzeit 218

X-Band ... 130
y-Parameter ... 39
Zeigerdiagramm ... 22
ZF-Filter ... 214
ZF-Verstärker ... 216
Zirkulator ... 129, 164
z-Parameter ... 35
Zwischenfrequenz ... 214
$\lambda/4$-Leitung ... 89
$\lambda/4$-Resonator ... 89
$\lambda/4$-Transformator ... 114
$\pi/2$-Hybrid ... 177
π-Hybrid ... 180